Sun Certified Web Component Developer

SCWCD 考试号310-081

SUN 国际认证

SCWCD 应试指南

北京希望电子出版社 总策划

施 铮 编 著

- 官方国际认证应试必备
- 彻底剖析 SCWCD（考试号310－081）11 项考点
- 各章节 100% 完全对付 SCWCD 考纲主题

科学出版社
www.sciencep.com

内 容 简 介

这是一本 SUN 国际认证 SCWCD(Sun Certified Web Component Developer, Web 组件开发人员认证；考试号 310 - 081）学习指导书，针对 SCWCD 考试的 11 项知识点，选取典型案例进行详尽探讨，便于有效地提高考生的应试成功率。

全书共分 19 章，分别介绍了 Java Applet 小程序、Servlet 及 JSP 技术、过滤器、会话管理、JavaBean 组件技术、标签库、表达式语言、设计模式和部署描述符等内容。内容详尽，知识讲解与具体实例相结合，实用、实效。

本书既可作为 JSP 知识学习练习，亦可配合 SCWCD 试题使用，同时还可以作为学习 Java 语言和 JSP Web 程序设计指导教材。

图书在版编目（CIP）数据

SUN 国际认证 SCWCD 应试指南 / 施铮编著. —北京：科学出版社，2007

（Java 开发专家）

ISBN 978-7-03-019596-8

Ⅰ. S… Ⅱ. 施… Ⅲ. Java 语言—程序设计—工程技术人员—资格考试—应试指南 Ⅳ. TP·3575

中国版本图书馆 CIP 数据核字（2007）第 123664 号

责任编辑：但明天　　/ 责任校对：马　君

责任印刷：媛　明　　/ 封面设计：刘孝琼

科学出版社 出版

北京东黄城根北街 16 号

邮政编码：100717

http://www.sciencep.com

北京媛明刷厂印刷

科学出版社发行　各地新华书店经销

*

2007 年 9 月第　一　版　　开本：787×1092 1/16

2007 年 9 月第一次印刷　　印张：29

印数：1—3000　　字数：674 31

定价：45.00 元

前　言

众所周知，Java 以其独有的开放性、跨平台性和面向网络的交互性席卷全球，并以其安全性、易用性和开发周期短等特点，迅速从最初的编程语言发展成为开发基于互联网应用程序的首选语言。

本书背景

技术是讲究实力的。近年来，认证在就业市场已获得肯定与追捧。根据知名就业网站的调查，与信息技术相关的工作机会中有 62%以提出认证作为录用参考，其中又以需要 Java 相关认证资格者居多。这几年来，Java 大红大紫不仅被微软视为劲敌，而各大企业竞相争取掌握 Java 技术的人才，也使 Java 专业认证成为 IT 人员最想取得的一张证书。特别是随着互联网全面走向应用的今天，全球已经掀起了一股学习 Java 语言开发技术的热潮，而且成为一条非专业人员变成编程高手的快车道。Java 语言自然是转行 IT 的入门首选。

SUN 公司的 SCWCD（Sun Certified Web Component Developer，Web 组件开发人员认证）是业界最广泛认可的 IT 技术认证之一，也是业界最权威、最受尊敬的认证之一。SCWCD 认证由 Sun 公司出题，考试号为 310-081。凡考试合格者，将获得由美国 Sun 公司签发的英文 SCWCD 证书。

拿高薪，是每个人的梦想，但究竟能拿多少钱，得由你的职场身价决定。获得 SUN 公司的 SCWCD 认证不仅仅能证明你的 IT 技术能力，更是你进入职场的敲门砖，也是提高你身价的一个有效捷径。

SCWCD 认证是 Sun 公司 Java 技术在 Web 开发领域应用的基础性认证，通过此项认证即能清楚表明此开发人员掌握了 Servlet 和 JSP 技术的语法和结构，并能使用 Servlet 和 JSP 应用开发接口，创建基于 Web 的应用程序。

本书特色

由于 SCWCD 认证考试内容涉及所有 Servlet 和 JSP 技术相关知识细节、编程概念及开发技巧，相关的书籍非常少，尤其像这样全面介绍基于 SUN 公司新推出对应 J2EE1.4 的 SCWCD 认证考试配套的中文图书，目前市场上几乎没有，这与国内对 Web 开发需求的飞速发展趋势相悖。

本书正是为了解决 SCWCD 考试人员在准备认证考试时无从获得平台相关技术信息而编写的。本书各章节内容的安排遵循从总体到局部，从易到难的原则，安排合理，循序渐进，结构清晰，示例丰富，浅显易懂。即使是没有 Web 开发经验的新手，通过本书的强化学习，也能较快地掌握 SCWCD 认证的内容。为读者顺利掌握 SCWCD 认证知识作好准备，力求做到为读者捅透最后一层窗户纸。

读者对象

本书是广大 SCWCD 认证考试人员必备的参考书，也是热爱 Java 编程的开发者赶上主流 Web 开发技术、学习 J2EE 技术不可多得的一本好书。本书面向 SCWCD 认证考试者、Java Web

软件开发者。同时，本书也可供高等院校相关专业的学生和相关培训机构的学员参考。

本书目标

讲解 SCWCD 认证考试发涉及的各个技术环节，使读者掌握 Java Web 开发的全面技能。

本书组织

根据 SCWCD 认证考试所涉及技术难易和之间的制约关系，全书共分为 19 章。

第 1 章 Java 服务器小程序 介绍 Servlet 技术的工作原理、Servlet 容器、Servlet 和容器之间的关系，以及 Servlet 应用开发接口。

第 2 章 Java 服务器页面 介绍 JSP 技术的工作原理，通过一个简单的 JSP 示例给读者直观的认识，并且对 Servlet 和 JSP 技术做了对比。接着介绍了 JSP 的两种应用架构模型，最后对 JSP 的语法做了简单介绍，为后面的学习做铺垫。

第 3 章 Web 应用程序基础 介绍了 Web 应用程序的概念、构成 Web 应用程序的各个元素以及用于描述 Web 应用程序的部署描述符等。接着对 HTTP 协议的概念以及请求、响应结构做了详细的讲解。

第 4 章 Servlet 模型 介绍了 Servlet 技术对客户端请求和服务器端响应的处理过程，接着讨论了 Servlet 的生命周期，如何使用 Servlet 上下文管理 Servlet 资源，最后对 Servlet 相关的高级技术做了详细讲解。

第 5 章 Web 应用程序结构和部署 介绍了 Web 应用程序的结构，Web 应用程序的部署描述符的构成。

第 6 章 Servlet 容器模型 介绍了封装环境上下文的接口。如何使用部署描述符来配置环境，以及在分布式环境下的 Servlet 和 Servlet 容器的行为表现。

第 7 章 过滤器 介绍了过滤器的概念。如何创建一个过滤器，如何在部署描述符中配置过滤器，并对有关过滤器的高级内容做了讲解。

第 8 章 会话管理 介绍了会话对象及其状态，讨论了 HttpSession 对象以及与会话相关联的监听器。接下来阐述了会话超时的概念，以及如何通过 Cookie 对象和连接地址来实现会话跟踪。

第 9 章 安全的 Web 应用程序 介绍了应用于 Web 的程序的安全有关技术。

第 10 章 JSP 模型基础 介绍了构成 JSP 页面的各个元素，讨论了 JSP 页面的生命周期，最后还对 JSP 的 page 伪指令的语法做了详细讲解。

第 11 章 JSP 模型进阶 介绍了 JSP 生命期的转换阶段，讨论了 JSP 的各个内置对象的使用及 JSP 作用域，最后讲解了 JSP 文档。

第 12 章 Web 组件复用 介绍了 JSP 复用 Web 组件的两种方式——静态包含和动态包含。

第 13 章 表达式语言 介绍了 JSP2.0 引入的新特性——表达式语言。

第 14 章 使用 JavaBean 组件 介绍了 JavaBean 的基本概念，讨论了 JavaBean 组件的具体使用，最后对 JavaBean 的属性做了讲解。

第 15 章 使用定制标签 介绍了自定义标签的相关概念，讨论了如何在 JSP 页面中导入标签库，如何在 JSP 代码中使用各种定制标签，最后对 SUN 公司的 JSTL 做了详细讲解。

第 16 章 标准标签库　介绍了如何创建标签的实现类。

第 17 章 简单标签库　介绍了如何创建简单标签库。

第 18 章 设计模式　介绍了设计模式的历史以及 J2EE 经典模式。

第 19 章 部署描述符　介绍了部署描述符中的各个元素的使用方法。

考试目标

第 1 节：Servlet 技术模型

讲解各种 HTTP 方法（如 GET, POST, HEAD 等）的目的和 HTTP 协议的技术特点，列出导致客户端（通常为一个 Web 浏览器）使用方法的场合，区分对应 HTTP 方法的 HttpServlet 方法。

使用 HttpServletRequest 接口编写代码，从请求中检索 HTML 表单参数，检索 HTTP 请求头信息，或者从请求中检索 Cookie。

使用 HttpServletResponse 接口编写代码，设置 HTTP 响应头，设置响应的 content type，获取响应的文本流，获得响应的二进制流，将 HTTP 请求重定向到另一个 URL 中，或者给响应添加 Cookie。

讲解 servlet 的作用和生命周期中的事件顺序：（1）servlet 类加载，（2）servlet 安装，（3）调用 init 方法，（4）调用服务方法，（5）调用 destroy 方法。

第 2 节：Web 应用的结构和部署

创建 Web 应用的文件和目录结构，可能包括：静态内容、JSP 页面、servlet 类、部署描述符、标签库、JAR 文件以及 Java 类文件。讲解如何保护资源文件的 HTTP 访问。

讲解部署描述符的目的和语法。

创建正确的部署描述符结构。

讲解 WAR 文件的作用，WAR 文件中的内容，以及如何创建 WAR 文件。

第 3 节：Web 容器模型

ServletContext 初始化参数方面：编写 servlet 代码访问初始化参数，创建部署描述元素声明初始化参数。

基本 servlet 属性范围（请求、会话和上下文）方面：编写 servlet 代码添加、检索和删除属性；给定使用情景，识别正确的属性范围，以及各个范围相关的多线程问题。

讲解 Web 容器请求处理模型；编写并配置过滤器，创建请求或响应封包，给定一个设计问题，讲解如何应用过滤器或封包。

讲解 Web 容器生命周期的事件模型请求、会话、Web 应用，为每个范围里的生命周期创建和配置监听器类，创建和配置范围属性监听器类；给定一个情形，识别适用的属性监听器。

讲解 RequestDispatcher 机制，编写 servlet 代码创建请求派遣器，编写 servlet 代码转到或者包含目标资源，识别并讲解容器或目标资源所提供的其他请求范围中的属性。

第4节：会话管理

编写 servlet 代码将对象保存到 session 对象中，并从 session 对象中检索出对象。

给定一个情景，描述访问 session 对象的 API，什么时候创建 session 对象。用于销毁 session 对象的机制，以及何时需要销毁。

使用会话监听器编写代码，当把对象添加到 session 时对事件进行响应。编写代码，当 session 对象从一个虚拟机移动到另一个虚拟机时，对事件进行响应。

给定一个情景，讲解 Web 容器所要实现的会话管理机制，如何使用 cookie 来管理会话，如何使用 URL 重写技术来管理会话，并编写 Servlet 代码执行 URL 重写。

第5节：Web 应用安全性

基于 Servlet 规范，比较和对比以下安全性机制：认证、授权、数据完整性以及保密性。

在部署描述符中，声明安全性约束、Web 资源、传输保障、登陆配置和安全性角色。

比较和对比认证类型：BASIC, DIGEST, FORM 以及 CLIENT-CERT。这些类型如何工作，给定一个情景，选择合适的类型。

第6节：Java 服务器页面（JSP）技术模型

认识、描述或编写下列 JSP 代码：模板文本、脚本（注释、指令、声明、脚本和表达式）、标准动作和自定义动作，以及语言表达式。

编写 JSP 代码，用到命令：page（属性 import, session, contentType 和 isELIgnored），include 和 taglib。

编写 JSP 文档（基于 XML 的文档），使用正确的语法。

讲解 JSP 页面生命周期的目的和事件顺序：（1）JSP 页面翻译，（2）JSP 页面编译，（3）加载类，（4）创建实例，（5）调用 jspInit 方法，（6）调用_jspService 方法以及调用 jspDestroy 方法。

给定一个设计目标，编写 JSP 代码，用适当的隐含对象：request, response, out, session, config, application, page, pageContext 和 exception。

配置部署描述符，声明一个或多个标签库，停用评估语言和脚本语言。给定特定的设计目标，包含另一个页面中的 JSP 代码段。编写 JSP 代码，使用最合适的包含机制（用 include 指令或 jsp:include 标准动作）。

第7节：使用表达式语言（EL）创建 JSP 页面

给定一个情景，编写 EL 代码，访问隐含变量：pageScope, requestScope, sessionScope, applicationScope, param, paramValues, header, headerValues, cookie, initParam 和 pageContext。

给定一个情形，编写 EL 代码，使用运算符：属性访问（.运算符）、集合访问（[]运算符）。

给定一个情形，编写 EL 代码，使用运算符：算术运算符、关系运算符和逻辑运算符。

给定一个情形，编写 EL 代码，使用某个函数；编写 EL 函数，在标签库描述符中配置 EL 函数。

第 8 节：用标准动作创建 JSP 页面

给定一个设计目标，使用下列动作创建代码 snippet：jsp:useBean（属性 id, scope, type 和 class），jsp:getProperty 以及 jsp:setProperty（所有属性的组合）。

给定一个设计目标，使用下列动作创建代码 snippet：jsp:include, jsp:forward 和 jsp:param。

第 9 节：使用标签库创建 JSP 页面

针对自定义标签库或标签文件库，为 JSP 页面创建 taglib 指令。

给定一个设计目标，在 JSP 页面中创建自定义标签结构来支持这个目标。

给定一个设计目标，使用核心标签库中适当的 JSP 标准标签库（JSTL v1.1）。

第 10 节：创建一个自定义标签库

讲解经典的自定义标签事件模型执行时的语法（doStartTag, doAfterBody 及 doEndTag），讲解返回值的类型以及各个事件的意义，编写一个标签处理类。

使用 PageContext API 编写标签处理代码，访问 JSP 隐含变量，并访问 Web 应用属性。

给定一个情景，编写标签处理代码，访问父标签和任意标签祖先。

讲解简单的自定义标签事件模型执行时的语法（doTag），编写标签处理类，解释标签中 JSP 内容的约束。

讲解标签文件模型的语义、标签文件 Web 应用结构、标签体中 JSP 内容的限制；编写标签文件。

第 11 节：J2EE 模式

给定一个问题列表描述情景，选定适当的模式解决这些问题。必须了解的模式：截获过滤、模型－视图－控制器、前端控制、服务定位、业务代理和传输对象。

根据给出的优点描述，找出对应的设计模式：截获过滤、模型－视图－控制器、前端控制、服务定位、业务代理和传输对象。

本书由具有丰富的 SCWCD 考试经验的专家编写，是 SCWCD 应试人员的必备教材，同时也是一本 Java Web 开发的优秀参考书，可作为 Java Web 开发人员理论提升的参考。既可作为 Java5 的辅导材料和备考教材，也可用于培训学校教材。

由于作者水平有限，时间紧任务重，难免存在不妥之处，敬请读者批评指正。作者联系电子邮箱 xuanxuan_boys@126.com。

施 铮

目 录

Chapter 1

Java 服务器小程序

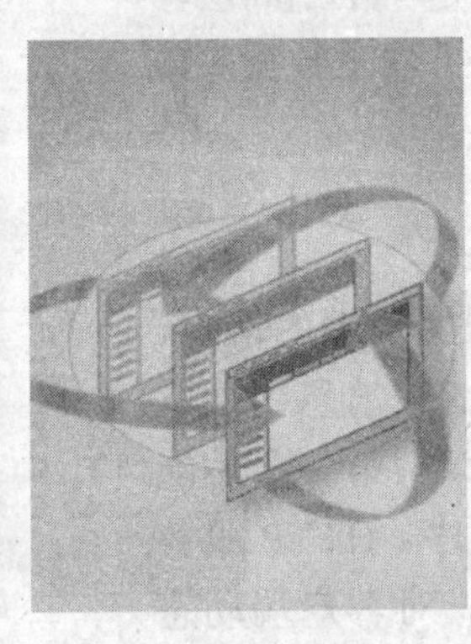

1.1 Servlet 简介

1.2 Servlet 容器

1.3 一个 Servlet 示例

在本章中，首先我们先了解一下 Servlet 技术的工作原理，接着介绍了 Servlet 容器以及 Servlet 和容器之间的关系，之后通过一个简单的示例展示了构建一个 Servlet 的过程，最后介绍了 Servlet 应用开发接口。

本章只作为 Servlet 技术的导入，让读者有一个初步认识和整体概念，有关 Servlet 技术的具体技术细节将在后面章节中详细讲解。

1.1 Servlet 简介

Servlet（Java 服务器小程序）是用 Java 语言编写的服务器端程序，是运行于应用服务器之上，在服务器端调用、执行，并按照 Servlet 规范编写的 Java 类。其是一个中间层，负责连接来自 Web 浏览器或其他 HTTP 客户端程序的请求，以及 HTTP 服务器上数据库或应用程序。为了更好地理解 Servlet，我们来看一下服务器端所扮演的角色。

1.1.1 服务器端的职责

为了给远程客户端提供服务，服务器端主要具备两个功能：一是处理客户端的请求，第二、创建一个返回客户端的响应。第一个功能包括套接字的编程，从请求消息中抽取信息以及实现客户端－服务器间的通信协议，例如 FTP 协议、HTTP 协议。第二个功能包括创建响应、提供不同的服务，例如对基于 HTTP 协议的 Web 应用程序，HTTP 服务器作为 Web 应用程序的入注主机为客户端提供复杂的服务，产生输出。对客户端动态地产生响应，例如从数据库中检索数据，执行商务逻辑组件，为不同用户提供定制格式的响应页面等。

实现最简单的服务器端的方式就是在一个程序中实现所有功能，处理所有的事务，例如管理网络、实现通信协议、定位数据以及形成响应等。但是对于 Web 应用需求的复杂性要求，HTTP 服务器需要一个高度灵活、可扩展的设计。应用程序逻辑应具备可变更性，客户端界面应具备个性化以及可定制商业逻辑处理规则。而且，如何添加新的功能？如何改变数据的格式？也必须考虑进去。

我们无法在一个程序中实现所有这些任务，满足 Web 应用的需求。一个良好设计的 Web 服务器应该被分成两个部分：一部分处理底层的网络，另一部分处理应用逻辑。通过一个标准的接口将两者连接起来，这种分层设计可以使得易变的应用逻辑的改变不再影响底层的网络。

最初实现这种多层结构设计的技术是通用网关接口（Common GatewayInterface，CGI）来完成。CGI 分成两部分：一部分是 CGI 服务器，另一部分是 CGI 脚本。CGI 服务器负责网络通信，管理客户端；CGI 脚本负责处理数据，发送输出。两部分之间通过 CGI 规则来实现数据的交换。

1.1.2 服务器端的扩展

尽管 CGI 提供了一个分层模块的设计，但其存在一些缺点。最主要的问题是，通信效率的低、执行速度较慢。每个新的请求都需要创建新的处理进程来运行 CGI 脚本并且在请求被服务后需要销毁这个处理进程，这种模式将引起内存及 CPU 占用率较高，相对而言服务器资源代价比较高，而且在同一进程中不能服务多个用户，这造成了极差的效率，尤其是由脚本完成初始化的过程，例如与数据库的连接。此外，CGI 应用开发比较困难，它要求开发人员具备处理参数传递的知识，这不是一种通用的技能。CGI 不可移植，为某一特定平台编写的 CGI 只能应用运行于这一特定环境中。

较理想的服务器设计应该支持可独立执行的模块，这些模块在服务器启动时可以被装载到内存中，并且仅需初始化一次。对每个请求就可以由已在内存中的模块提供服务，并且一个模块可以处理多个请求，这些独立的可执行模块称作服务器端的扩展。基于 Java 平台的服务器端的扩展就是使用 Servlet 应用开发接口（Servlet API）编写而成的，这些扩展模块就称作 Servlet。

和传统的 CGI 及许多类 CGI 技术相比，Java 的 Servlet 执行效率高、易用、强大、易移植、安全、成本低。

1. 效率对比

应用传统的 CGI，针对每个 HTTP 请求都要启动一个新的进程，那么启动进程的开销会占用大部分执行时间。而使用 Servlet，JVM（Java 虚拟机）会一直运行，并用轻量级的 Java 线程处理每个请求，而非重量级的操作系统进程。类似地，应用传统的 CGI 技术，如果存在对同一个 CGI 程序的 N 个请求，那么 CGI 程序的代码会载入内存 N 次。同样的情况，如果使用 Servlet 则会启动 N 个线程，但仅仅载入 Servlet 类的单一副本。这种方式减少了服务器的内存需求，通过实例化更少的对象，从而节省了时间。当 CGI 程序结束对请求的处理之后，程序结束。这种方式难以缓存计算结果，保持数据库连接打开，或是执行依靠持续性数据的其他优化。然而，Servlet 会一直滞留在内存中，即使请求处理完毕也保持在内存中，这样可以直接存储客户端请求之间的任意复杂数据。

2. 便利对比

Servlet 提供了大量的基础方法，可以自动分析、解析、提取 HTML 表单的数据，读取、设置 HTTP 头信息，处理 Cookie、跟踪会话，以及其他此类高级功能。而在 CGI 中，大部分工作都需要开发人员自己来完成。另外，编写 Servlet 代码不需要学习新的编程语言，只要熟悉 Java 语言即可。

3. 功能对比

Servlet 支持传统 CGI 难以实现或根本不能实现的一些功能。Servlet 能够直接与 Web 服务器对话，而传统的 CGI 程序无法做到这一点，至少在不使用服务器专门提供的 API 情况下是这样。例如，与 Web 服务器的通信使得将相对路径转换成具体路径变得更为容易。多个 Servlet 之间还可以共享数据，从而易于实现数据库连接共享和类似地资源共享优化。Servlet 还能维护请求之间的状态、信息，这使得诸如会话跟踪、计算结果缓存等技术更为简单。

4. 移植对比

Servlet 使用 Java 语言编写，并且遵循标准的 Java API。所有主要的 Web 服务器，实际上都直接或间接地通过插件支持 Servlet，因此 Servlet 可以在不同的 Web 服务器间移植，而不需要修改任何 Servlet 代码。

5. **成本对比**

对于低容量或中等容量 Web 应用程序的部署，有大量免费的 Web 服务器可供选择。通过使用 Servlet 可以从使用免费的服务器开始，在项目获得初步成功后，再移植到具有更高性能、高级管理工具的商业服务器上，并不需要做出任何更改，有效降低了投入风险。这与传统 CGI 方案形成了鲜明的对比，因为这些 CGI 方案在初期均需要为购买软件包而投入大量资金。由此可以看出，价格与可移植性在某种程度上是相互关联的。

6. **安全对比**

传统的 CGI 程序主要漏洞之一，就是 CGI 程序常常由通用的操作系统外壳命令来执行。CGI 程序必须过滤那些可能被外壳命令特殊处理的字符，实现这项预防措施的难度可能超出我们的想象。在广泛应用的 CGI 中，不断发现由这类问题引发的弱点。同时，一些 CGI 程序用非自动检查数组和字符边界的语言编写而成。因而，如果开发人员一旦忘记了执行这项检查，就会将系统暴露在蓄意或偶然的缓冲区溢出攻击之下。Servlet 是不存在这些问题的。即使 Servlet 执行系统调用，激活本地操作系统上的程序，它也不会用到外壳命令来完成任务。而且，数组边界的检查以及其他内存保护特性也是 Java 语言的核心部分。

7. **市场对比**

即使软件技术设计很好，但是，如果软件提供商不支持它们，或开发人员很难掌握它们，那么这项技术的优点也无法体现出来。Servlet 技术都得到了服务器提供商的广泛支持，基于 Servlet 技术的应用也遍布各行各业，使得此技术的投入得以很好延续和支持。

1.2 Servlet 容器

什么是 Servlet 容器？有时候也叫做 Servlet 引擎，它是 Web 服务器中专门用于装载、运行 Servlet 的一个模块，是 Web 服务器或应用程序服务器的一部分，用于在发送的请求和响应之上提供网络服务，解码基于 MIME 的请求，格式化基于 MIME 的响应。Servlet 容器在 Servlet 的生命周期内包容和管理 Servlet。

1.2.1 概览

图 1-1 展示了 Web 应用程序中的不同组件。

HTML 文件是存储在服务器文件系统中的静态资源。Servlet 运行于 Servlet 容器中，Servlet 容器是 Servlet 组件运行的环境。DB 是存储持久数据的数据库。客户端浏览器发送请求到 Web 服务器。如果请求的是 HTML 文件，服务器直接将请求的 HTML 文件返回。如果请求的是一个 Servlet，服务器将该请求转发给 Servlet，后者再根据请求使用文件系统，访问数据库，产生返回客户端的响应内容。

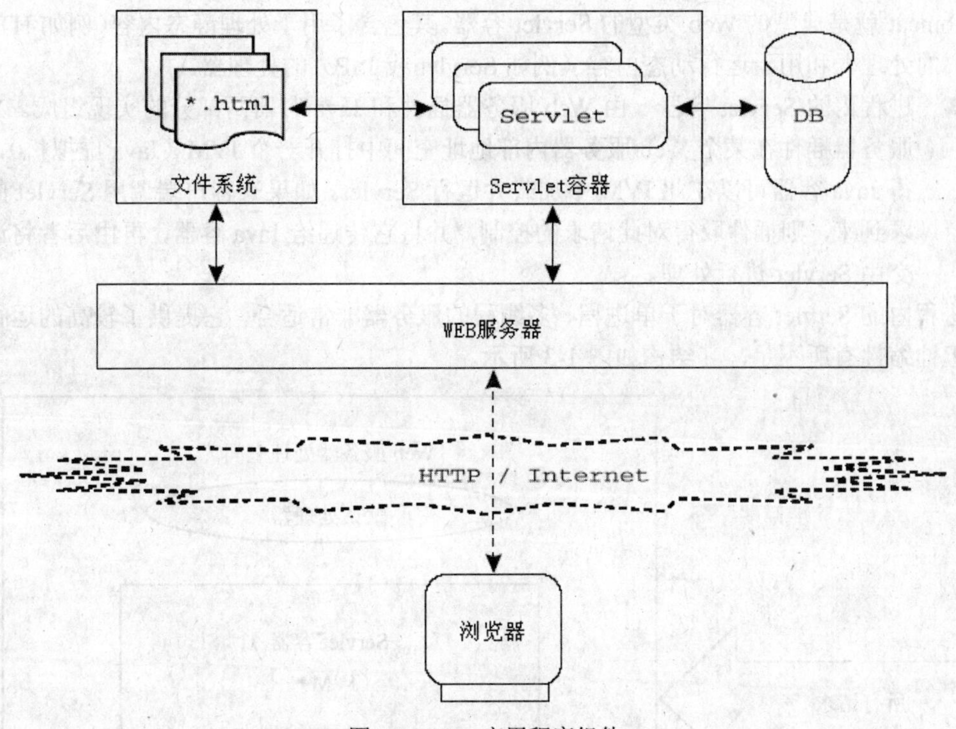

图 1-1　Web 应用程序组件

1.2.2 Servlet 容器

从概念上来说，Servlet 容器可以单独处理任务，一个 Servlet 容器是 Web 服务器的一部分。从此观点出发，Servlet 容器可以分成以下 3 种类型：

■ 独立的 Servlet 容器　这种类型的 Servlet 容器一般就是基于 Java 技术的 Web 服务器。该 Web 服务器包含有两个模块，一个是主 Web 服务器，另一个是 Servlet 容器。Servlet 容器作为构成 Web 服务器的一部分而存在，其结构如图 1-2 所示。

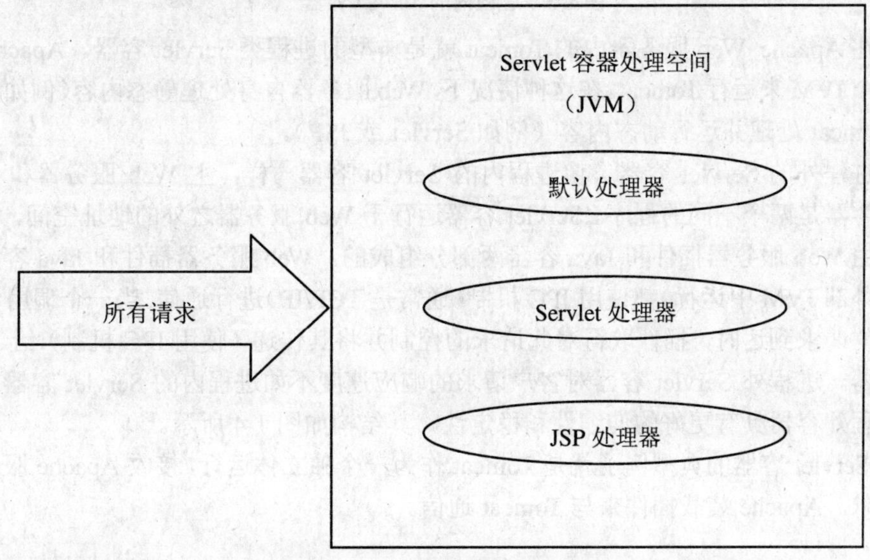

图 1-2　独立的 Servlet 容器

Tomcat 就是典型的 Web 类型的 Servlet 容器。其包含了用于处理静态内容(例如 HTML 页面)的处理器和用于运行动态内容(例如 Servlet 或 JSP)的处理器。

- 进程内的 Servlet 容器　由 Web 服务器插件和 Java 容器两部分的实现组成。Web 服务器插件在某个 Web 服务器内部地址空间中打开一个 JVM(Java 虚拟机),使得 Java 容器可以在此 JVM 中加载并运行 Servlet。如果有客户端调用 Servlet 的请求到来,则插件取得对此请求的控制,并将它传递给 Java 容器,再由后者将请求交由 Servlet 进行处理。

进程内的 Servlet 容器对于单进程、多线程的服务器非常适合,它提供了较高的运行速度,但伸缩性有所不足,其结构如图 1-3 所示。

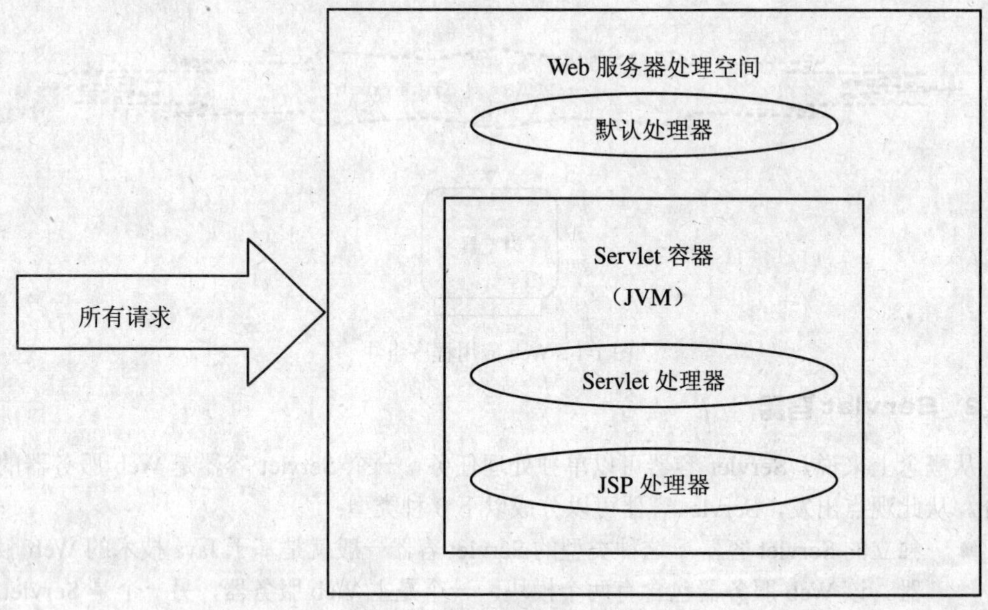

图 1-3　进程内的 Servlet 容器

运行在 Apache Web 服务器内的 Tomcat 就是典型的进程类 Servlet 容器。Apache 服务器装载一个 JVM 来运行 Tomcat。在这种情况下,Web 服务器自身处理静态内容(例如 HTML 页面),Tomcat 处理并运行动态内容(例如 Servlet 或 JSP)。

- 进程外的 Servlet 容器　像进程内的 Servlet 容器一样,主 Web 服务器和 Servlet 容器是两个不同的程序。Servlet 容器运行于 Web 服务器之外的地址空间,它也是由 Web 服务器插件和 Java 容器两部分组成的。Web 服务器插件和 Java 容器(在外部 JVM 中运行)都使用 IPC 机制(通常是 TCP/IP)进行通信。当一个调用 Servlet 的请求到达时,插件取得对此请求的控制并将其传递(使用 IPC 机制)给 Java 容器。进程外 Servlet 容器对客户请求的响应速度不如进程内的 Servlet 容器,但进程外容器具有更好的伸缩性和稳定性,其结构如图 1-4 所示。

此种 Servlet 容器的典型例子就是 Tomcat 作为一个独立体运行,接收 Apache 服务器发送来的请求。Apache 装载插件来与 Tomcat 通信。

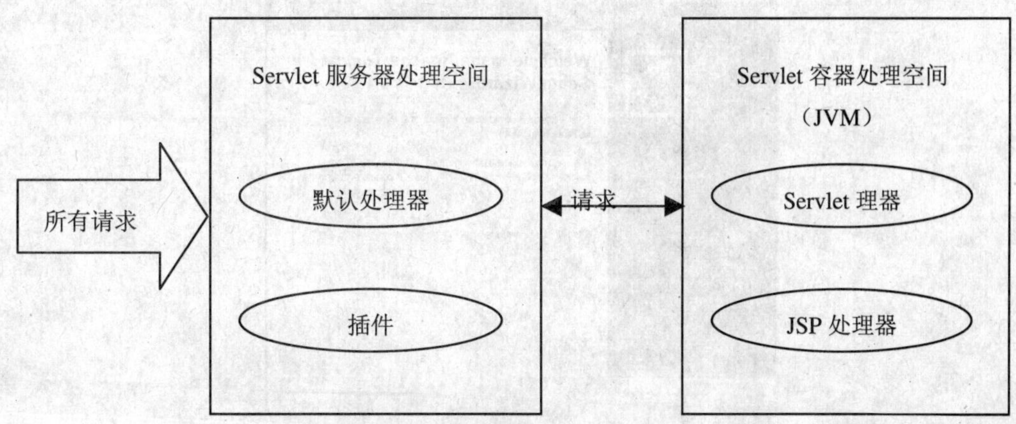

图 1-4　进程外的 Servlet 容器

每种 Servlet 容器都有其优点、缺点和可应用性。目前，市场上较流行的应用服务器有：Tomcat （Apache）、Resin（Caucho Technology）、JRun （Macromedia）、WebLogic （BEA）和 WebSphere（IBM）。其中，WebLogic（BEA）和 WebSphere（IBM）是比较优秀的，它们提供了对 EJB（Enterprise JavaBeans）、JMS （Java Message Service）以及其他 J2EE 技术的支持。

1.2.3 Tomcat 简介

学习 Servlet 技术，首先需要有一个 Servlet 运行环境，也就是有一个 Servlet 容器，本书采用的是 Tomcat 应用服务器。

Tomcat 服务器是一个免费的开源 Web 应用服务器，它是 Apache 软件基金会（Apache Software Foundation）的 Jakarta 项目中的一个核心项目，由 Apache、Sun 和其他一些公司及个人共同开发。由于有了 Sun 的参与和支持，最新的 Servlet 和 JSP 规范总是能在 Tomcat 中得到体现，Tomcat5 支持最新的 Servlet 2.4 和 JSP 2.0 规范。因为 Tomcat 技术先进、性能稳定，而且免费，因而深受 Java 爱好者的喜爱并得到了部分软件开发商的认可，成为目前比较流行的 Web 应用服务器。

安装 Tomcat 之前要先安装 JDK，可以从 http://java.sun.com 上下载最新版本的 JDK。Tomcat 则可从 Apache Jakarta Project 站点（http://jakarta.apache.org/site/binindex.cgi）上下载，本书使用的 Tomcat 版本是 5.0.28。对于 Windows 操作系统，Tomcat 5.0.28 提供了两种安装文件：一种是 jakarta-tomcat-5.0.28.exe，另一种是 jakarta-tomcat-5.0.28.zip。jakarta-tomcat-5.0.28.exe 是可执行的安装程序，只需要运行这个文件，就可以安装 Tomcat 了。在安装过程中，安装程序会自动搜寻 JDK 和 JRE 的位置。安装完成后，在 Windows 系统的“开始”→“程序”菜单下会添加 Apache Tomcat 5.0 菜单组。jakarta-tomcat-5.0.28.zip 是一个压缩包，只需要将它解压到硬盘上就可以了，但需要进行手工配置。在这里，建议读者下载 jakarta-tomcat-5.0.28.exe，这样安装配置均可自动完成。下面主要介绍 jakarta-tomcat-5.0.28.exe 的安装与 Tomcat 运行环境的设置。

1. **安装** Tomcat

双击 jakarta-tomcat-5.0.28.exe，开始安装 Tomcat 了。安装首界面如图 1-5 所示。

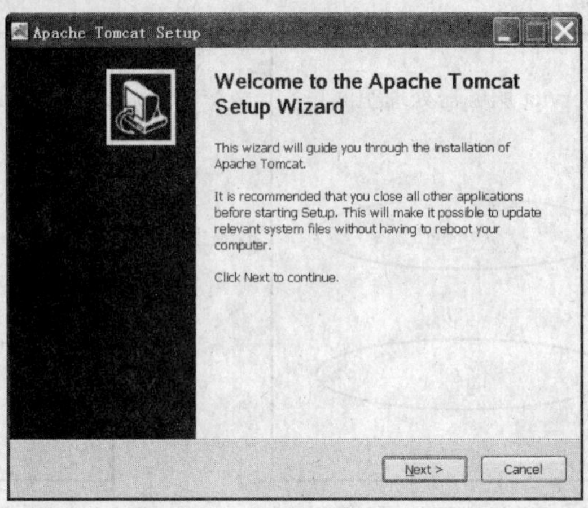

图 1-5　Tomcat 安装首界面

安装 Tomcat 时，安装程序要求指定 Tomcat 的安装路径，如图 1-6 所示。这一步指定正确的 Tomcat 安装路径。

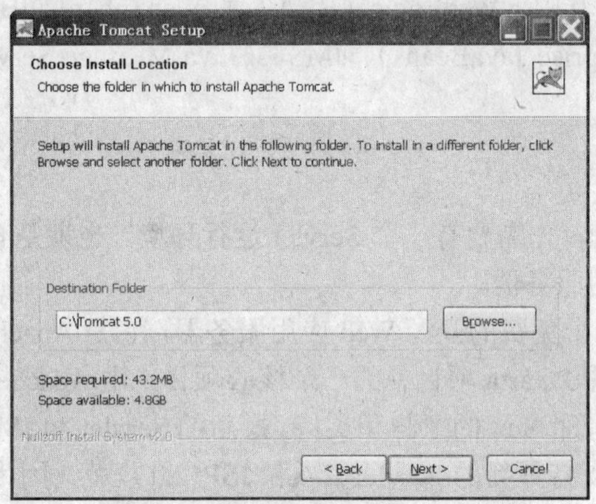

图 1-6　选择 Tomcat 安装路径

接下来，需要对 Tomcat 进行基本设置，包括通信端口（默认是 8080）以及系统管理员的账号和密码设置，如图 1-7 所示。

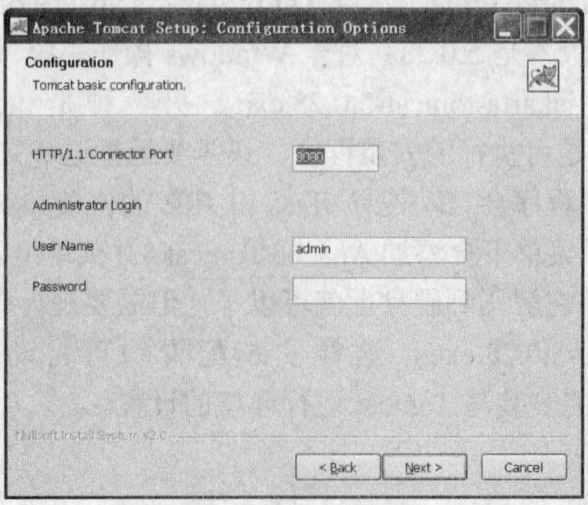

图 1-7　设置 Tomcat

设置完 Tomcat 之后，就可以设置 JVM 了。此时安装程序一般会自动搜索出是否已安装了的 JDK。当然，我们也可以自行设置，如图 1-8 所示。

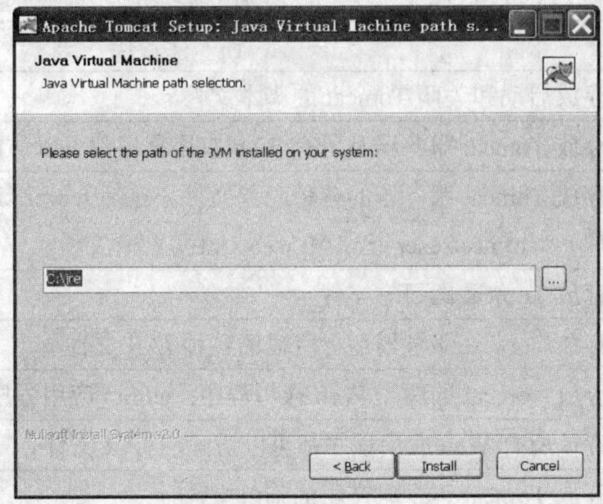

图 1-8　设置 JVM

安装完成后，提示是否直接运行 Tomcat 和是否需要阅读 Readme 文件，如图 1-9 所示。

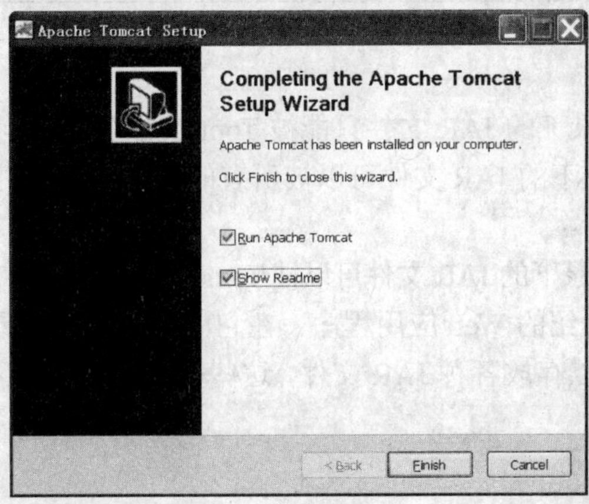

图 1-9　安装完成

我们将 Tomcat 安装到 C:\Tomcat 目录下。Tomcat 安装后的目录层次结构如图 1-10 所示。

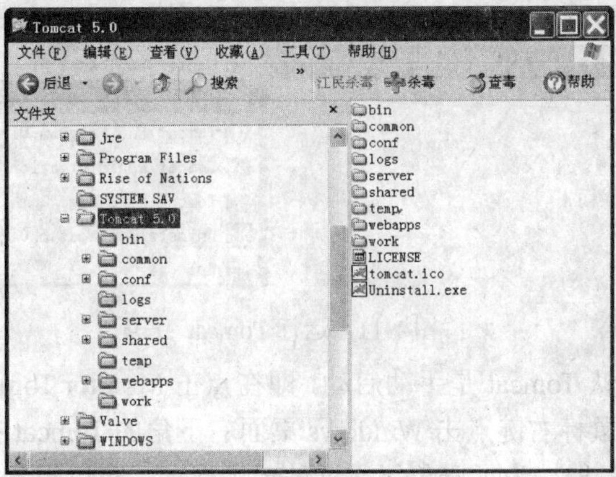

图 1-10　Tomcat 目录层次结构

各目录的用途如表 1-1 所示。

表 1-1　Tomcat 目录结构及其用途

方　法	功　能　描　述
/bin	存放启动和关闭 Tomcat 的脚本文件
/common/lib	存放 Tomcat 服务器及所有 Web 应用程序都可以访问的 JAR 文件
/conf	存放 Tomcat 服务器的各种配置文件，包括 server.xml（Tomcat 的主要配置文件）、tomcat-users.xml 和 web.xml 等配置文件
/logs	存放 Tomcat 的日志文件
/server/lib	存放 Tomcat 服务器运行所需的各种 JAR 文件
/server/webapps	存放 Tomcat 的两个 Web 应用程序：admin 应用程序和 manager 应用程序
/shared/lib	存放所有 Web 应用程序都可以访问的 JAR 文件
/temp	存放 Tomcat 运行时产生的临时文件
/webapps	当发布 Web 应用程序时，通常把 Web 应用程序的目录及文件放到这个目录下
/work	Tomcat 将 JSP 生成的 Servlet 源文件和字节码文件放到这个目录下

从表 1-1 中可以看出，/common/lib、/server/lib 和/shared/lib 目录下都可以存放 JAR 文件，它们的区别在于：

（1）在/server/lib 目录下的 JAR 文件只能被 Tomcat 服务器访问。

（2）在/shared/lib 目录下的 JAR 文件可以被所有的 Web 应用程序访问，但不能被 Tomcat 服务器访问。

（3）在/common/lib 目录下的 JAR 文件可以被 Tomcat 服务器和所有的 Web 应用程序访问。

此外，对于后面要介绍的 Web 应用程序，在它的 Web-INF 目录下，也可以建立 lib 子目录。在 lib 子目录下可以存放各种 JAR 文件，这些 JAR 文件只能被当前 Web 应用程序所访问。

2. **运行 Tomcat**

根据安装 Tomcat 方式的不同，运行 Tomcat 也存在两种方式。如果采取的是执行可执行文件方式安装的 Tomcat，安装完成后，可通过“开始”→“所有程序”菜单下的 Apache Tomcat 5.0 菜单组中的 Monitor Tomcat 启动 Tomcat 应用服务器，如图 1-11 所示。

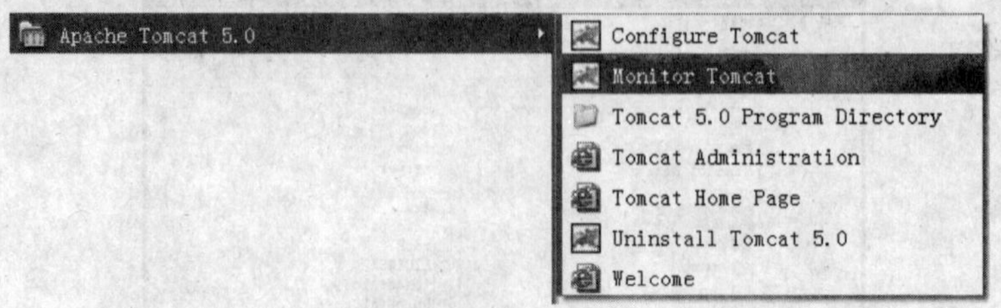

图 1-11　运行 Tomcat

需要注意的是，默认 Tomcat 是手动启动，即在点击 Monitor Tomcat 菜单相后并未真正启动 Tomcat。还需要用鼠标右键点击 Windows 桌面右下角的 Tomcat 托盘，选择 Start service 选项来启动 Tomcat 服务器。为了避免每次这种手工启动，可以设置 Tomcat 启动方式为自动。用鼠标右键点击 Windows 桌面右下角的 Tomcat 托盘，选择 Configure 选项来启动配置

Tomcat 启动方式，如图 1-12 所示。

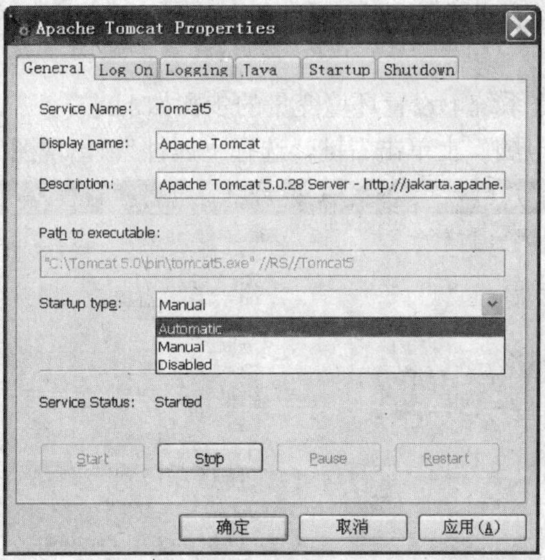

图 1-12　配置 Tomcat 的运行

如果采取的是 ZIP 压缩文件的安装方式，则需要手工配置 Tomcat 的运行。首先，在 Tomcat 安装目录下的 bin 子目录中，有一些批处理文件（以.bat 作为后缀名的文件），其中的 startup.bat 就是启动 Tomcat 的脚本文件，用鼠标双击这个文件，将会看到如图 1-13 所示的画面。

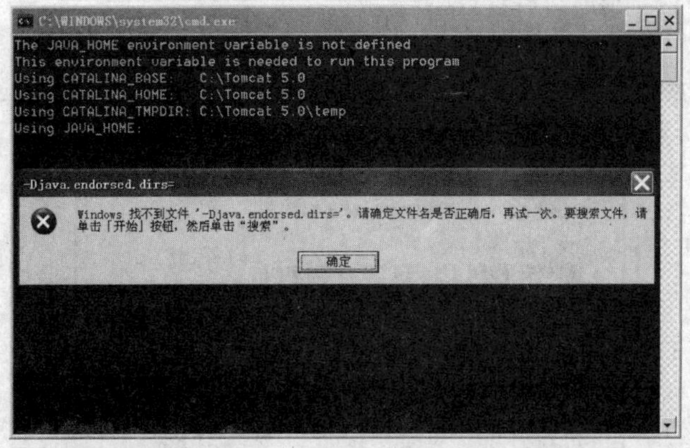

图 1-13　运行 Tomcat 提示出错信息

注意： 初次运行 Tomcat 时，不要看到图 1-13 所示的信息，就认为自己的 Tomcat 安装有错误。反复安装依然不能解决问题。实际上，这是因为未配置 Tomcat 而导致 Tomcat 不能启动的原因。

我们在学习软件开发时，一定要养成查看错误提示信息，进而根据错误提示解决问题的良好习惯。笔者第一次配置 Tomcat 时，就是根据错误提示信息一步步地配置成功的。很多人一看见错误信息，立即单击“确定”按钮，这样就错过了提示信息。当看到错误信息时，首先不要慌张和无所适从，仔细看清楚错误提示，不要着急单击按钮。

查看图 1-13 中的错误提示信息，可以看到这样一句话 The JAVA_HOME environment variable is not defined，从画面中可以看到，在执行到 Using JAVA_HOME 这句时出现了错误。出错的原因可能是因为没有设置 JAVA_HOME 环境变量。那么 JAVA_HOME 环境变量的值应该是什么呢？很容易想到应该是 JDK 所在的目录，在笔者的机器上，JDK 所在的目录是 C:\jdk。

在 Windows XP 操作系统下设置环境变量的步骤如下：

（1）在桌面“我的电脑”上单击右键，选择“属性”，出现图 1-14 所示的画面。

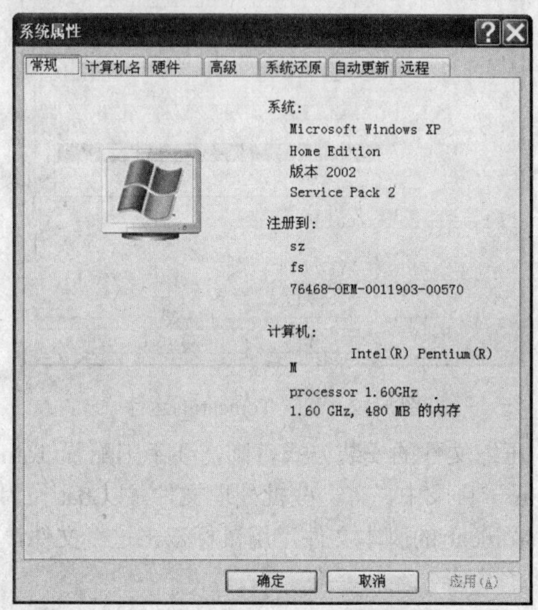

图 1-14　我的电脑属性

（2）单击“高级”选项卡，选择“环境变量(N)”，如图 1-15、图 1-16 所示。

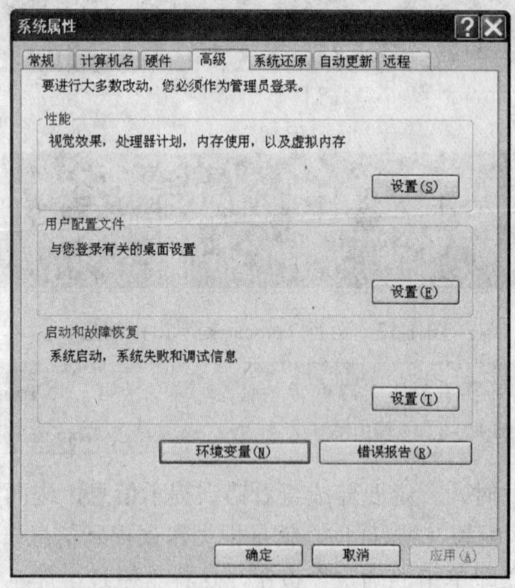

图 1-15　高级选项卡

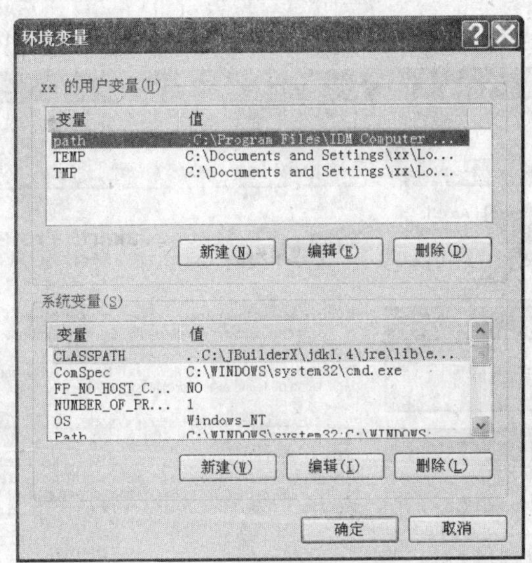

图 1-16　环境变量对话框

（3）在“系统变量”下方单击“新建”按钮。在“变量名”中输入 JAVA_HOME，在变量值中输入 JDK 所在的目录 C:\jdk，然后单击“确定”按钮，如图 1-17 所示。

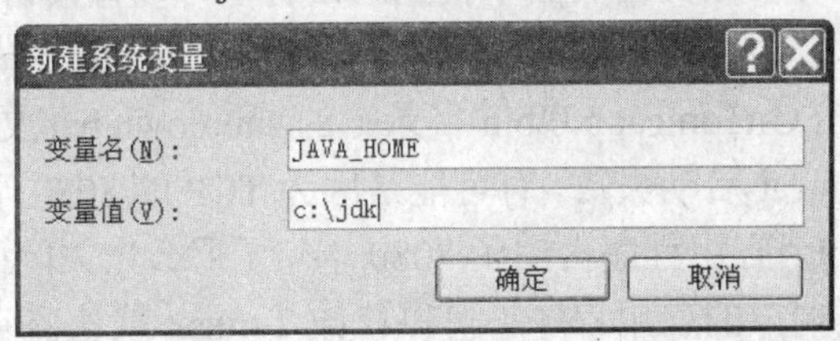

图 1-17　新建 JAVA_HOME 环境变量

（4）最后在“环境变量”对话框上单击“确定”按钮，结束 JAVA_HOME 环境变量的设置。

我们再一次转到 C:\Tomcat\bin 目录下，用鼠标双击 startup.bat 文件，可以看到图 1-18 所示的启动信息。

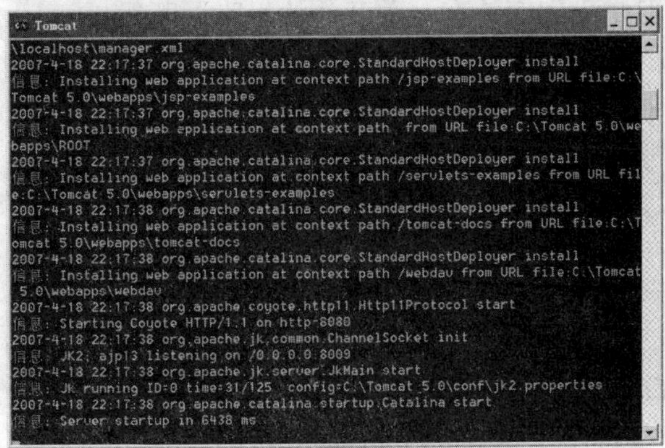

图 1-18　Tomcat 启动信息

然后打开浏览器，在地址栏中输入 http://localhost:8080/（localhost 表示本地机器，等价于 IP127.0.0.1；8080 是 Tomcat 默认监听的端口号），将出现图 1-19 所示的 Tomcat 页面。

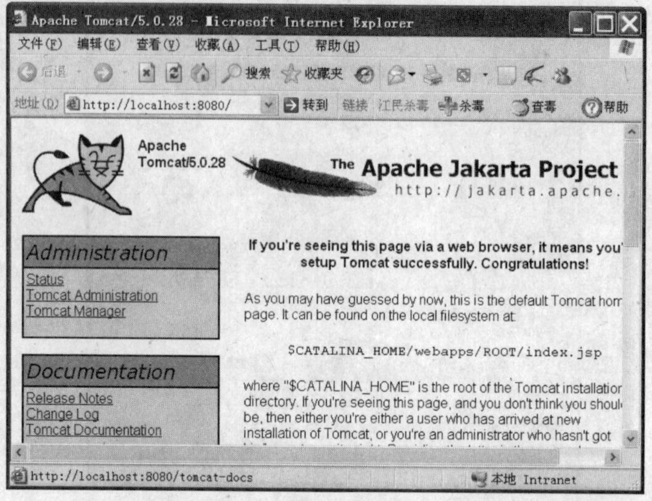

图 1-19　Tomcat 的默认主页

注意图 1-19 左下角的 Tomcat Documentation 选项，单击将进入 Tomcat 的文档页面，有关 Tomcat 的帮助信息可以在文档页面中找到。读者也可以直接访问 Tomcat 的文档，文档首页的位置是 Tomcat 安装目录下的 webapps\tomcat-docs\index.html。如果要关闭 Tomcat 服务器，可以用鼠标双击 C:\Tomcat 5.0\bin 目录下的 shutdown.bat 文件。

如果你机器上的 Tomcat 启动失败，有可能是因为 TCP 的 8080 端口被其他应用程序所占用，如果你知道是哪一个应用程序占用了 8080 端口，那么先关闭此程序；如果你不知道或者不想关闭占用 8080 端口的应用程序，可以修改 Tomcat 默认监听的端口号。

前面介绍了，Tomcat 安装目录下的 conf 子目录用于存放 Tomcat 服务器的各种配置文件，其中的 server.xml 是 Tomcat 的主要配置文件。这是一个格式良好的 XML 文档，在这个文件中可以修改 Tomcat 默认监听的端口号。用 UltraEdit（也可以用记事本或其他的文本编辑工具）打开 server.xml，找到修改 8080 端口的地方。读者也许要问：这个配置文件，我都不熟悉，怎么知道在哪里修改端口号呢？对于初次接触 server.xml 的读者，确实不了解这个文件的结构，但是我们应该有一种开放的思路，既然 Tomcat 的监听端口号是在 server.xml 中配置，那么只要在这个文件中查找 8080 字符序列，不就找到修改端口号的地方了吗！在 UltraEdit 中，同时按下 Ctrl+F 键，出现如图 1-20 所示的查找对话框。

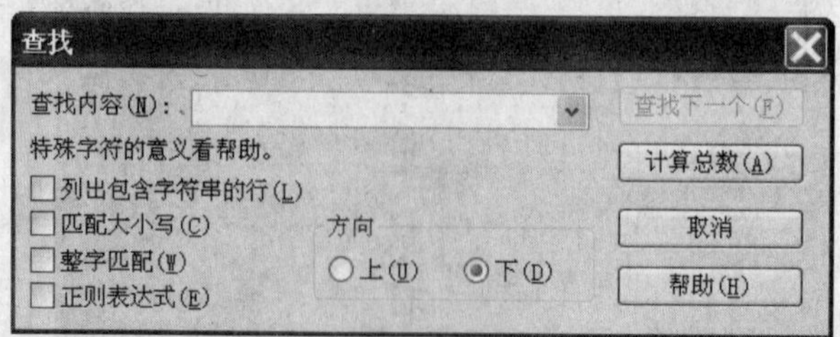

图 1-20　UltraEdit 查找对话框

然后在“查找内容”中输入 8080，单击“查找下一个”按钮。重复这个过程，直到找到图 1-21 所示的在 server.xml 中配置端口号位置。

```
<Connector
port="8080"         maxThreads="150" minSpareThreads="25" maxSpareThreads="75"
                    enableLookups="false" redirectPort="8443" acceptCount="100"
                    debug="0" connectionTimeout="20000"
                    disableUploadTimeout="true" />
```

图 1-21　server.xml 中配置端口号的位置

找到后，如果我们不能确定此处就是需要修改端口号的地方，没有系，可以先尝试修改一下，然后启动 Tomcat。如果启动成功，也就证明我们修改的地方是正确的。学习时，我们应该养成这种探索并不断实验的精神。在这里，我们可以修改端口号为 8000（读者可以根据自己机器的配置选择一个端口号），然后保存。再次启动 Tomcat，在 Tomcat 启动完毕后，打开浏览器，在地址栏中输入 http://localhost:8000/（读者根据自己设置的端口号做相应的修改），就可以看到 Tomcat 的默认主页了。关闭 Tomcat 服务器时，执行 bin 目录下的 shutdown.bat 文件。

3. Tomcat 启动分析

下面我们将通过对 Tomcat 启动过程的分析，帮助读者更好地理解和掌握 Tomcat。

用文本编辑工具打开用于启动 Tomcat 的批处理文件 startup.bat，仔细阅读，可以发现，在这个文件中，首先判断 CATALINA_HOME 环境变量是否为空。如果为空，就将当前目录设为 CATALINA_HOME 的值，接着判断当前目录下是否存在 bin\catalina.bat。如果文件不存在，将当前目录的父目录设为 CATALINA_HOME 的值。根据笔者机器上 Tomcat 安装目录的层次结构，最后 CATALINA_HOME 的值被设为 Tomcat 的安装目录。如果环境变量 CATALINA_HOME 已经存在，则通过这个环境变量调用 bin 目录下的 catalina.bat start 命令。通过这段分析，我们了解到两个信息：一是 Tomcat 启动时，需要查找 CATALINA_HOME 这个环境变量，如果在当前目录下调用 startup.bat，Tomcat 会自动设置 CATALINA_HOME；二是执行 startup.bat 命令，实际上执行的是 catalina.bat start 命令。

如果我们不是让 bin 目录作为当前目录来调用 startup.bat，就会出现图 1-22 所示的错误信息（在 bin 目录的父目录下调用除外）。

```
D:\>c:\Tomcat\bin\startup.bat
The CATALINA_HOME environment variable is not defined correctly
This environment variable is needed to run this program
```

图 1-22　在其他目录下启动 Tomcat 出错

要在其他目录下也能启动 Tomcat，就需要设置 CATALINA_HOME 环境变量，你可以将 CATALINA_HOME 添加到 Windows 2000 系统的环境变量中，其值就是 Tomcat 的安装目录。添加环境变量的过程和前述添加 JAVA_HOME 环境变量的过程是一样的。如果你不想在系统的环境变量中添加，也可以直接在 startup.bat 文件中进行设置。下面是在 startup.bat 文件中设置 CATALINA_HOME 后的文件片段。

```
……
rem $Id: shutdown.bat,v 1.5 2004/05/27 15:05:01 yoavs Exp $
rem ---------------------------------------------------------------------------
set CATALINA_HOME= C:\Tomcat 5.0
rem Guess CATALINA_HOME if not defined
```

```
set CURRENT_DIR=%cd%
if not "c:\Tomcat 5.0" == "" goto gotHome
set CATALINA_HOME=%CURRENT_DIR%
……
```

注意以粗体显示的语句的作用就是设置 CATALINA_HOME 环境变量。在它的下面就可以判断 CATALINA_HOME 是否为空了。如果找不准位置，干脆将设置 CATALINA_HOME 环境变量的语句放置到文件的第一行。JAVA_HOME 环境变量也可以采用同样的方式进行设置。不过，如果你要在其他目录下利用 shutdown.bat 来关闭 Tomcat 服务器，也需要在 shutdown.bat 文件中设置 CATALINA_HOME 和 JAVA_HOME 两个环境变量，设置变量的位置和 startup.bat 文件一样，都是在判断 CATALINA_HOME 是否为空之前。当然，为了一劳永逸，避免重装 Tomcat 后还要进行设置（需要是同一版本的 Tomcat 安装在同一位置），我们最好还是将 CATALINA_HOME 和 JAVA_HOME 两个环境变量添加到 Windows 2000 系统的环境变量中。

有的读者可能会对设置 Tomcat 安装目录的环境变量的名字是 CATALINA_HOME 而感到奇怪，按照以前设置的环境变量来看，JAVA_HOME 表示 JDK 的安装目录，那么应该用 TOMCAT_HOME 来表示 Tomcat 的安装目录，为什么要使用 CATALINA_HOME 呢？实际上，在 Tomcat 4 以前，用的就是 TOMCAT_HOME 来表示 Tomcat 的安装目录，此后采用了新的 Servlet 容器 Catalina，所以环境变量的名字也改为了 CATALINA_HOME。

需要注意的是，在 Windows 系统下环境变量的名字是与大小写无关的，也就是说 JAVA_HOME 和 java_home 是相同的。

了解了 startup.bat 文件以后，再来看看真正负责启动 Tomcat 服务器的 catalina.bat 文件。通过分析 catalina.bat 文件，我们发现它还调用了一个文件 setclasspath.bat。在 setclasspath.bat 文件中，它检查 JAVA_HOME 环境变量是否存在，并通过所设置的环境变量 JAVA_HOME 找到 java.exe，用于启动 Tomcat。在这个文件中，还设置了其他一些变量，分别表示 JDK 中的一些工具，有兴趣的读者可以自行分析一下这个文件。在执行完 setclasspath.bat 之后，catalina.bat 剩下的部分就开始了 Tomcat 服务器的启动进程。

直接执行 catalina.bat 时，需要带上命令行参数。读者可以在命令提示符窗口下，执行 catalina.bat，就会打印出 catalina.bat 命令的各种参数及其含义，如图 1-23 所示。

```
C:\Tomcat\bin>catalina.bat
Using CATALINA_BASE:   C:\Tomcat
Using CATALINA_HOME:   C:\Tomcat
Using CATALINA_TMPDIR: C:\Tomcat\temp
Using JAVA_HOME:       c:\jdk
Usage:  catalina ( commands ... )
commands:
  debug             Start Catalina in a debugger
  debug -security   Debug Catalina with a security manager
  jpda start        Start Catalina under JPDA debugger
  run               Start Catalina in the current window
  run -security     Start in the current window with security manager
  start             Start Catalina in a separate window
  start -security   Start in a separate window with security manager
  stop              Stop Catalina
  version           What version of tomcat are you running?
```

图 1-23　catalina.bat 的各参数信息

其中常用的参数是 start、run 和 stop，参数 start 表示在一个单独的窗口中启动 Tomcat

服务器，参数 run 表示在当前窗口中启动 Tomcat 服务器，参数 stop 表示关闭 Tomcat 服务器。我们执行 startup.bat，实际执行的就是 catalina.bat start 命令；执行 shutdown.bat，实际上执行的是 catalina.bat stop 命令。catalina.bat run 命令有时候是非常有用的，特别是当我们需要查看 Tomcat 的出错信息时。开发 JSP 程序时，经常会碰到自己机器上的 8080 端口号被别的应用程序占用，或者在配置 server.xml 时出现错误，当通过 startup.bat（相当于执行 catalina.bat start）启动 Tomcat 服务器时，会导致启动失败，因为是在单独的窗口中启动 Tomcat 服务器，所以一旦启动失败，命令提示符窗口就自动关闭了，程序运行中输出的出错信息也随之消失，而且没有任何的日志信息，这使得我们很难找出错误原因。当出现错误时，我们可以换成 catalina.bat run 命令再次启动，一旦启动失败，仅仅是 Tomcat 服务器异常终止，但在当前的命令提示符窗口下仍然保留了启动时的出错信息，这样我们就可以查找启动失败的原因了。

4. Tomcat 的体系结构

Tomcat 服务器是由一系列可配置的组件构成的，其中的核心组件是 Catalina Servlet 容器，它是所有其他 Tomcat 组件的顶层容器。

下面简单介绍一下各组件在 Tomcat 服务器中的作用。

- Server　Server 表示整个 Catalina Servlet 容器。Tomcat 提供了 Server 接口的一个默认实现，这通常不需要用户自己去实现。在 Server 容器中，可以包含一个或多个 Service 组件。
- Service　是存活在 Server 中的内部组件，它将一个或多个连接器组件绑定到一个单独的引擎（Engine）上。在 Server 中，可以包含一个或多个 Service 组件。Service 也很少由用户定制，Tomcat 提供了 Service 接口的默认实现，而这种实现既简单又能满足应用。
- Connector　连接器处理与客户端的通信，它负责接收客户请求，以及向客户返回响应结果。在 Tomcat 中，有多个连接器可以使用。
- Engine　在 Tomcat 中，每个 Service 只能包含一个 Servlet 引擎。引擎表示一个特定的 Service 的请求处理流水线。作为一个 Service 可以有多个连接器，引擎从连接器接收和处理所有的请求，将响应返回给适合的连接器，再通过连接器传输给用户。用户可以通过实现 Engine 接口提供自定义的引擎，但通常不需要这么做。
- Host　Host 表示一个虚拟主机，一个引擎可以包含多个 Host。用户通常不需要创建自定义的 Host，因为 Tomcat 给出的 Host 接口的实现（类 StandardHost）提供了重要的附加功能。
- Context　一个 Web 应用程序，运行在特定的虚拟主机中。什么是 Web 应用程序？在 Sun 公司发布的 Java Servlet 规范中，对 Web 应用程序做出的定义是，一个 Web 应用程序是由一组 Servlet、HTML 页面、类以及其他的资源组成的运行在 Web 服务器上的完整的应用程序。它可以在多个供应商提供的实现了 Servlet 规范的 Web 容器中运行。一个 Host 可以包含多个 Context（代表 Web 应用程序），每个 Context 都有一个惟一的路径。用户通常不需要创建自定义的 Context，因为 Tomcat 给出的 Context 接口的实现（类 StandardContext）提供了重要的附加功能。

下面通过图 1-24 来帮助读者更好地理解 Tomcat 服务器中各组件的工作流程。

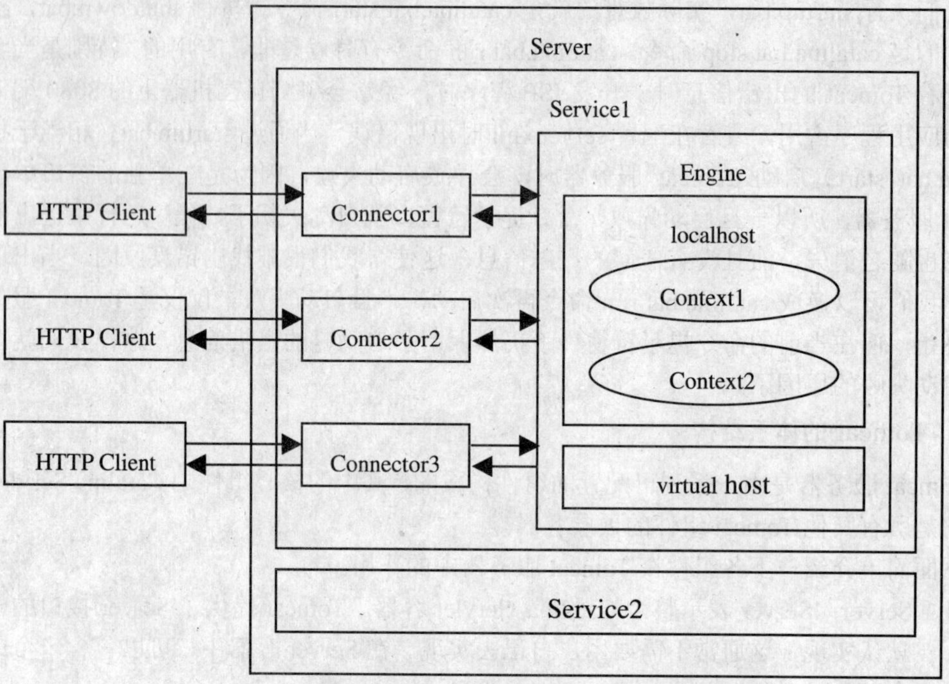

图 1-24 Tomcat 各组件的工作流程

要了解这些组件的其他信息，可以查看文件 C:\Tomcat\webapps\tomcat-docs\architecture\index.html。

我们可以在 conf 目录下的 server.xml 文件中对这些组件进行配置，打开 server.xml 文件，就可以看到元素名和元素之间的嵌套关系，与 Tomcat 服务器的组件是一一对应的，server.xml 文件的根元素就是 server。

在 Tomcat 中，提供了各组件的接口及其实现类，如果要替代 Tomcat 中的某个组件，只需要根据该组件的接口或类的说明，重写该组件，并进行配置即可。

这些接口和类都在 C:\Tomcat\ server\lib\catalina.jar 文件中。对 Tomcat 服务器的实现感兴趣的读者，可以从 http://tomcat.apache.org/上下载 Tomcat 的源代码。

需要注意的是，由于 Apache 软件基金会并不是一个商业性的组织，所以文档更新的速度有时候跟不上版本更新的速度。在 Tomcat 5.5.7 中，就可以发现文档与其源码有不一致的地方。在 Tomcat 5.5.x 中，去掉了 org.apache.catalina.Connector 接口及其相关的实现类，而直接以 org.apache.catalina.connector.Connector 类来代替。在查看 Tomcat 的文档时，最好结合其 API 文档一起看，这样才能保证了解的信息是完整的和准确的。

Tomcat 提供了两个管理程序：admin 和 manager。其中 admin 用于管理和配置 Tomcat 服务器，manager 用于管理部署到 Tomcat 服务器中的 Web 应用程序。

5. admin Web 应用程序

admin Web 应用程序需要单独下载，与 Tomcat 在同一个下载页面，链接名是 Admin zip，下载后的文件名是 jakarta-tomcat-5.5.7-admin.zip，解压缩后，覆盖 Tomcat 安装目录下的同名目录。admin Web 应用程序位于 C:\Tomcat\server\webapps\admin 目录下。

要访问 admin Web 应用程序，需要添加具有管理员权限的帐号，编辑 C:\Tomcat\conf\tomcat-users.xml 文件，在<tomcat-users>元素中添加如下内容：

```
<user username="admin" password="12345678" roles="admin"/>
```

其中用户名和密码可以自行设置。

启动 Tomcat 服务器，打开浏览器，在地址栏中输入 http://localhost:8080/admin/，回车后将出现图 1-25 所示的页面。

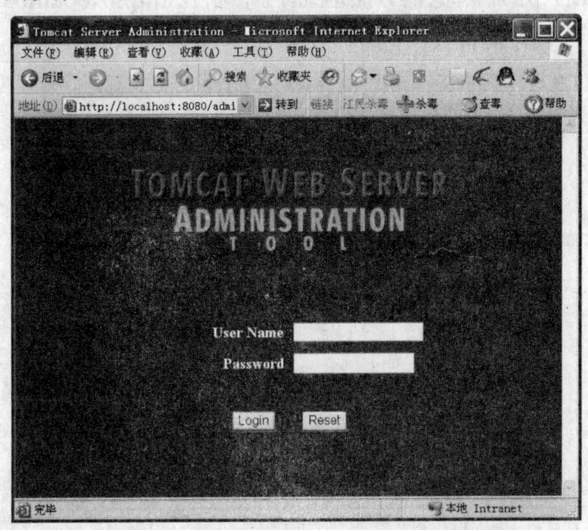

图 1-25　admin Web 应用程序的登录界面

也可以在 Tomcat 的默认主页的左上方单击 Tomcat Administration 链接，进入 admin 登录页面。输入用户名 admin，密码根据安装时的选择，单击 Login 按钮，将看到图 1－26 所示的页面。

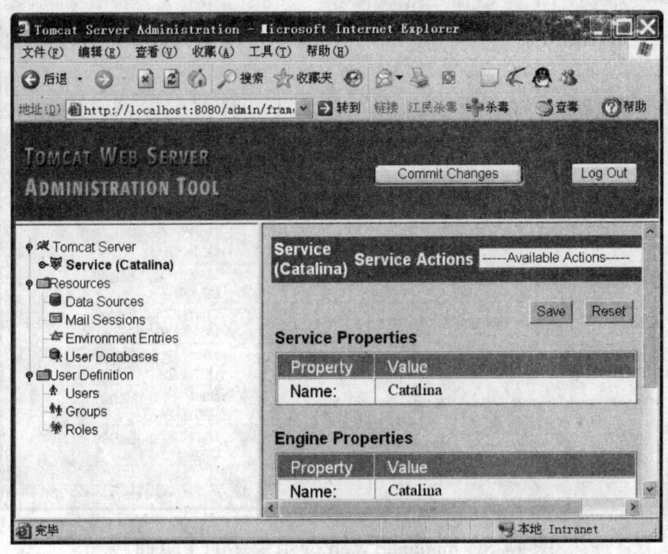

图 1-26　admin Web 应用程序的主页面

在这个页面中，可以进行 Tomcat 服务器的各项配置。

6. manager Web 应用程序

manager Web 应用程序包含在 Tomcat 的安装包中。和 admin 程序一样，需要添加访问 manager Web 应用程序的管理员帐号，编辑 C:\Tomcat\conf\tomcat-users.xml 文件，在 <tomcat-users>元素中添加如下内容：

```
<user username="manager" password="123" roles="manager"/>
```

其中用户名和密码可以自行设置。

启动 Tomcat 服务器，打开浏览器，在地址栏中输入 http://localhost:8080/manager/html/，回车后将出现图 1-27 所示的页面。

图 1-27　manager Web 应用程序的登录界面

也可以在 Tomcat 的默认主页的左上方单击 Tomcat Manager 链接，访问 manager 程序。输入用户名 manager，密码 123，单击“确定”按钮，将看到图 1-28 所示的页面。

Path	Display Name	Running	Sessions	Commands
/	Welcome to Tomcat	true	0	Start Stop Reload Undeploy
/admin	Tomcat Administration Application	true	1	Start Stop Reload Undeploy
/balancer		true	0	Start Stop Reload Undeploy
/jsp-examples	JSP 2.0 Examples	true	0	Start Stop Reload Undeploy
/manager	Tomcat Manager Application	true	0	Start Stop Reload Undeploy
/servlets-examples	Servlet 2.4 Examples	true	0	Start Stop Reload Undeploy
/tomcat-docs	Tomcat Documentation	true	0	Start Stop Reload Undeploy
/webdav	Webdav Content Management	true	0	Start Stop Reload Undeploy

图 1-28　manager Web 应用程序的主页面

在这个页面中，你可以部署、启动、停止、重新加载、卸载 Web 应用程序。注意在两个圆角矩形框中的路径/jsp-examples 和/servlets-examples，单击这两个路径，将看到 Tomcat

提供的 JSP 和 Servlet 的例子程序，这些程序可以作为学习 JSP 和 Servlet 的参考。不过在这两个路径下，只列出了部分的例子程序，完整的 JSP 和 Servlet 例子位于两个目录 C:\Tomcat\webapps\jsp-examples 和 C:\Tomcat\webapps\servlets-examples 中。

1.3　一个 Servlet 示例

下面让我们通过开发一个简单的 Servlet 示例来了解构建 Servlet 的全过程。Servlet 开发一般分为 4 个步骤：编码、编译、部署、运行。

以下示例为一个名为 HelloWorldServlet 的 Servlet 类，完成打印输出 Hello World!。

1.3.1　编码

HelloWorldServlet 类继承了 HttpServlet 类，重载了 service()方法。

```
//HelloWorldServlet.java
package chapter01;

import java.io.*;
import javax.servlet.*;
import javax.servlet.http.*;

public class HelloWorldServlet extends HttpServlet
{

public void service(HttpServletRequest request,
HttpServletResponse response)
throws ServletException,
IOException
{
PrintWriter pw = response.getWriter();
pw.println("<html>");
pw.println("<head>");
pw.println("</head>");
pw.println("<body>");
pw.println("<h3>Hello World!</h3>");
pw.println("</body>");
pw.println("</html>");
}

}
```

在上述代码中，首先导入了 javax.servlet 和 javax.servlet.http 包。这两个包在 Tomcat 中作为 servlet-api.jar 文件的一部分，位于 Tomcat 安装目录中的 common\lib\目录下。

1.3.2 编译

将上述 HelloWorldServlet.java 源文件编译成可执行代码，即 class 文件。既可以使用 IDE，也可以使用 javac 命令。

1.3.3 部署

部署一个 Web 应用程序分为两个步骤：

（1）将 Web 资源放置到指定目录中。在本示例中，就是将 HelloWorldServlet.class 类文件拷贝至 C:\jakarta-tomcat-5.0.25\webapps\chapter01\Web-INF\classes 目录中。

（2）编辑 web.xml 文件配置应用程序。将其放置与 Web 应用程序的 Web-INF 目录中。在本示例中，就是将编辑好的 web.xml 文件拷贝至 C:\jakarta-tomcat-5.0.25 \web-apps\chapter01\Web-INF 目录中。

示例中的 web.xml 的代码如下所示：

```
<?xml version="1.0" encoding="ISO-8859-1"?>


<web-app xmlns="http://java.sun.com/xml/ns/j2ee"
xmlns:xsi="http://www.w3.org/2001/XMLSchema-instance"
xsi:schemaLocation="http://java.sun.com/xml/ns/j2ee
http://java.sun.com/xml/ns/j2ee/web-app_2_4.xsd"
version="2.4">

<display-name>root</display-name>


<servlet>
<servlet-name>helloworldservlet</servlet-name>
<servlet-class>chapter01.HelloWorldServlet</servlet-class>
</servlet>


<servlet-mapping>
<servlet-name>helloworldservlet</servlet-name>
<url-pattern>/helloworldservlet</url-pattern>
</servlet-mapping>


</web-app>
```

1.3.4 运行

现在就可以运行 Web 应用程序了。首先，启动应用服务器 Tomcat，然后打开浏览器，键入地址 http://localhost:8080/root/helloworldservlet，回车后浏览器上会打印输出 Hello World!字符，如图 1-29 所示。

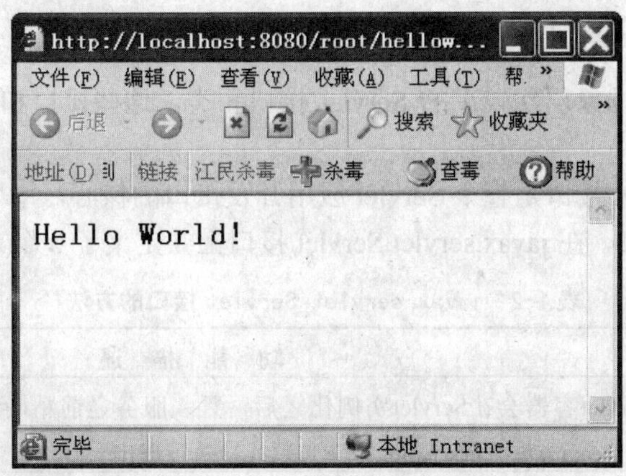

图 1-29　运行效果图

1.4　Servlet 应用开发接口

SUN 公司的 Servlet 规范提供了一个标准的、独立于平台的架构，用于 Servlet 与容器间的通信。这个架构由一系列的 Java 接口和类构成，这些接口和类被称作 Servlet 应用开发接口（Servlet Application Programming Interface）。我们使用由 Servlet 容器实现的 Servlet 应用开发接口来开发 Servlet，如图 1-30 所示。

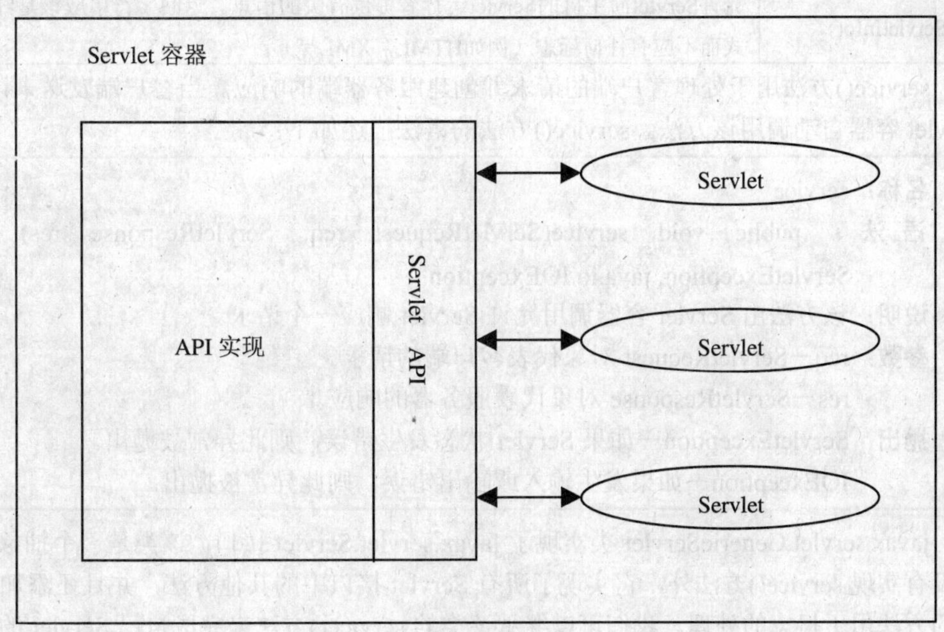

图 1-30　Servlet 开发接口

Servlet 应用开发接口是 Servlet 开发者必须了解的，因为所有的 Servlet 容器都必须实现这个 Servlet 应用开发接口。由此可以看出，Servlet 是真正独立于开发平台和容器的。可以说对 Servlet 应用开发接口及其功能的掌握，决定了我们是否能够做好 Servlet 开发工作。

Servlet 应用开发接口被分成两个包：javax.servlet 和 javax.servlet.http。下面我们先简单地对这两个包作介绍，以后我们还会详细深入地学习这两个包。

1.4.1 javax.servlet 包

javax.servlet 包是抽象层次较高的 Servlet 接口和类，这些接口和类独立于任何具体的协议。

javax.servlet.Servlet 接口是整个 Servlet 应用开发接口的核心，每个 Servlet 类都必须直接或间接地实现该接口。在 javax.servlet.Servlet 接口上共定义了 5 个方法，如表 1-2 所示。

表 1-2 javax. servlet. Servlet 接口的方法

方 法	功 能 描 述
init()	Servlet容器会在Servlet实例化之后，置入服务之前精确地调用init()方法。调用service()方法之前，init()方法必须成功执行退出
service()	Servlet容器调用这个方法以允许Servlet响应请求。这个方法在Servlet未成功初始化之前无法调用。在Servlet被初始化之前，Servlet容器能够封锁未决的请求
destroy()	当一个Servlet被从服务中去除时，Servlet容器调用这个方法。在这个对象的service()方法所有线程未全部退出或者没被容器认为发生超时操作时，destroy()方法不能被调用
getServletConfig()	返回一个ServletConfig对象，作为一个Servlet的开发者，应该通过init()方法存储ServletConfig对象以便这个方法能返回这个对象
getServletInfo()	允许Servlet向主机的Servlet运行者提供有关的信息。返回字符串应该是纯文本格式而不应有任何标志（例如HTML，XML等）

service()方法用于处理客户端的请求并创建服务器端的响应。当客户端发送来请求时，Servlet 容器自动调用该方法。service()方法的语法描述如下：

名称：service

语 法： public void service(ServletRequest req, ServletResponse res) throws ServletException, java.io.IOException

说明：该方法由 Servlet 容器调用允许 Servlet 响应一个请求。

参数：req－ServletRequest 对象代表客户端的请求。
res－ServletResponse 对象代表服务器的响应。

抛出：ServletException－如果 Servlet 状态发生错误，则此异常被抛出。
IOException－如果发生输入或输出错误，则此异常被抛出。

---

javax.servlet.GenericServlet 类实现了 javax.servlet.Servlet 接口。该类是一个抽象类，除了没有实现 service()方法外，它实现了所有 Servlet 接口中的其他方法，并且还添加了一些新的方法用于日志的处理。我们可以继承该类的 service()方法来完成自己 Servlet 的功能。

javax.servlet.ServletRequest 接口提供了一个对客户端发送来的请求的抽象，其上定义的方法用于从请求中提取信息。

javax.servlet.ServletResponse 接口提供了一个对返回客户端响应的抽象，其上定义的方法用于发送适当的信息给客户端。

1.4.2　javax.servlet.http 包

javax.servlet.http 包提供了基于 HTTP 协议的 Servlet 基本功能。在此包中的接口和类继承了 javax.servlet 包中对应的接口和类，专注于对 HTTP 协议的支持。

javax.servlet.http.HttpServlet 类是一个抽象类，继承至 GenericServlet 类。其添加了一个新的过载的 service()方法。该 service()方法语法描述如下：

名称：service

语法：protected void service(HttpServletRequest req, HttpServletResponse resp) throws ServletException, java.io.IOException

说明：该方法由 Servlet 容器调用允许 Servlet 响应一个请求。

参数：

req－HttpServletRequest 对象代表客户端的请求。

resp－HttpServletResponse 对象代表服务器的响应。

抛出：

ServletException－如果 Http 请求未被处理，则此异常被抛出。

IOException－如果处理 Http 请求时发生输入或输出错误，则此异常被抛出。

在前面的 Hello World 示例中，我们开发的 Servlet 就继承了 HttpServlet 类，并重载了 service()方法。

javax.servlet.http.HttpServletRequest 接口继承至 ServletRequest 接口，提供了基于 HTTP 协议的请求视图。其上定义的方法用于抽取请求信息，例如获取 HTTP 请求头信息、Cookie 信息等。

javax.servlet.http.HttpServletResponse 接口继承至 ServletResponse 接口，提供了基于 HTTP 协议的响应视图。其上定义的方法用于设置响应信息，例如设置 HTTP 头信息、Cookie 信息等。

1.4.3　Servlet 应用开发接口优缺点

Servlet 应用开发接口主要有以下优点：

- 可扩展性　每当需要添加新的功能时，我们所要做的就是写一个满足新需求的 Servlet 规范添加进去，而不需要更改 Servlet 应用开发接口本身。
- 便利性　容器已经提供了底层的、系统级的服务。Servlet 开发者只须将注意力集中到其商业逻辑的实现上。
- Java 继承性　开发 Servlet 不需要学习新的编程语言。可以依旧使用他们熟习的面向对象的纯 Java 语言来编写。
- 可移植性　可以很容易地实现将在一个容器中实现、测试的 Servlet 移植到另一个容器上运行。Servlet 应用开发接口是独立于所有具体的 Web 应用服务器的，只要 Servlet 容器支持标准的 Servlet 应用开发接口，我们就可以像 Java 语言一样实现“一次编写，到处运行”的美好愿望。

尽管 Servlet 应用开发接口具备诸多优点，但是任何事物都不是完美的，Servlet 应用开发接口也不例外。Servlet 应用开发接口最明显的局限性就是其是对所有框架而言是共性的，这就意味着，我们必须遵循具体框架的规定，满足具体 Servlet 容器的要求。

Servlet 应用开发接口的另一个缺陷是，受制于市场上提供的容器而不是 Servlet 应用开发接口自身。从理论上讲，可以开发基于各种协议的 Servlet，甚至自己开发的协议。但是，期待容器对所有协议的支持是不现实的。目前，Servlet 规范仅强制通过 javax.servlet.http 包对 HTTP 协议提供支持。

1.5 小结

在本章中，我们学习了 Servlet 与 Servlet 容器的基本概念以及服务器端的功能。并且通过一个 Servlet 示例展示了整个 Servlet 的开发过程。最后，对 Servlet 开发接口中的类及接口做了介绍，为后续章节的学习打下基础。

本章主要围绕"什么是 Servlet"这个主题，从不同角度、层面来讨论 Servlet。从概念上说，一个 Servlet 就是一个独立的程序，其可以被插入到一个服务器中，用来扩展服务器的功能，动态地产生请求的输出。从 Servlet 容器的角度看，一个 Servlet 就是一个 Java 类，该类实现了 javax.servlet.Servlet 接口。对于一个 Web 开发者而言，一个 Servlet 就是一个继承了 javax.servlet.http.HttpServlet 类，其运行于 Servlet 容器，用于响应 HTTP 请求。

Chapter 2

Java 服务器页面

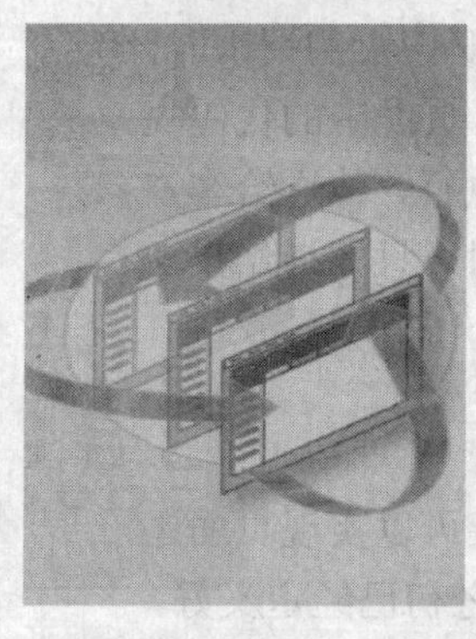

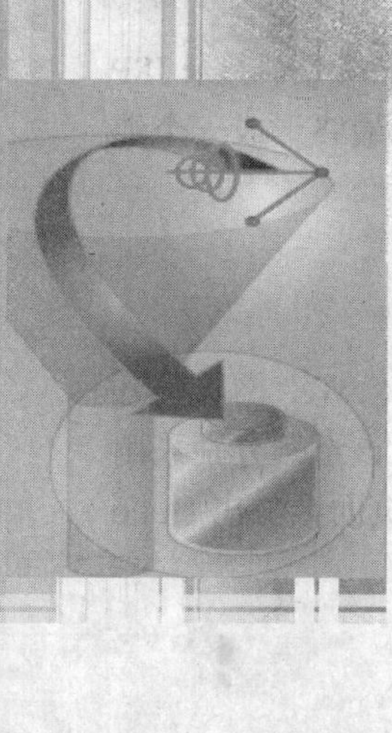

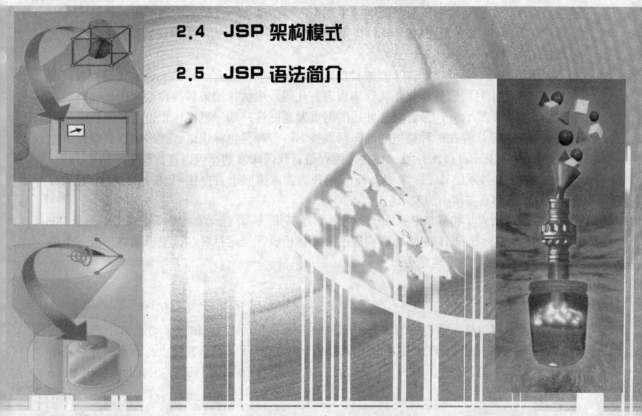

在本章中，我们先来了解一下 JSP 技术的工作原理，通过一个简单的 JSP 示例给读者以直观的认识。对 Servlet 和 JSP 技术做对比，接着介绍 JSP 的两种应用架构模型，最后对 JSP 的语法做简单介绍，为以后的学习作铺垫。本章只作为 JSP 技术的导入，让读者有一个初步认识和整体概念。

2.1 JSP 简介

JSP 即 Java Server Pages（Java 服务器页面），是基于 Servlet 技术以及整个 Java 体系的 Web 开发技术，是用于动态生成 HTML 文档的 Web 页面模板。在传统的 HTML 网页文件中加入 Java 程序代码，就构成了 JSP 网页。像其他 Web 页面一样，JSP 页面也有一个惟一的 URL 地址，客户端可以据此对其进行访问。当 Web 服务器遇到访问 JSP 网页的请求时，首先执行其中的程序片段，将 JSP 转换成等价的 Servlet，然后将镶嵌 JSP 页面中的代码执行，执行结果以 HTML 格式返回给客户端。所有程序操作都在服务器端执行，传送给客户端的仅是运行得到的结果。因此，Java 代码对客户端是透明的，客户端用户只知道结果，对执行过程全然不知。

动态网页技术

HTML 是一种标识语言，用于指定可视页面的构成元素，通过超连接可以实现页面之间的跳转。因为静态页面是用单纯的 HTML 语言组成的，其内容在创建之初已经定义好，只是简单地展示给客户端用户，它不具有交互性，所以静态页面已经不能满足网络快速发展的需要。为了满足实际需要，能够产生动态内容的动态网页技术应运而生。该技术允许将商业逻辑组件镶嵌到 HTML 代码中，根据客户端需要动态地产生响应数据，响应数据的外观依然由 HTML 标识。

一个动态网页由标识语言（例如 HTML）代码和编程语言（例如 Java）代码构成。当客户端发送请求时，服务器首先执行编程语言代码，用执行结果替换掉编程语言代码，和原有标识语言代码合并，最后把合并后的网页发送回客户端。根据标识语言代码和编程语言代码间的关系，存在两种类型的动态网页技术：一种是将标识语言代码镶嵌到编程语言代码中，例如 Servlet 技术；另一种是将编程语言代码镶嵌到标识语言代码中，例如 JSP、ASP 技术。JSP 技术制订了一个将 Java 代码作为脚本镶嵌于 HTML 代码中的规范，其构成了 J2EE 多层体系架构中的表示层。

JSP 规范指定了构成 JSP 页面的各种元素及其语法，这些元素称作 JSP 标签。一个 JSP 页面是由 JSP 标签和 HTML 标签构成的混合体模板。当运行时，该模板最终形成一个纯 HTML 页面返回给请求客户端。

2.2 第一个 JSP 程序

JSP 技术可以将页面内容的动态生成和静态显示进行分离，加速了动态 Web 网页的开发。为了更直观地了解 JSP 技术，下面通过一个 JSP 示例展示其优点。该示例分别采用 HTML、Servlet 和 JSP 技术编写，完成相同的功能，向客户端用户问好，在页面上输出 Hello User。

2.2.1 HTML 源码

HTML 技术编写的静态网页源码 Hello.html 如下：

```
<html>
<body>
<h3>Hello User</h3>
</body>
</html>
```

通过在浏览器地址栏键入 http://localhost:8080/root/Hello.html 来访问 Hello.html 文件，浏览器上打印输出 Hello User。HTML 编写的页面是静态的，其内容在运行期不可改变如果希望返回页面中用户名根据客户端的输入做动态改变，而不是固定为代码中的 User，这是不可能的。

2.2.2 Servlet 源码

Servlet 技术编写的动态网页源码 HelloServlet.java 如下：

```
package chapter02;

import java.io.*;
import javax.servlet.*;
import javax.servlet.http.*;

public class HelloServlet extends HttpServlet {
  public void service(HttpServletRequest request, HttpServletResponse response)
      throws ServletException,IOException{
    String userName = request.getParameter("userName");
    PrintWriter pw = response.getWriter();
    pw.println("<html>");
    pw.println("<head>");
    pw.println("</head>");
    pw.println("<body>");
    pw.println("<h3>Hello " + userName + "</h3>");
    pw.println("</body>");
    pw.println("</html>");
  }
}
```

示例中的 web.xml 的配置如下所示：

```
<?xml version="1.0" encoding="ISO-8859-1"?>

<web-app xmlns="http://java.sun.com/xml/ns/j2ee"
xmlns:xsi="http://www.w3.org/2001/XMLSchema-instance"
```

```
xsi:schemaLocation="http://java.sun.com/xml/ns/j2ee
http://java.sun.com/xml/ns/j2ee/web-app_2_4.xsd"
version="2.4">

<display-name>root</display-name>

<servlet>
<servlet-name>helloservlet</servlet-name>
<servlet-class>chapter02.HelloServlet</servlet-class>
</servlet>

<servlet-mapping>
<servlet-name>helloservlet</servlet-name>
<url-pattern>/helloservlet</url-pattern>
</servlet-mapping>

</web-app>
```

通过在浏览器地址栏键入 http://localhost:8080/root/helloservlet?userName=Tom 来访问，浏览器上打印输出 Hello Tom，如图 2-1 所示。客户端地址栏键入的用户名 Tom 被传送到 HelloServlet.java 的 service() 方法中，作为响应页面的一部分返回给客户端。

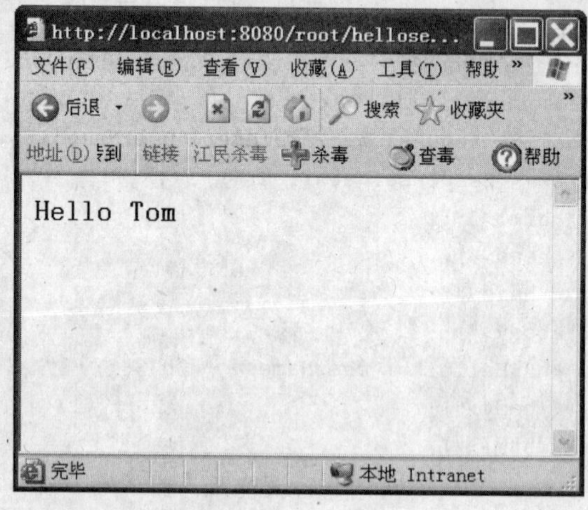

图 2-1 运行效果图

2.2.3 JSP 源码

JSP 技术编写的动态网页源码 Hello.jsp，其完成了和 HelloServlet.java 一样的功能。

```
<html>
<body>
<h3>Hello ${param.userName} </h3>
```

```
</body>
</html>
```

通过在浏览器地址栏键入 http://localhost:8080/root/Hello.jsp?userName=Tom 来访问 Hello.jsp 文件，浏览器上打印输出 Hello Tom。客户端地址栏键入的用户名 Tom 被传送到 Hello.jsp 中，作为响应页面的一部分返回给客户端。

从 Hello.jsp 源码中可以看到，一个 JSP 页面包含标准的 HTML 标签。不像 Servlet，本应该由网页制作人员编写的页面代码，也需要由 Java 程序员编写，然后再镶嵌到 Java 代码中。本示例 JSP 页面中，产生动态内容的用户名代码，仅有一条镶嵌在 HTML 代码中的${}语句。

2.3 Servlet 和 JSP 的比较

既然 JSP 可以完成和 Servlet 一样的功能，为什么还要学习两种相似的技术呢？JSP 比 Servlet 更易编写，为什么还要学习相对繁琐的 Servlet 技术？它们之间到底存在什么区别？

其实，JSP 技术是从 Servlet 技术引申出来的，其既具有 Servlet 的优点，同时也弥补了在 Servlet 之中输出网页比较繁琐的不足。JSP 使 Servlet 的动态数据处理和静态输出格式化两者相分离，采用了类似于 HTML 网页的格式，对于 Web 程序的维护、更改，简易面方便了许多。即使是不懂 Java 编程的网页开发人员，也可以通过标准标签实现 JSP 的基本功能。

当 JSP 成为开发动态网页的主要技术时，Servlet 技术在 Web 开发中占据着什么位置呢？JSP 技术主要用来表现页面，而 Servlet 技术主要用来完成大量的逻辑处理。也就是说，JSP 主要用来发送给前端的用户，而 Servlet 主要来响应用户的请求，完成请求的逻辑处理。Servlet 充当着控制者的角色，用来负责响应事务处理。

JSP 本身没有任何的业务处理逻辑，它只是简单地检索 Servlet 创建的组件或者对象，再将动态的内容插入到预定义的模块中。Servlet 创建 JSP 需要的 JavaBean 和对象，再根据用户的行为，决定发送哪个 JSP 页面给用户。由于 Servlet 更适合于后台开发者使用，而且 Servlet 本身需要更多的编程技术，因此 Servlet 在页面表现形式上非常欠缺，远不如 JSP。

Web 应用程序是由 JSP 和 Servlet 两种技术构成。业务逻辑由 Servlet 处理，例如访问数据库、用户校验等；响应客户端的可视页面则由 JSP 处理，例如输入信息表单页面、提示信息页面等。

总之，在 J2EE 多层体系中，JSP 负责处理表示层，Servlet 负责处理业务逻辑层。

2.4 JSP 架构模式

使用 JSP 和 Servlet 技术存在两种模式：一种是 JSP＋JavaBean 架构模式；另一种是 JSP＋Servlet＋JavaBean 架构模式。两种模式的主要区别在于，它们对请求处理方式上的不同。

2.4.1 JSP＋JavaBean 模式

在 JSP＋JavaBean 模式中，JSP 页面独自响应所有客户端请求并将处理结果返回客户端。

JSP 负责处理所有事务，如图 2-2 所示。该模型中没有一个负责应用程序工作流的组件，所有的数据都通过 JavaBean 来处理。JSP 既负责接受、处理客户端请求，也负责实现返回页面的表现。

JSP＋JavaBean 模式尽管也实现了页面的表现与页面的商业逻辑相分离，但是大量使用该模式，常常会导致页面被嵌入大量的脚本语言或者 Java 代码段。

当需要处理的商业逻辑很复杂时，这种情况会变得非常糟糕：大量的内嵌代码使得整个页面程序变得异常复杂。对于前端界面设计人员来说，这简直是一个恶魔。而且，应用程序的组件可复用效率达到最低，JSP 页面之间的代码无法复用。

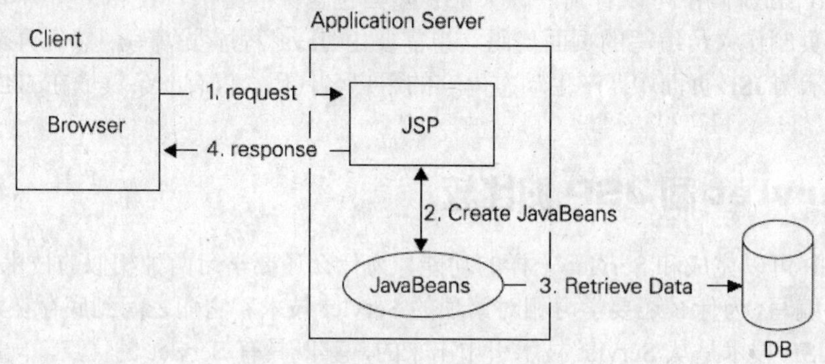

图 2-2　JSPJSP＋JavaBean 架构模式

在大型项目中，如果单纯地采用 JSP＋JavaBean 模式，则会造成代码的开发和维护出现困难，造成了不必要的资源浪费。在任何项目中，这种模式还会导致定义不清的响应和项目管理的困难。

综上所述，JSP＋JavaBean 模式不能够满足大型应用的要求，尤其是大型的项目。但是，该模式可以很好地满足小型应用的需要。在简单的应用中，可以考虑使用 JSP＋JavaBean 模式来简化加快开发进度。

2.4.2　JSP＋Servlet＋JavaBean 模式

技术遵循 MVC（模型－视图－控制器）设计模式。该模式结合了 JSP 和 Servlet 技术，充分利用了 JSP 和 Servlet 两种技术原有的优点：通过 JSP 技术来表现页面，通过 Servlet 技术来完成大量的事务处理工作。

在该模式中，Servlet 用来处理所有请求的事务，充当控制者的角色，负责向客户端发送请求。Servlet 创建 JSP 需要的 JavaBean 和对象，然后根据用户的请求行为，决定将哪个 JSP 页面发送给用户。而 JSP 页面中没有任何商业处理逻辑，所有的商业处理逻辑均出现在 Servlet 中。

JSP 页面只是简单地检索 Servlet 先前创建的 JavaBean 或者对象，再将动态内容插入到预定义的模版中发送给客户端，如图 2-3 所示。

从软件工程的观点看，JSP＋Servlet＋JavaBean 模式具有更清晰的页面表现，更条理的逻辑控制，更清楚的开发者角色划分，可以充分地利用开发小组中的界面设计人员，使得组件的复用得以很好地实现。

这些优势在大型项目开发中表现得尤为突出，使用这一模式，可以充分发挥每个开发者各自的特长，界面设计开发人员可以充分发挥自己的设计才能，体现页面的表现形式，程序编写人员则可以充分发挥自己的商务处理逻辑思维，实现项目中的业务处理。

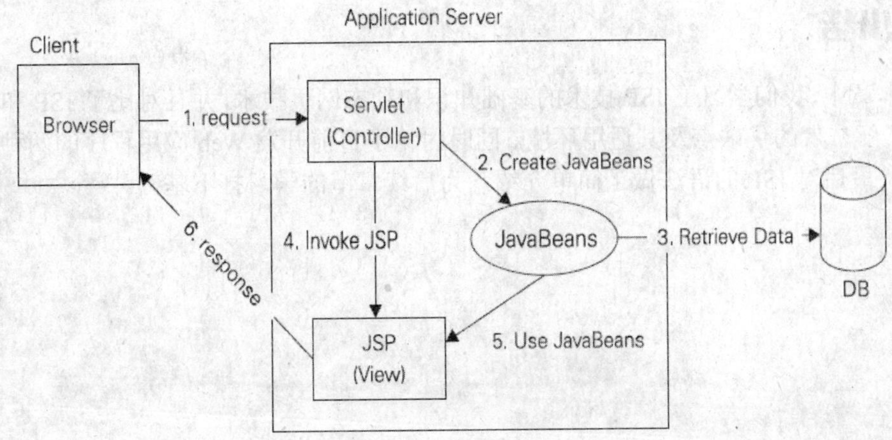

图 2-3　JSP 架构模式二

在目前大型项目开发中，JSP＋Servlet＋JavaBean 模式被广泛采用。

2.5　JSP 语法简介

我们知道，JSP 代码一般是由普通的 HTML 语句和特殊的嵌入标记组成。可以使用任何文本编辑工具并按照常规方式来书写 HTML 语句，然后将动态部分用特殊的标记嵌入即可，这些标记通常以<%开始，并以%>结束。

由于 JSP 技术占据了 SCWCD 认证考试的大部分内容，因此 JSP 的构成元素及其语法是我们必须要掌握的。表 2-1 列出了 JSP 的所有元素，后续章节中将有详细的讲解。

表 2-1　JSP 元素

类　别	元　素	功　能　描　述
	<%@ page %>	指定整体 JSP 页面的属性
伪指令	<%@ include %>	通知 JSP 容器将当前 JSP 页面中内嵌的、在指定位置上的资源内容包含
	<%@ taglib %>	导入 JSP 页面开发者的自定义标签
声明	<%! Java Declarations %>	声明、定义方法和变量
脚本	<% Some Java code %>	处理请求的一个或多个 Java 语句的集合
表达式	<%= An Expression %>	在 JSP 页面中输出 HTML 值的的简洁方法
	<jsp:include />	在请求时间内允许，在当前 JSP 页面内包含静态或动态资源
	<jsp:forward />	允许将客户端请求转发到另一个资源文件
动作指令	<jsp:useBean />	在 JSP 页面中创建一个 JavaBean 实例
	<jsp:setProperty />	设置 JavaBean 使用的参数值
	<jsp:getProperty />	获取 JavaBean 的参数值
	<jsp:plugin />	允许在 JSP 页面中插入指定的控件
表达式语言		简化 JSP 开发中对对象的引用
注释	<%-- Any Text --%>	JSP 代码的文本注解

2.6 小结

在本章中，我们学习了 JSP 技术的基础知识和动态网页技术，并且对比了 JSP 和 Servlet 技术，了解二者的优缺点及其适用环境。同时讨论了目前开发 Web 应用程序的两种 JSP 架构模式，最后对 JSP 的语法做了简单介绍，为后续章节的学习打下基础。

Chapter 3

Web 应用程序基础

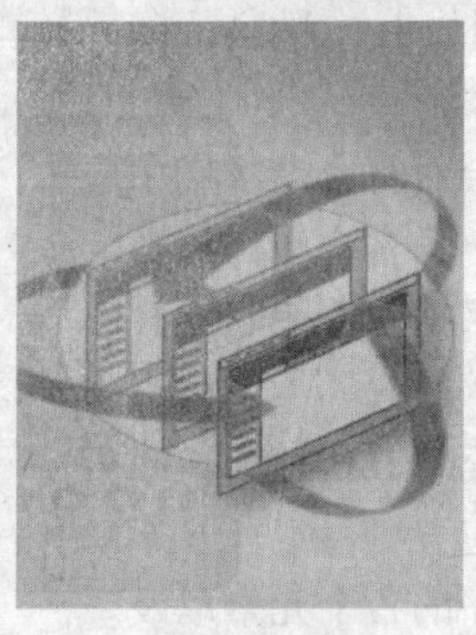

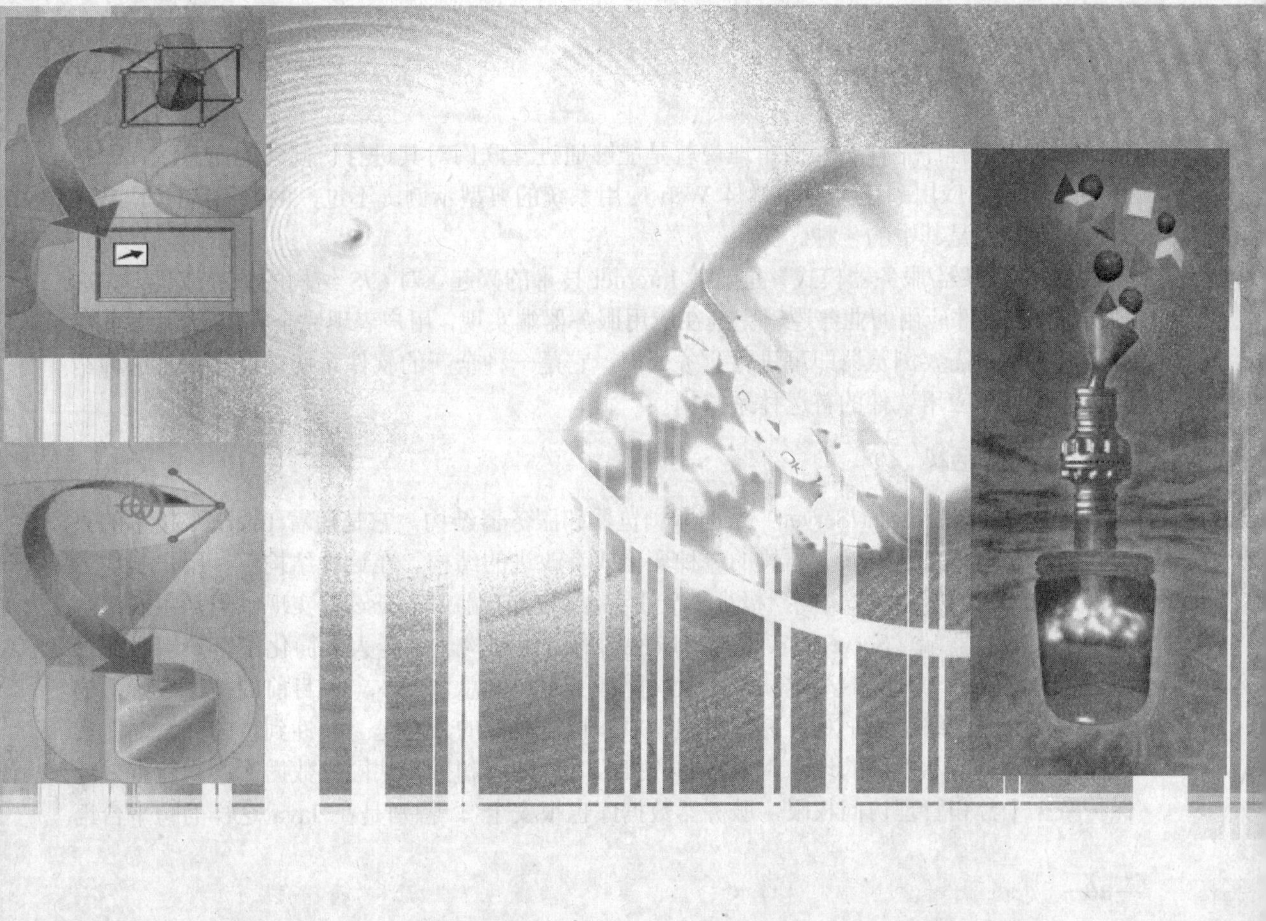

在互联网发展的早期，多数网站完全由 HTML 网页构成。被称作静态网页的 HTML 网页，不具备和客户端交互的能力，其不能在客户端请求时具备执行能力，包含的内容均不可动态发生改变。

随着互联网技术的快速发展，动态网页技术也随着互联网的深入应用而诞生了。动态网页完全不同于静态网页，其可以根据用户的请求进行相应的响应，其包含的内容可以动态发生改变。动态网页技术具备交互性，会根据用户的要求和选择动态地改变并作出响应；动态网页技术具备自动更新性，无需手动更新 HTML 网页，使可以自动地根据用户要求填充网页内容，生成新的页面；动态网页技术具备差异服务性，对来自不同时间、不同客户端的用户访问提供不同的服务。

在动态网页技术早期，采用在 HTML 网页中镶嵌 Web 插件技术，例如 Java 的 Applet 技术、微软的 ActiveX 控件技术，后来出现了 CGI（通用网关接口）技术。

CGI 技术相对于插件技术很方便，但有一个最大的缺陷，就是 CGI 会对每个请求产生一个新的进程，当客户端访问数量少、通信量很低时，不会产生问题，一旦客户端访问数量增多、通信量快速增长时，就会造成巨大的系统开销，因此 CGI 技术扩展性差。并且 CGI 技术还存在编程困难、效率低、修改复杂等缺陷，所以逐渐被新技术取代。

目前主流的动态网页技术有 ASP、PHP 以及可以构筑多层分布式系统的 JSP 和 Servlet 技术。

在本章中，我们先来了解什么是 Web 应用程序，构成 Web 应用程序的各个元素以及用于描述 Web 应用程序的部署描述符的概念，接着讨论 HTTP 协议，对 HTTP 协议的概念以及请求、响应结构做详细的讲解。

3.1 Web 应用程序

Web 应用程序是什么？简单地说就是能够通过互联网对其进行访问的应用系统，即基于 B/S 架构的应用系统。网站就是 Web 应用系统的典型示例。不过，网站不等同于 Web 应用程序，只是其中的一种。

B/S（浏览器/服务器模式）是随着 Internet 技术的兴起，对 C/S 结构的一种改进。在这种结构下，软件应用的业务逻辑完全在应用服务器端实现，用户表现完全在 Web 服务器实现，客户端只需要浏览器即可进行业务处理，它是一种全新的软件系统构造技术，这种结构已成为当今应用软件的首选体系结构。

3.1.1 B/S 结构

B/S 结构（Browser/Server）结构即浏览器和服务器结构，它是随着 Internet 技术的兴起，对 C/S（Client/Server）结构的一种变化或者改进的结构。在这种结构下，用户工作界面是通过 Web 浏览器来实现，极少部分事务逻辑在前端（Browser）实现，但是主要事务逻辑都在服务器端（Server）实现，形成所谓的三层结构。这样大大简化了客户端载荷，减轻了系统维护与升级的成本和工作量，降低了用户的总体成本。以目前的技术来看，建立 B/S 结构的网络应用，相对易于把握、成本也是较低的。它是一次性到位的开发，能实现不同的人员，从不同的地点，以不同的接入方式访问和操作共同的数据库；它能有效地保护数据平台和管理访问权限，服务器数据库也很安全 。特别是在 Java 这样的跨平台语言出现之后，B/S 架构管理软件更显示出方便、快捷、高效。

B/S 结构最大的优点就是可以在任何地方进行操作而不用安装任何专门的软件。只要有一台能上网的电脑就能使用，客户端零维护。系统的扩展非常容易，只要能上网，再由系统管理员分配一个用户名和密码，就可以使用了。甚至可以在线申请，通过内部的安全认证后，不需要人为参与，系统可以自动地分配给用户一个账号进入系统。

B/S 结构主要有以下的优势与劣势：

（1）维护和升级方式简单。

目前，软件系统的改进和升级越来越频繁，B/S 架构的产品明显体现着更为方便的特性。如果需要系统管理人员在几百甚至上千台电脑之间来回奔跑，效率和工作量是可想而知的，但 B/S 架构的软件只需要管理服务器就行了，所有的客户端只是浏览器，根本不需要做任何的维护。无论用户的规模有多大，有多少分支机构都不会增加任何维护升级的工作量，所有操作只须针对服务器进行；如果是异地，只需要把服务器连接专网即可实现远程维护、升级和共享。客户机越来越“瘦”，而服务器越来越“胖”是将来信息化发展的主流方向。今后，软件升级和维护会越来越容易，而使用起来会越来越简单，这对用户人力、物力、时间、费用的节省是显而易见的、惊人的。因此，维护和升级革命的方式是“瘦”客户机和“胖”服务器。

（2）成本降低，选择更多。

大家都知道，Windows 在桌面电脑上几乎一统天下，浏览器成为标准配置，但在服务器操作系统上，Windows 并不是处于绝对的统治地位。现在的趋势是凡使用 B/S 架构的应用管理软件，只需安装在 Linux 服务器上即可，而且安全性高。所以服务器操作系统的选择很多，不管选用哪种操作系统都可以让大部分人使用 Windows 作为桌面操作系统电脑不受影响，这就使最流行的免费 Linux 操作系统快速发展起来，Linux 除了操作系统是免费的以外，连数据库也是免费的，这种选择非常盛行。

比如说很多人每天上“新浪”网，只要安装浏览器就可以了，并不需要了解“新浪”的服务器用的是什么操作系统。事实上，大部分网站确实没有使用 Windows 操作系统，但用户的电脑大部分都是 Windows 操作系统。

（3）应用服务器运行数据负荷较重。

由于 B/S 架构管理软件只安装在服务器上，网络管理人员只需要管理服务器就行了。用户界面主要事务逻辑在服务器端通过 WWW 浏览器实现，极少部分事务逻辑在前端实现，所有的客户端只有浏览器，网络管理人员只需要做硬件维护。应用服务器运行数据负荷较重，一旦发生服务器崩溃等问题，后果不堪设想。因此，备有数据库存储服务器，以防万一。

通过 B/S 与 C/S 结构的比较，可以明显地体现出 B/S 结构的优越性。

C/S 结构软件（即客户机/服务器模式）分为客户机和服务器两层，客户机不是毫无运算能力的输入、输出设备，而是具有一定的数据处理和数据存储能力，通过把应用软件的计算和数据合理地分配在客户机和服务器两端，可以有效地降低网络通信量和服务器运算量。由于服务器连接个数和数据通信量的限制，这种结构的软件适合于用户数目不多的局域网内使用。国内目前的大部分 ERP、财务软件产品即属于此类结构。

（1）数据安全性比较。

由于 C/S 结构软件的数据分布特性，客户端所发生的火灾、盗抢、地震、病毒、黑客等都成了可怕的数据杀手。另外，对于集团级的异地软件应用，C/S 结构的软件必须在各地安装多个服务器，并在多个服务器之间进行数据同步。如此一来，每个数据点上的数据安全都影响了整个应用的数据安全。对于集团级的大型应用来讲，C/S 结构软件的安全性是令人无法接受的。对于 B/S 结构的软件来讲，由于其数据集中存放于总部的数据库服务器，客户端不保存任何业务数据和数据库连接信息，也无须进行数据同步，所以这些安全问题就自然不存在了。

（2）数据一致性比较。

在 C/S 结构软件的解决方案里，对于异地经营的大型集团都采用各地安装区域级服务器，然后再进行数据同步的模式。这些服务器每天必须同步完毕之后，总部才能得到最终的数据。由于局部网络故障造成个别数据库不能同步不说，即使同步上来，各服务器也不是一个时点上的数据，数据永远无法一致，不能用于决策。对于 B/S 结构的软件来讲，其数据是集中存放的，客户端发生的每一笔业务单据都直接进入中央数据库，不存在数据一致性的问题。

（3）数据实时性比较。

在集团级应用里，C/S 结构不可能随时随地看到当前业务的发生情况，看到的都是事后数据；而 B/S 结构则不同，它可以实时地看到当前发生的所有业务，方便了快速决策，有效地避免了企业损失。

（4）数据溯源性比较。

由于 B/S 结构的数据是集中存放的，所以总公司可以直接追溯到各级分支机构的原始业务单据，也就是说看到的结果可溯源。大部分 C/S 结构的软件则不同，为了减少数据通信量，仅仅上传中间报表数据，在总部不可能查到各分支机构的原始单据。

（5）服务响应及时性比较。

企业的业务流程、业务模式不是一成不变的，随着企业不断发展，必然会不断调整。软件供应商提供的软件也不是完美无缺的，所以对已经部署的软件产品进行维护、升级是正常的。C/S 结构软件，由于其应用是分布的，需要对每个使用节点进行程序安装，即使非常小的程序缺陷都需要很长的重新部署时间。重新部署时，为了保证各程序版本的一致性，必须暂停一切业务进行更新（即休克更新），其服务响应时间基本不可忍受。而 B/S 结构的软件不同，其应用都集中于总部服务器上，各应用结点并没有任何程序，一个地方更新则全部应用程序更新，可以做到快速服务响应。

（6）网络应用限制比较。

C/S 结构软件仅适用于局域网内部用户或宽带用户；而 B/S 结构软件可以适用于任何网络结构，特别是宽带不能到达的地方。

B/S 对 C/S 的优越性不仅体现在技术本身，还体现在其商业价值上。

软件是为企业服务的，企业选用软件不仅要从技术上考虑，还要从商业运用方面来考虑，以下将从商业运用的角度对两种结构的软件进行比较。

（1）投入成本比较。

B/S 结构软件一般只在初期一次性投入成本。对于集团来讲，有利于软件项目控制和避免 IT 黑洞。而 C/S 结构的软件则不同，随着应用范围的扩大，投资会连绵不绝。

（2）硬件投资保护比较。

在对已有硬件投资的保护方面，两种结构也是完全不同的。当应用范围扩大，系统负载上升时，C/S 结构软件的一般解决方案是购买更高级的中央服务器，原服务器放弃不用，这是由于 C/S 软件的两层结构造成的，这类软件的服务器程序必须部署在一台计算机上；而 B/S 结构则不同，随着服务器负载的增加，可以平滑地增加服务器的个数并建立集群服务器系统，然后在各个服务器之间做负载均衡，有效地保护了原有硬件投资。

（3）企业快速扩张支持上的比较。

对于成长中的企业，快速扩张是它的显著特点。应用软件的快速部署，是企业快速扩张的必要保障。对于 C/S 结构的软件来讲，由于必须同时安装服务器和客户端、建设机房、招聘专业管理人员等，所以无法适应企业快速扩张的特点。而 B/S 结构软件，只需一次安装，以后只需设立帐号、培训即可。

其次，随着软件应用的扩张，对系统维护人才的需求有可能成为企业快速扩张的制约瓶颈。如果企业开店上百家，对计算机专业人才的需求就将是企业面临的巨大挑战之一。

抛开人力成本不说，一个企业要招到这么多的专业人才并且留住他们也是不可能的，所以采用 C/S 结构软件必然会制约企业未来的发展。另外，大多数 C/S 结构的软件都是通过 ODBC 直接连到数据库的，安全性差不说，其用户数也受到限制。每个连到数据库的用户都会保持一个 ODBC 连接，都会一直占用中央服务器的资源，对中央服务器的要求非常高，使得用户扩充受到极大的限制。而 B/S 结构软件则不同，所有用户都是通过一个 JDBC 连接缓冲池连接到数据库的，用户并不保持对数据库的连接，用户数基本上是无限的。

从以上的分析可以看出，B/S 结构的软件有着 C/S 结构软件无法比拟的优势。而从国外的发展趋势来看，也验证了这一点。目前，国外大型企业管理软件要么已经是 B/S 结构的，要么正在经历从 C/S 到 B/S 结构的转变。从国内诸多软件厂商积极投入开发 B/S 结构软件的趋势来看，B/S 结构的大型管理软件势必将在几年内占据管理软件领域的主导地位。

由此可见，Web 应用程序最大的好处在于其具备优秀的用户访问便利性。所有访问用户的机器除了一个标准的浏览器外，不需要安装任何额外的程序，使得系统的版本升级不再成为问题。

3.1.2　Web 资源

Web 应用程序由 Web 组件构成，这些 Web 组件完成特定的任务，向客户端用户提供服务。例如，在第 1 章中的 HelloWorldServlet 示例，其就是一个 Web 组件。现实中，这样简单的 Web 应用程序几乎是不存在的。一个 Web 应用程序往往由各种不同的多个 Web 组件构成，例如 Servlet、JSP 动态网页、HTML 静态网页、图像文件、二进制文件等等。这些组件彼此配合构成一个完整的 Web 应用程序提供给用户使用。

Web 应用程序包含的内容可以分为两种：静态资源和动态资源。一个静态资源其自身一旦确定，在执行时不可改变；一个动态资源则具备处理可执行能力。

例如，客户端发送一个 www.myserver.com/myfile.html 请求，其目的是从服务端获取名为 myfile.html 的 HTML 文件。该文件是一个静态资源，其内容原封不动地被服务器返回给客户端。与此类似，当客户端发送一个 www.myserver.com/reportServlet 请求，其目的是从服务端访问名为 reportServlet 的一个 Servlet。该 Servlet 是一个动态资源，由其处理由 Web 服务器转发过来的客户端请求。该 Servlet 根据客户端请求作出处理，将结果以 HTML 形式返回给 Web 服务器，再由 Web 服务器传至客户端。

一个 Web 应用程序由静态资源和动态资源共同构成。动态资源的存在使得 Web 应用程序可以实现类似于普通应用程序的用户交互性，其最典型的用途就是提供客户端用户动态内容，执行商业逻辑。

3.1.3 Web 结构

Web 应用程序运行在 Web 应用服务器之上，Web 应用服务器负责管理 Web 应用程序及其资源。并且，Web 应用服务器还提供系统级的底层服务，使得开发人员可以更关注于商业逻辑的实现，例如 HTTP 通信协议的实现、数据库的连接管理、线程的分配等等。

第 1 章涉及的 Servlet 容器就是 Web 应用服务器构成的一部分。除了 Servlet 容器外，Web 应用服务器还包括其他 J2EE 组件，例如 EJB 容器、JNDI 服务、JMS 服务等。

目前，市场上比较流行的 Web 应用服务器包括 BEA 公司的 WebLogic、IBM 公司的 WebSphere 以及 Sun 公司的 Java System Application Server。

一个 Web 应用服务器可以容纳多个 Web 应用程序。为了管理各个 Web 应用程序，每个 Web 应用程序使用一个部署描述符来描述。该部署描述符是一个 XML 格式的文档，名为 web.xml。部署描述符包含了 Web 应用程序中所有的动态资源描述，包含每个 Servlet 相关的特性、应用程序安全信息、初始化参数、会话配置等等。

3.2 HTTP 协议

传输协议是客户端 1 服务器端双方通过网络通信与数据传输的实现。传输的方式取决于发送的内容以及所要信息的发送方法。HTTP 协议建立在 TCP 协议之上，利用了 TCP 协议，并且添加了更多的新的定制功能。

HTTP（Hypertext Transfer Protocol）就是超文本传输协议，其是一个基于请求/响应模式的无状态传输协议。客户端发送一个 HTTP 请求给服务器端请求资源，服务器端返回请求的资源给客户端。图 3-1 展示了 HTTP 协议传输的过程。

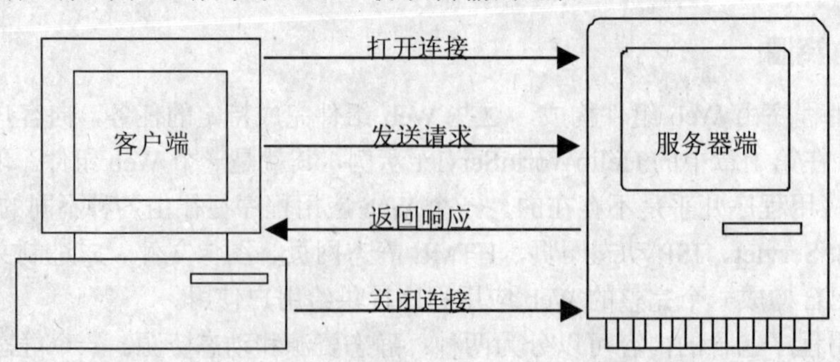

图 3-1 HTTP 协议模型

如图 3-1 所示，HTTP 传输过程如下：

（1）客户端打开一个与服务器端的连接；

（2）客户端发送一个 HTTP 请求到服务器端；

（3）客户端接收由服务器端返回的 HTTP 响应；

（4）关闭与服务器端的连接。

之所以说 HTTP 协议是一个无状态的传输协议，是因为服务器端一旦返回客户端响应就结束了此次连接。

换言之，对一个请求的响应是不依赖于之前客户端发送的任何请求，即 HTTP 协议的数据不会从一个请求延续到下一个请求。从服务器的角度而言，来自客户端的每个请求均视作一个首次发送的新请求。因此，HTTP 协议的客户端不存在一直打开到服务器的连接，服务器端可以同时与多个客户端进行连接。

从互联网环境中看，浏览器就是 HTTP 客户端，Web 服务器就是 HTTP 服务器端，HTML 网页、图像文件、Servlet 等就是 Web 资源。每个资源由统一资源标识符（URI）标识。除了 URI 外，还有两个与之十分类似的概念：URL 和 URN。三者尽管十分相似，但还有本质的区别。

URI（Uniform Resource Identifier，统一资源标识符）是一个用于标识 Web 资源的字符串，其是 URL 的一部分，没有域名和查询字符串。换言之，就是指域名和查询字符串之间的所有信息。例如，files/sales/report.html 是一个标识了资源的 URI，不是一个 URL，因为其没有指定如何传输资源。其也不是一个 URN，因为其不具备惟一性。

URL（Uniform Resource Locator，统一资源定位符）是一个指明传输协议的字符串，用于指定客户端连接到服务器端所需要的信息。例如，http://www.myserver.com/files/sales/report.html 是一个 URL，因为其指定了传输协议，通过 HTTP 协议来传输资源。URL 的完整组成结构如下：

```
<protocol>://<server-name>[:port]/<url-path>[?query-string]
```

- protocol 传输协议　表明传输信息的规则集合。除了常用的 HTTP 协议，还有 FTP 协议、HTTPS 协议等，具体取决于客户端要访问的服务器端的信息和访问方式。
- server-name 服务器名　指定 Web 服务器使用的域名。其就是常说的网址，通常以.com、.net、.org、.gov、.edu 等或者类似的后缀结尾。
- port 端口号　代表一个的特定服务，默认值是 80。
- url-path 路径　指定访问资源的路径。
- query-string 查询字符串　位于问号后面，表示在 HTTP 请求中发送的数据，是一个编码的 URL 字符串。

URN（Uniform Resource Name，统一资源名称）是一个资源的惟一标识，但它并没有指定如何访问资源的信息。例如，ISBN:1-930110-59-6 是一个 URN，其是一个惟一编号，而不是一个 URL，因为其没有指定传输的协议。

3.2.1 HTTP 协议基础

从客户端发送到服务器端的请求和从服务器端返回客户端的响应统称为 HTTP 消息。请求和响应的 HTTP 消息格式十分相似，如表 3-1 所示。

表 3-1 HTTP 消息构成

名 称	描 述
初始行	指定请求或响应消息的目的
标题	指定大小、类型、编码格式等额外的辅助信息，有助于处理该消息
空行	
正文	请求或响应消息的主体

上述 HTTP 消息结构中各部分均以换行符或回车作为结束标识。接下来，分别看一下请求消息和响应消息的具体结构。

3.2.2 HTTP 请求

一个 HTTP 请求就是一个由客户端发送至服务器端的 HTTP 消息。一个 HTTP 请求初始行由以下三部分构成，各部分之间由空格分开。

- 方法名。
- URI。
- HTTP 协议版本。

初始行定义了 HTTP 方法即所期望的操作、资源地址以及协议版本。客户端通过连接到 HTTP 服务器初始化一个事务，访问信息与初始行一起发送。

例如：

```
GET /reports/sales/index.html HTTP/1.1
```

GET 是方法名；/reports/sales/index.html 是资源标识符 URI；HTTP/1.1 是请求的 HTTP 协议版本。

方法名用于指定客户端请求服务器端所期望的操作。HTTP 请求共有 GET、HEAD、POST、PUT、OPTIONS、DELETE、TRACE 和 CONNECT 等 8 个方法。下面着重介绍常用的 GET、HEAD、POST 和 PUT 方法。

1. **GET 方法**

用于检索资源。被检索的资源一般是静态资源，比如 HTML 网页、图像等。GET 方法也可以用于检索动态资源，适用于不包含参数或只包含很少参数的 HTTP 请求。如果请求包含参数，则参数会以查询字符串的形式追加到 URI 的尾部，如图 3-2 所示。

图 3-2 HTTP 请求初始行

图 3-2 展示了带参数的 HTTP 请求初始行。在 HTTP 请求初始行 URI 部分中的问号后面的字符串就是查询字符串。查询字符串由一个个的“参数＝值”对组成，各个参数＝值对之间由&分隔。

其形式如下：

```
name1=value1&name2=value2&…&nameM=valueM
```

在图 3-2 的查询字符串中，存在一对参数＝值，参数为 userid，其值为 john。

通过查询字符串追加到 URI 尾部的形式传输，可以不需要通过表单发送数据，从而避免了一个处理检索数据的步骤。但是，这种方式也存在缺点。

首先，客户端不能传输大量数据，因为大多数服务器将 URL 字符串限制为大约 240 个字符；其次，传输的数据会出现在浏览器的地址栏中，这样不利于数据的保密、安全。

2. HEAD **方法**

用于检索资源头信息。HEAD 请求与 GET 请求具备几乎完全一样的结构，惟一的差别在于，HEAD 请求不包含正文实体，其只包含 HTTP 消息的初始行和标题部分。HEAD 方法常用于检查请求资源最新的修改时间，如果客户端已经拥有最新版本的资源，就不会再重新从服务器获取资源。因此一个 HEAD 请求可以节省网络带宽，尤其是当请求资源十分大时。

3. POST **方法**

用于发送数据到服务器端。被发送的数据包含在 HTTP 消息正文部分。为了描述消息体，在消息标题中可以通过 Content-Type 和 Content-Length 来描述。HTML 网页使用 POST 方法来提交表单数据，图 3-3 展示了一个提交表单的 POST 请求 HTTP 消息结构。

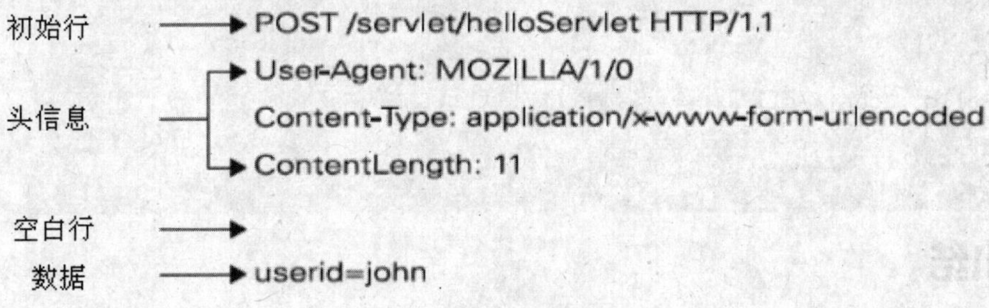

图 3-3　HTTP 请求初始行

在上述结构中，Content-Type 取值 application/x-www-form-urlencoded，表明请求的数据类型。Content-Length 取值 11，表明请求数据的长度。

对比图 3-2 的 GET 方法请求结构可知，POST 方法请求结构将参数放置在正文中，而 GET 方法请求结构将参数放置在标题的 URI 中。

4. PUT **方法**

用于向服务器端添加资源。例如，可以使用 http://www.myhome.com/files/example.html 将一个客户端本地文件 example.html 放置在服务器端。需要注意的是，客户端的文件名称与服务器端无关。PUT 请求主要用来发布文件到服务器端。

POST 请求和 PUT 请求极为相似，只有少许的不同。POST 请求发送数据到服务器端处理，而 PUT 请求是发送数据到服务器端指定的 URI 处。

3.2.3 HTTP 响应

一个 HTTP 响应就是一个由服务器端发送至客户端的 HTTP 消息。HTTP 响应初始行叫做状态行。一个 HTTP 响应状态行由以下三部分构成，各部分之间由空格分开。

- HTTP 协议版本。
- 状态码。
- 描述。

例如：

HTTP/1.1 404 Not Found

HTTP/1.1 500 Internal Error

状态码就是请求的结果。描述就是描述状态码的短语。

HTTP 协议定义了许多状态码，例如 200 代表请求成功。

当客户端浏览器接收了一个代表错误的状态码，会根据状态码显示给用户一个对应的提示信息。为了描述消息体，在消息标题中可以通过 Content-Type 和 Content-Length 部分来描述。

一个典型的 HTTP 响应消息结构如下所示：

```
HTTP/1.1 200 OK
Date: Tue, 01 Sep 2004 23:59:59 GMT
Content-Type: text/html
Content-Length: 52
<html>
<body>
<h1>Hello, John!</h1>
</body>
</html>
```

3.3 小结

在本章中，我们学习了 Web 应用程序的相关知识，Web 应用程序是一个 Web 资源的集合，Web 资源分为静态资源和动态资源，动态资源可以执行商务逻辑处理客户端请求完成特定任务。最后，讨论了 HTTP 协议及其请求/响应两种消息的具体结构，包括 GET、HEAD、POST 和 PUT 等方法。

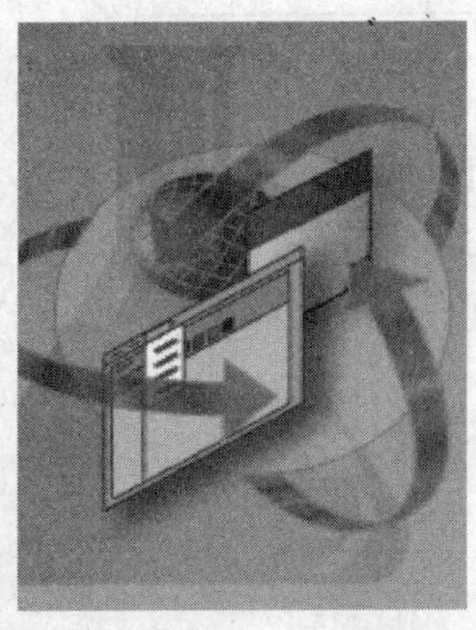

Chapter 4

Servlet 模型

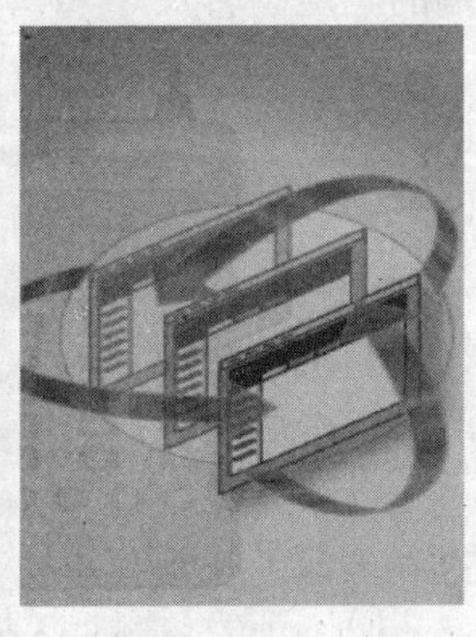

尽管 Servlet 技术也可以用于处理表示层，但更适合用来响应客户端用户的请求，完成请求的逻辑处理，执行商务逻辑。

在本章中，以基于 HTTP 协议的 HttpServlet 为核心。首先讲解 Servlet 技术对客户端请求和服务器端响应的处理，接着讨论了 Servlet 的生命周期，之后讲解如何使用 Servlet 上下文管理 Servlet 资源，最后对 Servlet 相关的高级技术做详细的讲解。

4.1 发送请求

4.1.1 HTTP 请求

HTTP 协议包含从客户端发送到服务器的请求和从服务器返回到客户端的响应。客户端浏览器向 Web 服务器发送请求是由以下 3 种事件触发的：

（1）用户点击了 HTML 网页的超连接。

（2）用户填充 HTML 表单，点击提交按钮。

（3）用户直接在浏览器地址栏输入 URL，点击回车键。

还有其他触发客户端浏览器向 Web 服务器发送请求的方式，例如镶嵌在 HTML 网页中，由客户端浏览器执行的 JavaScript 代码，可以通过事件方法引起发送请求。本质上说也是以上 3 种方式之一，只不过其采用编程的方式模拟了人为动作而已。

不管发送请求是由那种事件触发，浏览器默认使用的 HTTP 方法为 GET。当然，开发人员也可以根据需要，明确指定需要使用的 HTTP 方法。

以下示例展示了在 HTML 表单中使用 POST 方法来发送请求。

```
<FORM name='loginForm' method='POST' action='/loginServlet'>
  <input type='text' name='userid'>
  <input type='password' name='passwd'>
  <input type='submit' name='loginButton' value='Login'>
</FORM>
```

需要注意的是，如果浏览器使用默认的 GET 方法，就不需要在 HTML 表单中指定 method 属性。除了 GET 方法外，都必须在 HTML 表单中明确地指定 method 属性的值。

4.1.2 HTTP 方法比较

在 HTTP 的方法中，最常用的是 GET 和 POST 方法，其次是 HEAD 方法。第 3 章中已经介绍了这些方法的用途和基本结构，现在再对 GET 和 POST 方法作比较，如表 4-1 所示。了解它们的各自特性，以便更好、更合适地使用。

尽管 HTTP 协议没有限制查询字符串的长度，但是一些浏览器和 Web 服务器将 URL 字符串限制为 240 个字符左右。

从表 4-1 可以看出，GET 和 POST 方法各自适用的场景。

GET 方法适合用于获取像 HTML 文件、图像文件等静态 Web 资源，因为只需要发送文件名给服务器即可。

表 4-1 GET 方法和 POST 方法的比较

特 性	GET 方法	POST 方法
目标资源类型	动态、静态 Web 资源	动态 Web 资源
传输数据类型	文本	文本、二进制文件
传输数据量	不超过 255 个字符	没有限制
数据保密性	差。数据已查询字符串的形式作为 URL 的一部分存在，可以在浏览器的地址栏上看见	好。数据存在于发送请求的正文体中，不能在浏览器的地址栏上看见
数据缓存	数据可以在浏览器的 URL 历史中保存下来	数据不能在浏览器的 URL 历史中保存下来

POST 方法适用范围大：

- 发送大量数据，因为没有 255 个字符的限制。
- 上传文件，因为可以处理二进制文件。
- 传输用户名和密码，因为不会将用户名和密码在浏览器地址栏上泄露出来。

HEAD 请求与 GET 请求具备几乎完全一样的结构，惟一差别在于，HEAD 请求不包含正文实体，其只包含 HTTP 消息的初始行和标题部分。因此，HEAD 方法最适合用于检查请求资源最新的修改时间。如果客户端已经拥有最新版本的资源，就不用再重新从服务器获取资源。一个 HEAD 请求可以节省网络带宽，尤其是当请求资源十分大时。

用户点击 HTML 网页的超链接或直接地址栏输入 URL，回车后都会发起一个 GET 请求。而通过镶嵌在 HTML 网页中的 JavaScript 事件引起的都是 POST 请求。

4.2 处理请求

至此，我们已经了解了 HTTP 协议方法如何发送请求以及每个 HTTP 方法的适用场景。下面来学习 HTTP 协议如何与 Servlet 通信。HTTP 将请求发送到 Web 服务器后，请求被解析，将 HTTP 方法映射到 Servlet 中对应的方法。每个 HTTP 协议在 HttpServlet 类中都有一个对应的方法，这些方法的统一语法格式如下：

```
protected void doXXX(HttpServletRequest, HttpServletResponse)
throws ServletException, IOException;
```

HttpServlet 类中与 HTTP 协议中对应的方法如表 4-2 所示。

表 4-2 HTTP 协议与 HttpServlet 类对应的方法

HTTP 协议方法	HttpServlet 方法
GET	doGet()
HEAD	doHead()
POST	doPost()
PUT	doPut()
DELETE	doDelete()
OPTIONS	doOptions()
TRACE	doTrace()

HttpServlet 类中定义的方法均没有语句的空方法，因此需要开发人员根据自己的商务逻辑填充这些方法体，即应该重载这些方法。

客户端发送来的 HTTP 请求如何引起对应的 HttpServlet 类中的方法执行呢？这个过程由 Servlet 容器负责完成，包含以下几个步骤：

（1）Servlet 容器调用 HttpServlet 的 service(ServletRequest, ServletResponse)方法。

（2）HttpServlet 的 service(ServletRequest, ServletResponse)方法调用与其同在一类上的过载方法 service(HttpServletRequest, HttpServletResponse)。

（3）HttpServlet 的 service(HttpServletRequest, HttpServletResponse)方法分析 HTTP 请求，调用与之对应的 doXXX()方法。

例如，客户端发送来的 HTTP 请求的 POST 方法最终会引起其对应的 HttpServlet 类中的 doPost()方法的执行。

如果重载了 HttpServlet 类中的 service()方法，则 doXXX()方法不会自动获得调用。因此，开发人员不得不编写代码来决定如何在 HTTP 和 Servlet 方法之间进行映射。所以，最好不要重载 service()方法，仅仅重载 doPost()或 doGet()方法，把底层的调用交给 Servlet 容器去处理好了。

所有的 doXXX()方法均具有两个参数：HttpServletRequest 和 HttpServletResponse。HttpServletRequest 和 HttpServletResponse 是两个接口，传进 doXXX()方法的对象，由 Servlet 容器负责实现这两个接口的类实例对象。

4.3 解析请求

通过 ServletRequest 及其子类 HttpServletRequest 可以解析客户端发送过来的请求，提取其包含的数据。这些数据包括辅助信息、文本、参数及其二进制数据。

ServletRequest 提供的方法不依赖任何具体的协议，而其子类 HttpServletRequest 则针对 HTTP 协议提供额外定制的方法。这就是为什么 ServletRequest 和 HttpServletRequest 分别属于 javax.servlet 和 javax.servlet.http 包的原因。

由于 Web 程序是基于 HTTP 协议的，因此 HttpServletRequest 接口是我们最常使用的。但要明确的是，HttpServletRequest 中的方法一部分继承自其父类 ServletRequest，另一部分则是针对 HTTP 协议自定义的。

4.3.1 ServletRequest 接口

ServletRequest 主要用途就是从来自客户端的请求中提取数据，其上定义的常用检索数据的方法如表 4-3 所示。

表 4-3 ServletRequest 检索数据方法

方 法	功 能 描 述
String getParameter(String paramName)	获取指定参数的值
String[] getParameterValues(String paramName)	获取指定参数所有的值
Enumeration getParameterNames()	获取所有参数名字

String[] getParameterValues(String paramName)方法主要用于多参数值的情况。例如，客户端填写了一个含有可复选的列表组的表单，为了获取用户的多个复选项值，可以使用此方法获取一个参数的多个参数值。

Enumeration getParameterNames()方法主要用于在不知参数名称情况下获取参数值。通过该方法，将请求中所有参数名称压入一个枚举集中，然后通过循环依次遍历每个参数，结合 getParameter()和 getParameterValues()方法获取参数值。

4.3.2 HttpServletRequest 接口

实现 HttpServletRequest 接口的类以 HTTP 协议的方式实现了 ServletRequest 接口中的所有方法。解析 HTTP 请求中的信息、数据传入到 Servlet 中。

为了更直观地了解 HttpServletRequest 如何解析 HTTP 请求，我们通过下面的示例来展示其过程。

HTML 网页源码 searchjob.html 如下：

```
<html>
<body>
<form action="/servlet/TestServlet" method="POST">
Technology : <input type="text" name="searchstring" value="java">
<br><br>
State : <select name="state" size="5" multiple>
  <option value="NJ">New Jersey</option>
  <option value="NY">New York</option>
  <option value="KS">Kansas</option>
  <option value="CA">California</option>
  <option value="TX">Texas</option>
</select>
<br><br>
<input type="submit" value="Search Job">
</form>
</body>
</html>
```

在 HTML 表单上提供了两个输入域，一个是文本框，一个是列表框以及一个提交按钮。form 表单的 action 属性指明由名为 TestServlet 的 Servlet 负责处理请求，method 属性指明使用 HTTP 的 POST 方法发送请求。

发送给服务器的 HTTP 请求中包含两个参数。一旦包含两个参数的客户端请求发送到服务器端，TestServlet 类的 doPost()方法就会获得调用，提取请求中包含的数据并进行处理。

TestServlet 类的 doPost()方法的源码如下所示：

```
public void doPost(HttpServletRequest req,HttpServletResponse res) {
```

```
  String searchString = req.getParameter("searchstring");
  String[] stateList = req.getParameterValues("state");
  //use the values and generate appropriate response
}
```

在上述代码中，通过调用 getParameter()方法获取名为 searchstring 的参数值，通过调用 getParameterValues()方法获取名为 state 参数的多个值。

HttpServletRequest 接口除了提供用于从请求中提取数据的方法外，还提供了用于访问请求标题中信息的方法。需要注意的是，这些方法由于是用于处理仅在 HTTP 协议中才存在的标题，因此是 HttpServletRequest 接口独有的，在不依赖任何协议的 ServletRequest 接口中是没有类似方法的。

HttpServletRequest 接口上定义的常用检索标题的方法如表 4-4 所示。

表 4-4　HttpServletRequest 检索标题方法

方　法	功　能　描　述
String getHeader(String headerName)	获取指定标题的值
Enumeration getHeaders(String headerName)	获取指定标题所有的值
Enumeration getHeaderNames()	获取所有标题名字

Enumeration getHeaders(String headerName)方法主要用于多标题值的情况。例如，请求标题的 accept 标题，可以出现多次，代表可接收的多个文档格式。

Enumeration getHeaderNames()方法主要用于在不知标题名称情况下获取标题值。通过该方法将请求中所有标题名称压入一个枚举集中，然后通过循环依次遍历每个参数，结合 getHeader ()方法和 getHeaders ()方法获取参数值。

下面示例展示了在 service()方法中获取标题信息的过程。

```
public void service(HttpServletRequest req, HttpServletResponse res) {
  Enumeration headers = req.getHeaderNames();
  while (headers.hasMoreElements()) {
    String header = (String) headers.nextElement();
    String value = req.getHeader(header);
    System.out.println(header+" = "+value);
  }
}
```

上述代码中，使用 getHeaderNames()方法获取请求中所有标题名称，使用 getHeader ()方法输出所有标题值。

4.4 返回响应

通过 ServletResponse 及其子类 HttpServletResponse，可以将 Servlet 处理请求的结果以 HTML 形式返回给客户端浏览器。

同 ServletRequest 一样，ServletResponse 提供的方法不依赖任何具体的协议，而其子类 HttpServletResponse 则针对 HTTP 协议提供额外定制的方法。因此，ServletResponse 和 HttpServletResponse 分别属于 javax.servlet 和 javax.servlet.http 两个不同的包。

同 HttpServletRequest 接口一样，基于 HTTP 协议的 HttpServletResponse 接口是我们最常使用的。

4.4.1 ServletResponse 接口

ServletResponse 接口中最常用的方法为：getWriter()、getOutputStream() 以及 setContentType()方法。

先看一下 getWriter()方法的使用。该方法返回一个 java.io.PrintWriter 类型的对象，此对象可以发送字符给客户端浏览器。因此，PrintWriter 类主要在 Servlet 中用作动态产生 HTML 代码。

示例 ShowHeadersServlet.java 完成获取客户端的请求信息，并将信息以 HTML 格式返回给客户端浏览器。

```
//ShowHeadersServlet.java
import java.io.*;
import java.util.*;
import javax.servlet.*;
import javax.servlet.http.*;

public class ShowHeadersServlet extends HttpServlet {
  public void doGet(HttpServletRequest req, HttpServletResponse res)
      throws ServletException, IOException {
    PrintWriter pw = res.getWriter();
    pw.println("<html>");
    pw.println("<head>");
    pw.println("</head>");
    pw.println("<body>");
    pw.println("<h3>Following are the headers that the
      server received.</h3><p>");
    Enumeration headers = req.getHeaderNames();
    while(headers.hasMoreElements()) {
      String header = (String) headers.nextElement();
      String value = req.getHeader(header);
      pw.println(header+" = "+value+"<br>");
    }
    pw.println("</body>");
    pw.println("</html>");
```

```
    }
}
```

在上述代码中，通过调用 getWriter()方法获取 PrintWriter 类实例。调用 PrintWriter 类上的 println()方法打印输出一个返回客户端的完整 HTML 页面，该 HTML 页面包含由 getHeaderNames()和 getHeader()方法提取的客户端的请求信息。

ServletResponse 接口中定义的 getWriter()方法获取的 PrintWriter 类，用于发送字符文档给客户端浏览器。其定义的 getOutputStream()方法，用于获取 OutputStream 类来实现发送二进制文档给客户端。

示例 doGet()方法用于将一个压缩的二进制 JAR 文件返回给客户端。

doGet()方法源码如下所示：

```
public void doGet(HttpServletRequest req, HttpServletResponse res)
      throws ServletException, IOException {
   res.setContentType("application/jar");
   File f = new File("test.jar");
   byte[] bytearray = new byte[(int) f.length()];
   FileInputStream is = new FileInputStream(f);
   is.read(bytearray);
   OutputStream os = res.getOutputStream();
   os.write(bytearray);
   os.flush();
}
```

在上述代码中，读取 test.jar 二进制文件到字节数组 bytearray 中，然后将字节数组写入由 getOutputStream()方法获取的 OutputStream 输出流中，发送给客户端。

在调用 HttpServletResponse 响应对象的 getOutputStream()方法前，首先调用了 setContentType()方法。setContentType()方法用于设置返回给客户端数据的类型，并且可以指定响应字符的编码格式。如果需要获得一个指定编码格式的 PrintWriter 打印流，则必须在调用 getWriter()方法前调用 setContentType()方法，指定编码格式取代默认的编码格式。

setContentType()方法定义在 ServletResponse 接口上，其语法如下：

```
public void setContentType (String type)
```

该方法用于设置响应内容类型。响应内容类型不仅包含数据格式，也包含字符编码，例如 text/html; charset=ISO-8859-4。

为了采用指定的编码格式和数据格式返回响应给客户端，应在获取一个 PrintWriter 打印流前调用 setContentType()方法指定传输格式。如果没有调用 setContentType()方法明确地指定传输格式，默认的数据类型为 text/html。常用的数据类型有：text/html、image/jpeg、video/quicktime、application/java、text/css 和 text/javascript。

需要注意的是，getWriter()和 getOutputStream()方法都用于获取一个返回客户端的输出流，但是二者在同一个 ServletResponse 响应上不能同时调用。例如，如果在一个

ServletResponse 对象上已经调用了 getWriter()方法，再调用 getOutputStream()方法则会导致 IllegalStateException 异常抛出。但同一个 getWriter()或 getOutputStream()方法可以多次在同一个 ServletResponse 对象上调用，而不会产生错误。

4.4.2 HttpServletResponse 接口

除了可以设置响应内容的类型处，ServletResponse 接口的子接口 HttpServletResponse 还提供了三类方法，用于设置响应头、重定向 HTTP 请求以及给响应添加一个 Cookie。

通过名称/值对的形式来设置响应头信息。例如，可以指定客户端浏览器每隔 5 分钟重新装载一次页面，指定页面的缓冲区大小。

HttpServletResponse 接口中定义的设置响应头信息的方法如表 4-5 所示。

表 4-5 HttpServletResponse 设置头信息方法

方 法	功 能 描 述
void setHeader (String name,String value)	用一个给定的名称和域设置响应头。如果响应头已经被设置，新的值将覆盖当前的值
void setIntHeader (String name,int value)	用一个给定的名称和整形值设置响应头。如果响应头已经被设置，新的值将覆盖当前的值
void setDateHeader (String name,long millisecs)	用一个给定的名称和日期值设置响应头，这里的日期值应该是反映自 1970-1-1 日（GMT）以来的精确到毫秒的长整数。如果响应头已经被设置，新的值将覆盖当前的值
void addHeader(String name, String value)	添加一个给定的名称和域的响应头
void addIntHeader(String name, String value)	添加一个给定的名称和整形值的响应头
void addDateHeader(String name, long date)	添加一个给定的名称和日期值的响应头，这里的日期值应该是反映自 1970-1-1 日（GMT）以来的精确到毫秒的长整数
boolean containsHeader(String name)	检查是否设置了指定的响应头

表 4-6 所示为 4 种重要的头名称。

表 4-6 HttpServletResponse 检索数据方法

头 名 称	功 能 描 述
Date	指定服务器上的当前日期
Expires	指定内容被定义为旧内容时间
Last-Modified	指定文档最新更新时间
Refresh	指示浏览器重新装载页面

addCookie(Cookie c)方法用于给响应添加一个 Cookie。Cookie 是 Servlet 发送给客户端浏览器的用来接收、存储少量数据的对象。Cookie 由名称、字符串值以及可选的描述属性组成。如果客户端浏览器开启 Cookie，则浏览器会保存该对象，请求期间可以发送每个 Cookie 的名称/值对。有关 Cookie 对象的具体使用细节，将在第 8 章会话管理中详细介绍。

ServletResponse 接口的第三类方法用于重定向 HTTP 请求。通过分析客户端请求，一个 Servlet 可以从当前页面跳转到其他资源。例如，一个公司的网站仅维护与自身相关的新闻，如果涉及其他新闻，则需要链接到其他网站上。

HttpServletResponse 接口提供的 sendRedirect()方法就可以实现资源间的跳转。以下代码:

```
if("companynews".equals(request.getParameter("news_category"))) {
  //retrieve internal company news and generate the page dynamically
} else {
  response.sendRedirect("http://www.cnn.com");
}
```

在上述代码中,根据客户端请求的 news_category 参数值来决定是返回客户端公司自身维护的新闻还是跳转到 CNN 新闻网站上去。

客户端会根据重定向指令，自动跳转到指定的 URL 地址去。

使用 sendRedirect()方法需要注意两点:

- 如果响应已经返回客户端，则不能调用 sendRedirect()方法。也就是说，如果响应头已经发送到浏览器，则不能再调用 sendRedirect()方法。
- 如果在响应已经返回客户端的情况下调用 sendRedirect()方法，则会导致 java.lang.IllegalStateException 异常抛出。

如以下代码所示，会有 java.lang.IllegalStateException 异常抛出。

```
public void doGet(HttpServletRequest req, HttpServletResponse res) {
  PrintWriter pw = res.getWriter();
  pw.println("<html><body>Hello World!</body></html>");
  pw.flush();
  res.sendRedirect("http://www.cnn.com");
}
```

在上述代码中，由于在调用 sendRedirect()方法前，已经使用 flush()方法将响应头发送给客户端浏览器,此时再调用 sendRedirect()方法会导致一个 IllegalStateException 异常抛出。

需要注意的是，浏览器仅在第一个资源处接收到重定向消息之后，才跳转到第二个资源。从这个概念看，sendRedirect()对浏览器不是透明的。也就是说，是 Servlet 发送一个消息通知浏览器从其他地方获取资源。

HTTP 定义了状态码用来代表发生的错误状况，例如指定资源不存在、未授权访问等。所有的状态码以常量形式定义在 HttpServletResponse 接口中。HttpServletResponse 接口定义了 sendError(int status_code)和 sendError(int status_code,String message)方法两个方法，通过使用指定的状态码，发送一个错误响应给客户端。

例如，如果 Servlet 发现客户端无权访问其输出，其可以调用 response.sendError(HttpServletResponse.SC_UNAUTHORIZED) 方法发送状态码 SC_UNAUTHORIZED 给客户端，客户端浏览器接收到该状态码后，会将对应的提示信息展示给用户。

HttpServletResponse 接口中所有定义的状态码如表 4-7 所示。

表 4-7 HttpServletResponse 状态码

状 态 码	代 码
SC_ACCEPTED	202
SC_BAD_GATEWAY	502
SC_BAD_REQUEST	400
SC_CONFLICT	409
SC_CONTINUE	100
SC_CREATED	201
SC_EXPECTATION_FAILED	417
SC_FORBIDDEN	403
SC_FOUND	302
SC_GATEWAY_TIMEOUT	504
SC_GONE	410
SC_HTTP_VERSION_NOT_SUPPORTED	505
SC_INTERNAL_SERVER_ERROR	500
SC_LENGTH_REQUIRED	411
SC_METHOD_NOT_ALLOWED	405
SC_MOVED_PERMANENTLY	301
SC_MOVED_TEMPORARILY	302
SC_MULTIPLE_CHOICES	300
SC_NO_CONTENT	204
SC_NON_AUTHORITATIVE_INFORMATION	203
SC_NOT_ACCEPTABLE	406
SC_NOT_FOUND	404
SC_NOT_IMPLEMENTED	501
SC_NOT_MODIFIED	304
SC_OK	200
SC_PARTIAL_CONTENT	206
SC_PAYMENT_REQUIRED	402
SC_PRECONDITION_FAILED	412
SC_PROXY_AUTHENTICATION_REQUIRED	407
SC_REQUEST_ENTITY_TOO_LARGE	413
SC_REQUEST_TIMEOUT	408
SC_REQUEST_URI_TOO_LONG	414
SC_REQUESTED_RANGE_NOT_SATISFIABLE	416
SC_RESET_CONTENT	205
SC_SEE_OTHER	303
SC_SERVICE_UNAVAILABLE	503
SC_SWITCHING_PROTOCOLS	101

续表

状 态 码	代 码
SC_TEMPORARY_REDIRECT	307
SC_UNAUTHORIZED	401
SC_UNSUPPORTED_MEDIA_TYPE	415
SC_USE_PROXY	305

4.5 Servlet 生命周期

截今为止，我们已经了解了 Servlet 如何处理客户端的请求。首先，接收到客户端发送来的请求，然后调用 doXXX()方法处理该请求，最后将响应返回给客户端。

为了正确地调用 doXXX()方法来处理客户端的请求，Servlet 容器必须在处理客户端请求前，采取一系列步骤管理 Servlet，促使 Servlet 进入不同的阶段，最终进入可为客户端做好服务准备状态。

Servlet的这些阶段就组成了Servlet的生命周期。Servlet生命周期的第一个阶段是装载、实例化阶段，处于该阶段内的 Servlet 已进入装载状态；第二个阶段是初始化阶段；第三个阶段是请求处理阶段，一旦 Servlet 处于初始化状态，Servlet 容器就可以调用 service()方法处理来自于客户端的请求；第四个阶段是销毁阶段，Servlet 容器通过调用 Servlet 实例上的 destroy()方法使 Servlet 进入销毁状态；最后一个阶段是卸载阶段，当 Servlet 容器被停止后，其必须卸载 Servlet 实例。

图 4-1 展示了 Servlet 生命周期各个阶段的转换。

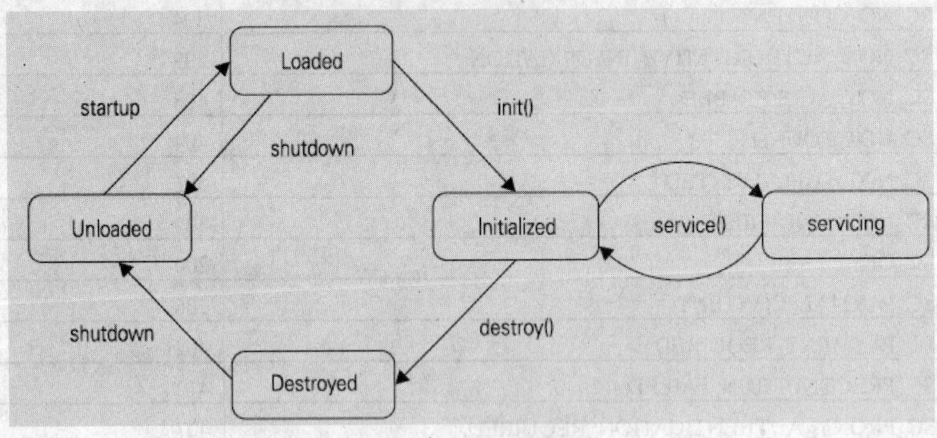

图 4-1 Servlet 生命周期

接下来，我们详细讨论 Servlet 生命周期中的各个阶段、状态。

4.5.1 装载、实例化

当 Servlet 容器启动时，其会自动寻找一组配置文件。该配置文件描述了 Web 应用程序，称作部署描述符。每个 Web 应用程序都有一个名为 web.xml 的部署描述符，该文件包含了其描述的 Web 应用程序的每个 Servlet 的入口。

每个 Servlet 入口指定了 Servlet 的名称和其对应的 Servlet 类名。Servlet 容器通过调用

Class.forName(className).newInstance()方法，创建指定的 Servlet 类实例。为了实现 Servlet 类实例的自动创建，指定的 Servlet 类必须提供一个无参数列表的公共构造器。通常，开发人员不必为 Servlet 类声明定义任何构造器，Java 编译器会为 Servlet 类自动添加一个无参的默认构造器。这样，该 Servlet 类就具备了容器的可装载条件。

4.5.2 初始化

当 Servlet 类实例化时，我们往往希望能指定初始化参数来定制 Servlet 类实例，这在没有声明除无参默认的构造器情形下是完全可以实现的。因为 Servlet 容器一旦创建了 Servlet 实例，就会调用刚刚创建的 Servlet 类实例的 init(ServletConfig config)方法来进行初始化工作。传入 init()方法中的 ServletConfig 对象，包含了所有在 Web 应用程序的部署描述符中定义的初始化参数。这些参数以名称/值对的形式存在于 web.xml 文件中。在 init()方法返回后，表明 Servlet 初始化工作完成。

采用 ServletConfig 对象传递初始化参数的来初始化 Servlet 类实例，可以保障 Servlet 的可复用性。例如，如果存在一个负责完成数据库连接的 Servlet，我们不希望把数据库连接地址和用户名、密码以硬编码的方式写在 Servlet 中，以便数据库发生改变时，可以不需要改动 Servlet 代码。这个时候，我们就可以利用 init()方法来读取写在部署描述符 web.xml 文件中以初始化参数形式存在的数据库连接地址和用户名、密码。这样，当数据库发生改变时，仅需改变文本文件形式存在的 web.xml 文件即可，根本不需要对 Servlet 代码进行任何变动，就可以实现数据库的连接迁移。

需要注意的是，init()方法仅在实例化 Servlet 后被调用一次，而试图通过调用 init()方法实现重复多次初始化类实例是不可能的。

在 Servlet 的 API 中，位于 javax.servlet 包中的 GenericServlet 类定义了两个 init()方法：一个是带 ServletConfig 参数的 init(ServletConfig config)方法，另一个是无参数的 init()方法。如果开发人员重载的是带参数的 init(ServletConfig config)方法，则必须在重载方法中明确调用 super.init(config)方法，这样才能保证 ServletConfig 对象在以后被使用。无参数的 init()方法可以被开发人员方便地重载，这样 Servlet 容器可以自动地调用 Servlet 的 init(ServletConfig config)方法。尽管开发人员重载了不带参数的 init()方法，但是可以通过调用 getServletConfig()方法来获取 ServletConfig 对象。

通常 Servlet 容器并不是在其启动后立即初始化 Servlet 实例，而是当客户端首次请求该 Servlet 时进行初始化，这称作后初始化。虽然这极大地改善了容器的启动时间，但是也存在缺点。如果在 Servlet 初始化时需要完成大量任务，则客户端的首次请求处理响应时间就会变得很长，甚至超过用户的忍耐时间，这自然是无法令人接受的。为了解决这个问题，Servlet 规范在部署描述符中定义了一个<load-on-startup>元素，该元素用来指定是否在容器启动后立即初始化 Servlet。这种在请求前的初始化称作预初始化。

4.5.3 请求处理

在 Servlet 实例正确初始化后，就可以做好处理客户端请求的准备了。当 Servlet 容器接收到一个客户端请求时，就可以通过调用已初始化的 Servlet 实例的 service(ServletRequest, ServletResponse)方法来响应请求。如果发送的是一个 HTTP 请求，则 service()方法就会把请求转发给对应的 doXXX()方法。

4.5.4 销毁

如果 Servlet 容器决定不再需要某个 Servlet 类实例，就会调用该 Servlet 实例的 destroy()方法来销毁之。在 destroy()方法中，应该释放 Servlet 获取的资源，例如在 init()方法中获取的数据库连接。

一旦调用了 destroy()方法，Servlet 类实例就不再处于服务准备状态，容器也不能再调用该 Servlet 类实例的 service()方法，无法以任何方式重复使用该 Servlet 类实例。一旦 Servlet 实例进入销毁状态，该实例就只能进入卸载状态，而不能转换到其他状态。在调用 destroy()方法前，Servlet 容器会等待 Servlet 类实例的 service()方法执行完毕。

如果当前可用资源紧张或者长期没有对 Servlet 发出请求，则 Servlet 容器会销毁 Servlet 类实例。与此类似，如果 Servlet 容器维护一个 Servlet 类实例池，就可以随时创建或销毁 Servlet 类实例。

4.5.5 卸载

一旦 Servlet 类实例被销毁，该实例就会被 Java 垃圾回收器回收，即处于卸载状态。如果 Servlet 容器被停止，则 Servlet 类实例被销毁，Servlet 类就会被卸载。

4.5.6 容器管理

Servlet 生命周期中各个状态间的转换由 Servlet 容器负责。图 4-2 展示了 Servlet 容器与 Servlet 生命周期中各个状态间的关系。

当 Servlet 容器载入 Servlet 类并实例化时，Servlet 从卸载状态转换为装载、实例化状态。Servlet 容器调用 init()方法初始化 Servlet 类实例，因此 Servlet 进入初始化状态。直到 Servlet 容器决定销毁 Servlet 类实例为止，Servlet 一直处于初始化状态。当 Servlet 容器调用 service()方法处理来自于客户端请求时，Servlet 从初始化状态进入请求处理状态。当 Servlet 容器调用 destroy()方法时，Servlet 进入销毁状态。最后，当 Servlet 类实例被 Java 垃圾回收器回收后，Servlet 就进入了卸载状态。

表 4-8 列出了所有 Servlet 生命周期中使用的方法。

表 4-8 Servlet 生命周期中使用的方法

方　法	功　能　描　述
void init(ServletConfig)	Servlet 容器调用此方法初始化 Servlet
void service(ServletRequest,ServletResponse)	Servlet容器调用此方法处理客户端请求
void destroy()	Servlet 容器调用此方法卸载 Servlet

需要注意的是，Servlet 容器调用 init(ServletConfig config)方法仅一次。如果在 web.xml 文件中定义了多个<servlet>元素，这些<servlet>元素均来自同一个 Servlet 类，则会创建同一个 Servlet 类实例多次，并且可以设置一系列的初始化参数。例如，可以设置不同的 Servlet 类实例，负责连接不同的数据库。

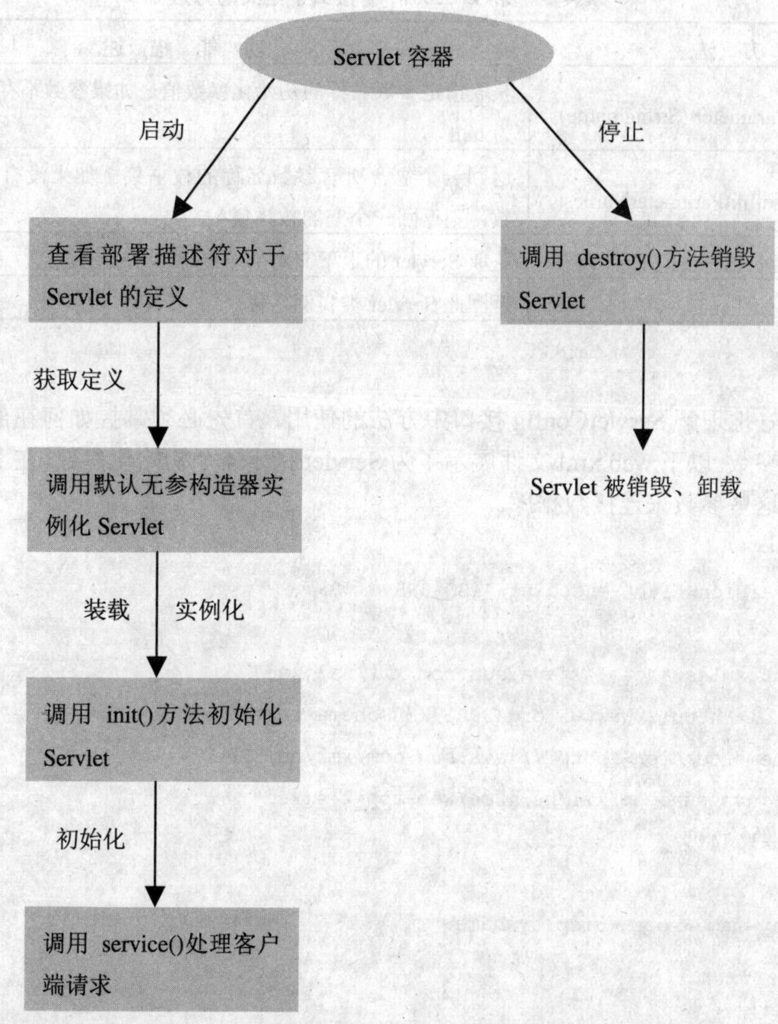

图 4-2　容器中的 Servlet 生命周期

4.6　ServletConfig 接口

Servlet 容器传入包含了所有 Web 应用程序部署描述符中定义的参数的 ServletConfig 对象到 init(ServletConfig config)方法中。下面具体来看看如何通过 ServletConfig 对象获取 Web 应用程序部署描述符的信息。

4.6.1　方法

ServletConfig 接口定义在 javax.servlet 包中，使用起来非常简单。

表 4-9 列出了 ServletConfig 接口定义的方法。

ServletConfig 接口中定义的方法仅能用于检索参数，而不能添加、修改参数。Servlet 容器从部署描述符中提取信息封装到 ServletConfig 对象中，这些信息可以在初始化时被检索、提取。

表 4-9　ServletConfig 接口中定义的方法

方　法	功　能　描　述
String getInitParameter (String name)	获取指定参数名称的初始化参数值。如果参数不存在，则返回值为 null
Enumeration getInitParameterNames()	返回一个包含所有参数名称的枚举集。如果没有定义初始化参数，则返回一个空的枚举集
ServletContext getServletContext()	获取 Servlet 的上下文对象
String getServletName()	返回此 Servlet 类实例名称

4.6.2　示例

为了更好地理解 ServletConfig 接口中方法的使用，首先必须掌握如何在部署描述符中指定初始化参数。以下 web.xml 文件展示了为 Servlet 指定 4 个初始化参数。在下面的 Servlet 中，将使用这些参数来连接数据库。

web.xml：

```
<?xml version="1.0" encoding="ISO-8859-1"?>


<web-app xmlns="http://java.sun.com/xml/ns/j2ee"
xmlns:xsi="http://www.w3.org/2001/XMLSchema-instance"
xsi:schemaLocation="http://java.sun.com/xml/ns/j2ee
http://java.sun.com/xml/ns/j2ee/web-app_2_4.xsd"
version="2.4">

<display-name>root</display-name>

<servlet>
<servlet-name>TestServlet</servlet-name>
<servlet-class>TestServlet</servlet-class>
<init-param>
<param-name>driverclassname</param-name>
<param-value>sun.jdbc.odbc.JdbcOdbcDriver</param-value>
</init-param>

<init-param>
<param-name>dburl</param-name>
<param-value>jdbc:odbc:MySQLODBC</param-value>
</init-param>

<init-param>
```

```
<param-name>username</param-name>
<param-value>testuser</param-value>
</init-param>

<init-param>
<param-name>password</param-name>
<param-value>test</param-value>
</init-param>

<load-on-startup>1</load-on-startup>
</servlet>

</web-app>
```

第 5 章将详细地讨论部署描述符的结构，这里我们只了解目前用到的<servlet>和<init-param>元素。此处<servlet>元素定义了一个名为 TestServlet 的 Servlet，该 Servlet 有 4 个由<init-param>元素定义的初始化参数，分别为数据库驱动程序、数据库连接地址、用户名和密码。

在部署描述符中还有一个<load-on-startup>元素，该元素指明 Servlet 容器一经启动就把该 Servlet 装载入。

在部署描述符中定义好参数后，就可以在 Servlet 方法中提取使用了。代码 TestServlet.java 展示了如何使用部署描述符中定义初始化参数来连接数据库。

```
//TestServlet.java
import java.io.*;
import java.util.*;
import java.sql.*;
import javax.servlet.*;
import javax.servlet.http.*;

public class TestServlet extends HttpServlet {
  Connection dbConnection;
  public void init() {
    System.out.println(getServletName()+" : Initializing...");
    ServletConfig config = getServletConfig();
    String driverClassName =
      config.getInitParameter("driverclassname");
    String dbURL = config.getInitParameter("dburl");
    String username = config.getInitParameter("username");
    String password = config.getInitParameter("password");

    //Load the driver class
    Class.forName(driverClassName);
```

```
      //get a database connection
      dbConnection =
        DriverManager.getConnection(dbURL,username,password);
      System.out.println("Initialized.");
    }

    public void service(HttpServletRequest req, HttpServletResponse res)
      throws ServletException, java.io.IOException {
      //get the requested data from the database and generate an HTML page
    }

    public void destroy() {
      try {
        dbConnection.close();
      }

      catch(Exception e) {
        e.printStackTrace();
      }
    }
}
```

在上述代码中，通过调用 getInitParameter(String name)方法来读取出部署描述符中定义的初始化参数值，在 init()方法中完成数据库的连接。

通过调用 getServletName()方法，可以在控制台上打印输出定义在 web.xml 文件中<servlet-name>元素的值，以观察关闭数据库连接的 destroy()方法。

4.7 ServletContext 接口

通过 ServletContext 接口可以获取有关 Servlet 整体信息的视图。Servlet 使用此接口可以获取 Web 应用程序初始化参数、Servlet 容器版本等信息。ServletContext 接口还提供了一些实用方法，例如获取多用途网际邮件扩充协议（Multipurpose Internet Mail Extensions，MIME）类型文件的方法、获取共享资源文件的方法、获取日志文件的方法等。

每个 Web 应用程序都有一个且惟一一个 ServletContext，能被 Web 应用程序中所有动态资源所访问，并且可以被用于 Servlet 间的数据共享。ServletContext 是一个十分重要的接口，其上定义的方法我们需要完全地掌握。在随后的章节中，将在不同的环境中讨论其使用。

在本小节中，我们学习了 getResource()和 getResourceAsStream()方法，它们都在 ServletContext 接口中定义，这两个方法被 Servlet 使用来访问资源，此时不必考虑资源的实际物理位置。

表 4-10 列出了 ServletContext 接口定义的方法。

表 4-10 ServletContext 接口中定义的方法

方 法	功 能 描 述
Object getAttribute(String name)	返回 Servlet 环境对象中指定的属性对象。如果该属性对象不存在，返回空值。这个方法允许访问有关 Servlet 引擎的在该接口的其他方法中尚未提供的附加信息
Enumeration getAttributeNames()	返回一个 Servlet 环境对象中可用的属性名的列表
ServletContext getContext(String uripath)	返回一个 Servlet 环境对象，包括特定 URI 路径的 Servlets 和资源。如果该路径不存在，则返回一个空值。URI 路径格式是 /dir/dir/filename.ext
String getInitParameter(String name)	获取初始化参数。如果没有返回一个 null 值
Enumeration getInitParameterNames()	获取所有初始化参数名称
int getMajorVersion()	返回 Servlet 引擎支持的 Servlet API 的主版本号。例如对于 2.1 版，这个方法会返回一个整数 2
String getMimeType(String file)	返回指定文件的 MIME 类型，如果这种 MIME 类型未知，则返回一个空值。MIME 类型是由 Servlet 引擎的配置决定的
int getMinorVersion()	返回 Servlet 引擎支持的 Servlet API 的次版本号。例如对于 2.1 版，这个方法会返回一个整数 2
RequestDispatcher getNamedDispatcher(String name)	获取一个指定 Servlet 名称的分发器
String getRealPath(String path)	一个符合 URL 路径格式的指定的虚拟路径的格式是 /dir/dir/filename.ext。用这个方法，可以返回与一个符合该格式的虚拟路径相对应的真实路径的 String
RequestDispatcher getRequestDispatcher(String path)	如果这个指定的路径下能够找到活动的资源（例如一个 Servlet，JSP 页面，CGI 等）就返回一个特定 URL 的 RequestDispatcher 对象，否则，就返回一个空值，Servlet 引擎负责用一个 request dispatcher 对象封装目标路径。这个 request dispatcher 对象可以用来完全请求的传送
URL getResource(String path)	返回一个 URL 对象，该对象反映位于给定的 URL 地址（格式：/dir/dir/filename.ext）的 Servlet 环境对象已知的资源。无论 URLStreamHandlers 对于访问给定的环境是不是必须的，Servlet 引擎都必须执行。如果给定的路径的 Servlet 环境没有已知的资源，该方法会返回一个空值。 这个方法和 java.lang.Class 的 getResource 方法不完全相同。java.lang.Class 的 getResource 方法通过装载类来寻找资源。而这个方法允许服务器产生环境变量给任何资源的任何 Servlet，而不必依赖于装载类、特定区域等

续表

方 法	功 能 描 述
InputStream getResourceAsStream(String path)	返回一个 InputStream 对象，该对象引用指定的 URL 的 Servlet 环境对象的内容。如果没找到 Servlet 环境变量，就会返回空值，URL 路径应该具有这种格式/dir/dir/filename.ext。 这个方法是一个通过 getResource 方法获得 URL 对象的方便的途径。当你使用这个方法时，meta-information（例如内容长度、内容类型）会丢失
String getServerInfo()	返回一个 String 对象，该对象至少包括 Servlet 引擎的名字和版本号
String getServletContextName()	返回部署描述符中指定的与此 Servlet 上下文对应的名称
void log(String msg)	写指定的信息到一个 Servlet 环境对象的 log 文件中。被写入的 log 文件由 Servlet 引擎指定，但是通常这是一个事件 log。当这个方法被一个异常调用时，log 中将包括堆栈跟踪
void log(String message,Throwable throwable)	
void removeAttribute(String name)	从指定的 Servlet 环境对象中删除一个属性
void setAttribute(String name,Object object)	给予 Servlet 环境对象中你所指定的对象一个名称

代码 AccessJAR.java 发送一个 JAR 文件给客户端。

```
public void service(HttpServletRequest req, HttpServletResponse res)
    throws javax.servlet.ServletException, java.io.IOException {
  res.setContentType("application/jar");
  OutputStream os = res.getOutputStream();
  //1K buffer
  byte[] bytearray = new byte[1024];
  ServletContext context = getServletContext();
  URL url = context.getResource("/files/test.jar");
  InputStream is = url.openStream();
  int bytesread = 0;
  while( (bytesread = is.read(bytearray) ) != -1 ) {
    os.write(bytearray, 0, bytesread);
  }
  os.flush();
  is.close();
}
```

在上述代码中，未采取 File f = new File("test.jar")语句的硬编码方式，而是使用 getResource()方法来指定一个独立于文件系统的资源文件。资源文件 test.jar 采取相对路径的方式来指定，允许我们将 Servlet 部署在任何地方，而不需要考虑文件的绝对路径。只要 test.jar 文件位于<webappdirectory>\files 目录中就可以被访问到。

当然 getResource()和 getResourceAsStream()方法也不是绝对完美的，其也存在一些限制。

- 不能指定动态资源。例如，Servlet 和 JSP。
- 存在一定的安全隐患。因为可以访问 Web 应用程序的所有文件，包括 Web-INF 目录下的文件。

当然，Servlet 也可以使用 ServletContext 接口的 getRealPath(String relativePath)方法把相对路径转换为绝对路径再访问资源。但是，当资源存在于 JAR 文件中时，由于路径被包含在 JAR 文件中，此种方式是存在问题的。并且，当 Servlet 运行资源存在于不同机器上的分布式环境下时也存在问题。而使用 getResource()方法是不存在这些问题的，而且非常容易使用。

4.8 Servlet 进阶

此前，我们始终讨论的是一个独立的 Servlet 行为。然而，现实世界中所有任务均由一个 Servlet 来完成这是不可能的。我们通常把商业处理分成不同的功能模块，分别由不同的 Servlet 来处理。我们来分析一个最为简单的银行系统，从用户的角度来看，系统应提供一些处理业务：打开账户、查看账户、存款、取款、关闭账户。

当然这些功能的背后也存在一些限制条款。例如，用户不能查看任何一个其他用户的账户情况，更不允许从其他用户账户上提取存款。

我们应该把这些业务处理分成不同的任务，然后分别对应到不同的 Servlet 来完成。针对上述银行系统，我们应该有一个登录 Servlet 负责完成打开账户、关闭账户，有一个账户 Servlet 负责查看账户、存款和取款。

为了完成系统功能，负责不同业务处理的多个 Servlet 间应该共享数据、相互通信、联合处理。例如，如果用户访问其账户，那么账户 Servlet 应该能够知道该用户是否已登录的状态。如果用户未登录成功，则其应该将用户引导到登录页面。另一方面，用户一旦登录成功，则登录 Servlet 应该将用户 ID 号传输给账户 Servlet，及时显示出用户的账户信息，而不需要用户再次输入有关校验身份的信息。

Servlet 开发接口提供了 Servlet 间非常便利的共享数据机制，易于 Servlet 间的配合处理。以下将详细讨论这些机制。

4.8.1 数据共享

Servlet 之间的数据共享实现共享集合的机制。一个 Servlet 将数据放入所有 Servlet 均可访问的共享集合中，其他 Servlet 均可访问到该共享集合。共享集合共有 3 种，分别为：ServletRequest、HttpSession 和 ServletContext 对象。这 3 个对象均提供了 setAttribute(String name, Object value)和 Object getAttribute(String name)方法，分别用于向共享集合添加数据和从共享集合提取数据。

尽管 3 个共享集合对象都能够实现数据的共享，但是共享数据的范围是不同的。使用 ServletRequest 对象实现的共享数据仅在客户端请求生命期内有效；使用 HttpSession 对象实现的共享数据仅在客户端会话生命期内有效；使用 ServletContext 对象实现的共享数据可以在整个 Web 应用程序生命期内有效。

为了更好地理解 3 种共享集合之间的差异，我们看一下以下 3 种对共享数据的需求情况。

假设之前描述的银行系统需要给用户提供信用记录报告查询。因此，我们新增一个报告 Servlet（ReporterServlet）负责根据用户的社会保险号来产生用户的信用记录报告。当用户需要查询自己的信用记录报告时，账户 Servlet 应该能够提取出用户社会保险号并将其传递给报告 Servlet。在这种情况下，账户 Servlet 应该和报告 Servlet 仅在用户请求时共享用户的社会保险号。一旦请求处理完毕，报告 Servlet 就不能再访问用户的社会保险号。

正如前所述，登录 Servlet 应该和账户 Servlet 共享用户 ID 号，但是账户 Servlet 只能在客户端请求处理期间访问用户 ID 号。而且，账户 Servlet 只能在用户登录成功时访问用户 ID 号。

至于数据库驱动、数据库连接地址、用户名和密码，任何时间对所有的 3 个 Servlet——登录 Servlet、账户 Servlet 和报告 Servlet 均是共享的。

ServletRequest、HttpSession 和 ServletContext 对象可以在以下环境下实现数据的共享。

如果将共享数据压入 javax.servlet.ServletRequest 对象中，则可以被任何处理该请求的 Servlet 访问。有关 ServletRequest 对象的具体细节，将在第 4.8.2 节中详细讲解。

如果将共享数据压入 javax.servlet.http.HttpSession 对象中，则可以被处理来自于同一个客户端的 Servlet 访问，前提条件是 Session 对象有效。有关 HttpSession 对象的具体细节，将在第 8 章回话管理中详细讲解。

如果将共享数据压入 java.servlet.ServletContext 对象中，则可以被 Web 应用程序中的任何一个 Servlet 访问。有关 ServletContext 对象的具体细节，将在第 6 章中详细讲解。

ServletRequest、HttpSession 和 ServletContext 对象均提供了如表 4-11 所示的 3 个方法来添加、提取共享数据。

表 4-11　共享集合中定义的方法

方　法	功 能 描 述
Object getAttribute(String name)	返共享回集合中指定属性的值，如果这个属性不存在，就返回一个空值
Enumeration getAttributeNames()	返回包含在这个共享集合中的所有属性名的列表
void setAttribute(String name, Object value)	在共享集合中添加一个属性，这个属性可以被其他可以访问这个共享集合的对象使用

4.8.2　转发

在前面的银行系统中，如果用户登录失败，则账户 Servlet 应该将请求跳转到登录 Servlet。与此类似，如果用户登录成功，则登录 Servlet 应该将请求跳转到账户 Servlet。

Servlet 开发接口提供了 javax.servlet.RequestDispatcher 接口来实现 Servlet 间的跳转，其上定义了两个方法如下表 4-12 所示。

此处的 RequestDispatcher.forward()方法和 4.4.2 节中讨论的 HttpServletResponse.sendRedirect()方法是有区别的。RequestDispatcher.forward()方法是完全在服务器端完成的，而 HttpServletResponse.sendRedirect()方法则是发送一个转发消息给客户端浏览器。因此，RequestDispatcher.forward()方法对客户端浏览器是完全透明的，其具体执行过程是隐藏的，

而 HttpServletResponse.sendRedirect()方法则不是。

表 4-12　共享集合中定义的方法

方　法	功　能　描　述
void forward(ServletRequest request, ServletResponse response)	允许一个 Servlet 部分处理请求后，将请求转发到另一个 Servlet，由此 Servlet 产生最终的响应。并且，该方法也可以用于将请求从一个动态资源（Servlet、JSP）转发到另一个资源（Servlet、JSP、文件、HTML 页面）。该方法只能在响应未提交前调用。否则会产生 IllegalStateException 异常
void include(ServletRequest request, ServletResponse response)	允许一个 Servlet 产生的响应包含另一个 Servlet 产生的响应。不像 forward()方法，请求完全转移到另一个 Servlet。而是暂时将请求转移，等另一个 Servlet 处理完，请求依然返回到原有的 Servlet 完成响应。被转发的 Servlet 不能改变响应状态码和响应头，即使作出的改变也会被忽略掉

通过调用 javax.servlet.ServletContext 和 javax.servlet.ServletRequest 接口上定义的 getRequestDispatcher()方法可以获取 RequestDispatcher 转发器对象。

获取转发器的方法如下：

```
public RequestDispatcher getRequestDispatcher(String path)
```

该方法的参数是转发资源的路径，例如：

```
request.getRequestDispatcher ("/servlet/AccountServlet");
```

除了提供 getRequestDispatcher()方法外，javax.servlet.ServletContext 接口还提供了 getNamedDispatcher()方法。getNamedDispatcher()方法允许通过指定部署描述中的资源名称方式来代替指定资源路径方式获取转发器。

javax.servlet.ServletContext 和 javax.servlet.ServletRequest 接口上定义的 getRequestDispatcher()方法的主要区别在于：ServletContext 接口的 getRequestDispatcher()方法的参数只接收绝对路径，必须以“/”开头；而 ServletRequest 接口的 getRequestDispatcher()方法的参数既接收绝对路径也接收相对路径。例如以下方法是合法的：

```
request.getRequestDispatcher ("../html/copyright.html");
```

需要注意的是，不能直接将请求转发到其他 Web 应用程序中的资源。为了实现转发到另一个 Web 应用程序中的资源，需要使用 this.getServletContext().getContext(uripath)方法获取其他 Web 应用程序的 ServletContext 对象，通过这个对象来获取 RequestDispatcher 转发器实现转发。

4.8.3　访问请求作用域属性

Servlet 新规范一个重要的特性就是被转发的 Servlet 具备访问请求作用域内的属性。属性的名称取决于 RequestDispatcher.include()方法或 RequestDispatcher.forward()方法是否被调用。

表 4-13 列出了这些属性。

表 4-13　转发 Servlet 可访问的属性

included servlet	forwarded servlet
javax.servlet.include.request_uri	javax.servlet.forward.request_uri
javax.servlet.include.context_path	javax.servlet.forward.context_path
javax.servlet.include.servlet_path	javax.servlet.forward.servlet_path
javax.servlet.include.path_info	javax.servlet.forward.path_info
javax.servlet.include.query_string	javax.servlet.forward.query_string

这些属性所代表的信息与调用 HttpServletRequest 接口上的 getRequestURI()、getContextPath()、getServletPath()、getPathInfo()和 getQueryString()方法返回的信息一样。就像访问普通的请求属性一样，通过调用 getAttribute()方法可以获取这些属性值。例如，一个转发的 Servlet 调用 req.getServletPath()方法，其效果相当于通过调用 req.getAttribute(javax.servlet.include.servlet_path)方法返回的 java.servlet.include.servlet_path 属性值。

需要注意的是，这些属性必须在通过调用 getNamedDispatcher()方法获取 RequestDispatcher 对象后才可以使用。

4.8.4 综合示例

本节我们来看一下上述银行系统使用的两个 Servlet 的具体实现。

- 登录 Servlet　LoginServlet。
- 账户 Servlet　AccountServlet。

登录 Servlet 主要用于完成用户 ID 和密码的校验工作。如果用户登录成功，则转发到账户 Servlet。具体代码 LoginServlet.java 如下所示：

```
package chapter04;

import java.io.*;
import java.util.*;
import javax.servlet.*;
import javax.servlet.http.*;

public class LoginServlet extends HttpServlet {
  Hashtable users = new Hashtable();
  //This method will be called if somebody types the URL
  //for this servlet in the address field of the browser
  public void doGet(HttpServletRequest req, HttpServletResponse res)
    throws ServletException, IOException {
```

```
        doPost(req, res);
    }
    //This method retrieves the userid and password, verifies them,
    //and if valid, it forwards the request to AccountServlet.
    //Otherwise, it forwards the request to the login page
    public void doPost(HttpServletRequest req, HttpServletResponse res)
        throws ServletException, IOException {
      String userid = req.getParameter("userid");
      String password = req.getParameter("password");
      if( userid != null && password != null &&
          password.equals(users.get(userid)) ) {
        req.setAttribute("userid", userid);
        ServletContext ct = getServletContext();
        RequestDispatcher rd =
          ct.getRequestDispatcher("/accountservlet");
        rd.forward(req, res);
        return;
      } else {
        RequestDispatcher rd = req.getRequestDispatcher("/login.html");
        rd.forward(req, res);
        return;
      }
    }
    //initialize some userids and passwords
    public void init() {
      users.put("ann", "aaa");
      users.put("john", "jjj");
      users.put("mark", "mmm");
    }
}
```

在上述代码中，对于授权机制的实现十分简单。预先在哈西表中存储了 3 个用户的 ID 号和对应的密码，以用户 ID 作为哈西表主键。

在登录 Servlet 的 doPost()方法中，读取用户输入的用户 ID 和密码进行校验。如果校验失败，则转发到登录页面（login.html）要求用户重新登录；如果校验成功，则转发到账户 Servlet 继续处理业务。

登录页面是银行应用系统的首页面，该页面提供用户输入用户 ID 和密码的输入框。具体代码 login.html 如下所示：

```
<!DOCTYPE HTML PUBLIC "-//W3C//DTD HTML 4.0 Transitional//EN">
```

```
<html>
<head>
<title>SCWCD_Example_1_3</title>
</head>
<body>
<h3>Please enter your userid and password to see your account statement:
</h3>
<p>
<form action="loginservlet" method="POST">
BEYOND SERVLET BASICS 61
Userid : <input type="text" name="userid"><br><br>
Password : <input type="password" name="password"><br><br>
  <input type="submit" value="Show Statement">
</form>
</body>
</html>
```

账户 Servlet 主要返回给用户一个展示用户账户信息的页面。具体代码 AccountServlet.java 如下所示：

```
package chapter04;

import java.io.*;
import java.util.*;
import javax.servlet.*;
import javax.servlet.http.*;

public class AccountServlet extends HttpServlet {
  Hashtable data = new Hashtable();
  //This method will be called if somebody types the URL
  //for this servlet in the address field of the browser.
  public void doGet(HttpServletRequest req, HttpServletResponse res)
      throws javax.servlet.ServletException, java.io.IOException {
    doPost(req, res);
  }
  public void doPost(HttpServletRequest req, HttpServletResponse res)
      throws javax.servlet.ServletException, java.io.IOException {
    String userid = (String) req.getAttribute("userid");
    if(userid != null ) {
      // Retrieve the data and generate the page dynamically
```

```
      String[] records = (String[]) data.get(userid);
      PrintWriter pw = res.getWriter();
      pw.println("<html>");
      pw.println("<head>");
      pw.println("</head>");
      pw.println("<body>");
      pw.println("<h3>Account Status for "+userid+"
      at the start of previous three months...</h3><p>");
      for(int i=0; i<records.length; i++) {
        pw.println(records[i]+"<br>");
      }
      pw.println("</body>");
      pw.println("</html>");
    } else {
      //No user ID. Send login.html to the user
      //observe the use of relative path
      RequestDispatcher rd = req.getRequestDispatcher("/login.html");
      rd.forward(req, res);
    }
  }
  //initialize some data.
  public void init() {
    data.put("ann", new String[]{ "01/01/2002 : 1000.00",
      "01/02/2002 : 1300.00", "01/03/2002 : 900.00"} );
    data.put("john", new String[]{ "01/01/2002 : 4500.00",
      "01/02/2002 : 2100.00", "01/03/2002 : 2600.00"} );
    data.put("mark", new String[]{ "01/01/2002 : 7800.00",
      "01/02/2002 : 5200.00", "01/03/2002 : 1900.00"} );
  }
}
```

上述两个 Servlet 在部署描述符中的配置 web.xml 如下所示：

```
<?xml version="1.0" encoding="ISO-8859-1"?>

<web-app xmlns="http://java.sun.com/xml/ns/j2ee"
xmlns:xsi="http://www.w3.org/2001/XMLSchema-instance"
xsi:schemaLocation="http://java.sun.com/xml/ns/j2ee
http://java.sun.com/xml/ns/j2ee/web-app_2_4.xsd"
version="2.4">
```

```
<display-name>root</display-name>

<servlet>
<servlet-name>loginservlet</servlet-name>
<servlet-class>chapter04.LoginServlet</servlet-class>
</servlet>

<servlet>
<servlet-name>accountservlet</servlet-name>
<servlet-class>chapter04.AccountServlet</servlet-class>
</servlet>

<servlet-mapping>
<servlet-name>loginservlet</servlet-name>
<url-pattern>/loginservlet</url-pattern>
</servlet-mapping>

<servlet-mapping>
<servlet-name>accountservlet</servlet-name>
<url-pattern>/accountservlet</url-pattern>
</servlet-mapping>

</web-app>
```

在浏览器地址栏输入 http://localhost:8080/root/login.html 来运行该银行系统，其首页面运行效果如图 4-3 所示。

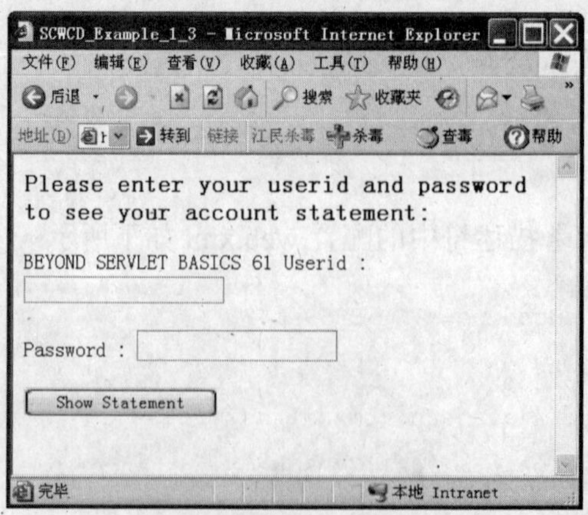

图 4-3　登录页面

当用户输入无效用户名和密码，则返回到首页面。如果用户输入有效用户名和密码，则进入到账户信息页面。账户页面运行效果图 4-4 所示。

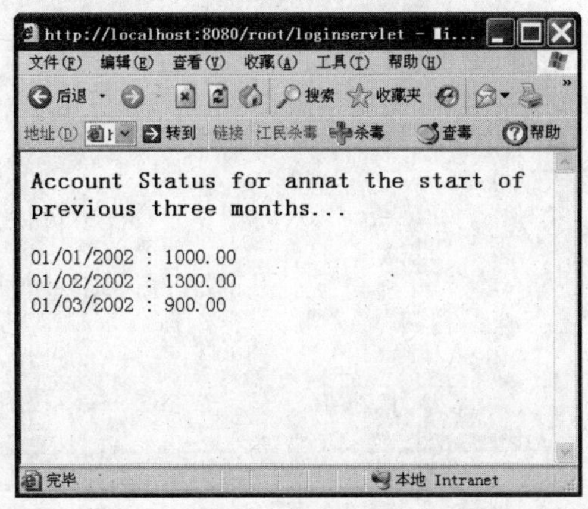

图 4-4　账户页面

从运行过程中，可以看出每次访问账户均需要输入用户 ID 和密码，这是十分令人厌烦的。在系统与用户的交互过程中，系统应该具备记住登录用户 ID 和密码的能力，只需用户输入一次用户 ID 和密码即可。通过使用 Session 对象，可以扩大请求作用域实现此功能。有关 Session 对象的具体细节，将在第 8 章中详细讲解。

4.9　小结

在本章中，我们讨论了 Servlet 模型的基本概念。HttpServlet 的方法可以被重载，这些方法与 HTTP 请求的方法相对应。HttpServlet 的 service(HttpServletRequest, HttpServletResponse)方法，负责根据客户端的请求，调用对应的 doXXX()方法。

通过使用 HttpServletRequest 和 HttpServletResponse 对象可以解析客户端请求，动态创建返回客户端的响应。并且，我们还讨论了 Servlet 生命周期中的各个阶段，包括装载实例化、初始化、请求处理、销毁以及卸载。

Servlet 容器通过使用 ServletRequest、HttpSession 和 ServletContext 对象实现 request、session 和 application 三种请求作用域内的数据共享。

最后以一个简单的银行Web应用程序作为示例，展示了多个Servlet间的数据共享和协调配合。

在下一章中，我们将讨论 Web 应用程序的结构、部署描述符。

Chapter 5

Web应用程序结构和部署

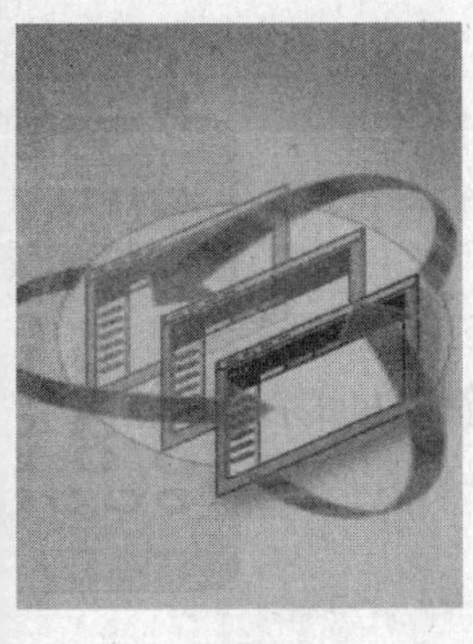

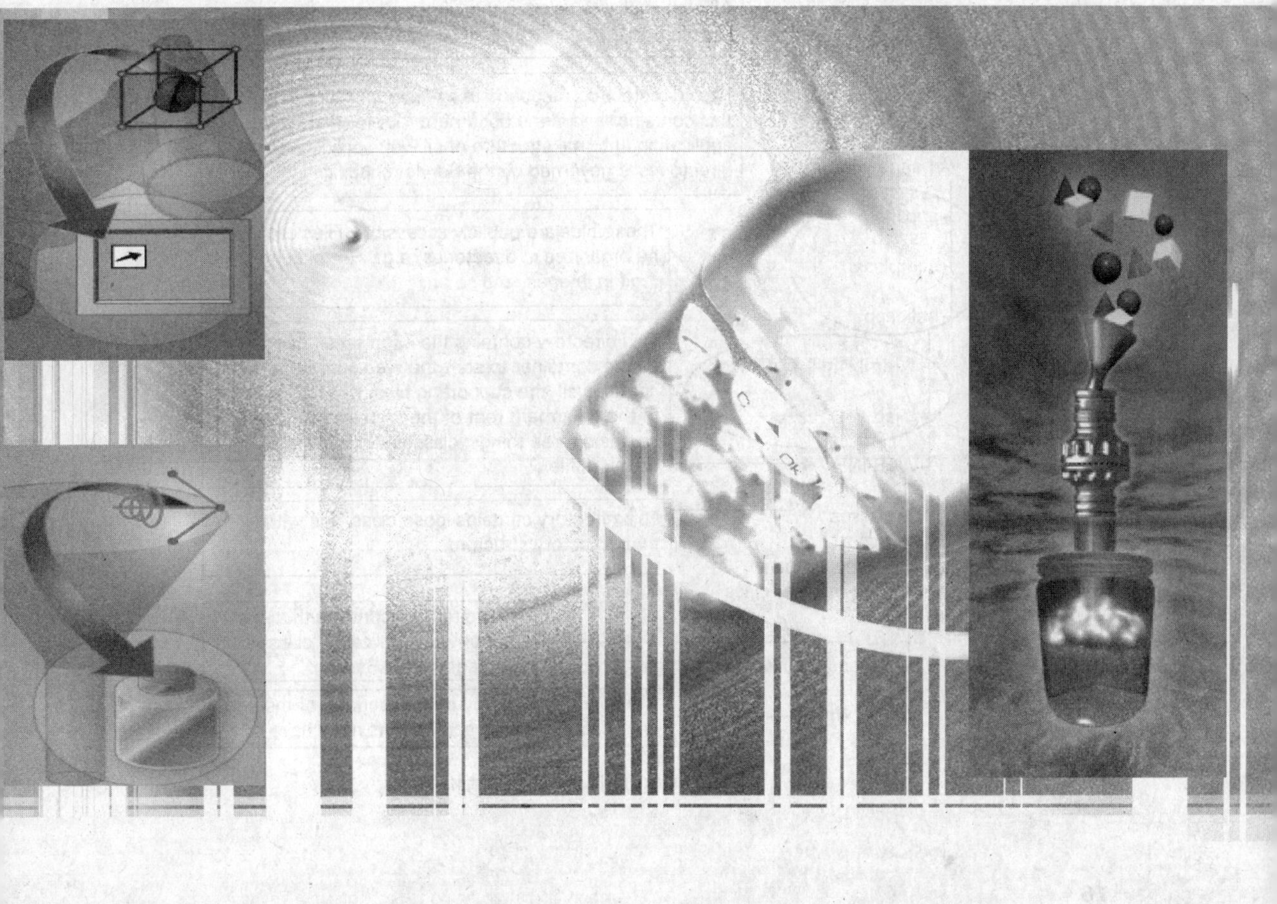

一个 Web 应用程序由许多资源构成，包括 Servlet、JSP 页面、工具类、第三方 JAR 文件以及 HTML 页面等。管理如此众多的资源是一件艰巨的任务，而且这些资源间彼此相互联系，构成复杂的关系。例如，一个 Servlet 可能依赖于第三方 JAR 文件，使用其提供的组件；一个 Servlet 可能将请求转发到一个 JSP 页面，转发的请求需要知道 JSP 页面的位置。不仅如此，一个 Web 应用程序还应该方便地在不同的应用服务器间移植。

幸运的是，Servlet 规范很好地解决了这些问题，提供了标准的打包 Web 应用程序的方式。

在本章中，首先我们来了解 Web 应用程序的结构，最后对 Web 应用程序的部署描述符－web.xml 文件的构成做详细的讲解。

5.1 Web 应用程序结构

Web 应用程序的众多资源被放置到结构化的目录层次中，目录的结构根据资源和文件的放置位置来构成。

图 5-1 展示了一个 Web 应用程序的结构，该 Web 应用程序部署在 Tomcat 应用服务器下。

Tomcat 应用服务器安装路径下的 webapps 目录是所有 Web 应用程序的主目录。也就是说，所有 Web 应用程序均应放置到 webapps 目录中方可运行。正如图 5-1 所示，webapps 目录下部署了 3 个 Web 应用程序，分别为 app1、sampleapp 和 helloapp。

接下来，我们以 helloapp Web 应用程序为例详地讨论其目录结构。

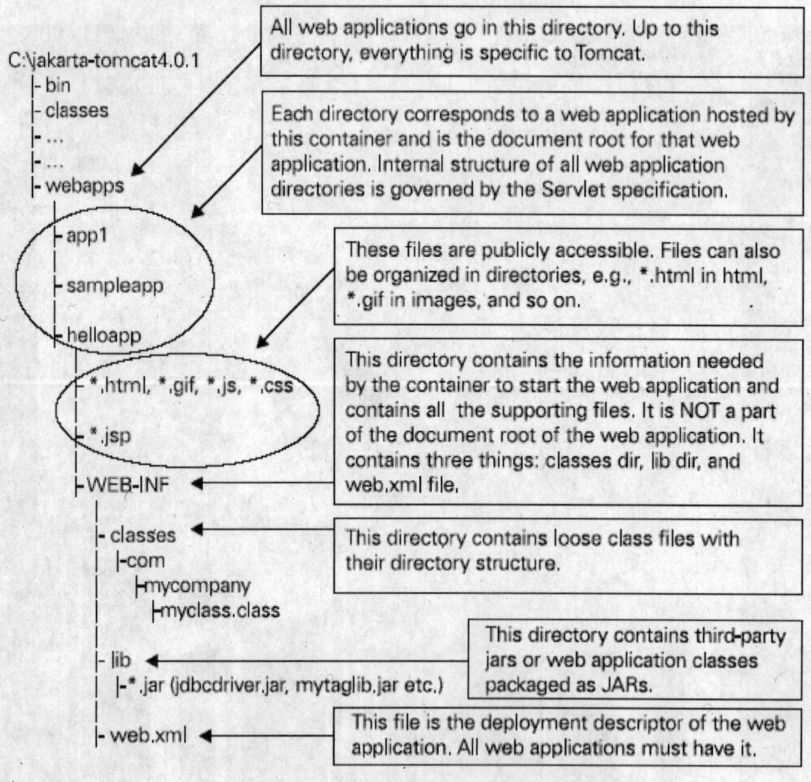

图 5-1 Web 应用程序目录结构

5.1.1 根目录

从图 5-1 中可以看出，helloapp 目录是 helloapp Web 应用程序的根目录。地址 http://www.myserver.com/helloapp/index.html 所请求的资源，指向 helloapp 目录下的 index.html 文件。所有被允许客户端访问的文件均应放置在 helloapp 目录中。将不同文件类型放置在不同目录中，即根据文件的类型来组织目录结构是最常见的方式。图 5-2 所示是一个最典型的目录结构。

```
|- helloapp
    |- html (contains all the HTML files)
    |- jsp (contains all the JSP files)
    |- images (contains all the GIFs, JPEGs, BMPs)
    |- javascripts (contains all *.js files)
    |- index.html (default HTML file)
    |- Web-INF
```

图 5-2　helloapp 目录结构

在上述目录结构中，通过 http://www.myserver.com/helloapp/html/hello.html 可以访问到类型为 HTML 的 hello.html 文件。

5.1.2 Web-INF 目录

每个 Web 应用程序都必须有一个位于根目录下的名为 Web-INF 的目录。尽管 Web-INF 的物理位置是位于根目录，但其并不被当作根目录的一部分，因为 Web-INF 目录中的文件是不允许被客户端访问的。

Web-INF 目录中包含三部分内容：

- classes 目录　所有未被 JAR 文件包含的 Web 应用程序中的 Servlet 和 JSP 对应的类文件均放置在此目录中。类文件通过包来组织。在运行时，Servlet 容器会添加此目录到类路径中。
- lib 目录　Web 应用程序使用的 JAR 文件，包含第三方 JAR 文件均放置在此目录中。例如，如果 Servlet 使用 JDBC 来连接数据库，则 JDBC 驱动的 JAR 文件就应该放置到此目录中。我们也可以把 Servlet 类打包成 JAR 文件放置到此目录中。在运行时，Servlet 容器会将此目录中的 JAR 文件添加到类路径中。
- web.xml 文件　即部署描述符，该文件是 Web 应用程序的核心，每个 Web 应用程序都必须有该文件，该文件包含了 Servlet 容器运行 Web 应用程序所需要的信息。例如，Servlet 声明、授权以及安全限制等。有关部署描述符的具体内容，将在 5.2 节中详细讨论。

5.1.3 WAR 文件

因为 Web 应用程序由许多部分构成，而将 Web 应用程序进行迁移是一件既经常又繁琐的事情。例如，从开发环境部署到实际运行环境中。为了简化这个过程，采取将 Web 应用程序的文件打包成一个单独的 WAR 文件方式。注意该文件以.war 作为文件后缀，而不是以.jar 作为文件后缀。该文件不同于 JAR 文件，专门用于 Web 应用程序及其相关类的压缩文件。把 WAR 文件放置在 Tomcat 应用服务器的 webapps 目录下，Tomcat 会自动提取 WAR 压缩文件中的内容部署到 webapps 目录中。新目录的名称同 WAR 文件名，没有.war 后缀。在不需要人工干预的情况下，容器可以自动的将 WAR 文件部署为一个 Web 应用程序。

创建一个 WAR 文件是十分简单的。例如，将 helloapp Web 应用程序打包成一个 WAR 文件，可以采取以下步骤来实现：

（1）从 DOS 命令行环境进入 helloapp 目录。例如，c:\jakarta-tomcat-5.0.25\webapps\helloapp。

（2）使用 jar 命令压缩文件。

c:\jakarta-tomcat-5.0.25\webapps\helloapp>jar –cvf helloapp.war *

最终，可以在 webapps\helloapp 目录下获得一个 helloapp.war 文件。

5.1.4 资源文件和 HTML 页面

当创建好 Web 应用程序后，需要提供一些允许客户端直接访问的资源，通过 Web 服务器找到它们返回给客户端。为了保护这些文件，可以将这些文件存储在 Web 应用程序的 Web-INF 目录中或 WAR 文件的 META-INF 目录中。这样，这些文件对 Web 服务器是可见的，而对客户端是不可见的。

5.1.5 默认的 Web 应用程序

除了由用户创建的 Web 应用程序外，应用服务器通常还维护一个默认的 Web 应用程序，这个 Web 应用程序可以处理所有非用户创建的 Web 应用程序的请求。除了不需要指定名称或上下文路径来访问资源外，其他均与用户创建的 Web 应用程序一样。

在 Tomcat 应用服务器中，默认的 Web 应用程序位于 webapps\ROOT 目录中。

一个默认的 Web 应用程序，允许开发人员不必创建一个完整的 Web 应用程序，就可以部署单独的一个 JSP 页面、Servlet 或静态内容。例如，开发人员仅测试一下一个名为 test.jsp 的文件，就可以将该文件放置在 ROOT 目录中，通过地址 http://localhost:8080/test.jsp 来访问该文件。并且，也可以修改该默认 Web 应用程序的部署描述符来添加自己开发的组件，例如一个 Servlet。

5.2 部署描述符

Web 应用程序的部署描述符（web.xml）描述了容器运行程序所需要的信息。从部署描述符的文件类型后缀可以看出，该文件是一个 XML 格式的文件。

表 5-1 展示了部署描述符中定义的属性。

表 5-1 部署描述符属性

属 性	描 述
Servlet Declarations	指定 Servlet 属性值
Servlet Mappings	指定Servlet与地址间的映射
Application Lifecycle Listener classes	指定监听器类
ServletContext Init Parameters	指定 Web 应用程序的初始化参数

续表

属　性	描　述
Filter Definitions and Filter Mappings	指定过滤器类
Session Configuration	指定会话持续时间
Security Constraints	指定 Web 应用的安全模式
Tag libraries	指定 JSP 页面使用的标签库
Welcome File list	指定 Web 应用程序的欢迎文件
MIME Type Mappings	指定 MIME 文件
JNDI names	指定 EJB 的 JNDI 名称

在本节中，将详细讨论部署描述符的具体结构，学习如何在部署描述符中定义 Servlet 以及映射 Servlet 到类。

5.2.1　一个简单示例

以下的 web.xml 文件是一个简单的部署描述符。

```
<?xml version="1.0" encoding="ISO-8859-1" ?>

<!DOCTYPE web-app PUBLIC "-//Sun Microsystems, Inc.//
DTD Web Application 2.3//EN"
"http://java.sun.com/j2ee/dtds/web-app_2_3.dtd">

<web-app version="2.4"
xmlns="http://java.sun.com/xml/ns/j2ee"
xmlns:xsi="http://www.w3.org/2001/XMLSchema-instance"
xsi:schemaLocation="http://java.sun.com/xml/ns/j2ee
http://java.sun.com/xml/ns/j2ee/web-app_2_4.xsd" >

<display-name>Test Webapp</display-name>

<context-param>
<param-name>author</param-name>
<param-value>john@abc.com</param-value>
</context-param>

<servlet>
<servlet-name>test</servlet-name>
<servlet-class>com.abc.TestServlet</servlet-class>
<init-param>
<param-name>greeting</param-name>
```

```
<param-value>Good Morning</param-value>
</init-param>
</servlet>

<servlet-mapping>
<servlet-name>test</servlet-name>
<url-pattern>/test/*</url-pattern>
</servlet-mapping>

<mime-mapping>
<extension>zip</extension>
<mime-type>application/zip</mime-type>
</mime-mapping>

</web-app>
```

一个 web.xml 文件就像所有其他 XML 文件一样，均以<?xml version="1.0"encoding ="ISO-8859-1">作为首行，用于指明 XML 的版本和字符的编码格式。

接下来的元素取决于所采用的 Servlet 或 JSP 规范的版本。如果不需要使用任何 JSP2.0 版本的特性（例如表达式语言）并且仅仅使用 Servlet2.3 版本的方法，则在首行后，就是一个 DOCTYPE 元素。如下所示：

```
<!DOCTYPE web-app PUBLIC "-//Sun Microsystems, Inc.//
DTD Web Application 2.3//EN"
"http://java.sun.com/j2ee/dtds/web-app_2_3.dtd">
```

DOCTYPE 元素用于指定文档类型规范（DTD）的位置。

如果需要使用最新版本的特性，则需要在首行后指定<web-app>元素，如下所示：

```
<web-app version="2.4"
xmlns="http://java.sun.com/xml/ns/j2ee"
xmlns:xsi="http://www.w3.org/2001/XMLSchema-instance"
xsi:schemaLocation="http://java.sun.com/xml/ns/j2ee
http://java.sun.com/xml/ns/j2ee/web-app_2_4.xsd" >
```

web.xml 中的其他内容必须放置在<web-app>元素内，该元素是此 XML 文档的根元素。接下来，我们进一步考察部署描述符中的其他元素。

5.2.2 <servlet>元素

在<web-app>下的<servlet>元素，用于定义一个 Web 应用程序中的 Servlet。以下是采用 DTD 格式描述的 web.xml 文件的<servlet>元素：

```
<!ELEMENT servlet (icon?, servlet-name, display-name?,
description?, (servlet-class|jsp-file), init-param*,
load-on-startup?, security-role-ref*)>
```

以下是一个部署描述符中的典型<servlet>元素的声明：

```
<servlet>

<servlet-name>us-sales</servlet-name>
<servlet-class>com.xyz.SalesServlet</servlet-class>

<init-param>
<param-name>region</param-name>
<param-value>USA</param-value>
</init-param>

<init-param>
<param-name>limit</param-name>
<param-value>200</param-value>
</init-param>

</servlet>
```

Servlet 容器使用指定的 Servlet 名称来实例化与之相联系的 Servlet 类，每个 Servlet 的初始化参数都应放在<init-param>元素内。

上述代码声明了一个名为 us-sales 的 Servlet，该 Servlet 对应的类为 com.xyz.SalesServlet。同时定义了两个初始化参数 region 和 limit，通过 ServletConfig 对象来获取。

- <servlet-name>元素　用于定义一个 Servlet 名称，通过使用此名字来访问该 Servlet。例如，通过地址 http://www.myserver.com/servlet/us-sales 可以访问上述代码中声明的 Servlet。

Servlet 名字也可以用于定义一个映射到 Servlet 的地址 URL。

- <servlet-name>元素　必须的，并且 Servlet 的名字必须在整个部署描述符中是惟一的。通过调用 ServletConfig.getServletName()方法，可以获取该 Servlet 名字。
- <servlet-class>元素　用于指定 Servlet 容器实际实例化的 Servlet 类。上述代码中的 com.xyz.SalesServlet 类，就是 Servlet 对应的实际 Java 类。
- <servlet-class>元素　必须，定义的类应该存在于 Web 应用程序的有效类路径中。由于 Web-INF 目录中的 classes 和 lib 目录的 JAR 文件，均可以由容器自动添加到类路径中，因此不需要再设置类路径。
- <init-param>元素　用于指定初始化 Servlet 的参数。在<servlet>元素内，可以存在任意数量的<init-param>子元素。每个<init-param>元素都必须有且仅有一组

<param-name>和<param-value>元素。

- <param-name>元素　用于定义初始化参数的名称，其必须在<servlet>元素范围内是惟一的。
- <param-value>元素　用于指定初始化参数的值。一个 Servlet 通过调用 ServletConfig.getInitParameter("paramname")方法可以获取初始化参数值。

需要注意的是，可以将一个 Servlet 类对应多个 Servlet 名称。

例如在上述代码中，名为 us-sales 的 Servlet 对应 com.xyz.SalesServlet 类，还可以再声明一个名为 euro-sales 的 Servlet 也对应到 com.xyz.SalesServlet 类。并且名为 euro-sales 的 Servlet 可以有自己的名为 region，值为 europe 的初始化参数。这样就可以创建多个 Servlet 类实例，而初始化不一样的类实例。

5.2.3 <servlet-mapping>元素

JSP 页面首次被访问时，其速度比以后对该 JSP 页面的访问速度慢，这是因为客户端第一次进行请求时，JSP 容器捕获该请求，并加载适当的 JSP 页面，然后创建一个特殊的来自 JSP 对应的 Servlet 以执行该页面的内容。也就是说，第一次访问的延迟来源于产生并将 JSP 编译成 Servlet 所消耗的时间。

通过指定 Servlet 与 URL 模式的映射，可以指定该 Servlet 所能处理的请求范围。Servlet 容器使用映射来调用对应位置上合适的 Servlet。

以下是一个<servlet-mapping>元素的定义：

```
<!ELEMENT servlet-mapping (servlet-name, url-pattern)>
```

在<servlet-mapping>元素中的<servlet-name>元素，应该是一个由<servlet>元素中定义的 Servlet 名称，< url-pattern >元素应该是一个需要与该 Servlet 相关联的任何字符串，该字符串为一个目录路径。

以下所示是一个部署描述符中的典型<servlet-mapping>元素的声明：

```
<servlet-mapping>
<servlet-name>accountServlet</servlet-name>
<url-pattern>/account/*</url-pattern>
</servlet-mapping>

<servlet-mapping>
<servlet-name>accountServlet</servlet-name>
<url-pattern>/myaccount/*</url-pattern>
</servlet-mapping>
```

在上述代码中，将/account 和/myaccount 路径与 accountServlet 相关联。无论何时，容器接收到<webapp name>/account 或<webapp name>/myaccount 这样的地址请求，均会将请求发送到 accountServlet。

Servlet 容器采取以下规则来解释 url-pattern：

■　以/开始，以/*结尾的字符串被用于决定一个 Servlet 的路径。

■　以*开始的字符串被用于将字符串中指定的类型请求发送给 Servlet。

例如，以下的映射将以.pdf 结尾的请求发送给 pdfGeneratorServlet。

```
<servlet-mapping>
<servlet-name>pdfGeneratorServlet</servlet-name>
<url-pattern>*.pdf</url-pattern>
</servlet-mapping>
```

■　一个仅包含/的字符串表明映射的 Servlet 成为 Web 应用程序默认的 Servlet。

■　其他类型的字符串被用于作完全的匹配。

例如以下的映射，就是直接将地址 http://www.mycompany.com/report 映射到 reportServlet，但是不能将地址 http://www.mycompany.com/report/sales 映射到 reportServlet。

```
<servlet-mapping>
<servlet-name>reportServlet</servlet-name>
<url-pattern>/report</url-pattern>
</servlet-mapping>
```

5.2.4　Servlet 的 URL 映射

前面讨论了如何在 Web 应用程序的部署描述符中，指定 Servlet 的映射。现在我们来看一下容器如何使用这些映射，将请求发送给合适的 Servlet。

把请求发送给 Servlet 分为两个步骤：

（1）Servlet 容器先区分出请求所归属的 Web 应用程序。

（2）从 Web 应用程序中查找出合适的 Servlet 来处理请求。

这两个阶段都要求 Servlet 容器将请求的 URI 解析为 3 个部分：上下文路径、Servlet 路径和路径信息。图 5-2 展示了 URL 的 3 个部分。

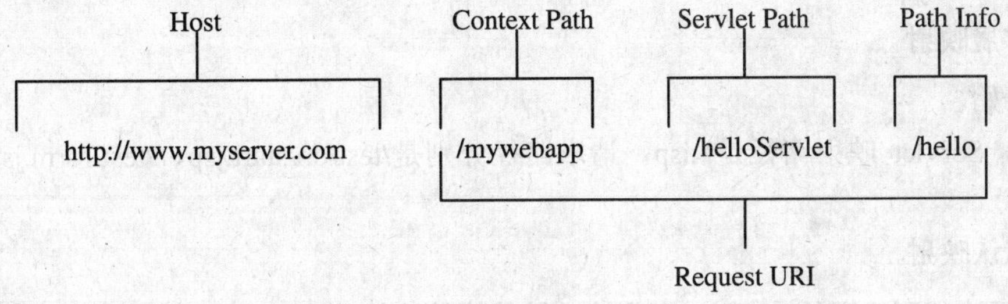

图 5-2　URL 组成

接下来让我们详细地看一下这 3 个部分：

■　上下文路径（Context Path）　Web 应用程序的根目录，一般就是 Web 应用程序的名称。例如，如果请求 URI 是/autobank/accountServlet/personal，则/autobank 就是上下文路径，autobank 是 Web 应用程序名。如果没有相匹配的上下文路径，则上下文路径为空。在这种情况下，请求将发给默认的 Web 应用程序。

- Servlet 路径（Servlet Path） 在上下文路径之后，由部署描述符中 Servlet 映射指定的路径。例如，如果请求 URI 是/autobank/accountServlet/personal，则/accountServlet 就是 Servlet 路径，accountServlet 是部署描述中定义的一个 Servlet。如果没有相匹配的路径，则返回一个错误页面。
- 路径信息（Path Info） 在 Servlet 路径之后的字符串均为路径信息。例如，如果请求 URI 是/autobank/accountServlet/personal，则/personal 就是路径信息。

需要注意以下三点：

（1）请求 URI = context path + servlet path + path info。

（2）上下文路径和 Servlet 路径以/开始，但并不以此结束。

（3）HttpServletRequest 对象提供的 getContextPath()、getServletPath()和 getPathInfo()方法分别用于获取上下文路径、Servlet 路径和路径信息。

当客户端发送一个请求时，Servlet 容器必须将该请求发送到与之匹配的 Servlet。为此，Servlet 容器遵循以下规则查找 Servlet。

首先容器查找出匹配于请求地址起始部分的上下文路径，然后根据部署描述符中定义的 Servlet 映射按照以下顺序进行查找。如果在任何一步找到匹配的 Servlet，就不再继续进行下去。

1. 精确映射

容器将请求 URL 和 Servlet 映射进行完全匹配查找。如果相匹配，则请求 URL 就是 Servlet 路径。此时的路径信息为空值。

例如，Servlet 映射路径是/test/do，请求路径是/test/do。

2. 路径映射

以/开始，以/或*结束。此时使用最长的匹配确定所请求的 Servlet。除了匹配的 Servlet 路径，剩余部分就是路径信息。

例如，Servlet 映射路径是/test/do/*，请求路径分别是/test/do/index.html 以及/test/do/ask/start.jsp。

3. 扩展映射

以*开始。

例如，Servlet 映射路径是*.jsp，请求路径分别是/test/do/start.jsp、/test/form.jsp 以及/test.jsp。

4. 默认映射

如果无法找到匹配的 Servlet，则将请求转发给默认的 Servlet；如果没有默认的 Servlet，则返回一个代表未找到指定 Servlet 的错误页面。

以下示例展示了一个名为 colorapp 的 Web 应用程序，在部署描述符中的 Servlet 映射。

```
<servlet-mapping>
<servlet-name>RedServlet</servlet-name>
<url-pattern>/red/*</url-pattern>
</servlet-mapping>
```

```
<servlet-mapping>
<servlet-name>RedServlet</servlet-name>
<url-pattern>/red/red/*</url-pattern>
</servlet-mapping>

<servlet-mapping>
<servlet-name>RedBlueServlet</servlet-name>
<url-pattern>/red/blue/*</url-pattern>
</servlet-mapping>

<servlet-mapping>
<servlet-name>BlueServlet</servlet-name>
<url-pattern>/blue/</url-pattern>
</servlet-mapping>

<servlet-mapping>
<servlet-name>GreenServlet</servlet-name>
<url-pattern>/green</url-pattern>
</servlet-mapping>

<servlet-mapping>
<servlet-name>ColorServlet</servlet-name>
<url-pattern>*.col</url-pattern>
</servlet-mapping>
```

表 5-2 展示了请求 URI 与 Servlet 路径和路径信息的关系。为了简化处理，假定上下文路径为 colorapp，表中还展示了处理请求的 Servlet。

表 5-2　映射请求 URL 到 Servlet

请求 URI	使用的 Servlet	Servlet 路径	路径信息
/colorapp/red/red/aaa	RedServlet	/red/red	/aaa
/colorapp/aa.col	ColorServlet	/aa.col	null
/colorapp/hello/aa.col	ColorServlet	/hello/aa.col	null
/colorapp/red/aa.col	RedServlet	/red	/aa.col
/colorapp/blue	NONE (Error message)		
/colorapp/hello/blue/	NONE (Error message)		
/colorapp/blue/mydir	NONE (Error message)		
/colorapp/blue/dir/ aa.col	ColorServlet	/blue/dir/aa.col	null
/colorapp/green	GreenServlet	/green	null

5.3 小结

在本章中，我们学习了 Web 应用程序的目录结构。Servlet 规范要求将所有 Web 应用程序资源、文件进行打包，以便方便容易地进行 Web 应用程序的迁移、部署。每个 Web 应用程序，都必须有一个部署描述符 web.xml，该文件包含 Servlet 容器需要的有关 Web 应用程序的信息，例如 Servlet 声明、映射、属性、授权和安全限制等。

另外，我们还讨论了部署描述符的内容以及如何定义 Servlet 及其初始化参数。最后，还深入探讨了容器如何利用部署描述符中的映射根据请求地址将请求发送到合适的 Servlet。

下一章我们将讨论 Web 应用程序的组件，它们如何与 Web 容器模型进行交互。

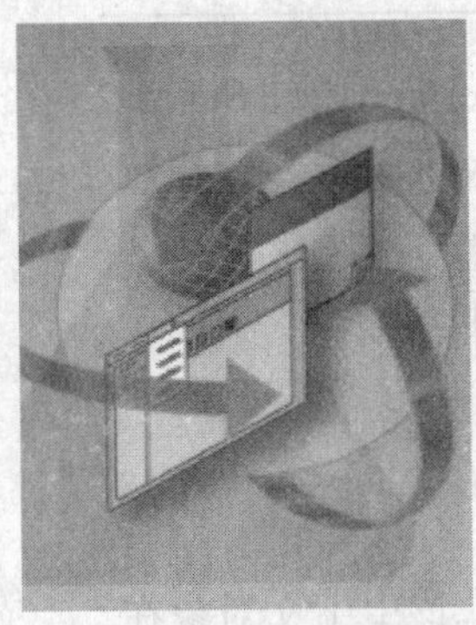

Chapter 6

Servlet 容器模型

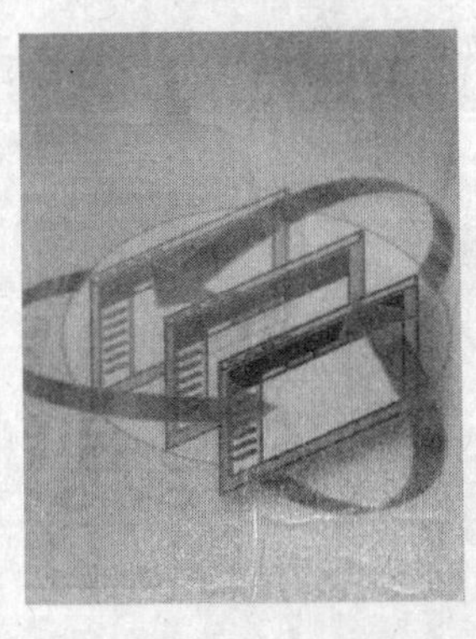

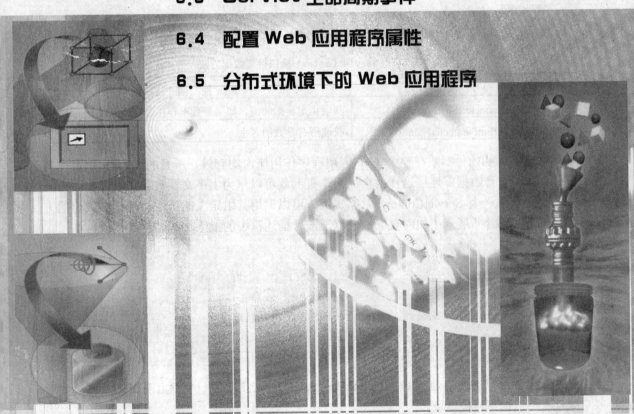

在一个 Web 应用程序内，所有的 Servlet 处在一个共同的环境内。Servlet 通过 Servlet 容器提供的 javax.servlet.ServletContext 接口来访问该环境信息。同时 Servlet 开发接口也定义了允许 Servlet 和 Servlet 容器间相互交互的接口。

在本章中，我们将学习这些接口，并且学习如何使用部署描述符来配置环境。最后，讨论在分布式环境下的 Servlet 和 Servlet 容器的行为表现。

6.1 初始化 ServletContext

每个 Web 应用程序都有一个 javax.servlet.ServletContext 对象实例，该上下文对象在 Web 应用程序装载时进行初始化。如同采用参数初始化 Servlet 一样，也可以在部署描述符中指定上下文的初始化参数来初始化上下文。定义在部署描述符中的初始化参数，必须包含在<context-param>元素内，如以下代码所示：

```
<web-app>
...
<context-param>
<param-name>dburl</param-name>
<param-value>jdbc:databaseurl</param-value>
</context-param>
...
<web-app>
```

ServletContext 接口提供了两个方法用于检索初始化参数，如表 6-1 所示。

表 6-1 ServletContext 接口检索数据方法

方 法	功 能 描 述
String getInitParameter(String name)	获取指定参数的值。如果参数不存在，则返回值为null
Enumeration getInitParameterNames()	获取所有参数的名字

上下文的初始化参数在整个 Web 应用程序作用域内均有效，所有的 Servlet 都可以对其进行访问。像数据库连接这样的全局共享资源就可以作为上下文参数存在。

通过获取一个 ServletContext 对象实例，可以调用其上定义的访问初始化参数值的方法。以下代码片断展示了如何获取一个位于部署描述符中的上下文初始化参数值。

```
public void init() {
 ServletContext context = getServletConfig().getServletContext();
 //ServletContext context = getServletContext();
 String dburl = context.getInitParameter("dburl");
 //use the dburl to create database connections
}
```

上述 init()方法中，通过调用 getInitParameter()方法获取了一个以上下文初始化参数形式存在的数据库连接地址。

ServletContext 对象包含在 ServletConfig 对象中，通过调用 ServletConfig 对象的 getServletContext()方法可以获得一个 ServletContext 对象实例。也可以通过调用 GenericServlet 类的 getServletContext()方法来获取一个 ServletContext 对象实例，因为 GenericServlet 类实现了 ServletConfig 接口。

需要注意的是，上下文初始化参数和 Servlet 初始化参数是不一样的。上下文初始化参数是属于整个 Web 应用程序的，其可以被 Web 应用程序中的所有 Servlet 和 JSP 访问。而 Servlet 初始化参数则属于所定义的 Servlet 所有，其不能被 Web 应用程序中的其他任何组件访问。

6.2 监听作用域内属性

上下文的初始化参数只能在 Web 应用程序的部署描述符中声明设置，而不能通过程序来添加。如果需要将某个对象在 Servlet 间共享，则需要通过属性来实现。在 Servlet 执行期间，这些对象提供的信息可以被用于 Servlet 间的通信。

为了能够知道属性何时被添加、何时被删除，Servlet 规范提供了监听器接口来对属性状况进行监视。在 Web 应用程序中发生与属性相关的事件时，监听器可以接收到通知。为了对属性事件通知作出响应处理，需要开发人员实现相应的监听器接口，并在部署描述符中指定实现监听器的类名。这样，当属性事件发生时，Servlet 容器就可以调用监听器类上的适当方法进行相应的处理。

在本节中，我们将讨论如何添加属性和删除属性，并学习如何监听响应对属性的操作事件。

6.2.1 添加、删除属性

可以将属性添加到上下文对象、会话对象和请求对象中。这 3 个对象提供的操作属性的方法具备相同的方法名标识，如表 6-2 所示。

表 6-2　操作属性的方法

方　法	功　能　描　述
Object getAttribute(String name)	获取指定名称的属性值
Enumeration getAttributeNames()	获取所有属性的名称
void setAttribute(String name,Object object)	设置指定名称和值的属性
void removeAttribute(String name)	删除指定名称的属性

在使用上述操作属性的方法时，需要注意以下事项：

（1）当每次请求结束后，HttpServletRequest 对象的属性被清空重置。

（2）位于 Session 对象内的属性对同一个会话内的请求有效。

（3）在上下文中的属性可以被 Web 应用程序内的所有 Servlet 访问。

（4）属性名和属性值必须一一对应。

设置一个属性前，必须获取属性将要依赖的对象。例如，以下代码展示了如何将一个用户名属性添加进会话对象。

```
HttpSession session = req.getSession(true);
session.setAttribute("username", "Joe Programmer");
```

添加属性到上下文对象和请求对象中与此方式完全一样。

6.2.2 监听属性事件

我们已经知道如何添加属性和删除属性，现在来学习如何监听属性事件。Servlet 规范为 3 种属性依附的上下文对象、会话对象和请求对象，提供了不同的事件监听器和事件来跟踪属性的状态。

在本节中，我们将分别学习这些事件监听器。

1. 请求对象属性监听

如果需要对请求对象的属性添加和删除操作进行监视，那么需要创建一个实现 ServletRequestAttributeListener 接口的类。只要请求未结束，该类就可以对请求属性事件作出响应。

表 6-3 列出 ServletRequestAttributeListener 监听器接口中的方法。

表 6-3 ServletRequestAttributeListener 接口的方法

方 法	功 能 描 述
void attributeAdded(ServletRequestAttributeEvent sre)	当有属性添加到请求对象中时，该方法就获得调用
void attributeRemoved(ServletRequestAttributeEvent sre)	当有属性从请求对象中删除时，该方法就获得调用
void attributeReplaced(ServletRequestAttributeEvent sre)	当有请求对象中属性被变更时，该方法就获得调用

这些方法非常容易理解，从方法名上就可以知道这些方法的意义。当有属性添加到请求对象中时，attributeAdded()方法就获得执行，ServletRequestAttributeEvent 对象传入相关信息。当有属性从请求对象中删除时，attributeRemoved()方法就获得执行。当有请求对象中的属性被改变时，attributeReplaced()方法就获得执行。

2. 会话对象属性监听

Servlet 规范提供了 3 个监听器接口：HttpSessionAttributeListener、HttpSessionBinding Listener 和 HttpSessionActivationListener 来对会话对象的属性添加和删除操作进行监视。有关这些监听器的具体细节在第 8 章中详细讲解。

3. 上下文对象属性监听

ServletContextAttributeListener 监听器接口负责对上下文对象的属性添加和删除操作进行监视。表 6-4 列出 ServletContextAttributeListener 监听器接口中的方法：

表 6-4　ServletContextAttributeListener 接口的方法

方　法	功 能 描 述
void attributeAdded(ServletContextAttributeEvent scae)	当有属性添加到Servlet上下文中时，该方法就获得调用
void attributeRemoved(ServletContextAttributeEvent scae)	当有属性从Servlet上下文中删除时，该方法就获得调用
void attributeReplaced(ServletContextAttributeEvent scae)	当有Servlet上下文中属性被变更时，该方法就获得调用

为了使用上下文对象、会话对象和请求对象提供的跟踪属性状态的事件监听器，必须创建一个类来实现相应的监听器接口，并在部署描述符中指定该类名。这样，当相关的属性事件发生时，Servlet 容器会自动调用实现类上的方法来进行相应的处理。

除了这些与属性相关的事件监听器，Servlet 规范还提供了用于监视 Servlet 生命周期的监听器接口。在下一节中，将详细讲解。

6.3　Servlet 生命周期事件

从前一节的学习中我们知道，当属性被添加或删除时，Servlet 容器会产生相应的事件。与此类似，当上下文对象、会话对象和请求对象被创建或销毁时，Servlet 容器同样会产生相应的事件。

很多情况下都需要使用这些事件。例如，当上下文对象被创建时，我们需要在日志文件中进行记录，或者当上下文对象销毁时，需要记录操作人员。Servlet 规范定义了 3 个相关的监听器来对此实现监听。

6.3.1　javax.servlet.ServletContextListener

ServletContextListener 监听器可以使开发人员具备知道上下文对象何时初始化或何时被销毁的能力，这是十分有用的。例如，我们可以利用此机制实现在上下文对象初始化时创建数据库连接，在上下文对象销毁时，关闭数据库连接。

表 6-5 列出 ServletContextListener 监听器接口中的方法。

表 6-5　ServletContextListener 接口的方法

方　法	功 能 描 述
void contextDestroyed(ServletContextEvent sce)	当创建上下文时，该方法获得调用
void contextInitialized(ServletContextEvent sce)	当上下文销毁时，该方法获得调用

实现 ServletContextListener 接口是一件十分简单的事情。以下展示的 MyServletContextListener 类实现了该接口，完成了数据库的连接和关闭与上下文对象的初始化和销毁同步化。

```
//MyServletContextListener.java
import javax.servlet.*;
```

```
import java.sql.*;

public class MyServletContextListener implements
    ServletContextListener {
  public void contextInitialized(ServletContextEvent sce) {
    try {
      Connection c = //create connection to database;
      sce.getServletContext().setAttribute("connection", c);
    } catch(Exception e) { }
  }
  public void contextDestroyed(ServletContextEvent sce) {
    try {
      Connection c = (Connection)
        sce.getServletContext().getAttribute("connection");
      c.close();
    } catch(Exception e) { }
  }
}
```

上述代码在 contextInitialized()方法中创建了数据库连接，并将数据库连接对象存储在 ServletContext 对象中。因为 ServletContext 对象可以被 Web 应用程序中的所有 Servlet 访问，因此数据库连接对象也可以被 Web 应用程序中的所有 Servlet 访问。

当 Servlet 容器停止 Web 应用程序服务时，contextDestroyed()方法获得调用。因此，关闭数据库的连接放到此地处理最为理想。

ServletContextEvent 对象被传递进 contextInitialized()和 contextDestroyed()方法中。使用此对象可以获取 ServletContext 对象。ServletContextEvent 类继承至 java.util.EventObject 类。

我们再来看一个较为复杂的典型 Servlet 上下文监听示例。

```
//MyServletContextListener.java
package chapter06;

import javax.servlet.ServletContextEvent;
import javax.servlet.ServletContextListener;
import javax.servlet.ServletContext;
import javax.servlet.ServletContextAttributeEvent;
import javax.servlet.ServletContextAttributeListener;
import java.io.*;

public final class MyServletContextListener
    implements ServletContextListener,
    ServletContextAttributeListener {
```

```
private ServletContext context = null;
/**
*implements ServletContextListener interface
*/
public void contextDestroyed(ServletContextEvent sce) {
  logout("contextDestroyed()-->ServletContext be destroyed");
  this.context = null;
}
public void contextInitialized(ServletContextEvent sce) {
  this.context = sce.getServletContext();
  logout("contextInitialized()-->ServletContext be initialized ");
} //ServletContextListener
/**
* implements ServletContextAttributeListener interface
*/
public void attributeAdded(ServletContextAttributeEvent scae) {
  logout("add a attribute of ServletContext: attributeAdded('" +
  scae.getName() + "', '" + scae.getValue() + "')");
}
public void attributeRemoved(ServletContextAttributeEvent scae) {
  logout("delete a attribute of ServletContext: attributeRemoved('" +
   scae.getName() + "', '" + scae.getValue() + "')");
}
public void attributeReplaced(ServletContextAttributeEvent scae) {
  logout("modify a attribute of ServletContext:attributeReplaced('" +
  scae.getName() + "', '" + scae.getValue() + "')");
}
private void logout(String message) {
  PrintWriter out=null;
  try {
    out=new PrintWriter(new FileOutputStream("c:\\test.txt",true));
    out.println(new java.util.Date().toLocaleString() +
      "::Form ContextListener: " + message);
    out.close();
  }
  catch(Exception e) {
    out.close();
    e.printStackTrace();
  }
}
}
```

在上述代码中，MyServletContextListener 类实现了 ServletContextListener 和 ServletContextAttributeListener 两个监听器接口，能够监听 ServletContext 对象的创建、销毁以及其属性的改变，并且把对事件的监听记录在一个文本文件中（c:\test.txt）。

以下的 web.xml 是在部署描述符中对该监听器的配置。

```
<?xml version="1.0" encoding="ISO-8859-1"?>

<web-app xmlns="http://java.sun.com/xml/ns/j2ee"
xmlns:xsi="http://www.w3.org/2001/XMLSchema-instance"
xsi:schemaLocation="http://java.sun.com/xml/ns/j2ee
http://java.sun.com/xml/ns/j2ee/web-app_2_4.xsd"
version="2.4">

<display-name>root</display-name>

<listener>
<listener-class>chapter06.MyServletContextListener</listener-class>
</listener>

</web-app>
```

接下来，编写一个 Servlet 来测试对 ServletContext 对象属性的操作。

```
//TestServlet.java
package chapter06;

import java.io.*;
import javax.servlet.*;
import javax.servlet.http.*;

public class TestServlet extends HttpServlet {
  public void service(HttpServletRequest request,
    HttpServletResponse response) throws ServletException,
    IOException {
    PrintWriter pw = response.getWriter();
    pw.println("add attribute");
    getServletContext().setAttribute("userName","admin");
    pw.println("replace attribute");
    getServletContext().setAttribute("userName","test");
    pw.println("remove attribute");
    getServletContext().removeAttribute("userName");
  }
}
```

在上述代码中，对 ServletContext 对象共执行了三次属性的操作。一次是添加一个属性；一次是修改了一个属性；还有一次是删除了一个属性。

运行上述代码在日志文件中可以得到如图 6-1 所示的结果。

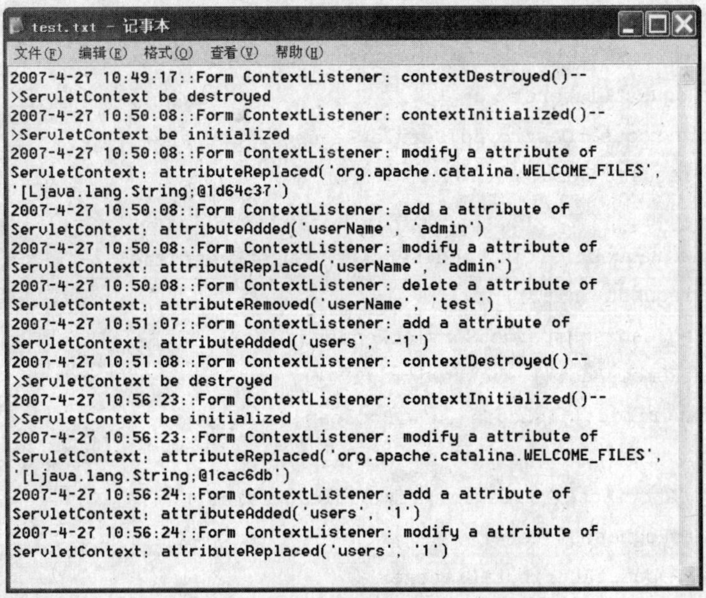

```
test.txt - 记事本
文件(F) 编辑(E) 格式(O) 查看(V) 帮助(H)
2007-4-27 10:49:17::Form ContextListener: contextDestroyed()--
>ServletContext be destroyed
2007-4-27 10:50:08::Form ContextListener: contextInitialized()--
>ServletContext be initialized
2007-4-27 10:50:08::Form ContextListener: modify a attribute of
ServletContext: attributeReplaced('org.apache.catalina.WELCOME_FILES',
'[Ljava.lang.String;@1d64c37')
2007-4-27 10:50:08::Form ContextListener: add a attribute of
ServletContext: attributeAdded('userName', 'admin')
2007-4-27 10:50:08::Form ContextListener: modify a attribute of
ServletContext: attributeReplaced('userName', 'admin')
2007-4-27 10:50:08::Form ContextListener: delete a attribute of
ServletContext: attributeRemoved('userName', 'test')
2007-4-27 10:51:07::Form ContextListener: add a attribute of
ServletContext: attributeAdded('users', '-1')
2007-4-27 10:51:08::Form ContextListener: contextDestroyed()--
>ServletContext be destroyed
2007-4-27 10:56:23::Form ContextListener: contextInitialized()--
>ServletContext be initialized
2007-4-27 10:56:23::Form ContextListener: modify a attribute of
ServletContext: attributeReplaced('org.apache.catalina.WELCOME_FILES',
'[Ljava.lang.String;@1cac6db')
2007-4-27 10:56:24::Form ContextListener: add a attribute of
ServletContext: attributeAdded('users', '1')
2007-4-27 10:56:24::Form ContextListener: modify a attribute of
ServletContext: attributeReplaced('users', '1')
```

图 6-1　运行效果图

6.3.2 javax.servlet.Http.HttpSessionListener

HttpSessionListener 监听器具有和 ServletContextListener 监听器一样的方法，该监听器用于监听会话对象何时初始化或何时被销毁。同会话属性一样，有关该监听器的具体细节在第 8 章会话管理中详细讲解。

6.3.3 javax.servlet.Http.HttpServletRequestListener

HttpServletRequestListener 监听器用于监听请求对象何时初始化或何时被销毁。

表 6-6 列出 HttpServletRequestListener 监听器接口中的方法。

表 6-6　HttpServletRequestListener 接口的方法

方　法	功　能　描　述
void requestDestroyed(ServletRequestEvent sce)	当请求被销毁时，该方法获得调用
void requestInitialized(ServletRequestEvent sce)	当请求初始化时，该方法获得调用

有了监听器类，但如何让 Servlet 容器知道，以便事件产生时，容器可以调用监听器的方法进行响应，这需要在部署描述符中来注册监听器类。下一节中将讨论如何在部署描述符中指定监听器类。

以下示例代码展示了如何实现监听 HTTP 请求。

```
//MyRequestListener.java
package chapter06;
```

```
import javax.servlet.*;

public class MyRequestListener implements
    ServletRequestListener,ServletRequestAttributeListener {
  //ServletRequestListener
  public void requestDestroyed(ServletRequestEvent sre) {
    logout("request destroyed");
  }
  public void requestInitialized(ServletRequestEvent sre) {
    logout("request init");
    ServletRequest sr=sre.getServletRequest();
    if(sr.getRemoteAddr().startsWith("127"))
      sr.setAttribute("isLogin",new Boolean(true));
    else
        sr.setAttribute("isLogin",new Boolean(false));
    }//ServletRequestListener
    //ServletRequestAttributeListener
  public void attributeAdded(ServletRequestAttributeEvent event) {
    logout("attributeAdded('" + event.getName() + "', '" +
        event.getValue() + "')");
  }
  public void attributeRemoved(ServletRequestAttributeEvent event) {
    logout("attributeRemoved('" + event.getName() + "', '" +
      event.getValue() + "')");
  }
  public void attributeReplaced(ServletRequestAttributeEvent event) {
    logout("attributeReplaced('" + event.getName() + "', '" +
      event.getValue() + "')");
  }//ServletRequestAttributeListener
  private void logout(String msg) {
    java.io.PrintWriter out=null;
    try {
      out=new java.io.PrintWriter(
        new java.io.FileOutputStream("c:\\request.txt",true));
      out.println(msg);
      out.close();
    }
    catch(Exception e) {
      out.close();
```

```
    }
  }
}
```

在上述代码中，MyRequestListener 类实现了 ServletRequestListener 和 ServletRequest AttributeListener 两个接口，对客户端请求和请求参数设置进行监听，并且把对事件的监听记录在一个文本文件中（C:\ request.txt）。

注意：在 requestInitialized()方法中，通过请求对象获取到客户端 IP 地址，通过判断 IP 地址是否以 127 开头来决定是否是来自于本地机的访问。如果是本地机，就直接转向 index.jsp 页面；如果是外部机，则展示出登录页面。

以下的 web.xml 是在部署描述符中对该监听器的配置。

```
<?xml version="1.0" encoding="ISO-8859-1"?>

<web-app xmlns="http://java.sun.com/xml/ns/j2ee"
xmlns:xsi="http://www.w3.org/2001/XMLSchema-instance"
xsi:schemaLocation="http://java.sun.com/xml/ns/j2ee
http://java.sun.com/xml/ns/j2ee/web-app_2_4.xsd"
version="2.4">

<display-name>root</display-name>

<listener>
<listener-class>chapter08.MyRequestListener</listener-class>
</listener>

</web-app>
```

以下的 login.jsp 是登录 JSP 页面的实现代码：

```
<%
if (((Boolean)request.getAttribute("isLogin")).equals(
   new Boolean(true))) {
 session.setAttribute("isLogin",new Boolean(true));
 response.sendRedirect("index.jsp");
} else {
%>
please login:<form action="login.jsp" method=get>
<br>username: <input type=text name=user>
<br>password: <input type=password name=password>
<br><input type=submit name=submit>
```

```
</form>
<%
}
%>
```

以下是 index.jsp 文件的实现代码：

```
you are logined!
```

6.4 配置 Web 应用程序属性

通过使用部署描述符可以配置 Web 应用程序的属性。以下是部署描述符中的<web-app>元素的定义。

```
<!ELEMENT web-app (icon?, display-name?, description?, distributable?,
context-param*, filter*, filter-mapping*, listener*, servlet*,
servlet-mapping*, session-config?, mime-mapping*, welcome-file-list?,
error-page*, taglib*, resource-env-ref*, resource-ref*,
security-constraint*,login-config?, security-role*,
env-entry*, ejb-ref*,
ejb-local-ref*)>
```

通过 ServletContext 对象可以访问 Web 应用程序的属性，这些属性均是与 Web 应用程序中的所有组件相关的，因此配置这些属性的元素均位于<webapp>元素下。

现在来对这些元素进行个大概了解。有关部署描述符的详细信息在第 19 章部署描述符中讨论。

display-name 定义一个可以由 GUI 工具显示的简短名称，代表 Web 应用程序的显示名称。

description 关于 Web 应用程序的描述性文本，包括用法等重要信息。由开发者传递给部署者的指导信息。

distributable 用于表明 Web 应用程序可以分布在多个 JVM 的分布式环境下。

context-param 包含 Web 应用程序的 Servlet 上下文初始化参数的声明，该元素包含<param-name>、<param-value>和一个可选的<description>元素。

listener 定义应用程序监听器，该元素仅包含了一个 listener-class 子元素用于指定一个实现了监听器接口的完整的限定类名。

以下示例代码展示了如何在部署描述符中配置两个分别实现 ServletContextListener 和 ServletContextAttributeListener 的监听器。

```
<listener>
<listener-class>
com.abcinc.MyServletContextListener
</listener-class>
</listener>
```

```
<listener>
<listener-class>
com.abcinc.MyServletContextAttributeListener
</listener-class>
</listener>
```

在上述代码中，我们并未指定哪个监听器类应该处理哪个事件，原因在于 Servlet 容器会自动进行匹配。Servlet 容器实例化这些指定的监听器类，检查这些监听器类实现的所有接口。根据实现的监听器接口，将监听器类实例添加到各自独立的监听器列表中。Servlet 容器将事件发送给这些部署描述符中定义的监听器，并且这些监听器类必须部署在 Web-INF\classes 目录中，或打包到一个 JAR 文件中。

需要注意的是，同一个监听器类可以实现多个监听器接口，分别实现每个接口中的方法用于接收不同的事件。在这种情况下，我们在部署描述符中也仅需配置一个<listener>元素。Servlet 容器只创建一个这种监听器类实例来接收所有的与之相匹配的事件。

6.5　分布式环境下的 Web 应用程序

一个可以同时服务成千上万个用户的工业级 Web 应用程序应该具备高可靠性。通常做法是，将应用程序分布到多个集群服务器上。Web 服务器也被部署到这些机器上，以一种分布的模式运行。例如，一个逻辑上的 Servlet 容器实际上可能运行在多台机器上的多个 JVM 上。

分布式应用程序具有以下优点：

（1）如果一台服务器发生故障导致停机，另一台服务器可以接管继续提供服务，而这一切对用户来说是透明的、浑然不觉的。

（2）请求可以被优先分配给任务最少的服务器，在服务器间形成负载均衡。

开发分布式的应用程序不是一件简单的任务，配置机器并使服务器以集群的方式工作是十分复杂的。而且，Servlet 需要被设计成适合分布式环境下运行的要求。相对来说，通过提升机器的配置比将应用程序分布化相对简单。但是，某些特定的需求是无法简单通过提升机器配置可以达到的。例如，无间断服务的要求就必须通过集群来实现。

注意： 在开发 Web 应用程序时，基于单 JVM 环境下的规则在分布式环境下变得不再适合。例如，一个 Servlet 不会仅存在一个实例，可能存在运行在不同 JVM 上的多个实例，并且也无法使用静态变量来共享数据。

我们也无法再直接使用本地机文件系统，因为文件的绝对路径在不同的机器上可能是不同的。我们也不能再使用 ServletContext 对象维护应用程序状态，而应该将应用程序状态记录到持久数据库中，因为在不同机器上的 ServletContext 对象是不同的。

Servlet 通过规范 Servlet 容器的行为来保证分布式环境下应用程序的安全执行。

6.5.1　ServletContext 行为

Web 应用程序在每个 JVM 上都有一个，且仅有一个 ServletContext 对象实例，因此这是没有分布化的。我们在分布式环境下使用 ServletContext 对象时，需要注意以下几点：

（1）在一个 JVM 上 ServletContext 对象设置的属性对其他 JVM 是不可见的。只有通过使用数据库才能实现信息的共享。

（2）对于 Servlet 容器，不需要在不同的 JVM 之间传递 ServletContextEvent 和 ServletContextAttributeEvent 事件。这意味着，在一个 JVM 上对 ServletContext 的改变，不能引起其他 JVM 上 ServletContextListener 和 ServletContextAttributeListener 监听器上方法的调用。

（3）ServletContext 的初始化参数对所有的 JVM 是有效的，它依然在部署描述符中指定。

6.5.2 HttpSession 行为

在分布式环境中，HttpSession 行为不同于 ServletContext。尽管 Servlet 规范要求属于一个会话的请求必须在同一时期只能由一个 JVM 处理。但是，容器可以将会话在不同的 JVM 间迁移，以实现负载平衡。

在分布式环境下使用 HttpSession 对象时，需要注意以下几点：

（1）一个 HttpSession 对象在同一时期仅能存在于一个 JVM 上。

（2）Servlet 容器不需要在不同的 JVM 间传递 HttpSessionEvent 事件。

（3）实现了 java.io.Serializable 接口的会话属性对象可以随着会话的迁移而迁移。但这并不意味着如果属性对象实现了 readObject()和 writeObject()方法，这两个方法会被明确调用。

（4）当会话迁移时，容器会通知所有实现了 HttpSessionActivationListener 接口的属性对象。

（5）如果属性对象不能序列化，则在 HttpSession 的 setAttribute()方法中会抛出一个 IllegalArgumentException 异常来。

6.6 小结

在本章中，我们学习了如何使用 ServletContext 对象的方法来实现 Web 应用程序内 Servlet 共享应用环境。当一个 Web 应用程序被装载时，使用定义在部署描述符中的参数可以初始化 ServletContext 对象。

实现了监听器接口的监听器类，可以接收处理 Web 应用程序中的事件。我们讨论了 ServletContextListener、ServletContextAttributeListener 和 ServletRequestAttributeLister 三个事件监听器接口，以及如何在部署描述符中配置监听器。

一个 Web 应用程序可以被分布在多个服务器上，以改善性能和可靠性。我们讨论了在分布式环境下 ServletContext 和 HttpSession 的行为。

下一章我们将学习过滤器技术。

Chapter 7

过滤器

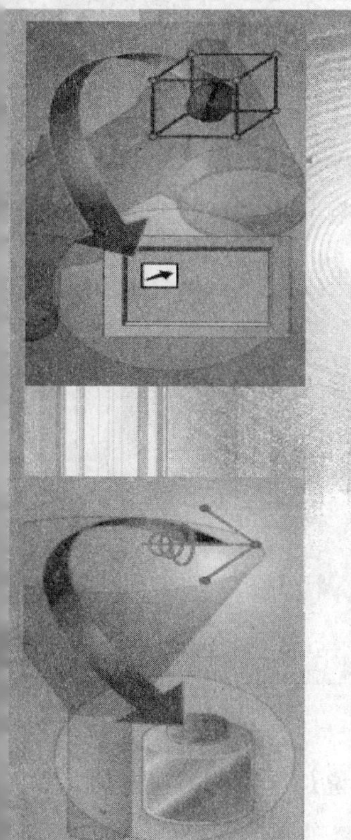

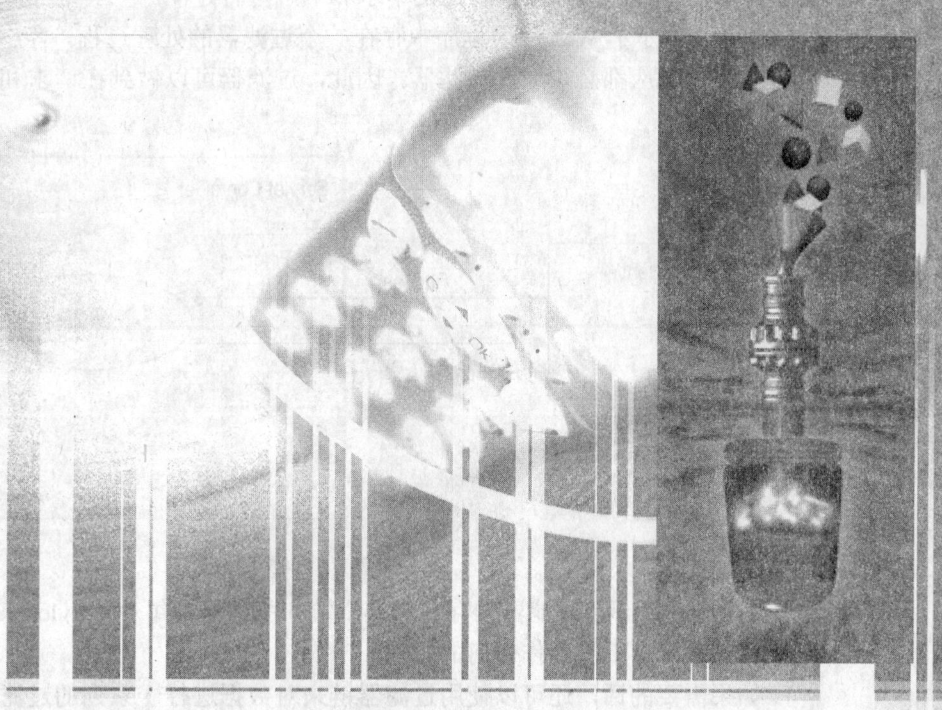

Servlet 过滤器（Filter）是在 Servlet 规范 2.3 中定义的，它能够对 Servlet 容器的请求和响应对象进行检查和修改，能实现很多以前使用不便或很难实现的功能。

Servlet 过滤器是小型的 Web 组件，它们拦截请求和响应，以便查看、提取或以某种方式操作正在客户端和服务器端之间交换的数据。过滤器通常封装了一些功能，这些功能虽然很重要，但对处理客户端请求或发送响应来说不是决定性的。典型的例子包括记录有关请求和响应的数据、处理安全协议、管理会话属性等等。过滤器提供一种面向对象的模块化机制，用以将公共任务封装到可插入的组件中，这些组件通过一个配置文件来声明，并动态地处理。

在本章中，我们先了解过滤器的概念，接着讨论如何创建一个过滤器以及如何在部署描述符中配置过滤器，最后对有关过滤器的高级内容做讲解。

7.1 过滤器简介

从技术层面来看，过滤器就是一个用于拦截在数据源和数据目的地之间消息的一个对象，然后按照规则对传送的数据进行过滤、检查。因此，过滤器就相当于一个警卫，防止非法数据的传输。例如，一个公司的网站，只允许内部 IP 地址访问，外部 IP 地址禁止访问，通过过滤器就可以实现对外部 IP 地址访问的拦截。最常见的过滤器应用实例，就是在邮件系统中，把大量的垃圾邮件拦截掉，禁止进入邮箱中，这些过滤器都是用于剔除掉不符合规则要求的数据。过滤器还可以用于转换数据。例如，一个 Servlet 只能处理 JPG 格式的图片，当客户端发送一张 BMP 格式的图片给该 Servlet 要求进行处理，这时通过使用过滤器可以在该 Servlet 接收到图片前进行图像格式的转换。

对于一个 Web 应用程序而言，过滤器就是一个运行于 Web 应用服务器之上的 Web 组件，对客户端和服务器端间发送的请求和响应进行过滤。

图 7-1 展示了 Web 应用程序中存在一个过滤器的处理过程，客户端发送的请求和服务器端返回的响应都必须经过过滤器。因此，过滤器可以做到在请求和响应到达目的地前都能够被检测。

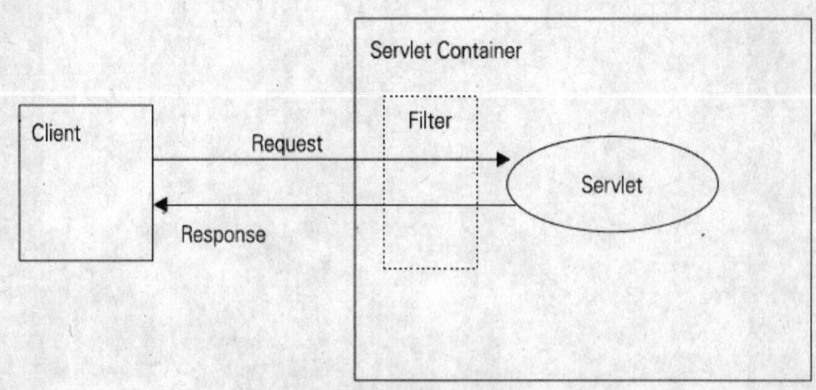

图 7-1 过滤器处理图

如图 7-1 所示，过滤器的存在对客户端和服务器端组件 Servlet 来说是透明的，它们的行为照常进行，不需要作任何的改动。

如果需要的话，还可以使用过滤器链来对数据进行一系列的过滤处理。位于过滤器链中的每个过滤器，处理完客户端的请求后，就将其发送给过滤器链中的下一个过滤器，如果是过滤器链中的最后一个过滤器，则将请求发送给请求资源。与此类似，过滤器链中的每个过滤器以逆向的顺序来处理服务器的响应，直到过滤器链中的第一个过滤器检测完响应后传递给客户端。整个过程如图 7-2 所示。

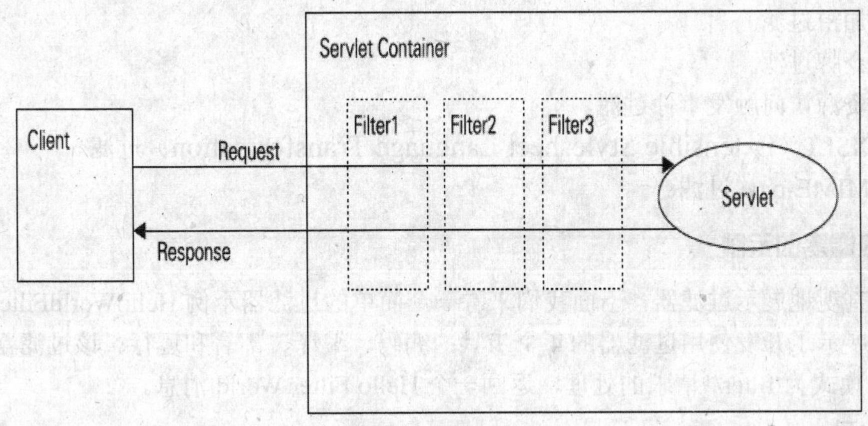

图 7-2　过滤器链

从图 7-2 可以看出，处理客户端请求的过滤器顺序是：Filter1、Filter2、Filter3。处理服务器响应的过滤器顺序是：Filter3、Filter2、Filter1。

以上是过滤器的概念解释。过滤器的用途十分广阔，不仅仅只是对客户端和服务器端通信的监视，而且可以作许多其他的事务。

通常，使用过滤器可以做以下工作：

（1）分析请求决定是否将请求发送给指定的资源，或者自己创建一个响应返回。

（2）在请求到达服务器端前处理请求，设置请求头信息，将请求封装成符合规则的对象。

（3）在响应到达客户端前处理响应，将响应封装成符合规则的对象。

7.1.1　过滤器的执行

当 Servlet 容器接收到一个客户端发来的请求，其首先会检测是否与请求的资源存在相关联的过滤器。如果存在与请求资源相关联的过滤器，则 Servlet 容器将请求转发给过滤器而不是请求资源。

过滤器在处理请求后，会采取以下 3 种行动之一：

（1）过滤器自身产生一个响应，返回给客户端。

（2）把处理过的请求转发给过滤器链中的下一个过滤器。如果是过滤器链中的最后一个过滤器则将请求转发给请求指定的资源。

（3）把请求转发到另一资源。

过滤器在处理响应返回给客户端的过程与此类似，只是以过滤器链相反的顺序进行处理，依次处理响应。

7.1.2　过滤器的用途

Servlet 规范指出了过滤器的常用应用，如下所示：

- 认证过滤。
- 登录和审核过滤。
- 图像转换过滤。
- 数据压缩过滤。
- 加密过滤。
- 令牌过滤。
- 资源访问触发事件过滤。
- XSLT（Extensible Stylesheet Language Transformation）过滤。
- MIME-type 过滤。

7.1.3 过滤器的示例

为了直观地展示过滤器，下面我们来看一个简单的过滤器示例 HelloWorldFilter。该示例完整地展示了开发使用过滤器的 4 个步骤：编码、编译、部署和运行。该过滤器完成对所有 URI 模式为/filter/*请求的处理，返回一个 Hello Filter World 消息。

1. **编码**

创建一个过滤器类，该类必须实现 javax.servlet.Filter 接口。示例声明了一个名为 HelloWorldFilter 的类，该类实现了 Filter 接口，并实现了 Filter 接口中定义的 init()、doFilter()和 destroy()方法。

```
//HelloWorldFilter.java
package chapter07;

import java.io.*;
import javax.servlet.*;

public class HelloWorldFilter implements Filter {
  private FilterConfig filterConfig;
  public void init(FilterConfig filterConfig) {
    this.filterConfig = filterConfig;
  }
  public void doFilter(ServletRequest request,ServletResponse response,
      FilterChain filterChain) throws ServletException, IOException {
    PrintWriter pw = response.getWriter();
    pw.println("<html>");
    pw.println("<head>");
    pw.println("</head>");
    pw.println("<body>");
    pw.println("<h3>Hello Filter World!</h3>");
    pw.println("</body>");
    pw.println("</html>");
```

```
  }
  public void destroy(){}
}
```

上述代码的实现与创建一个 Servlet 类十分类似。首先需要导入 javax.servlet 和 java.io 包。ServletRequest、ServletResponse、ServletException、FilterConfig、Filter 以及 FilterChain 这些类和接口属于 javax.servlet 包，而 PrintWriter 和 IOException 类则属于 java.io 包。由于在此代码中，我们没有使用基于 HTTP 协议的特性，因此不需要导入 javax.servlet.http 包。

下一个步骤，我们对 HelloWorldFilter 类进行编译。

2. **编译**

通过 javac 命令将 HelloWorldFilter.java 源文件编译成可执行的 HelloWorldFilter.class 类文件。

3. **部署**

在部署描述符中像声明 Servlet 一样，声明一个过滤器也分为两个步骤。

（1）复制 HelloWorldFilter.class 文件到 Web-INF\classes 目录中。例如，可以把这个类文件复制到 C:\jakarta-tomcat-5.0.25\webapps\chapter07\Web-INF\classes 目录下。

（2）在部署描述符中指定过滤器，将请求地址与该过滤器形成映射关系。

```
<?xml version="1.0" encoding="ISO-8859-1"?>

<web-app xmlns="http://java.sun.com/xml/ns/j2ee"
xmlns:xsi="http://www.w3.org/2001/XMLSchema-instance"
xsi:schemaLocation="http://java.sun.com/xml/ns/j2ee
http://java.sun.com/xml/ns/j2ee/web-app_2_4.xsd"
version="2.4">

<display-name>root</display-name>

<!-- specify the Filter name and the Filter class -->
<filter>
<filter-name>HelloWorldFilter</filter-name>
<filter-class>chapter07.HelloWorldFilter</filter-class>
</filter>

<!-- associate the Filter with a URL pattern -->
<filter-mapping>
<filter-name>HelloWorldFilter</filter-name>
<url-pattern>/filter/*</url-pattern>
</filter-mapping>

</web-app>
```

然后把整个 Web 应用程序放置到 Tomcat 应用服务器的 webapps 目录中。

4. 运行

启动 Tomcat 应用服务器，在浏览器地址栏键入 http://localhost:8080/root/filter 地址，浏览器会展示出 Hello Filter World!，如图 7-3 所示。

图 7-3 HelloWorldFilter 运行效果图

需要注意的是，我们并没有在地址中指定任何 Web 资源。这是因为输入的地址符合部署描述符中的 URL/filter/*模式定义，因此可以执行输出，并不是必须要指定过滤器映射的资源。

7.2 过滤器 API

过滤器的开发接口并没有一个独立的包。与过滤器相关的类和接口分布在 javax.servlet 包和 javax.servlet.http 包中。

表 7-1 列出了与过滤器相关的 3 个接口、4 个类。

表 7-1 过滤器类和接口

接 口	所 处 包	描 述
Filter	javax.servlet	过滤器类实现此接口
FilterChain	javax.servlet	该接口的实现对象实例由容器负责创建，以参数的形式传入到Filter.doFilter()方法中，实现过滤器链
FilterConfig	javax.servlet	类似于 ServletConfig 接口，提供初始化参数给过滤器
ServletRequestWrapper	javax.servlet	一个 ServletRequest 接口的便利实现。可以被扩展以定制处理请求
ServletResponseWrapper	javax.servlet	一个 ServletResponse 接口的便利实现。可以被扩展以定制处理响应
HttpServletRequestWrapper	javax.servlet.http	一个 HttpServletRequest 接口的便利实现。可以被扩展以定制处理请求
HttpServletResponseWrapper	javax.servlet.http	一个 HttpServletResponse 接口的便利实现。可以被扩展以定制处理响应

1　Filter 接口

Filter 接口是过滤器开发接口的核心所在。像所有 Servlet 类必须实现 javax.servlet.Servlet 接口一样，所有过滤器类都必须实现 javax.servlet.Filter 接口。

ServletContext 接口定义了 3 个方法，如表 7-2 所示。

表 7-2　Filter 接口定义的方法

方　法	功 能 描 述
void init(FilterConfig)	在Web应用程序启动时，由容器负责调用此方法
void doFilter(ServletRequest,ServletResponse, FilterChain)	当有与该过滤器地址映射匹配的客户端请求时，由容器负责调用
void destroy()	在应用程序停止时，由容器负责调用此方法

这 3 个方法分别代表过滤器的 3 个生命周期的阶段。因为不像 Servlet 开发接口，过滤器开发接口均为未实现的接口，因此所有的过滤器类都必须明确实现这 3 个方法。

1. init()方法

Servlet 容器最先调用过滤器的 init()方法，并且在过滤器的生命周期内只调用一次。在 init()方法未返回前，容器是不会将任何客户端的请求转发给过滤器。该方法用于初始化过滤器，与 Servlet 接口的 init(ServletConfig)方法十分类似，获取一个 FilterConfig 对象供以后使用。有关 FilterConfig 接口的具体细节将在 7.2.2 节中详细讲解。如果初始化过滤器失败，则 init()方法会抛出一个 ServletException 异常来指明有错误发生。

2. doFilter()方法

doFilter()方法与 Servlet 接口的 service()方法十分相似。当有映射到过滤器的地址请求时，Servlet 容器调用此方法处理请求，然后将请求转发给过滤器链的下一个过滤器或者自身产生一个响应返回给客户端。

doFilter()方法的两个参数 request 和 response 分别是 ServletRequest 类型和 ServletResponse 类型。过滤器开发接口不是仅限于 HTTP 协议，如果过滤器被用于到采用 HTTP 协议的 Web 应用程序中，则参数就应造型为 HttpServletRequest 类型 HttpServletResponse 类型。

doFilter()方法随着过滤器的不同而不同。一个认证过滤器的 doFilter()方法完成客户端请求的地址、头的解析并将其存储到文件中。一个负责审核的过滤器的 doFilter()方法完成请求的识别，将请求转发到请求的资源或拒绝请求的指定资源的访问。还有一种将参数 ServletRequest 和 ServletResponse 封装的过滤器，可以部分或全部的变更请求和响应消息。

一个类似的实现就是使用 RequestDispatcher 对象的 include()和 forward()方法，可以将请求转发到另一个资源。通过调用 request.getRequestDispatcher()方法，可以获取 RequestDispatcher 对象。

在 doFilter()方法执行的过程中，如果出现不可恢复的错误，则该方法会抛出 IOException 异常或 ServletException 异常来。

3. destroy()方法

destroy()方法与 Servlet 接口的 destroy()方法十分相似。Servlet 容器最后调用此方法。在该方法中，过滤器可以在其即将退出服务前释放掉其所占据的资源，该方法没有声明任何异常。

下面来看一个对用户访问认证的过滤器实现。如果用户认证通过，允许访问指定资源；否则把请求转发到登录页面。

```
//SignonFilter.java
package chapter07;

import javax.servlet.FilterChain;
import javax.servlet.ServletRequest;
import javax.servlet.ServletResponse;
import java.io.IOException;
import javax.servlet.Filter;
import javax.servlet.http.HttpServletRequest;
import javax.servlet.http.HttpServletResponse;
import javax.servlet.ServletException;
import javax.servlet.FilterConfig;
import javax.servlet.http.HttpSession;

public class SignonFilter implements Filter {
  String LOGIN_PAGE="login.jsp";
  protected FilterConfig filterConfig;
  public void doFilter(final ServletRequest req,
      final ServletResponse res,FilterChain chain)throws
      IOException,ServletException {
    HttpServletRequest hreq = (HttpServletRequest)req;
    HttpServletResponse hres = (HttpServletResponse)res;
    HttpSession session = hreq.getSession();
    String isLogin="";
    try {
      isLogin=(String)session.getAttribute("isLogin");
      if((isLogin != null) && isLogin.equals("true")) {
        System.out.println("checked sucess!");
        chain.doFilter(req,res);
      } else {
        hres.sendRedirect(LOGIN_PAGE);
        System.out.println("checked fail!");
      }
    }
```

```
    catch(Exception e) {
      e.printStackTrace();
    }
  }
  public void setFilterConfig(final FilterConfig filterConfig) {
    this.filterConfig=filterConfig;
  }
  public void destroy() {
    this.filterConfig=null;
  }
  /**
  *initilaize。
  */
  public void init(FilterConfig config) throws ServletException {
    this.filterConfig = config;
  }
}
```

上述代码在 doFilter()方法中，首先通过调用 session.getAttribute("isLogin")方法来获取用户是否登录的属性。如果属性取值为 true，表示用户已经登录，自然就允许访问目标资源；否则代表用户登录失败，则把请求重发到登录页面。

以下的 web.xml 是在部署描述符中对该过滤器的配置。

```
<?xml version="1.0" encoding="ISO-8859-1"?>

<web-app xmlns="http://java.sun.com/xml/ns/j2ee"
xmlns:xsi="http://www.w3.org/2001/XMLSchema-instance"
xsi:schemaLocation="http://java.sun.com/xml/ns/j2ee
http://java.sun.com/xml/ns/j2ee/web-app_2_4.xsd"
version="2.4">

<display-name>root</display-name>

<filter>
<filter-name>auth</filter-name>
<filter-class>chapter07.SignonFilter</filter-class>
</filter>

<filter-mapping>
<filter-name>auth</filter-name>
<url-pattern>/security/*</url-pattern>
```

```
</filter-mapping>

<filter-mapping>
<filter-name>auth</filter-name>
<url-pattern>/admin/*</url-pattern>
</filter-mapping>

</web-app>
```

在上述代码中，SignonFilter 过滤器共定义了两个过滤 URL 模式：一个是/security/*，表示以/security 开始的 URL 地址将被过滤；另一个是/admin/*，表示以/admin 开始的 URL 地址将被过滤。

7.2.2 FilterConfig 接口

如同 Servlet 接口有一个 ServletConfig 对象，过滤器也有一个 FilterConfig 对象。FilterConfig 接口提供初始化参数给过滤器。

FilterConfig 接口定义了 4 个方法，如表 7-3 所示。

表 7-3 FilterConfig 接口定义的方法

方 法	功 能 描 述
String getFilterName()	获取部署描述符中指定的过滤器名称
String getInitParameter(String)	获取部署描述符中指定的参数
Enumeration getInitParameterNames()	获取部署描述符中指定的所有参数名称
ServletContext getServletContext()	获取一个 ServletContext 对象。通过该 ServletContext 对象可以操作 application 作用域内的属性

FilterConfig 接口的实例由 Servlet 容器实现，使用初始化参数值初始化，以参数的形式传入到 Filter.init()方法中。初始化参数在部署描述符中定义，具体细节在 7.3 节中详细介绍。

更为重要的是，FilterConfig 接口也提供了一个获取 ServletContext 对象实例的 getServletContext()方法。通过使用 ServletContext 对象实例，可以与 Web 应用程序中的其他组件进行数据共享、通信。

以下示例代码展示了如何实现一个字符编码过滤器。

```
//EncodingFilter.java
package chapter07;

import javax.servlet.FilterChain;
import javax.servlet.ServletRequest;
import javax.servlet.ServletResponse;
import java.io.IOException;
import javax.servlet.Filter;
```

```
import javax.servlet.http.HttpServletRequest;
import javax.servlet.http.HttpServletResponse;
import javax.servlet.ServletException;
import javax.servlet.FilterConfig;

public class EncodingFilter implements Filter {
 protected FilterConfig filterConfig;
 private String targetEncoding = "gb2312";
 public void init(FilterConfig config) throws ServletException {
   this.filterConfig = config;
   this.targetEncoding = config.getInitParameter("encoding");
 }
 public  void doFilter(ServletRequest srequest,
     ServletResponse  sresponse, FilterChain chain)
     throws IOException, ServletException {
   System.out.println("encoding="+targetEncoding);
   HttpServletRequest request = (HttpServletRequest)srequest;
   request.setCharacterEncoding(targetEncoding);
   chain.doFilter(srequest,sresponse);
 }
 public void setFilterConfig(final FilterConfig filterConfig) {
   this.filterConfig=filterConfig;
 }
 public void destroy() {
   this.filterConfig=null;
 }
}
```

在上述代码中，实现了 Filter 接口中的 3 个方法：init()、doFilter()和 destroy()。在 init()方法中，通过调用 config.getInitParameter("encoding")方法获取 FilterConfig 接口中的参数。可以看出，这种获取参数的方法与 Servlet 中获取初始化参数是一样的。

doFilter()是过滤器的核心方法，实际业务处理在该方法中完成。首先获取请求和响应对象，然后对请求中的参数采用 GB2312 进行统一编码，最后把控制权移交给下一个过滤器或请求目标。

以下的 web.xml 是在部署描述符中对该过滤器的配置。

```
<?xml version="1.0" encoding="ISO-8859-1"?>

<web-app xmlns="http://java.sun.com/xml/ns/j2ee"
xmlns:xsi="http://www.w3.org/2001/XMLSchema-instance"
xsi:schemaLocation="http://java.sun.com/xml/ns/j2ee
```

```
http://java.sun.com/xml/ns/j2ee/web-app_2_4.xsd"
version="2.4">

<display-name>root</display-name>

<filter>
<filter-name>encoding</filter-name>
<filter-class>chapter07.EncodingFilter</filter-class>
<init-param>
<param-name>encoding</param-name>
<param-value>gb2312</param-value>
</init-param>
</filter>

<filter-mapping>
<filter-name>encoding</filter-name>
<url-pattern>/*</url-pattern>
</filter-mapping>

</web-app>
```

在上述代码中，为 EncodingFilter 过滤器定义了初始化参数，参数名为 encoding，值为 gb2312。同时定义了 EncodingFilter 过滤器的过滤 URL 模式/*，表示对任何 URL 地址都将被过滤。

7.2.3 FilterChain 接口

FilterChain 接口只定义了一个方法 doFilter()：

void doFilter(ServletRequest,ServletResponse)

从过滤器的 doFilter()方法中调用此方法来继续过滤器链的处理，将控制权移交给过滤器链中的下一个过滤器。如果是最后一个过滤器，则移交给指定的资源。

FilterChain 接口的实现由 Servlet 容器实现，以参数的形式传入到 Filter.doFilter()方法中。在 doFilter()方法中，我们可以使用此接口将请求转发到过滤器链中的下一个过滤器，如果它是过滤器链中的最后一个过滤器，则直接传递给请求指定的 Servlet。doFilter()方法中接收的 ServletRequest 和 ServletResponse 参数，则传递给下一个过滤器的 doFilter()方法或请求指定的 Servlet 的 service()方法。

7.2.4 请求、响应的封装类

ServletRequestWrapper 和 HttpServletRequestWrapper 类提供了 ServletRequest 和 HttpServletRequest 接口的一种便利实现。在将请求转发到过滤器链中的下一个过滤器前，可以变更请求。

与此类似，ServletResponseWrapper 和 HttpServletResponseWrapper 类提供了一种更改响应的便利实现，这些封装类的对象，可以被传递进 FilterChain 接口的 doFilter()方法中。有关具体细节将在 7.4 节中详细讲解。

7.3　配置过滤器

一个过滤器的配置需要在部署描述符中使用两种元素：<filter>和<filter-mapping>。<filter>类似于<servlet>，用于声明一个过滤器。<filter-mapping>类似于<servlet-mapping>，用于声明与该过滤器相映射的请求地址模式。<filter>和<filter-mapping>元素均直接位于部署描述符中的<web-app>根元素内。

7.3.1　<filter>元素

<filter>元素的定义如下：

```
<!ELEMENT filter (icon?, filter-name, display-name?, description?,
filter-class, init-param*)>
```

可以看出，每个过滤器都必须有一个用于指定过滤器名称的<filter-name>元素，一个用于指定过滤器实现类的<filter-class>元素。

<icon>、<display-name>、<description>和<init-param>元素均是可选的。以下是一个部署描述符中的<filter>元素声明示例：

```
<filter>
<filter-name>ValidatorFilter</filter-name>
<description>Validates the requests</description>
<filter-class>com.manning.filters.ValidatorFilter</filter-class>
<init-param>
<param-name>locale</param-name>
<param-value>USA</param-value>
</init-param>
</filter>
```

在上述代码中，声明了一个名为 ValidatorFilter 的过滤器。Servlet 容器将创建一个与此过滤器关联的 com.manning.filters.ValidatorFilter 类实例。

初始化参数 locale 的值，可以通过调用 filterConfig.getParameterValue("locale")方法来获得进行过滤器的初始化。

7.3.2　<filter-mapping>元素

<filter-mapping>元素类似于<servlet-mapping>元素。<filter-mapping>元素的定义如下：

```
<!ELEMENT filter-mapping (filter-name, (url-pattern | servlet-name))>
```

<filter-mapping>元素中的<filter-name>子元素就是<filter>元素中的<filter-name>子元

素指定的过滤器名。

<filter-mapping>元素中的<url-pattern>子元素用于声明与该过滤器相映射的请求地址模式。

<filter-mapping>元素中的<servlet-name>子元素用于指定一个 Servlet，由该 Servlet 负责处理的请求被该过滤器过滤。

以下是一个部署描述符中的<filter-mapping>元素声明示例：

```
<filter-mapping>
<filter-name>ValidatorFilter</filter-name>
<url-pattern>*.doc</url-pattern>
</filter-mapping>

<filter-mapping>
<filter-name>ValidatorFilter</filter-name>
<servlet-name>reportServlet</servlet-name>
</filter-mapping>
```

上述代码中定义的第一个<filter-mapping>元素，用于指定所有以.doc 为后缀的请求均由名为 ValidatorFilter 的过滤器过滤。

定义的第二个<filter-mapping>元素，用于指定所有的试图访问 reportServlet 的请求均由名为 ValidatorFilter 的过滤器过滤。<filter-name>元素中的 reportServlet 必须在部署描述符中的<servlet>元素中声明过。

7.3.3 配置过滤器链

有时需要采取多个过滤器来处理同一种请求，把多个过滤器称作过滤器链。配置一个过滤器链需要在部署描述符中多次使用<filter-mapping>元素。当 Servlet 容器接收到一个请求时，首先会查找到所有与该请求匹配的 URL 模式相关联的过滤器，这样就构成了一个过滤器集合。接着，查找到所有与该请求匹配的 Servlet 相关联的过滤器，这又构成了一个过滤器集合。两个过滤器集合中的过滤器顺序，以其在部署描述符中出现的顺序为标准。

为了更好地理解这个过程，以下的 web.xml 是一个在部署描述符中的过滤器链的定义示例：

```
<web-app>

<filter>
<filter-name>FilterA</filter-name>
<filter-class>TestFilter</filter-class>
</filter>

<filter>
<filter-name>FilterB</filter-name>
```

```
<filter-class>TestFilter</filter-class>
</filter>

<filter>
<filter-name>FilterC</filter-name>
<filter-class>TestFilter</filter-class>
</filter>

<filter>
<filter-name>FilterD</filter-name>
<filter-class>TestFilter</filter-class>
</filter>

<filter>
<filter-name>FilterE</filter-name>
<filter-class>TestFilter</filter-class>
</filter>

<!-- associate FilterA and FilterB to RedServlet -->
<filter-mapping>
<filter-name>FilterA</filter-name>
<servlet-name>RedServlet</servlet-name>
</filter-mapping>

<filter-mapping>
<filter-name>FilterB</filter-name>
<servlet-name>RedServlet</servlet-name>
</filter-mapping>

<!-- associate FilterC to a request matching /red/* -->
<filter-mapping>
<filter-name>FilterC</filter-name>
<url-pattern>/red/*</url-pattern>
</filter-mapping>

<!-- associate FilterD to a request matching /red/red/* -->
<filter-mapping>
<filter-name>FilterD</filter-name>
<url-pattern>/red/red/*</url-pattern>
</filter-mapping>
```

```
<!-- associate FilterE to a request matching *.red -->
<filter-mapping>
<filter-name>FilterE</filter-name>
<url-pattern>*.red</url-pattern>
</filter-mapping>

<servlet>
<servlet-name>RedServlet</servlet-name>
<servlet-class>RedServlet</servlet-class>
</servlet>

<servlet-mapping>
<servlet-name>RedServlet</servlet-name>
<url-pattern>/red/red/red/*</url-pattern>
</servlet-mapping>

<servlet-mapping>
<servlet-name>RedServlet</servlet-name>
<url-pattern>*.red</url-pattern>
</servlet-mapping>

<web-app>
```

在上述 web.xml 文件中，共定义了 4 个过滤器、一个 Servlet。可以看出存在以下关联关系：

（1）过滤器 FilterA 和 FilterB 通过指定 Servlet 名称的方式和 RedServlet 相关联。

（2）过滤器 FilterC 通过指定 URL 模式的方式和/red/*的 URI 相关联。

（3）过滤器 FilterD 通过指定 URL 模式的方式和/red/red/*的 URI 相关联。

（4）过滤器 FilterC 通过指定 URL 模式的方式和*.red 的 URI 相关联。

表 7-4 列出了不同请求 URI 对应的过滤器调用顺序。

表 7-4　过滤器类和接口

请求 URI	调用过滤器顺序	原　因		
		RedServlet 处理的请求	与 URL 匹配的过滤器	与 Servlet 名称匹配的过滤器
aaa.red	FilterE, FilterA, FilterB	*.red	FilterE	FilterA, FilterB
red/aaa.red	FilterC, FilterE,FilterA, FilterB	*.red	FilterC, FilterE	FilterA, FilterB

续表

请求 URI	调用过滤器顺序	原因		
		RedServlet 处理的请求	与 URL 匹配的过滤器	与Servlet名称匹配的过滤器
red/red/aaa.red	FilterC, FilterD,FilterE, FilterA, FilterB	*.red	FilterC, FilterD, FilterE	FilterA, FilterB
red/red/red/aaa.red	FilterC, FilterD, FilterE,FilterA, FilterB	*.red和/red/red/ red/*	FilterC, FilterD, FilterE	FilterA, FilterB
red/red/red/aaa	FilterC, FilterD, FilterA,FilterB	/red/red/red/*	FilterC, FilterD	FilterA, FilterB
red/red/aaa	FilterC, FilterD	NONE (404Error)	FilterC, Filter D	
red/aaa	FilterC	NONE (404Error)	FilterC	
red/red/red/aaa.doc	FilterC, FilterD, FilterA,FilterB	/red/red/red/*	FilterC, FilterD	FilterA, FilterB
aaa.doc	None	NONE (404Error)		

从表 7-5 可以看出：

（1）Servlet 容器总是先调用与 URI 模式相关联的过滤器，后调用与 Servlet 名相关联的过滤器。因此，过滤器 FilterC、FilterD 和 FilterE 总是先于过滤器 FilterA 和 FilterB 被调用。

（2）无论何时过滤器 FilterC、FilterD 和 FilterE 总是按此顺序被调用，因为它们在部署描述符中定义的顺序就是 FilterC、FilterD 和 FilterE。

（3）无论何时请求 RedServlet，过滤器 FilterA 和 FilterB 总是按此顺序被调用，因为它们在部署描述符中定义的顺序就是 FilterA 和 FilterB。

7.4　过滤器进阶

除了用于监视客户端和服务器端之间的通信外，过滤器还可以用于操作请求和响应。在本节中，我们就来了解相关的具体细节、特性。

7.4.1　使用请求、响应的封装类

通过请求和响应的封装类实现对请求和响应的变更。Servlet 开发接口一共提供了 4 个封装类，分别为 ServletRequestWrapper、ServletResponseWrapper、HttpServletRequestWrapper 和 HttpServletResponseWrapper。这 4 个封装类的工作原理、方式是一样的，都是将请求或响应对象传入到其构造器中，然后调用其对象实例上的方法。我们可以通过继承这些类重载其上的方法来实现定制目的。

下面我们通过一个简单的示例来展示在过滤器中如何通过封装类来更改请求和响应对象。该示例展示了将一个文本文件在指定背景图像下通过浏览器展示给用户。并且，我们也希望不要让浏览器缓存该文件。

通过以下两个步骤可以实现上述的两个需求：

（1）将指定图像文件以背景图像的形式镶嵌入 HTML 页面。

```
<html>
<body background="textReport.gif">
<pre>
text of the report here.
</pre>
</body>
</html>
```

在上述代码中，<body>元素的 background 属性用来显示作为背景的指定图像。

（2）重写 If-Modified-Since 头信息。服务器根据浏览器发送的 If-Modified-Since 头信息来决定是否发送请求的资源。如果 If-Modified-Since 头信息指定资源没有被修改，则服务器根本就不会发送资源。

处于此目的，我们将对所有的对文本文件的请求进行过滤。完成此目的的过滤器需要做以下两件事：

（1）继承 HttpServletRequestWrapper 封装类，重写 getHeader() 方法以设置 If-Modified-Since 头为 null 值。null 值可以确保服务器发送请求资源文件。

（2）继承 HttpServletResponseWrapper 类，这样过滤器可以修改响应，在响应返回客户端前，添加返回的 HTML 代码。

以下的 NonCachingRequestWrapper 类继承了 HttpServletRequestWrapper 封装类，实现了对请求的定制。

```
//NonCachingRequestWrapper.java
import javax.servlet.*;
import javax.servlet.http.*;

public class NonCachingRequestWrapper extends
      HttpServletRequestWrapper {
  public NonCachingRequestWrapper(HttpServletRequest req) {
    super(req);
  }
  public String getHeader(String name) {
    // hide only the If-Modified-Since header
    // and return the actual value for other headers
    if(name.equals("If-Modified-Since")) {
      return null;
    } else {
      return super.getHeader(name);
    }
  }
}
```

在上述代码中，NonCachingRequestWrapper 类的实现是十分简单的。其重写了 getHeader()方法，对于 If-Modified-Since 头，返回值为 null。

以下的 TextResponseWrapper 类继承了 HttpServletResponseWrapper 封装类，实现了对响应的定制。

```
//TextResponseWrapper.java
import java.io.*;
import javax.servlet.*;
import javax.servlet.http.*;

public class TextResponseWrapper extends HttpServletResponseWrapper {
  //This inner class creates a ServletOutputStream that
  //dumps everything that is written to it to a byte array
  //instead of sending it to the client.
  private static class ByteArrayServletOutputStream extends
      ServletOutputStream {
    ByteArrayOutputStream baos;
    ByteArrayServletOutputStream(ByteArrayOutputStream baos) {
      this.baos = baos;
    }
    public void write(int param) throws java.io.IOException {
      baos.write(param);
    }
  }
  //the actual ByteArrayOutputStream object that is used by
  //the PrintWriter as well as ServletOutputStream
  private ByteArrayOutputStream baos = new ByteArrayOutputStream();
  //This print writer is built over the ByteArrayOutputStream.
  private PrintWriter pw = new PrintWriter(baos);
  //This ServletOutputStream is built over the ByteArrayOutputStream.
  private ByteArrayServletOutputStream basos = new
      ByteArrayServletOutputStream(baos);
  public TextResponseWrapper(HttpServletResponse response) {
    super(response);
  }
  public PrintWriter getWriter() {
    //Returns our own PrintWriter that writes to a byte array
    //instead of returning the actual PrintWriter associated
    //with the response.
    return pw;
  }
```

```
    public ServletOutputStream getOutputStream() {
      //Returns our own ServletOutputStream that writes to a
      //byte array instead of returning the actual
      //ServletOutputStream associated with the response.
      return basos;
    }
    byte[] toByteArray() {
      return baos.toByteArray();
    }
}
```

在上述代码中，TextResponseWrapper 类看似复杂，其实其比较容易理解。它提供了一个内部类 ByteArrayOutputStream，用于存储所有被服务器写入的数据。并且重写了 getWriter() 方法和 getOutputStream()方法，返回定制的 PrintWriter 和 ServletOutputStream，两个对象均来自于 ByteArrayOuptutStream，因此没有数据被发送到客户端。

以下的 TextToHTMLFilter 类实现了 Filter 接口，负责完成将一个文本文件转换为一个以 HTML 格式展示的页面。

```
//TextToHTMLFilter.java
import java.io.*;
import javax.servlet.*;
import javax.servlet.http.*;

public class TextToHTMLFilter implements Filter {
  private FilterConfig filterConfig;
  public void init(FilterConfig filterConfig) {
    this.filterConfig = filterConfig;
  }
  public void doFilter(ServletRequest request,ServletResponse response,
      FilterChain filterChain) throws ServletException, IOException {
    HttpServletRequest req = (HttpServletRequest) request
      HttpServletResponse res = (HttpServletResponse) response;
    NonCachingRequestWrapper ncrw = new NonCachingRequestWrapper( req );
    TextResponseWrapper trw = new TextResponseWrapper(res);
    //Passes on the wrapped request and response objects
    filterChain.doFilter(ncrw, trw);
    String top = "<html><body background=\"textReport.gif\"><pre>";
    String bottom = "</pre></body></html>";
    //Embeds the textual data into <html>, <body>, and <pre> tags.
    StringBuffer htmlFile = new StringBuffer(top);
    String textFile = new String(trw.toByteArray());
```

```
    htmlFile.append(textFile);
    htmlFile.append("<br>"+bottom);
    //Sets the content type to text/html
    res.setContentType("text/html");
    //Sets the content type to new length
    res.setContentLength(htmlFile.length());
    //Writes the new data to the actual PrintWriter
    PrintWriter pw = res.getWriter();
    pw.println(htmlFile.toString());
  }
  public void destroy() {}
}
```

在上述代码中，将实际的请求和响应对象传入 NonCachingRequestWrapper 和 TextResponseWrapper 中，完成对请求和响应的定制化处理。然后，传入到过滤器链的 doFilter() 方法中。当 filterChain.doFilter() 方法返回时，文本文件已经被写入到 TestResponseWrapper 对象中。过滤器从该对象中接收到文本数据并将其镶嵌入 HTML 页面中。最后，将数据写入到实际的 PrintWriter 对象中，以发送给客户端。

对于上述示例的部署，需要采取以下两个步骤：

（1）复制所有 Java 类文件至 Web-INF\classes 目录中。

（2）在部署描述符中配置过滤器。

```
<filter>
<filter-name>TextToHTML</filter-name>
<filter-class>TextToHTMLFilter</filter-class>
</filter>

<filter-mapping>
<filter-name>TextToHTML</filter-name>
<url-pattern>*.txt</url-pattern>
</filter-mapping>
```

7.4.2 使用过滤器注意事项

使用过滤器时，需要注意以下几点：

（1）对于每个 JVM 而言，在部署描述符中每个<filter>元素定义一个过滤器。

（2）Servlet 容器可以对同一个过滤器对象运行多个线程来同时处理多个请求。

（3）Servlet 2.4 规范允许过滤器和两个方法 RequestDispatcher.forward()、RequestDispatcher.include()以及错误页面联合使用。

在部署描述符中，通过配置过滤器映射可以控制执行点。如果没有指定，那么过滤器仅在请求到来时被调用。

以下代码示例定义了所有调用过滤器的途径：

```
<filter-mapping>
<filter-name>AccessLog</filter-name>
<url-pattern>/*</url-pattern>
<dispatcher>REQUEST</dispatcher>
<dispatcher>FORWARD</dispatcher>
<dispatcher>INCLUDE</dispatcher>
<dispatcher>ERROR</dispatcher>
</filter-mapping>
```

7.4.3 过滤器与 MVC 模式

我们曾经在第 2 章中介绍过使用 JSP 和 Servlet 技术存在两种模式：一种是 JSP＋JavaBean 架构模式；另一种是 JSP＋Servlet＋JavaBean 架构模式。第二种架构模式是基于 MVC 设计模式的，将整个 Web 应用程序分为 3 个独立的部分：模型、视图和控制器。JavaBean 充当模型，JSP 页面充当视图，Servlet 充当控制器。当客户端发送请求时，Servlet 接收请求，提取数据、创建 JavaBean 对象实例处理数据，然后使用 RequestDispatcher 对象将请求转发到合适的 JSP 页面，这些 JSP 页面负责产生视图。

当视图是由商业规则决定时，基于 MVC 设计模式的架构模式十分有用。例如，当用户登录后，可根据其拥有的权限返回相应的界面。最终的表示层取决于 Servlet 将请求转发到的 JSP 页面。

现在我们考虑一种情况：一个应用程序需要根据客户端的请求返回 XML 格式文档或 HTML 格式文档。需要提供两个 JSP 页面－xmlView.jsp 和 htmlView.jsp，开发一个 Servlet 负责返回不同的 JSP 页面。在第二种架构模式中，客户端发送的请求到该 Servlet。该 Servlet 提取数据然后转发请求到 xmlView.jsp 或 htmlView.jsp。为了能够发送客户端指定的 JSP 页面，Servlet 必须能够从请求中提取出额外标识请求页面的参数。并且，Servlet 必须在其代码中明确指定 JSP 页面文件名，这意味着对页面文件名的改变需要变动 Servlet 代码。

过滤器可以很好地解决上述问题。在过滤器中编写 Servlet 提取数据、创建 JavaBean 地代码，然后应用过滤器到所有视图。当用户直接请求 xmlView.jsp 或 htmlView.jsp 页面时，由于过滤器首先获得执行，因此在请求到达 JSP 页面前，JavaBean 已经被创建。这消除了需要增加额外标识请求页面参数的问题，可以随意修改页面文件名。在这种情况下，过滤器比 Servlet 更适用于作为控制器。

7.5 小结

过滤器通过监听在客户端和服务器端间传送的请求和响应来添加值到 Web 应用程序。通过使用过滤器，我们可以分析、操作、转发请求和响应。

本章中，我们学习了过滤器 API，其中包括 3 个接口：Filter、FilterConfig 和 FilterChain，并且学习了如何在部署描述符中配置过滤器。接着，学习如何使用封装类来定制请求和响应的行为，最后介绍了在 MVC 模式中，过滤器比 Servlet 更适用的场景。

Chapter 8

会话管理

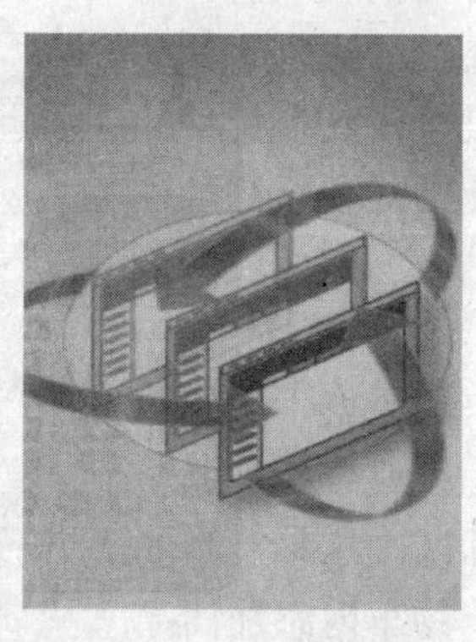

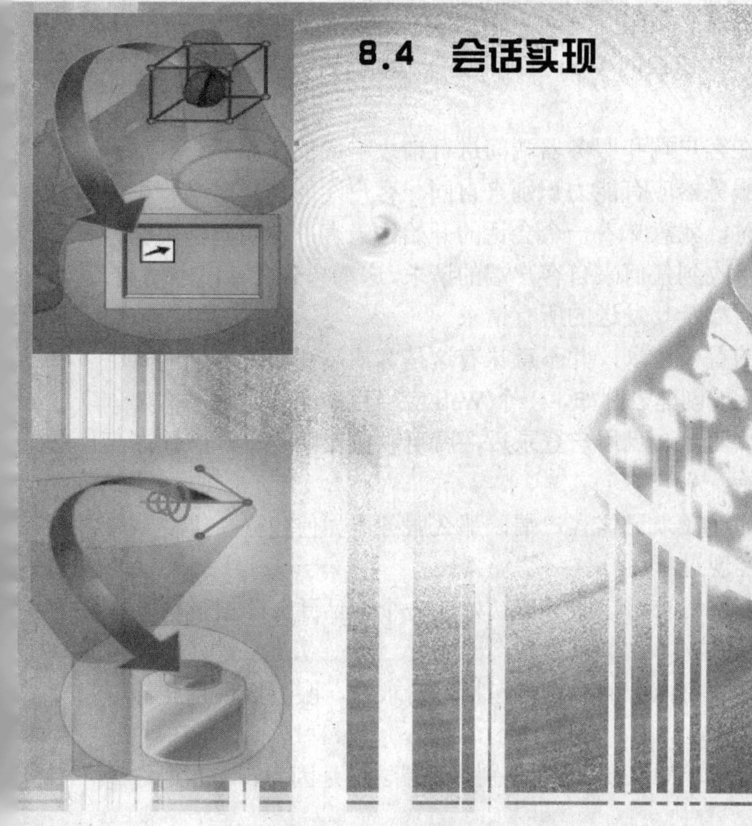

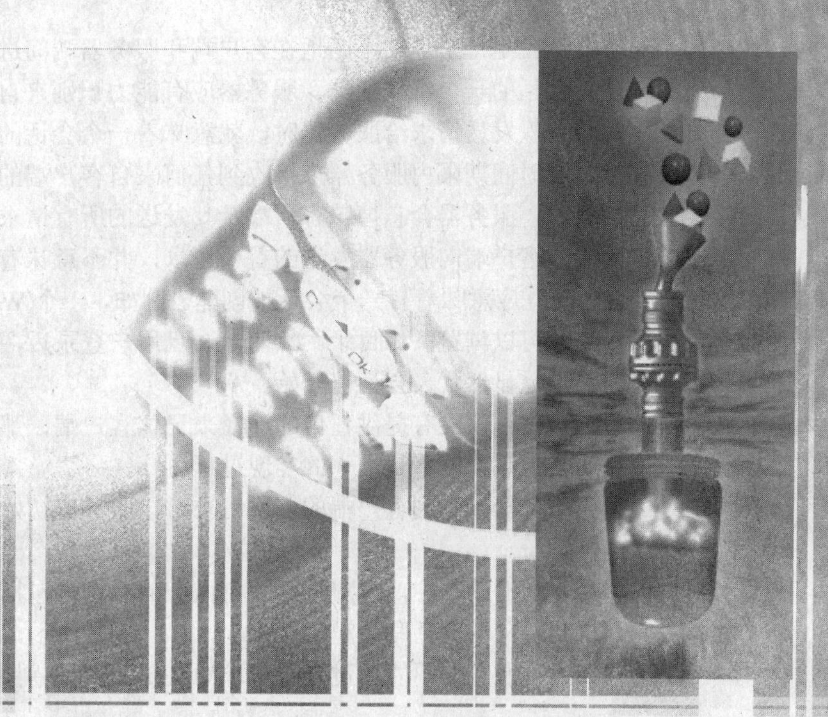

通常，一个 Web 应用程序在同一时刻需要同时和多个客户端进行交互，其需要记住每个用户及其状态变换的历史记录。通过会话，可以实现对客户端和服务器端交互的连续性进行跟踪。

在本章中，我们首先来了解会话对象及其状态，接着详细讨论 HttpSession 对象以及与会话相关联的监听器，然后介绍会话超时的概念，最后讲解如何通过 Cookie 对象和连接地址来实现会话跟踪。

8.1 状态与会话

用协议记住用户和其请求的能力叫做状态。以此为标准，协议可以分为两种状态：有状态协议和无状态协议。从第 3 章中我们知道，HTTP 协议是一种无状态的协议，每次客户端和服务器的交互－请求或响应均被视作一个独立的过程，与之前的交互没有连续性。

因为所有的请求均是相互独立的、无连续性的，因此 HTTP 服务器无法对一系列的请求所来自的客户端作出正确判断。这意味着服务器不能维持客户端多个请求之间的状态，换言之，服务器无法记住客户端。

在某些情况下，服务器是不需要记住客户端的。例如，一个在线图书目录就不必维持客户端的状态。对于这种类型的简单的 Web 浏览来说，HTTP 协议可以完全胜任。但是，对于需要提供客户端和服务器端交互的 Web 应用程序则必须记住客户端状态，这种类型的典型 Web 应用程序例子就是在线购物车。一个用户可以多次向其拥有的购物车内添加商品条目或删除商品条目。在任何时候，服务器都可以显示购物车内的所有条目并计算出商品价格总和。为了实现这些任务，服务器必须跟踪与客户端相联系的所有请求。我们使用一个会话对象来实现将基于无状态 HTTP 协议的 Web 应用程序转变成有状态能力的 Web 应用程序。

一个会话就是一个连续不断地在客户端和服务器端间进行请求响应的一系列交互。每个请求就是会话的一个组成部分，服务器应有能力识别来自同一客户端的请求。当一个未知的客户端首次发送请求给服务器时，就意味着一个会话的开始。当客户端明确结束会话或者在指定的时间期限内服务器未接收到任何来自客户端的请求，这意味着会话已经结束。当会话结束时，服务器会忘掉该客户端及其发送的所有请求。

很明显，客户端向服务器发送的首个请求，并不意味着这是客户端和服务器端的首个交互。首个交互应意味着有一个会话被创建。例如，一个 Web 应用程序允许用户不需要创建会话对象就可以浏览条目目录。然而，一旦用户登录后，就可以操作购物车，添加商品或删除商品，这显然代表会话已开始。

如果 HTTP 协议没有提供任何的途径来记住客户端，那么服务器如何建立、维持一个与客户端的会话呢？以下是惟一的实现过程：

（1）当服务器接收到客户端的首次请求时，服务器初始化一个会话并分配给该会话一个惟一的标识符。

（2）在以后的请求中，客户端必须将惟一的标识符包括进请求中。服务器识别此标识符并将请求与对应的会话联系起来。

为什么一个服务器不能通过查看请求的 IP 地址来识别客户端。这是因为，许多用户是通过代理服务器来访问互联网的。在这种情况下，服务器获得的 IP 地址只是代理服务器的 IP 地址，并不是实际用户的 IP 地址，这样对来自于同一个代理服务器的用户就无法通过这种非惟一的 IP 地址来区别了。出于此原因，服务器会产生一个独一无二的识别码来取代 IP 地址，这个惟一的识别码就称作会话 ID。服务器使用会话 ID 来标识一个会话当中的所有客户端请求。

在以下部分，我们将讨论如何通过 Servlet 开发接口实现有状态的 Web 应用程序。

8.2 使用 HttpSession 对象

Servlet 容器提供的 javax.servlet.http.HttpSession 接口用来代表客户端和服务器端的会话，此接口由 Servlet 容器实现，并提供一种简单地跟踪用户会话的途径。

当一个 Servlet 容器为客户端开始一个会话时，创建一个新的 HttpSession 对象。除了用于代表会话外，HttpSession 对象还可以用于存储与会话相关信息的数据。简言之，HttpSession 对象通过将数据存储在内存中，供以后来自同一个客户端的请求使用。这实际已在第 4 章中讨论过：会话作用域内的数据共享。Servlet 使用 HttpSession 对象维持会话的状态。

为了正确地理解，我们再探讨一下前面提及的购物车示例。当用户登录后，Servlet 容器为用户创建一个 HttpSession 对象。实现购物车的 Servlet 使用此对象来维持由该用户选择的商品条目列表。当用户对购物车里的商品条目进行添加或删除时，Servlet 负责更新此购物车里的商品条目。任何时候，用户想要结束购物进行结账时，Servlet 都可以从会话中提取出商品列表计算出总额。一旦支付完毕，Servlet 就会关闭会话。如果该用户再一次发送请求，这时一个新的会话被创建。

从上述过程可以看出，有多少个会话 Servlet 容器就会创建多少个 HttpSession 对象。换言之，一个 HttpSession 对象对应一个会话(用户)。幸运的是，我们不需要考虑 HttpSession 对象是如何与用户相联系的。Servlet 容器会替我们做好这一切，自动地返回一个合适的会话对象。

8.2.1 HttpSession 对象

使用 HttpSession 对象通常分为 3 个步骤：

（1）获取一个与请求想关联的会话。

（2）从会话中添加或删除一个属性。

（3）根据需要关闭会话。

通常客户端是不提供结束会话的通知。例如，一个用户可能转而访问其他网站，并且很长时间没有返回。在这种情况下，服务器根本无从知道用户是否已经结束了会话。为了解决这个问题，Servlet 容器在用户处于一段非活动期后就会自动地使会话失效。这个时间段被称作会话的超时期，其在部署描述符中定义。有关会话超时期的具体细节将在 8.3 节中详细讲解。

以下示例是实现购物车的一个 Servlet，该 Servlet 中展示了如何使用 HttpSession 对象，代码如下所示：

```
//ShoppingCartServlet.java
//code for the doPost() method of ShoppingCartServlet
public void doPost(HttpServletRequest req, HttpServletResponse res) {
  HttpSession session = req.getSession(true);
  List listOfItems = (List) session.getAttribute("listofitems");
  if(listOfItems == null) {
    listOfItems = new ArrayList();
    session.setAttribute("listofitems", listOfItems);
  }
  String itemcode = req.getParameter("itemcode");
  String command = req.getParameter("command");
  if("additem".equals(command) ) {
    listOfItems.add(itemcode);
  }
  else if("removeitem".equals(command) ) {
    listOfItems.remove(itemcode);
  }
}
```

在上述代码中，我们首先通过调用 req.getSession(true)方法获取一个 HttpSession 对象。如果与该用户相关联的会话对象未存在，则创建一个新的会话对象。

HttpServletRequest 接口定义了两个用于获取会话对象的方法，如表 8-1 所示。

表 8-1　HttpServletRequest 接口定义的获取 HttpSession 对象的方法

方　法	功　能　描　述
HttpSession getSession(boolean create)	获取一个会话对象。如果create参数取值为true，则当会话对象不存在时，就创建一个新的会话对象
HttpSession getSession()	等价于调用getSession(true)方法

请注意，上述购物车代码中没有编写任何用于识别用户的代码。仅仅调用了 getSession()方法，该方法在每次处理来自同一个用户的请求时，返回相同的 HttpSession 对象。getSession()方法分析请求，找出与请求相匹配的 HttpSession 对象。getSession(true)和getSession()方法的惟一区别在于，当 HttpSession 对象不存在时，getSession(true)方法可以创建一个新的 HttpSession 对象。由客户端发送的第一个请求并不能代表会话的开始，此时用户是一个新的客户端，一个新的会话将被创建。

在获取 HttpSession 对象后，就可以从中提取商品列表。通过使用表 8-2 所示的两个方法可以将商品列表 listofitems 对象存储在 HttpSession 对象中，也可以从 HttpSession 对象中提取商品列表 listofitems 对象来。

表 8-2　HttpSession 类定义的获取/设置属性的方法

方　法	功　能　描　述
void setAttribute(String name,Object value)	使用指定名称添加一个属性到会话作用域
Object getAttribute(String name)	从会话作用域获取一个指定名称的属性。如果指定属性不存在，则返回null值

如果获取的是一个新创建的 HttpSession 对象，或者是用户首次添加商品条目，则调用 session.getAttribute()方法返回值为 null。在这种情况下，需要创建一个新的列表 List 对象，将其添加进 HttpSession 对象，然后根据 command 和 itemCode 两个请求参数，对列表进行添加或删除操作。

8.2.2　会话监听器

正如第 6 章所述，当 Web 应用程序中出现重要事件时，监听器接口提供一种接收事件通知的途径。为了接收事件通知，需要编写一个与事件对应的监听器接口类。这样，当事件出现时，Servlet 容器就可以调用实现类实例上的合适方法。

Servlet 开发接口在 javax.servlet.http 包中定义了与会话相关的 4 个监听器接口和两个事件类，如下：

- HttpSessionAttributeListener 监听器接口和 HttpSessionBindingEvent 事件类。
- HttpSessionBindingListener 监听器接口和 HttpSessionBindingEvent 事件类。
- HttpSessionListener 监听器接口和 HttpSessionEvent 事件类。
- HttpSessionActivationListener 监听器接口和 HttpSessionEvent 事件类。

所有 4 个监听器接口均继承自 java.util.EventListener 事件监听器。HttpSessionEvent 事件类继承自 java.util.EventObject 类，HttpSessionBindingEvent 事件类继承至 HttpSessionEvent 类。

1. HttpSessionAttributeListener 监听器

HttpSessionAttributeListener 监听器接口允许开发者无论在何时，只要 HttpSession 对象中的属性发生改变——添加、删除、修改，均会接收到通知。在部署描述符中，指定实现此监听器接口的类。

2. HttpSessionBindingListener 监听器

HttpSessionBindingListener 监听器接口允许实现此接口的类无论何时，只要该类实例对象在 HttpSession 对象中被添加、删除，均会接收到通知。我们不需要在部署描述符中明确地声明此对象。

无论何时，一个对象被添加到会话中或从会话中被删除，容器均会通知由此对象类实现的接口。如果对象实现了 HttpSessionBindingListener 接口，容器就会调用表 8-3 所示的方法。

表 8-3　HttpSessionBindingListener 监听器接口定义的方法

方　法	功　能　描　述
void valueBound(HttpSessionBindingEvent event)	当有对象被添加到会话作用域时，该方法获得调用
void valueUnbound(HttpSessionBindingEvent event)	当有对象被会话作用域删除时，该方法获得调用

即使会话被明确地关闭或超时失效，Servlet 容器依旧会调用接口中的方法。

以下示例使用 HttpSessionBindingListener 监听器接口实现日志记录。

```
//CustomAttribute.java
import javax.servlet.*;
import javax.servlet.http.*;

//An entry will be added to the log file whenever objects of
//this class are added to or removed from a session.
public class CustomAttribute implements HttpSessionBindingListener {
 public Object theValue;
 public void valueBound(HttpSessionBindingEvent e) {
  HttpSession session = e.getSession();
  session.getServletContext().log("CustomAttribute "+
   theValue+"bound to a session");
 }
 public void valueUnbound(HttpSessionBindingEvent e) {
  HttpSession session = e.getSession();
  session.getServletContext().log("CustomAttribute "+
   theValue+" unbound from a session.");
 }
}
```

在上述代码中，我们从 HttpSessionBindingEvent 上获取一个会话对象。从会话对象上获取一个 ServletContext，然后使用 ServletContext.log()方法记录信息。

尽管 HttpSessionAttributeListener 和 HttpSessionBindingListener 监听器都用于监听会话中属性的改变，但是二者是不同的。HttpSessionAttributeListener 监听器需要在部署描述符中定义，且 Servlet 容器仅创建一个实现类的实例对象，所有来自于会话的 HttpSessionBindingEvent 事件对象被发送给该实例对象。而 HttpSessionBindingListener 监听器接口不需要在部署描述符中定义，仅当对象被添加进会话或从会话中删除时，Servlet 容器会调用实现此监听器的对象上的方法。HttpSessionAttributeListener 监听器用于跟踪一个应用程序上所有的会话状态，而 HttpSessionBindingListener 监听器则用于处理一定类型对象被添加进会话或从会话中被删除的状况。

3. HttpSessionListener 监听器

HttpSessionListener 监听器用于检测会话对象何时被创建、何时被销毁。实现此接口的监听类必须在部署描述符中配置。HttpSessionListener 监听器接口定义的方法如表 8-4 所示。

表 8-4　HttpSessionListener 监听器接口定义的方法

方　法	功　能　描　述
void sessionCreated(HttpSessionEvent se)	当会话创建时，该方法获得调用
void sessionDestroyed(HttpSessionEvent se)	当会话销毁时，该方法获得调用

使用 HttpSessionListener 监听器接口可以检测到活动会话的数量，从以下示例中可以获得证明。

```
//SessionCounter.java
import javax.servlet.http.*;

public class SessionCounter implements HttpSessionListener {
 private static int activeSessions = 0;
 public void sessionCreated(HttpSessionEvent evt) {
  activeSessions++;
  System.out.println("No. of active sessions on:"+
   new java.util.Date()+" : "+activeSessions);
 }
 public void sessionDestroyed (HttpSessionEvent evt) {
  activeSessions--;
 }
}
```

上述代码在 sessionCreated()方法中，当新创建一个会话对象时，计数器增 1。在 sessionDestroyed()方法中，当销毁一个会话对象时，计数器减 1。

HttpSessionListener 监听器接口最初的目的是，当用户结束会话时，释放掉用户从数据库中所占用的临时数据。例如，当用户一登录进系统时，就可以将用户的 ID 号存储到会话对象中。一旦用户退出系统或会话失效，就可以在 sessionDestroyed()方法中清除用户占用的数据库资源，如以下代码所示：

```
//BadSessionListener.java
import javax.servlet.*;
import javax.servlet.http.*;

public class BadSessionListener implements HttpSessionListener {
 public void sessionCreated(HttpSessionEvent e) {
  //can't do much here as the session is just created and
  //does not contain anything yet, except the sessionid
  System.out.println("Session created: "+
  e.getSession().getId());
 }
```

```
  public void sessionDestroyed(HttpSessionEvent e) {
    HttpSession session = e.getSession();
    String userid = (String) session.getAttribute("userid");
    //delete user's transient data from the database
    //using the userid.
  }
}
```

在上述代码中，调用 session.getAttribute("userid")方法无效，因为 Servlet 容器在调用 sessionDestroyed()方法时，会话已经失效。getAttribute()方法的执行，会导致一个 IllegalStateException 异常抛出。

如果会话已经失效，将如何释放掉用户占用的资源呢？解决的办法稍微有点复杂。我们可以创建一个实现了 HttpSessionBindingListener 监听器接口的类，将用户 ID 封装到该类中。当用户登录时，将该实现类实例添加进会话对象，而不是直接将用户 ID 添加进会话对象。一旦会话对象失效，Servlet 容器就会调用该实现类对象上的 valueUnbound()方法。这样，在 valueUnbound()方法中就可以释放用户占用的资源。

以下是实现了 HttpSessionBindingListener 监听器接口的类源码：

```
//UseridWrapper.java
import javax.servlet.*;
import javax.servlet.http.*;

public class UseridWrapper implements HttpSessionBindingListener {
  public String userid = "default";
  public UseridWrapper(String id) {
    this.userid = id;
  }
  public void valueBound(HttpSessionBindingEvent e) {
    //insert transient user data into the database
  }
  public void valueUnbound(HttpSessionBindingEvent e) {
    //remove transient user data from the database
  }
}
```

在以下的登录 Servlet 中的 doPost()方法中，展示了如何使用上述的 UseridWrapper 类来存储用户 ID。

```
//LoginServlet.java
//code for doPost() of LoginServlet
public void doPost(HttpServletRequest req, HttpServletResponse res) {
  String userid = req.getParameter("userid");
```

```
    String password = req.getParameter("password");
    boolean valid = //validate the userid/password.
    if(valid) {
      UseridWrapper useridwrapper = new UseridWrapper(userid);
      req.getSession().setAttribute("useridwrapper", useridwrapper);
    } else {
      //forward the user to the login page.
    }
    ...
}
```

4. HttpSessionActivationListener 监听器

当一个会话对象在一个分布式环境中被移植到其他的 JVM 上时，HttpSessionActivationListener 监听器被用于处理此状况。此接口声明了两个方法，如表 8-5 所示。

表 8-5　HttpSessionActivationListener 监听器接口定义的方法

方　法	功 能 描 述
void sessionDidActivate(HttpSessionEvent se)	当会话被激活时，该方法获得调用
void sessionWillPassivate(HttpSessionEvent se)	当会话被钝化时，该方法获得调用

以下示例代码展示了如何实现监听 HTTP 会话。

```
//MySessionListener.java
package chapter08;

import javax.servlet.ServletContext;
import javax.servlet.ServletContextEvent;
import javax.servlet.ServletContextListener;
import javax.servlet.http.HttpSessionAttributeListener;
import javax.servlet.http.HttpSessionBindingEvent;
import javax.servlet.http.HttpSessionEvent;
import javax.servlet.http.HttpSessionListener;
import javax.servlet.http.HttpSessionActivationListener;
import javax.servlet.http.HttpSessionBindingListener;
import java.io.PrintWriter;
import java.io.FileOutputStream;

public final class MySessionListener implements
      HttpSessionActivationListener ,HttpSessionBindingListener,
      HttpSessionAttributeListener, HttpSessionListener,
      ServletContextListener {
```

```
ServletContext context;
int users=0;
//HttpSessionActivationListener
public void sessionDidActivate(HttpSessionEvent se) {
  logout("sessionDidActivate("+se.getSession().getId()+")");
}
public void sessionWillPassivate(HttpSessionEvent se) {
  logout("sessionWillPassivate("+se.getSession().getId()+")");
}//HttpSessionActivationListener
//HttpSessionBindingListener
public void valueBound(HttpSessionBindingEvent event) {
  logout("valueBound("+event.getSession().getId()+
  event.getValue()+")");
}
public void valueUnbound(HttpSessionBindingEvent event) {
  logout("valueUnbound("+event.getSession().getId()+
    event.getValue()+")");
}
//HttpSessionAttributeListener
public void attributeAdded(HttpSessionBindingEvent event) {
  logout("attributeAdded('" + event.getSession().getId() + "', '" +
    event.getName() + "', '" + event.getValue() + "')");
}
public void attributeRemoved(HttpSessionBindingEvent event) {
  logout("attributeRemoved('" + event.getSession().getId() + "', '" +
    event.getName() + "', '" + event.getValue() + "')");
}
public void attributeReplaced(HttpSessionBindingEvent se) {
  logout("attributeReplaced('"+se.getSession().getId()+"','"+
    se.getName()+"','"+se.getValue()+"')");
}//HttpSessionAttributeListener
//HttpSessionListener
public void sessionCreated(HttpSessionEvent event) {
  users++;
  logout("sessionCreated('" + event.getSession().getId() + "'),
    Now here has"+users+"users");
  context.setAttribute("users",new Integer(users));
}
public void sessionDestroyed(HttpSessionEvent event) {
  users--;
```

```
    logout("sessionDestroyed('" + event.getSession().getId() + "'),
      Now here has "+users+"users");
      context.setAttribute("users",new Integer(users));
  }//HttpSessionListener
  //ServletContextListener
  public void contextDestroyed(ServletContextEvent sce) {
    logout("contextDestroyed()-->ServletContext be destroyed");
    this.context = null;
  }
  public void contextInitialized(ServletContextEvent sce) {
    this.context = sce.getServletContext();
    logout("contextInitialized()-->ServletContext be initialized ");
  }//ServletContextListener
  private void logout(String message) {
    PrintWriter out=null;
    try {
      out = new PrintWriter(new
        FileOutputStream("c:\\session.txt",true));
      out.println(new java.util.Date().toLocaleString()+"::
        Form MySessionListener: " + message);
      out.close();
    }
    catch(Exception e) {
      out.close();
      e.printStackTrace();
    }
  }
}
```

在上述代码中，MySessionListener 类实现了 5 个监听器接口：HttpSessionActivationListener、HttpSessionBindingListener 、HttpSessionAttributeListener、HttpSessionListener 和 ServletContextListener。它们分别用于监听不同的会话事件，并且把对事件的监听记录在一个文本文件中（C:\ session.txt）。

以下的 web.xml 是在部署描述符中对该监听器的配置。

```
<?xml version="1.0" encoding="ISO-8859-1"?>

<web-app xmlns="http://java.sun.com/xml/ns/j2ee"
xmlns:xsi="http://www.w3.org/2001/XMLSchema-instance"
xsi:schemaLocation="http://java.sun.com/xml/ns/j2ee
http://java.sun.com/xml/ns/j2ee/web-app_2_4.xsd"
```

```
version="2.4">

<display-name>root</display-name>

<listener>
<listener-class>chapter0.MySessionListener</listener-class>
</listener>

</web-app>
```

接下来，编写一个 JSP 页面 session_test.jsp 来测试对 HttpSession 对象的监听。

```
Executing:
session.setAttribute("userName","hellking")<br>
<% session.setAttribute("userName","hellking");%>
session.setAttribute("userName","hellking")<br>
<% session.setAttribute("userName","hellking");%>
session.removeAttribute("userName","hellking")<br>
<% session.removeAttribute("userName");%>
Now here has<%=getServletContext().getAttribute("users")%>Users。<br>
after session.invalidate()<br>
<% session.invalidate();%>
Now here has<%=getServletContext().getAttribute("users")%>Users。
```

运行上述代码，将在日志文件中得到图 8-1 所示的结果。

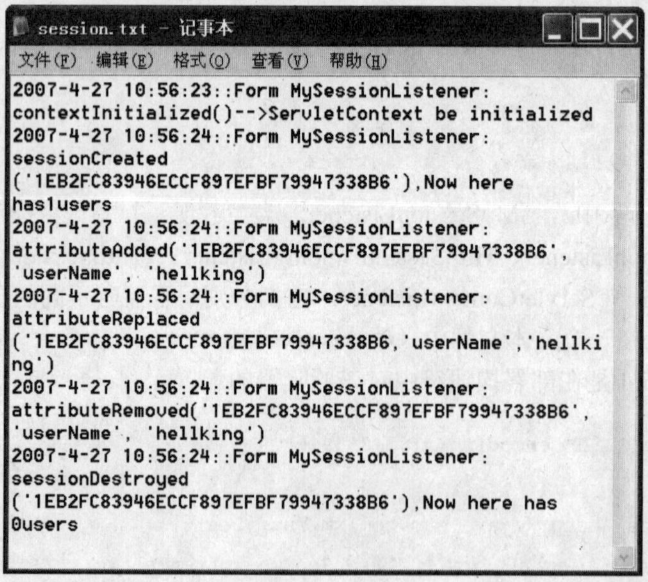

```
session.txt - 记事本
文件(F)  编辑(E)  格式(O)  查看(V)  帮助(H)
2007-4-27 10:56:23::Form MySessionListener:
contextInitialized()-->ServletContext be initialized
2007-4-27 10:56:24::Form MySessionListener:
sessionCreated
('1EB2FC83946ECCF897EFBF79947338B6'),Now here
has1users
2007-4-27 10:56:24::Form MySessionListener:
attributeAdded('1EB2FC83946ECCF897EFBF79947338B6',
'userName', 'hellking')
2007-4-27 10:56:24::Form MySessionListener:
attributeReplaced
('1EB2FC83946ECCF897EFBF79947338B6,'userName','hellki
ng')
2007-4-27 10:56:24::Form MySessionListener:
attributeRemoved('1EB2FC83946ECCF897EFBF79947338B6',
'userName', 'hellking')
2007-4-27 10:56:24::Form MySessionListener:
sessionDestroyed
('1EB2FC83946ECCF897EFBF79947338B6'),Now here has
0users
```

图 8-1　运行效果图

8.2.3 会话失效

在本章的开始，我们曾讨论过当用户超出指定会话期时间处于非活动状态时，会话自动结束。有时候，我们可能需要由程序来结束会话。例如在购物车示例中，当用户结账过程完全结束后，就可以结束该会话，这样当用户再次发送请求，一个新的会话被创建，一个空的购物车就可以提供给用户使用了。

HttpSession 接口提供了一个方法 invalidate()用于结束会话，该方法用于使会话失效，解除任何与该会话连接的对象。这意味着，如果实现了 HttpSessionBindingListener 接口，则 valueUnbound()方法会获得调用。如果会话已经失效，则 IllegalStateException 异常被抛出。

下面的示例 LogoutServlet 用于当用户退出系统时结束会话，使用 invalidate()方法来除掉一个会话。代码如下：

```
//LogoutServlet.java
//code for doGet() of LogoutServlet
//This method will be invoked if a user clicks on
//a "Logout" button or hyperlink.
public void doGet(HttpServletRequest req,HttpServletResponse res){
  ...
  req.getSession().invalidate();
  //forward the user to the main page.
  ...
}
```

8.3 会话超时

如果用户没有点击退出系统按钮或超链接，并且 HTTP 协议也无法提供通知服务器结束会话的信号，那么服务器判断客户端用户是否依然处于活动状态的惟一途径，就是检测客户端的非活动期。如果一个用户在一定时期内没有作出任何动作，则服务器就假定该用户处于非活动状态，就会结束会话。

以下的 web.xml 文件展示了如何在部署描述符中定义会话的超时期。

```
<web-app>
…
<session-config>
<session-timeout>30</session-timeout>
</session-config>
…
<web-app>
```

在上述代码中，<session-timeout>元素用于指定会话的超时期，以分钟为单位。如果取值≤0，则意味着会话从来没有期满过。

HttpSession 接口提供了两个方法用于获取、设置会话的超时期，如表 8-6 所示。

表 8-6 HttpSession 接口定义的设置、获取会话超时期的方法

方 法	功 能 描 述
void setMaxInactiveInterval(int seconds)	指定会话在容器使其失效前，在客户端请求间的存活时间，以秒为单位。如果传入一个负值，则表示会话永不失效
int getMaxInactiveInterval()	获取会话的最大请求间隔时间，以秒为单位

调用 setMaxInactiveInterval()方法，只对调用其的会话对象产生影响，其他的会话依旧保持部署描述符中指定的会话超时期。

需要注意的是，部署描述符中的<session-timeout>元素和 HttpSession 接口的 setMaxInactiveInterval()方法在使用上存在区别：

（1）<session-timeout>元素的值以分钟为单位，setMaxInactiveInterval()方法以秒为单位。

（2）<session-timeout>元素的值小于等于 0，则意味着会话从来没有期满过。传入 setMaxInactiveInterval()方法的参数取值为负数而不是 0，意味着会话从来没有期满过。

8.4 会话实现

前面我们已经学习了如何通过将属性存储在 Session 对象中来维持 Web 应用程序的状态。现在，我们来了解一下 Servlet 容器是如何将请求和其对应的 HttpSession 对象联系起来的。

正如我们在本章开始所看到的，容器通过给每个客户端分配一个独一无二的 ID 号来实现对 HttpSession 的支持，该 ID 叫做会话 ID。容器强制客户端在每次请求时把会话 ID 也发送给服务器端。让我们详细地看一下，客户端和服务器端在会话过程中是通过采取哪些步骤来完成会话跟踪的：

（1）客户端发送一个新的请求到服务器。因为这是该客户端首次发送请求，因此其请求中没有包含任何会话 ID。

（2）接收到请求的服务器为该客户端创建一个会话对象，并分配一个新的会话 ID 号。与此同时，会话对象就进入了初始状态。通过调用 session.isNew()方法，可以检测会话对象是否处于该状态。然后，服务器把会话 ID 号伴随响应返回给客户端。

（3）客户端接收到服务器端发回的会话 ID，将其存储以备后用，这是客户端第一次感知其在服务器端拥有会话对象的存在。

（4）客户端又一次发送请求给服务器。这一次，连带会话 ID 和请求一起发送给了服务器端。

（5）服务器接收到客户端发来的请求，并且监察到其中的会话 ID，立刻将该会话 ID 与之前为该客户端创建的会话对象联系起来。同时，客户端与服务器建立起会话，这意味着此时的会话对象不再处于初始状态。因此，调用 session.isNew()方法返回值为 false。

步骤 3~5 用于延续会话的生命周期。如果客户端在会话对象超时的期限内没有发送任何请求给服务器，则服务器会将会话置为失效状态。一旦会话失效，不管是程序造成还是超出时间限制，即使客户端发送来了相同的会话 ID 号，该会话对象也不再被重新使用。

客户端的下一次请求会被服务器认为是一个新的会话请求，该请求不与服务器端的任何会话对象发生联系，即重新从步骤 1 开始。执行到步骤 2，服务器为该客户端新创建一个会话对象并分配一个新的会话 ID 号。

在下面两节中，我们将讲解两个实现客户端和服务器会话交互的新技术：一个是采用 Cookie 对象实现会话，另一个是采用 URL 地址实现会话。

8.4.1 使用 Cookie 实现会话

为了管理会话 ID 在客户端和服务器之间的发送和接收，使用 Cookie 对象实现会话的技术是通过 Servlet 容器使用 HTTP 头来实现的。正如我们在第 3 章所看到的，所有的 HTTP 消息，不管是请求还是响应均包含头信息。当返回响应给客户端时，Servlet 容器把会话 ID 添加到响应头信息中。容器的这种行为对服务器端开发人员来说是透明的。客户端，通常是浏览器接收到响应后会提取出头信息，并将其存储在本地机中。浏览器的这种行为对客户端用户来说是透明的。当又一次发送请求时，客户端会自动地将存储的会话 ID 添加到请求头中。

由浏览器存储在客户端机器上的头信息就称作 Cookie。自然，用于发送 Cookie 的头信息名称就是 cookie。在前面有关 HTTP 头信息的讨论中，我们知道头信息均以名称—值对的形式存在。以下是一个包含 cookie 头信息的 HTTP 请求。

```
POST /servlet/testServlet HTTP/1.1
User-Agent= MOZILLA/1.0
cookie=jsessionid=61C4F23524521390E70993E5120263C6
Content-Type: application/x-www.formurlencoded
userid=john
```

在上述代码中，cookie 头信息为 jsessionid=61C4F23524521390E70993E5120263C6。

这个技术是由美国的网景（Netscape）公司创建的，后来被所有其他的浏览器所采用。在互联网的早期，Cookie 对象仅被用于存储会话 ID。后来，许多公司开始使用 Cookie 对象存储大量其他信息，例如用户帐号、喜爱等。也通过 Cookie 跟踪用户的上网习惯，因为 Cookie 运行在后台，对用户是透明的，很快 Cookie 成为了潜在的安全隐患，许多用户不再喜欢 Cookie 的存在。尽管依然有许多用户依旧在他们的浏览器中使用 Cookie，但是其他一些用户已经开始拒绝使用 Cookie。当 Cookie 被关闭后，浏览器就会忽略 HTTP 响应中的任何有关 Cookie 的头信息，在发送的请求中，也不再包含任何有关 Cookie 的头信息。

对一些 Web 站点来说，会话支持又是极其十分重要的，当客户端用户关掉 Cookie 后，它们就不能只依赖 Cookie 了。在这种情况下，我们就可以采用下一节中介绍的技术来实现会话。

8.4.2 使用 URL 实现会话

当客户端浏览器不支持 Cookie 时，我们可以将会话 ID 绑定到一个作为响应返回给客户端的 HTML 页面里的 URL 地址上。通过这种方式，当用户点击页面里的 URL 地址时，会话 ID 会自动作为请求的一部分被发送给服务器，取代作为请求头信息的方式。

为了更好地理解此方式，通过以下示例来展示此会话过程。

现有一个由名为 HomeServlet 的 Servlet 产生的返回给客户端的普通的 HTML 页面代码如下：

```
<html>
<head></head>
<body>
A test page showing two URLs:<br>
<a href="/servlet/ReportServlet">First URL</a><br>
<a href="/servlet/AccountServlet">Second URL</a><br>
</body>
</html>
```

在上述 HTML 代码中，没有添加任何特殊的代码。如果浏览器的 Cookie 被禁止，当用户点击该 HTML 页面，会话 ID 是不会被发送给服务器的。现在，我们来看一下重写了 HTML 页面内 URL 地址的代码，该地址包含了会话 ID。如下所示：

```
<html>
<head>
</head>
<body>
A test page showing two URLs:<br>
<a href="/servlet/ReportServlet;
jsessionid=C084B32241B2F8F060230440C0158114">View Report</a>
<br>
<a href="/servlet/AccountServlet;
jsessionid=C084B32241B2F8F060230440C0158114">
View Account</a>
<br>
</body>
</html>
```

当用户点击上述 HTML 页面内的 URL 地址时，其包含的会话 ID 会被作为请求的一部分发送给服务器，从而在不需要 Cookie 的情况下实现了客户端和服务器端的会话。虽然将会话 ID 和 URL 地址绑定十分容易，并且不像使用 Cookie 的机制，整个过程对开发者不是透明的。但手工产生会话 ID 毕竟是繁琐的，因此 HttpServletResponse 接口为此目的提供了两个方法，如表 8-7 所示。

表 8-7 HttpServletResponse 接口定义的会话 ID 绑定 URL 地址的方法

方 法	功 能 描 述
String encodeURL(String url)	获取一个与会话ID绑定的URL地址。被一个Servlet作为普通的URL使用
String encodeRedirectURL(String url)	获 取 一 个 与 会 话 ID 绑 定 的 URL 地 址 。 被 HttpServletResponse.sendRedirect()方法使用

上述两个方法首先都会检测是否有必要将会话 ID 和 URL 地址进行绑定。如果请求包含了一个 cookie 头信息，则表明 Cookie 有效，因此方法不必再重写 URL 地址。在这种情况下，没有与会话 ID 绑定的 URL 地址被返回。

需要注意的是，把代表会话 ID 的名称“jsessionid”追加到 URL 地址尾部采用的是;连接符，而不是？连接符。因为会话 ID 是作为请求 URI 的一部分存在的，而不是作为请求参数存在的，因此其不能通过调用 ServletRequest 上的 getParameter("jsessionid")方法来获取。

以下代码是产生 HTML 页面的 HomeServlet 类的源码，其中包含了 encodeURL()方法的使用：

```
import javax.servlet.*;
import javax.servlet.http.*;

public class HomeServlet extends HttpServlet {
 public void doGet(HttpServletRequest req, HttpServletResponse res) {
  HttpSession s = req.getSession();
  PrintWriter pw = res.getWriter();
  pw.println("<html>");
  pw.println("<head></head>");
  pw.println("<body>");
  pw.println("A test page showing two URLs:<br>");
  pw.println("<a href=\"" +
   res.encodeURL("/servlet/ReportServlet")+
   "\">View Report</a><br>");
  pw.println("<a href=\"" +
   res.encodeURL("/servlet/AccountServlet") +
   "\">View Account</a><br>");
  pw.println("</body>");
  pw.println("</html>");
 }
}
```

在上述代码中，我们依然可以通过调用 getSession()方法来获取一个会话对象，因为 Servlet 容器明确地将从客户端 URL 地址中传输来的会话 ID 提取出，返回一个对应的会话对象。

通常，采用 URL 地址实现会话比采用 Cookie 对象的实现会话要可靠得多。在使用时，我们还需要注意以下几个事项：

（1）应该对所有的 URL 地址进行编码，包括应用程序中的所有超连接。

（2）应用程序的所有页面都应该是动态的。因为不同的用户会被分配不同的会话 ID，而对于静态页面无法与会话 ID 相绑定。

（3）所有的静态 HTML 页面必须通过 Servlet 来实现，这样可以重写 URL 地址发送给客户端。但是，这显然会造成性能的下降。

8.5 小结

一个 Web 应用程序需要强制将状态加入无状态的 HTTP 协议中，以跟踪客户端和服务器端间的交互。这是通过使用 HttpSession 对象来管理会话实现的。一个会话就是在客户端和服务器端之间的一系列交互。在会话期间，服务器端会记住客户端，根据惟一的客户端 ID 号来处理所有的与该客户端相联系的请求。

我们使用监听器接口来接收来自于会话产生的事件，这些事件包括会话属性状态的改变以及会话自身状态的改变。

通过分配客户端独一无二的会话 ID，服务器得以实现会话管理。使用 Cookie 或重写 URL 地址可以将会话 ID 通过响应发送到客户端，然后通过再次的客户端请求返回到服务器端。当会话失效或超时时，会话结束。通过部署描述符可以指定会话存活期，这对所有会话均有效。通过使用 HttpSession.setMaxInactiveInterval(int seconds)方法仅对指定会话产生作用。

在下一章中，我们将讨论如何构建安全的 Web 应用程序。

Chapter 9 安全的 Web 应用程

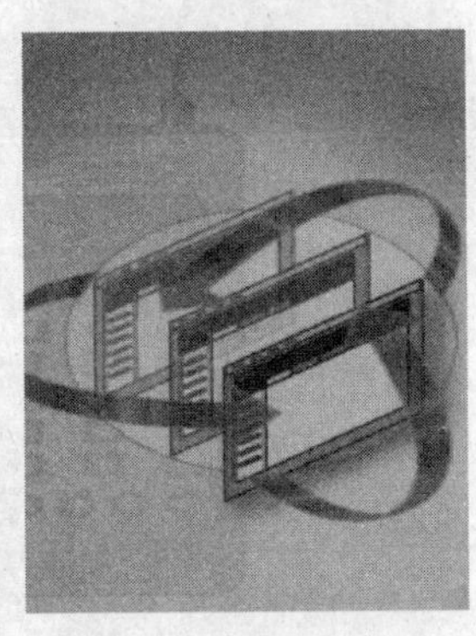

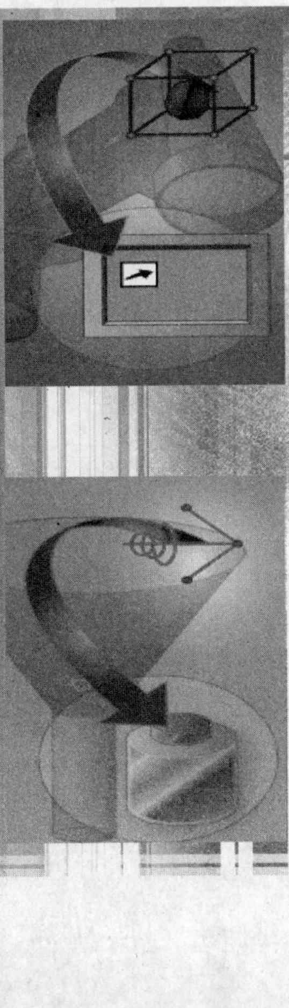

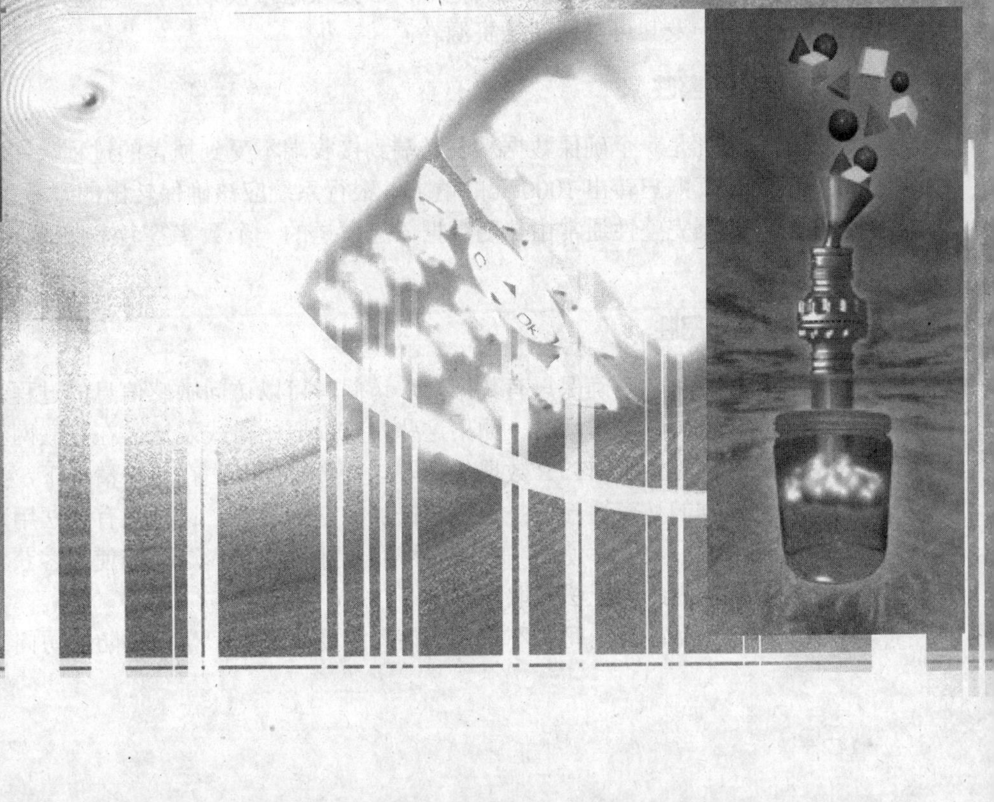

互联网作为商业交易的工具快速发展，越来越多的公司提供网络交易服务。所有的商业活动都将在网上进行。当前，成千上万的网民在网上购物的同时，也在网上传递其个人信息。每天在网上发生各种各样的商业活动，例如银行交易、股票交易等。为了支持这些应用，我们需要一个健壮、安全的互联网保障机制。电子商务没有安全的保障是不可能的，这决不是危言耸听。

在本章中，我们将学习应用于 Web 应用程序安全的不同的技术。我们先了解与安全相关的基本概念，接着重点讨论认证机制以及安全声明，最后介绍安全的编程。

9.1 基本概念

随着公司、个体对其资源和隐私的重视度的增加，网络安全的重要性也日益突出。Servlet 规范提供了方法和途径来实现 Web 应用程序的安全。在讨论实现安全特性之前，我们先来了解一些与安全相关的基本概念，有助于我们对安全机制的理解。

9.1.1 认证

安全的第一个基本要求就是用户认证。认证是一个鉴别用户、确认身份的过程。这意味着校验用户是否是其所宣称的身份。一个现实生活中的认证例子，就是当飞机乘客登机前必须出示护照，这个代表乘客的 ID 认证过程就是提供其合法身份。在互联网世界中，最基本、典型的认证就是用户提供用户名和密码登录。

9.1.2 授权

一旦用户认证通过，就必须被授权。授权是一个决定用户是否允许访问特定资源的过程。例如，一个银行用户不被允许访问其他用户的账户信息，尽管该用户是银行的合法用户。简言之，用户未被授权访问其他账户。授权通常被维护在一个访问控制列表中，这个列表指定了用户及其可以访问的资源。

9.1.3 数据完整性

数据完整性是一个确保数据从发送端到接收端不受到损害的过程。例如，如果银行用户发送一个从其账户转出 1000 元的请求，银行系统应该确保转出的金额是 1000 元而不是 10000 元。数据完整性通常由伴随数据一起发送的一个数字签名来保证。在接收端，数字签名获得校验。

9.1.4 数据私密性

数据私密性是一个确保只有数据合法访问者可以访问敏感信息的过程。例如，当用户发送用户名和密码登录网站时，如果这些信息以原始格式发送，在互联网上传输时，网络黑客完全可能通过监听 HTTP 数据包窃取这些敏感信息。在这种情况下，数据就无法保证其机密性。数据的私密性一般是通过数据加密来实现的，这样只有合法用户才能解密获取信息。今天，大多数网站使用 HTTPS 协议来加密信息，这样即使黑客获取了数据包，也依然不能解密，因此就无法获取信息。

认证和数据私密性之间的不同在于信息是受保护的。认证是防止访问未授权的信息，而数据私密性是确保即使信息落入到非法用户手中，也无法获取信息。

9.1.5 审核

审核是记录系统中与安全相关的事件，确保对每个用户的行为有据可查。审核能决定破坏安全的原因，这通常是由应用程序产生的日志文件来完成。

9.1.6 恶意代码

将引起计算机系统损害的一段代码称作恶意代码，典型的恶意代码包括病毒、蠕虫和特洛伊木马等。除了来自外界的威胁外，有时系统开发者在编写程序时会留下一个后门漏洞，这提供了一个潜在的误用机会。尽管我们不能防止不知名程序员的恶意代码，但对于内部程序员的一对一审查则可以杜绝系统后门漏洞。

9.1.7 网站攻击

任何认为有价值的事物均是潜在受攻击的目标，应该受到保护。网站是最易遭到攻击的目标。网站的价值在于其所包含的信息以及其给合法用户提供的服务。一个网站可能被不同的人出于不同的原因遭到攻击。例如，黑客可能仅仅为了自我娱乐，或者被解雇的员工的报复行径，或者一个专业窃取信用卡号的目的性很强的网络窃贼。

总的来说，一般存在 3 种类型的网站攻击：

- 安全攻击　通过监听两台机器间的通信来窃取机密信息。通过加密传输数据可以防止此类攻击。例如，金融机构一般均采用 HTTPS 协议支持在线交易活动。
- 伪装攻击　通过改变传输的信息来达到恶意企图。如果这种恶意企图获得成功，则会危及到数据的完整性。伪装 IP 地址是此种攻击的主要手段。在这种技术中，攻击者使用一个可使服务器信任的 IP 地址来发送消息给服务器，服务器因此受到欺骗放行攻击者。通过健全的认证机制可以防止此种攻击。
- 服务攻击　发送大量假请求使得系统无法有效处理合法的请求，这种伪造的大量假数据包可以使网络发生堵塞。通过使用防火墙限制端口和控制网络通信量，可以防止此类攻击。

9.2 认证机制

在了解有关 Web 安全的基本知识后，我们来学习在 Servlet 中如何实现认证机制。Servlet 规范定义了 4 种认证机制：

- HTTP 基本认证。
- HTTP 摘要认证。
- HTTPS 客户端认证。
- HTTP 表单认证。

以上 4 种认证机制都是基于用户名/密码机制，由服务器维护一个所有用户名和密码的列表，并且保护该列表资源。

9.2.1 HTTP 基本认证

HTTP 基本认证定义在 HTTP1.1 规范中，它是一个最简单的、最常用的保护资源的机制。当浏览器请求任何受保护的资源时，服务器会要求客户端提供用户名和密码。如果用户输出的是有效的用户名和密码，服务器就会发送回请求的资源。

整个过程如下所示：

（1）浏览器发送一个访问受保护资源的请求。此时，浏览器并不知道请求的资源是受保护的，因此浏览器发送一个正常模式的 HTTP 请求。

```
GET /servlet/SalesServlet HTTP/1.1
```

（2）服务器观察到请求的资源是一个受保护资源，于是服务器不是直接将受保护资源返回客户端，而是发送一个代表未授权的 401 代码到客户端。在这个响应消息中，包含了一个通知浏览器访问受保护资源需要基本认证的消息头。消息头中同时也指定了有效认证的访问域。通过访问域把服务器上的访问控制分成不同的类别，与此同时，可以对允许访问不同域的用户的用户名和密码进行识别。

以下是一个服务器返回的响应。

```
HTTP/1.1 401 Unauthorized
Server: Tomcat/5.0.25
WWW-Authenticate: Basic realm="sales"
Content-Length=500
Content-Type=text/html
<html>
…detailed message
</html>
```

在上述响应消息中，WWW-Authenticate 头指定了认证的类型 Basic 和访问域 realm。

（3）在接收了上述响应后，浏览器会打开一个对话框，提示用户输入用户名和密码。

（4）一旦用户输入了用户名和密码，浏览器会再次发送请求，并在名为 Authorization 的头信息中传递值。

GET /servlet/SalesServlet HTTP/1.1Authorization: Basic am9objpqamo=

以上请求头包括了一个基于 Base64 编码的 username:password 字符串。字符串 am9objpqamo=就是 john:jjj 的编码格式。

（5）当服务器接收了该请求时，会校验用户名和密码。如果用户名和密码合法，则发送请求的资源给客户端。否则，再次发送一个代表未授权的 401 代码到客户端。

（6）浏览器展示出请求的资源或再次展示出用户名和密码的对话框。

HTTP 基本认证有以下优点：

（1）非常容易构建。

（2）所有浏览器均支持。

HTTP 基本认证有以下缺点：

（1）安全性不能保证，因为用户名和密码未加密。

（2）无法定制与应用程序相匹配的用户名和密码对话框外观。

需要注意的是，Base64 编码不是一个加密方法。SUN 公司提供了 sun.misc.Base64Encoder 和 sun.misc.Base64Decoder 类，用于对字符串进行编码和解码。

9.2.2 HTTP 摘要认证

除了密码是加密发送外，HTTP 摘要认证与基本认证处理过程相同。因此，HTTP 摘要认证比基本认证更安全。

HTTP 摘要认证具有的优点：比基本认证更安全。

HTTP 摘要认证的缺点是：仅由微软的 IE 浏览器支持。因为规范没有对 HTTP 摘要认证强制，因此许多 Servlet 容器不提供支持。

9.2.3 HTTPS 客户认证

HTTPS 就是构建在安全套接字（Secure Socket Layer，SSL）之上的 HTTP。安全套接字是由网景公司开发的，用于确保在互联网上传输的敏感数据私密性的协议。在该机制下，当在浏览器和服务器间的安全套接字连接建立起来时，认证被完成。所有被传输的数据采用公开密钥的加密方式。

HTTPS 客户认证有以下优点：

（1）是 4 种认证中最安全的。

（2）被所有浏览器支持。

HTTPS 客户认证有以下缺点：

（1）需要认证中心颁发的认证书。

（2）实现、维护该认证具有较高成本。

9.2.4 HTTP 表单认证

HTTP 表单认证与基本认证十分相似。但是，未使用浏览器弹出的对话框，而是使用一个 HTML 的表单来获取用户名和密码。开发者必须创建一个包含表单的 HTML 页面，并可以定制表单的外观。form 表单的惟一要求就是其 action 属性必须取值为 j_security_check，并且提供两个文本输入域用于获取用户键入的用户名和密码。用户名文本域的 name 为 j_username，密码文本域 name 为 j_password。除此强制要求外，其他事务均可由开发者自定义。

HTTP 表单认证有以下优点：

（1）非常容易建立。

（2）所有浏览器均支持。

（3）可以定制登录窗体的外观。

HTTP 表单认证有以下缺点：

（1）不安全。因为用户名和密码未加密。

（2）只有在使用 Cookie 维持会话时，才可以使用。

下一节我们将讲述如何使用基于 HTTP 基本认证。

9.2.5 定制认证机制

为确保配置的便利性和简易性，认证机制在 Web 应用程序的部署描述符中定义认证机制。在指定具体认证用户前，我们需要配置用户的用户名和密码，这个步骤取决于具体的 Servlet 容器。

对于 Tomcat 应用服务器，配置用户认证十分容易。Tomcat 在 <tomcat-root>\conf\tomcat-users.xml 文件中定义所有用户，如以下代码：

```
<tomcat-users>
<user name="tomcat" password="tomcat" roles="tomcat" />
<user name="role1" password="tomcat" roles="role1" />
<user name="both" password="tomcat" roles="tomcat,role1" />
</tomcat-users>
```

在上述代码中，共定义了 3 个用户名：tomcat、role1 和 both，均采用 tomcat 作为密码。

不知大家注意到没，配置文件里除了 name 和 password 属性外，还有一个 roles 属性，该属性用于指定用户所扮演的角色。权限被分配给角色而不是实际的用户。

角色的概念来自于显示世界。例如，一个公司只允许销售经理访问销售数据。至于销售经理是何许人无关紧要。实际上，销售经理的人事是经常变动的。在任何时候，销售经理实际上就是扮演销售经理角色的一个人。因此，分配权限给角色而不是给实际用户给权限的转换提供了相当大的灵活性。

以下是又添加了 3 个用户的 tomcat-users.xml 文件：

```
<tomcat-users>
<user name="tomcat" password="tomcat" roles="tomcat" />
<user name="role1" password="tomcat" roles="role1" />
<user name="both" password="tomcat" roles="tomcat,role1" />
<user name="john" password="jjj" roles="employee" />
<user name="mary" password="mmm" roles="employee" />
<user name="bob" password="bbb" roles="employee, supervisor" />
</tomcat-users>
```

在上述代码中，我们又添加了 3 个用户名：john、mary 和 bob。john 和 mary 的角色是 employee（员工），而 bob 的角色既是 employee 又是 supervisor（经理）。因为 supervisor 也属于 employee，因此需要给 bob 指定两个角色。

在指定用户名、密码和角色后，就可以在 Web 应用程序的部署描述符中使用<login-config>元素来定义认证机制。Servlet 规范定义的<login-config>元素语法描述如下：

```
<!ELEMENT login-config (auth-method?, realm-name?, form-login-config?)>
```

<login-config>元素具有以下子元素：

- <auth-method>子元素　用于指定 4 种认证机制（基本认证、摘要认证、客户认证、表单认证）之一。

- <realm-name>子元素　仅用于 HTTP 基本认证，指定访问域。
- <form-login-config>子元素　用于指定登录页面 URL 和错误页面 URL，该元素仅用于当<auth-method>子元素　指定 form，否则被忽略掉。

以下是一个配置了认证机制的部署描述符 web.xml 文件：

```
<web-app>
...
<login-config>
<auth-method>BASIC</auth-method>
<realm-name>sales</realm-name>
</login-config>
...
<web-app>
```

在上述代码中，使用了基本认证机制来认证用户。如果想要使用表单认证机制，则需要编写两个 HTML 页面。一个用于输入用户名和密码，另一个用于展示登录失败的错误页面。并且，需要在部署描述符中使用<form-login-config>元素，指定这两个 HTML 文件。如以下代码：

```
<web-app>
...
<login-config>
<auth-method>FORM</auth-method>
<!--realm-name not required for FORM based authentication -->
<form-login-config>
<form-login-page>/formlogin.html</form-login-page>
<form-error-page>/formerror.html</form-error-page>
</form-login-config>
</login-config>
...
<web-app>
```

formlogin.html 文件代码如下：

```
<html>
<body>
<h4>Please login:</h4>
<form method="POST" action="j_security_check">
<input type="text" name="j_username">
<input type="password" name="j_password">
<input type="submit" value="OK">
</form>
</body>
```

```
</html>
```

在上述代码的 form 表单中，我们不需要为此编写对应的响应处理 Servlet 类。只需要 action 指定为 j_security_check，就可以触发 Servlet 容器自己来处理该请求用户的认证。

ormerror.html 文件代码如下：

```
<html>
<body>
<h4>Sorry, your username and password do not match.</h4>
</body>
</html>
```

9.3 安全声明

开发 Web 应用程序的，部署 Web 应用程序以及使用 Web 应用程序通常是不同人。例如，许多软件公司专门致力于开发针对特定行业需求的 Web 应用软件产品，这意味着开发者应该有能力非常容易地将 Web 应用程序的安全需求移交给 Web 部署者。Web 部署者也应该有能力定制 Web 应用程序安全的各个方面，而不需要修改任何程序代码。Servlet 容器允许我们在 Web 部署描述符中配置安全需求的细节。

默认情况下，Web 应用程序中的所有资源均可以允许被任何人访问。为了对这些资源加以保护，我们需要做以下工作来限制对资源的访问：

- Web 资源集合　鉴别必须受保护的 Web 应用程序资源。一个用户必须拥有合法的授权才能访问受保护的 Web 资源集合。
- 授权限制　鉴别用户所分配的角色。许可权限应分配给角色而不是一个个独立的用户。这可以有助于减少实际用户和许可权限之间的紧密度。例如，一个管理用户的 Servlet 可以允许被任何一个是系统管理员角色的用户访问。在部署时，实际用户被配置为系统管理员。
- 用户数据限制　指定在发送者和接受者之间传输数据的方式。换言之，此限制指定了 Web 应用程序对传输层的要求，指定了维护数据完整性和机密性的策略。例如，一个 Web 应用程序可以使用 HTTPS 作为取代 HTTP 通信的方式。

通过在 Web 应用程序的部署描述符中使用<security-constraint>元素，可以配置以上 3 种安全要求。<security-constraint>元素直接位于 web.xml 文件中的<web-app>元素下。<security-constraint>元素语法描述如下：

```
<!ELEMENT security-constraint (display-name?, web-resource-collection+,
auth-constraint?, user-data-constraint?)>
```

接下来，我们详细讨论<security-constraint>元素中的各个子元素。

9.3.1 display-name 元素

display-name 元素是一个可选的元素，用于指定安全约束的名称。

9.3.2 web-resource-collection 元素

从 web-resource-collection 元素的名称上就可以看出，该元素用于指定安全约束应用的资源集合。我们能够在<security-constraint>元素内定义一个或多个 web-resource-collection 元素。web-resource-collection 元素的语法描述如下：

```
<!ELEMENT web-resource-collection (web-resource-name, description?,
url-pattern*, http-method*)>
```

web-resource-name 子元素用来指定被保护资源的名称。description 子元素提供资源的描述。url-pattern 子元素指定被保护资源的位置，我们可以指定多个 url-pattern 元素来对不同的资源进行保护。http-method 子元素对 HTTP 请求进行控制，指定安全约束保护的 HTTP 方法。例如，我们可以使用 http-method 元素来限制 POST 请求，而允许 GET 请求的访问。

以下代码示例展示了部署描述符中的 web-resource-collection 元素配置：

```
<web-app>
...
<security-constraint>
<web-resource-collection>
<web-resource-name>reports</web-resource-name>
<url-pattern>/servlet/SalesReportServlet/*</url-pattern>
<url-pattern>/servlet/FinanceReportServlet/*</url-pattern>
<url-pattern>/servlet/HRReportServlet/*</url-pattern>
<http-method>GET</http-method>
<http-method>POST</http-method>
</web-resource-collection>
...
</security-constraint>
...
</web-app>
```

在上述代码中，我们指定了 3 种应用安全约束的 Servlet。在<http-method>子元素中仅定义了 GET 方法和 POST 方法。这意味着仅这两个方法受到安全约束，所有其他的请求方法均是对客户端开放的。

如果没有定义<http-method>元素，则默认情况下将安全约束应用于所有 HTTP 的请求方法上。

9.3.3 auth-constraint 元素

auth-constraint 元素用于指定访问 web-resource-collection 元素中指定资源的角色。auth-constraint 元素语法描述如下：

```
<!ELEMENT auth-constraint (description?, role-name*)>
```

description 子元素描述该约束。role-name 子元素指定访问资源的角色，其值可以是*代表所有定义在 Web 应用程序中的角色。否则，其值必须是定义在部署描述符中<security-role>元素中的角色名称。

以下代码示例展示了部署描述符中的 auth-constraint 元素配置：

```
<web-app>
...
<security-role>
<role-name>supervisor</role-name>
</security-role>
<security-role>
<role-name>director</role-name>
</security-role>
<security-role>
<role-name>employee</role-name>
</security-role>
...
<security-constraint>
...
<auth-constraint>
<description>accessible to all supervisors and
directors</description>
<role-name>supervisor</role-name>
<role-name>director/role-name>
</auth-constraint>
...
</security-constraint>
...
</web-app>
```

在上述代码中，指定了安全约束的角色 supervisor 和 director。

9.3.4 user-data-constraint 元素

user-data-constraint 元素指定数据如何在客户端和服务器端间的通信。user-data-constraint 元素语法描述如下：

```
<!ELEMENT user-data-constraint (description?, transport-guarantee)>
```

description 子元素描述该约束。transport-guarantee 子元素取值为 NONE、INTEGRAL 和 CONFIDENTIAL 三者之一。NONE 表示不需要对数据传输的完整性和保密性进行保障；INTEGRAL 表示需要对数据传输的完整性进行保障；CONFIDENTIAL 表示需要对数据传输的保密性进行保障。

通常，transport-guarantee 子元素取值为 NONE，使用普通的 HTTP 协议传输数据；transport-guarantee 子元素取值为 INTEGRAL 或 CONFIDENTIAL，使用安全的 HTTPS 协议传输数据。

以下代码示例展示了部署描述符中的 user-data-constraint 元素配置：

```
<web-app>
...
<security-constraint>
...
<user-data-constraint>
<description>requires the data transmission
to be integral</description>
<transport-guarantee>INTEGRAL</transport-guarantee>
</user-data-constraint>
...
</security-constraint>
...
</web-app>
```

9.3.5 综合示例

现在我们来看一个应用安全约束的简单 Web 应用程序。

首先来看一下该示例在部署描述符中指定的所有安全策略。

```
<?xml version="1.0" encoding="ISO-8859-1"?>

<web-app xmlns="http://java.sun.com/xml/ns/j2ee"
xmlns:xsi="http://www.w3.org/2001/XMLSchema-instance"
xsi:schemaLocation="http://java.sun.com/xml/ns/j2ee
http://java.sun.com/xml/ns/j2ee/web-app_2_4.xsd"
version="2.4">

<display-name>root</display-name>

<servlet>
<servlet-name>SecureServlet</servlet-name>
<servlet-class>chapter09.SecureServlet</servlet-class>
</servlet>

<servlet-mapping>
<servlet-name>SecureServlet</servlet-name>
<url-pattern>/secure</url-pattern>
</servlet-mapping>
```

```
<security-constraint>
<web-resource-collection>
<web-resource-name>declarative security test</web-resource-name>
<url-pattern>/secure</url-pattern>
<http-method>POST</http-method>
</web-resource-collection>
<auth-constraint>
<role-name>supervisor</role-name>
</auth-constraint>
<user-data-constraint>
<transport-guarantee>NONE</transport-guarantee>
</user-data-constraint>
</security-constraint>

<login-config>
<auth-method>FORM</auth-method>
<form-login-config>
<form-login-page>/formlogin.html</form-login-page>
<form-error-page>/formerror.html</form-error-page>
</form-login-config>
</login-config>

<security-role>
<role-name>supervisor</role-name>
</security-role>

</web-app>
```

在上述代码中，安全约束比较简单，仅对一个 Servlet 进行了安全约束保护。在<web-resource-collection>元素的子元素<url-pattern>中指定了受保护资源，并且使用<http-method>子元素指定了 POST 方法，这意味着安全约束仅应用于 POST 请求。所有其他的 HTTP 方法均可以被所有用户使用。web-resource-collection 元素中的资源不仅可以是 Servlet、JSP，也可以是 HTTP 方法。

auth-constraint 元素指定了资源仅能被 supervisor 角色访问。role-name 元素的取值仅能取已在 security-role 元素中定义的角色。

上述的 transport-guarantee 元素取值 NONE，表明使用普通的 HTTP 协议作为客户端和服务器端通信的协议。

<login-config>元素使用了 FORM 作为认证机制。

以下代码示例是在部署描述符中<servlet-name>元素中指定的 Servlet 代码：

```
//SecureServlet.java
package chapter09;

import javax.servlet.*;
import javax.servlet.http.*;
import java.io.*;

public class SecureServlet extends HttpServlet {
  public void doGet(HttpServletRequest req, HttpServletResponse res)
      throws IOException {
    PrintWriter pw = res.getWriter();
    pw.println("<html><head>");
    pw.println("<title>Declarative Security Example</title>");
    pw.println("</head>");
    pw.println("<body>");
    pw.println("Hello! HTTP GET request is open to all users.");
    pw.println("</body></html>");
  }
  public void doPost(HttpServletRequest req, HttpServletResponse res)
      throws IOException {
    PrintWriter pw = res.getWriter();
    pw.println("<html><head>");
    pw.println("<title>Declarative Security Example</title>");
    pw.println("</head>");
    pw.println("<body>");
    String name = req.getParameter("username");
    pw.println("Welcome, "+name+"!");
    pw.println("<br>You are seeing this page because you are
      a supervisor.");
    pw.println("</body></html>");
  }
}
```

在上述代码中，简单实现了 doGet()和 doPost()方法，因为这不是关于安全示例的关键。需要注意的是，在 Servlet 代码中是没有任何和安全相关的代码存在，所有的安全均由容器通过提取部署描述符中相关信息来管理。

现在，我们就可以将 Servlet 类和 web.xml 文件放置到应用程序目录中，启动应用服务器运行程序。

如果在浏览器键入 http://localhost:8080/chapter09-declarative/secure 地址，该请求是一个 GET 请求，不需要要安全验证，因此不会被要求提供用户名和密码。

如果在浏览器键入 http://localhost:8080/chapter09-declarative/posttest.html 地址，该HTML 文件包含一个 POST 请求，将发送一个 POST 请求给 Servlet。这一次会转到一个登录页面－formlogin.html，因为我们在部署描述符中的<web-resource-collection>元素中的<http-method>子元素中指定了 POST 方法，并且在<form-login-page>元素中指定了登录文件－formlogin.html。

只有当用户提供了正确用户名和密码后，才能通过安全验证，Servlet 的 doPost()方法才能获得执行。合法的用户名在 tomcat-users.xml 中定义。如果用户提供了错误的用户名和密码，则页面转发到一个错误页面 formerror.html，该错误页面在部署描述符的<form-error-page>元素中定义。

上述的 posttest.html 文件代码如下所示：

```
posttest.html
<html>
<body>
<form action="/chapter09-declarative/secure" method="POST">
Name: <input type="text" name="username">
<input type="submit">
</form>
</body>
</html>
```

9.4 安全编程

有些情况下，仅仅采用声明的安全机制是不够的。例如，假设我们允许一个 Servlet 可以被公司所有员工访问。但是，针对管理层和普通员工该 Servlet 产生不同的输出。在这种情况下，Servlet 规范允许 Servlet 拥有处理安全的代码。Servlet 根据用户所扮演的角色产生相应的输出。

HttpServletRequest 接口提供了 3 个用于识别用户和角色，如表 9-1 所示。

表 9-1 HttpServletRequest 接口定义的鉴别用户的方法

方 法	功 能 描 述
String getRemoteUser()	如果用户通过认证，该方法返回用户的登录名称。如果用户未通过认证，该方法返回null值
Principal getUserPrincipal()	该方法返回一个包含认证通过用户的java.security.Principal对象
boolean isUserInRole(String rolename)	该方法用于判断用户是否被包括在指定的角色列表中

以下示例实现了上述假设案例，根据用户产生相应的输出。

```
//SecureServlet.java
import javax.servlet.*;
import javax.servlet.http.*;
import java.io.*;
```

```
public class SecureServlet extends HttpServlet {
  public void doPost(HttpServletRequest req, HttpServletResponse res)
      throws IOException {
    PrintWriter pw = res.getWriter();
    pw.println("<html><head>");
    pw.println("<title>Programatic Security Example</title>");
    pw.println("</head>");
    pw.println("<body>");
    String username = req.getRemoteUser();
    if(username != null)
      pw.println("<h4>Welcome, "+username+"!</h4>");
      if(req.isUserInRole("director")) {
        pw.println("<b>Director's Page!</b>");
      } else {
        pw.println("<b>Employee's Page!</b>");
      }
    pw.println("</body></html>");
  }
}
```

在上述代码中，使用 getRemoteUser()方法获取用户的登录名称来决定用户是不是管理层成员。这里采用的是硬编码的方式写入角色的名称－director。

在实际部署应用时，可能取不同的名称。为了实现灵活性，开发者必须将硬编码值递交给部署人员。部署人员在部署描述符中将实际采用的角色名称值和此硬编码值关联起来，作出映射。以下所示：

```
<?xml version="1.1" encoding="ISO-8859-1"?>
<!DOCTYPE web-app
PUBLIC "-//Sun Microsystems, Inc.//DTD Web Application 2.3//EN"
"http://java.sun.com/dtd/web-app_2_3.dtd">
<web-app>
<servlet>
<servlet-name>SecureServlet</servlet-name>
<servlet-class>SecureServlet</servlet-class>
<security-role-ref>
<role-name>director</role-name>
<role-link>supervisor</role-link>
</security-role-ref>
</servlet>

<security-constraint>
```

```
<web-resource-collection>
<web-resource-name>programmatic security test</web-resource-name>
<url-pattern>/servlet/SecureServlet</url-pattern>
<http-method>POST</http-method>
</web-resource-collection>
<auth-constraint>
<role-name>employee</role-name>
</auth-constraint>
<user-data-constraint>
<transport-guarantee>NONE</transport-guarantee>
</user-data-constraint>
</security-constraint>
<login-config>
<auth-method>BASIC</auth-method>
<realm-name>sales</realm-name>
<form-login-config>
<form-login-page>/formlogin.html</form-login-page>
<form-error-page>/formerror.html</form-error-page>
</form-login-config>
</login-config>
<security-role>
<role-name>supervisor</role-name>
</security-role>
<security-role>
<role-name>employee</role-name>
</security-role>
</web-app>
```

在上述代码中，<security-role-ref>元素用于将 Servlet 中写入的硬编码角色名称和实际采用的角色名称关联起来。

9.5 小结

随着商业应用在互联网上的快速增长，安全问题会越来越凸现出其重要性。在本章中，我们学习了如何使 Web 应用程序获得安全保障。

首先介绍了与安全相关的一些基本概念。认证就是鉴别用户，授权是鉴别用户可以做什么；审核是记录用户的行为以及数据传输过程中数据的完整性和私密性。

Servlet 规范定义了 4 种认证机制：基本认证、摘要认证、客户认证和表单认证。Web 应用程序采用的认证机制在部署描述符中定义。我们学习了如何在部署描述符中使用<security-constraint>元素以及子元素来定制独立于代码的 Web 应用程序认证机制。最后，给出一个完整的使用安全机制的 Web 应用程序示例。

从下一章开始，我们将进入 JSP 技术的学习。

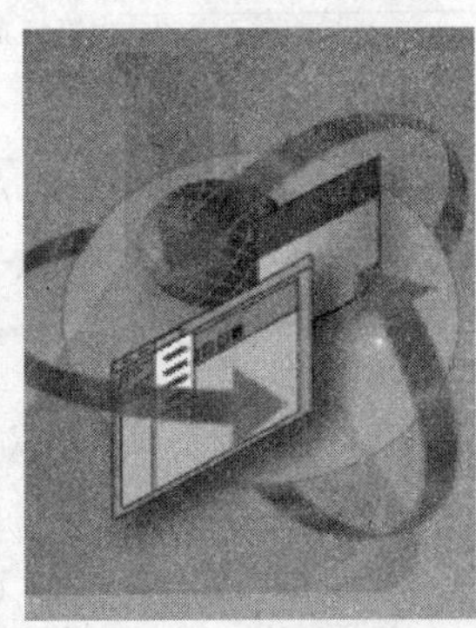

Chapter 10

JSP 模型基础

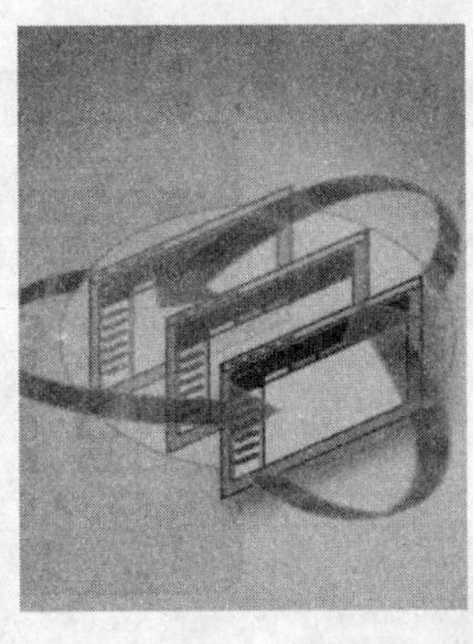

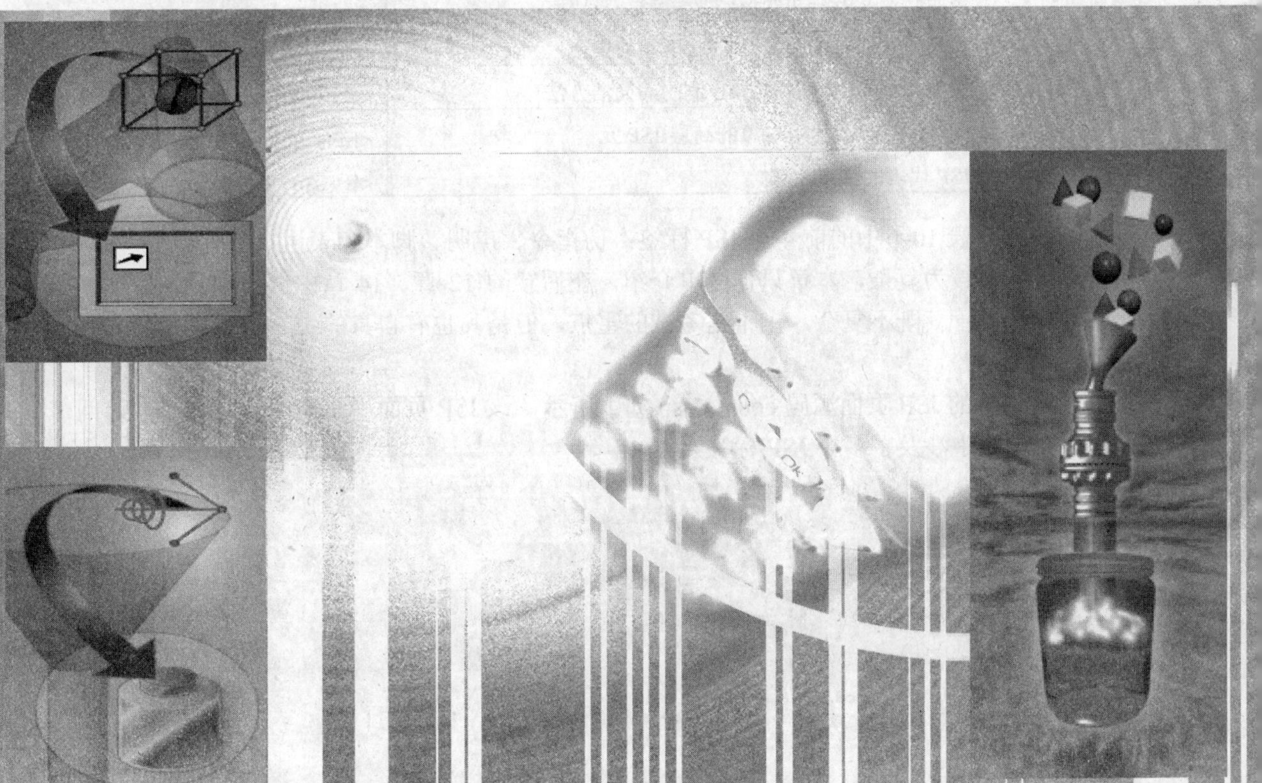

J2EE 规范包括了 Servlet、JSP、JNDI 以及 EJB 规范等。JSP 是一个 Web 层规范，是 Servlet 规范的一个补充，定义了企业 Web 应用的开发接口。

JSP 是一个将 HTML/XML 标识语言和 Java 编程语言结合到一起的用于将生成的动态内容返回到客户端的技术。尽管 JSP 页面可以包含商业逻辑，但是其主要用于处理 Web 应用层中的表示层。

在本章中，我们先了解构成 JSP 页面的各元素，接着讨论 JSP 页面的生命周期，最后对 JSP 的 page 伪指令的语法做详细的讲解，包括 import、session、errorPage、isErrorPage、language、extends、buffer、autoFlush、info、contentType 和 pageEncoding 属性。

10.1 JSP 页面元素

JSP 页面由 HTML 和 JSP 代码组成，动态部分的 JSP 代码用特殊的标记嵌入静态 HTML 代码中，这些标记通常以<%开始，并以%>结束。

像任何一种编程语言一样，JSP 也存在一套符合自己规范的语法和内置的元素，用于完成不同的任务，例如声明变量、方法、表达式、调用其他 JSP 页面等。这些元素称为 JSP 标签。JSP 中共有 6 种标签，如表 10-1 所示。

表 10-1　JSP 标签

标　签	功 能 描 述	语　法
伪指令	指示 JSP 容器生成相关代码的命令	<%@ Directives %>
声明	声明、定义方法和变量	<%! Java Declarations %>
脚本	处理请求的一个或多个 Java 语句的集合	<% Some Java code %>
表达式	在 JSP 页面中输出 HTML 值的的简洁方法	<%= An Expression %>
动作指令	创建、修改或使用对象的高层 JSP 元素	<jsp:actionName />
注释	JSP 代码的文本注解	<%-- Any Text --%>

本章只对表 10-1 中的前 4 个 JSP 标签：伪指令、声明、脚本和表达式进行详细讲解。由于动作指令较为复杂，本章只作简单介绍，在后续的 12 章、14 章中做完整详细讲解。至于注释，尽管其既不复杂，也不是考试的重点，但是其也有自身的 JSP 语法规定，这里也作简单介绍。

一个简单的 JSP 页面源码 counter.jsp 如下所示，该 JSP 页面用于完成计算客户端访问数量，该源码中涉及了多个 JSP 标签元素。

```
<html>
<body>
<%@ page language="java" %>  <=伪指令
<%! int count = 0; %>  <=声明
<% count++; %>  <=脚本
Welcome! You are visitor number
<%= count %>  <=表达式
</body>
</html>
```

首次在浏览器地址栏键入 http://localhost:8080/chapter10/counter.jsp 地址来访问 counter.jsp 文件，浏览器上打印输出 Welcome! You are visitor number 1，如图 10-1 所示。后续对该文件的访问，计数器数字每次增 1。

图 10-1　运行效果图

我们再来看一个较为复杂的典型 JSP 文件 classic.jsp。

```
<!DOCTYPE HTML PUBLIC "-//W3C//DTD HTML 4.0 Transitional//EN">
<%@ page language="java" contentType="text/html; charset=gb2312"%>
<%@ page info="a classic JSP" %>
<!—This is a classic JSP,it contain all elements of JSP -->
<%! String getDate() {
    return new java.util.Date().toLocaleString();
  }
  int count=10;
%>
<html>
<head>
<title>a classic JSP</title>
</head>
<body>
<div align="center">
<table>
<tr bgcolor=777777>
<td>------------------------</td>
</tr>
<%
  int i;
  //color
  String color1="99ccff";
  String color2="88cc33";
```

```
    for(i=1;i<=count;i++) {
      String color="";
      if(i%2==0)
        color=color1;
      else
        color=color2;
      out.println("<tr bgcolor="+color+">
        <td>------------------------</td></tr>");
    }
  %>
  </table>
  <hr>
  current time:
  <%-- expression--%>
  <%=getDate()%>
  </div>
  </body>
  </html>
```

上述代码完成了循环输出彩色条以及当前时间。

在浏览器地址栏键入 http://localhost:8080/root/classic.jsp 地址来访问，运行效果如图 10-2 所示。

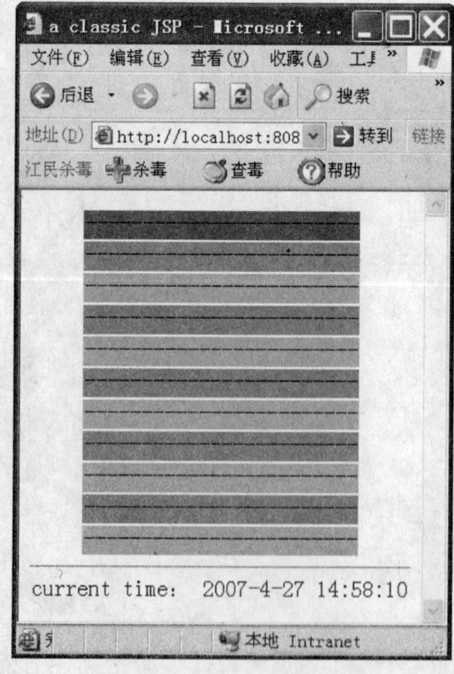

图 10-2 运行效果图

10.1.1 伪指令

伪指令是指示 JSP 容器生成相关代码的命令，用来设置全局变量，声明类，要实现的方法以及输出内容的类型等。其通用格式为：

```
<%@ directive-name [attribute="value" ......] %>
```

在<%@标签后和%>标签前可以放置零个或多个空格、制表符和换行符。惟一的限制是<%@开始标签必须与%>结束标签在同一个物理 JSP 文件内。directive-name、attribute、value 对大小写敏感。value 必须放置在一对单引号或双引号中。在伪指令名后，在属性一值对之间可以放置一个或多个空格。但是，=和 value 之间不允许有空格。

JSP 中一共有 3 种伪指令元素，它们分别是：page 伪指令、include 伪指令、taglib 伪指令。

page 伪指令用于指定整体 JSP 页面的属性。其语法格式如下：

```
<%@ page [attribute="value" ......] %>
```

其中：

```
attribute=language|import|contentType|session|buffer|autoFlush|isThreadSafe|inf
o||errorPage|isErrorPage|extends
value=''...|"..."
```

page 伪指令定义了多个影响到整个页面的重要属性，一个 JSP 页面文件中可以有多个 page 伪指令。在编译过程中，所有的 page 伪指令都被抽取出来，其属性同时集中应用于整个文件。但一个属性只能指定一次，import 属性除外。

例如，<%@ page language="java" %>伪指令用于指定 JSP 页面中要使用的脚本语法为 Java 语言。

以下示例代码 page.jsp 展示了如何使用 page 伪指令。

```
<%@ page language="java" import="java.util.Date"
session="true" buffer="12kb" autoFlush="true"
info=" a test directive  jsp page"
isErrorPage="false" contentType="text/html; charset=gb2312"%>
<%@ page errorPage="error.jsp" %>
<html>
<body>
<h1> use page directive</h1>
<%=new java.util.Date().toLocaleString()%>
</body>
</html>
```

在上述代码中，共使用了两个 page 伪指令。第一个 page 伪指令指定了以下页面属性：

■ language 指定页面使用的脚本语言是 Java。

- import　导入了 java.util.Date 类。
- session　取值为 true，指出页面需要一个 HTTP 会话。
- buffer　取值为 true，指定了客户端缓冲区的大小是 12Kbyte。
- autoFlush　取值为 true，指定了当缓存区满时，到客户端的输出自动被刷新。
- info　描述了页面。
- errorPage　指定了当页面出现异常时应调用的错误提示页面。
- isErrorPage　取值为 false，指明不可以使用 exception 对象。
- contentType　指定了字符编码格式。

第二个 page 伪指令指定了错误信息页面 error.jsp，代码如下：

```
<%@ page contentType="text/html; charset=gb2312" language="java"
isErrorPage="true" %>
<html>
<head>
<title>error! </title>
<meta http-equiv="Content-Type" content="text/html; charset=gb2312">
</head>
<body>
error! <br>
Here has a error:
<br><hr><font color=red>
<%=exception.getMessage()%>
</font>
</body>
</html>
```

需要注意的是，在同一个 JSP 页面中使用多个 page 伪指令时，不能多次指定同一个属性值。

在浏览器地址栏键入 http://localhost:8080/root/page.jsp 地址来访问 page.jsp 文件，运行结果如图 10-3 所示。

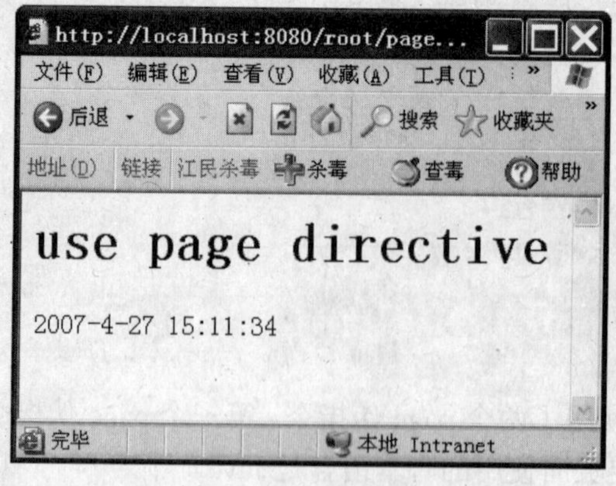

图 10-3　运行效果图

有关 page 伪指令的各个属性详情，在本章中的 10.3 节中详细讲解。

include 伪指令用于通知 JSP 容器将当前 JSP 页面中内嵌的，在指定位置上的资源内容包含，即在编译时将另一个文件的内容并入主体 JSP 源输入流。其语法格式如下：

<%@　include　file="filename"　%>

其中，filename 为要包含的文件名，其是依据当前上下文解释的一个绝对或相对路径。如果路径以/开头，那么路径主要是参照 JSP 应用的当前上下文路径；如果路径是以文件名或目录开头，那么这个路径就是正在使用的 JSP 文件的当前路径。例如：

```
<%@ include file="/header.html" %>
<%@ include file="/doc/check/error.html" %>
<%@ include file="top.html" %>
```

需要注意的是，一经编译，内容就不可变。如果要改变 filename 的内容，必须重新编译 JSP 文件，但是它的执行效率高。

include 伪指令将在 JSP 编译时插入一个包含文本或代码的文件，当使用 include 伪指令时，这个包含的过程是静态的。静态包含是指被包含的文件将被插入 JSP 文件中去，被包含文件可以是 JSP 文件、HTML 文件、文本文件等。如果被包含的文件中含有可执行代码，那么代码将被执行。

如果仅仅是用 include 命令来包含一个静态文件，那么文件所执行的结果将会插入 JSP 文件中放置 include 伪指令的地方。一旦包含文件被执行，那么主 JSP 文件的过程将会被恢复，继续执行。

由于使用了 include 伪指令，可以把一个复杂的 JSP 页面分成若干个简单的部分，这样大大地增加了 JSP 页面的可维护性。当要对页面进行更改时，只需要更改对应的部分就可以了。

示例页面由 4 个部分组成，其页面结构布局如图 10-4 所示。

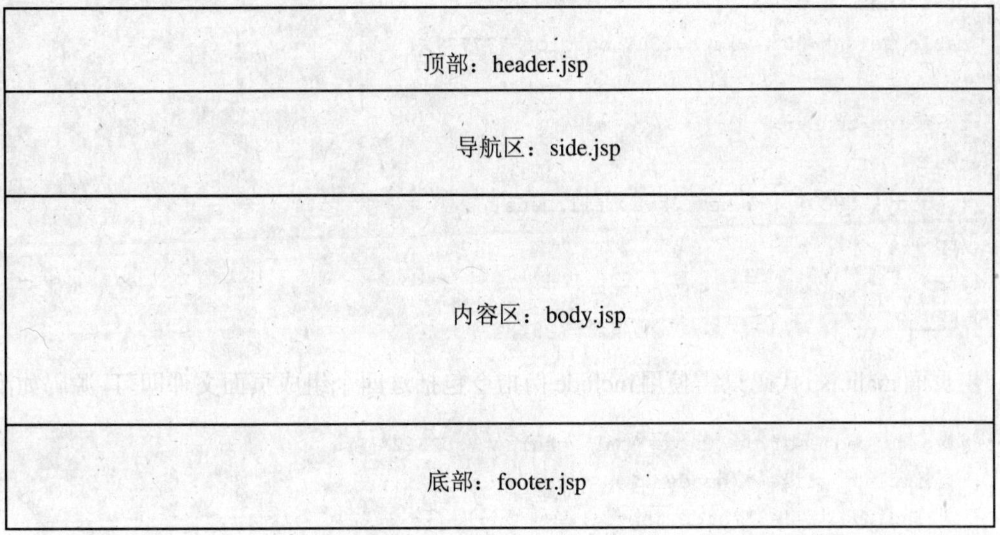

顶部：header.jsp
导航区：side.jsp
内容区：body.jsp
底部：footer.jsp

图 10-4　页面布局图

可以看出，页面由 4 个部分构成：顶部一般放置标志性信息，底部一般放置声明性信息，左边一般为导航菜单，中心区域为页面主体。4 个部分的构成文件代码分别如下。

页面 header.jsp：

```
<table height=20% width=100% bgcolor=99ccff>
<tr>
<td align=center>==header==</td>
</tr>
</table>
```

页面 side.jsp：

```
<table height=20% width=100% bgcolor=5577ff>
<tr>
<td align=center>==navigator==</td>
</tr>
</table>
```

页面 body.jsp：

```
<table height=40% width=100% bgcolor=9900ff>
<tr>
<td align=center>==body==</td>
</tr>
</table>
```

页面 footer.jsp：

```
<br>footer...<br>
<table height=20% width=100% bgcolor=777777>
<tr>
<td align=center>
<hr>
{{{&copy;SCWCD}}}<%=new java.util.Date()%>
</td>
</tr>
</table>
```

主页面 main.jsp 代码只需使用 include 伪指令包括这四个组成页面文件即可，源码如下：

```
<%@ page contentType="text/html; charset=gb2312"  %>
<%@  include  file="/header.jsp"  %>
<%@  include  file="/side.jsp"  %>
<%@  include  file="/body.jsp"  %>
<%@  include  file="/footer.jsp"  %>
```

在浏览器地址栏键入 http://localhost:8080/root/main.jsp 地址来访问，运行结果如图 10-5 所示。

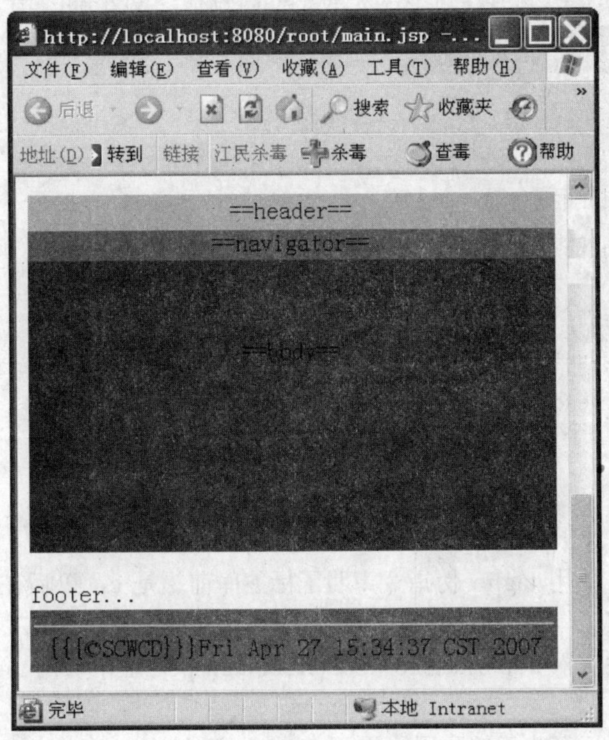

图 10-5　运行效果图

有关 include 伪指令的详情，将在 12 章中的 12.2.1 节中详细讲解。

taglib 伪指令允许 JSP 页面开发者自定义标签。通过使用标签库，在当前页面中启用定制行为。其语法格式如下：

```
<%@ taglib uri="taglibURI" prefix="tagPrefix" %>
```

其中，uri 用来表示标签描述符，即通知容器如何定位到标签描述文件和标签库。tagPrefix 定义了在 JSP 页面里要引用指定标签时的前缀，这些前缀不能是：jsp、java、javax、sun、servlet。

为了使用自定义标签，首先开发者要先开发出标签库，为标签库编写 tld 配置文件，然后在 JSP 页面里使用这个自定义标签。这样，容器使用这个标签库确定在遇到自定义标签时如何执行。由于启用了标签，增加了代码的重用度，使得页面更易于维护。例如：

```
<%@ taglib uri="/test/testlib.tld" prefix="test" %>
```

假设 testlib.tld 标签库中定义了一个完成一定功能的 testtag 标签，那么在 JSP 页面中就可以使用以下标签完成自定义的功能：

```
<test:testtag>
...
</test:testtag>
```

以下示例代码 tag.jsp 展示了如何使用 taglib 伪指令。

```
<%@ taglib prefix="c" uri="http://java.sun.com/jstl/core" %>
<html>
<head>
<title>JSTL: Conditional Support -- Simple Conditional Execution Example</title>
</head>
<body bgcolor="#FFFFFF">
<h3>Simple Conditional Execution</h3>
<% session.setAttribute("test","admin");%>
<h4>test tag:</h4>
<c:if test="${sessionScope.test== 'admin'}">
${sessionScope.test}<br>
</c:if>
</body>
</html>
```

在上述代码中，使用 taglib 伪指令声明了标签库前缀是 c，以后在页面中使用此前缀来表示出使用的标签。

在浏览器地址栏键入 http://localhost:8080/root/tag.jsp 地址来访问 tag.jsp 文件，运行结果如图 10-6 所示。

需要注意的是，运行此示例代码，需要 SUN 公司的 JSTL 支持。

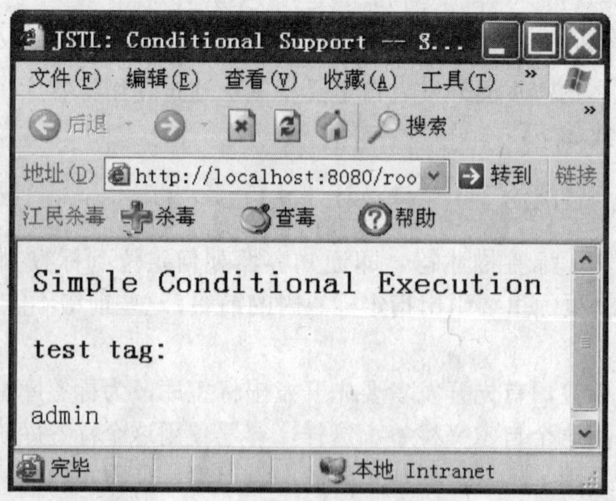

图 10-6　运行效果图

由于 taglib 伪指令较为复杂，有关 taglib 伪指令的详情，将后续章节中详细讲解。

10.1.2 声明

声明是一段 Java 代码，用来产生类文件中类的属性和方法。声明后的变量和方法，可以在 JSP 页面内的任意地方使用。可以声明方法，也可以声明变量。声明语法格式如下：

```
<%! Variable declaration|Method declaration(parameterType parameterName...)  %>
```

声明一般把类中要使用的方法或常数封装起来，通过声明，可以使代码变得整洁，易维护。以下代码是一个使用声明的例子。

```
<%! int count = 0; %>
```

该代码声明了一个名为 count 的变量，并且初始化其值为 0。在 JSP 容器首次装载 JSP 页面时完成变量 count 的初始化，并且仅初始化这一次，类似于一个类的静态属性。这就使 10.1 节中 counter.jsp 文件被客户端访问时，每次 count 值增 1，而不是从初始化 0 开始。

一个 JSP 声明中可以包含任意数量的声明语句。例如，以下代码中在一个 JSP 声明元素中声明了一个变量和一个方法。

```
<%!
  String color[] = {"red", "green", "blue"};
  String getColor(int i) {
    return color[i];
  }
%>
```

当然，也可以将变量声明和方法声明分开放置在两个声明元素中，其效果是一样的。

```
<%! String color[] = {"red", "green", "blue"}; %>
<%!
  String getColor(int i) {
    return color[i];
  }
%>
```

需要注意的是，由于 JSP 声明元素中包含的是 Java 语句，因此必须符合 Java 语言的规范，每条语句的结束以一个分号来表示。

以下示例代码 declare.jsp 展示了如何使用声明。

```
<%@ page language="java" contentType="text/html; charset=gb2312"%>
<%!
  String trans(String chi) {
    String result = null;
    String temp;
    try {
      temp=chi.toUpperCase();
      result = new String(temp);
    } catch(Exception e) {
      System.out.println (e.toString());
    }
```

```
  return result;
%>
<%! int count=10; %>
<%
  String source="Hello! World";
  for(int i=0;i<count;i++)
  out.println(trans(source));
%>
```

上述代码中声明了一个 trans()方法，该方法将字符串转换为大写。

在 JSP 开发中会经常遇到中文问题，可以采取上述方式将字符集重新编码为 GB2312 来解决。也可以把对编码的处理单独放置到一个文件中，然后使用 include 伪指令包含进来。

在浏览器地址栏键入 http://localhost:8080/root/declare.jsp 地址来访问 declare.jsp 文件，运行结果如图 10-7 所示。

图 10-7　运行效果图

10.1.3　脚本

简单地说脚本就是镶嵌在 JSP 页面中的 Java 代码，用于处理客户端请求的一个或多个 Java 语句的集合，既可以产生输出，将结果输出到客户端的输出流里，也可以是一些流程控制语句。脚本语法格式如下：

```
<%  java code statement  %>
```

脚本不像其他 JSP 元素，其在开始标签<%之后是没有指定的标识符。

一个 JSP 页面可以包含任意数量的脚本。如果存在多个脚本，则多个脚本按其在 JSP 页面里出现的顺序合并成一个大的脚本。因此，在一个脚本中创建的对象，可以在另一个脚本中使用。脚本的开发完全遵循 Java 语言的代码编写规范。

需要注意的是，尽量不要将脚本任意分隔，散布在 JSP 页面各个角落，造成代码难以维护，可读性差。

以下代码是一个脚本的例子。

```
<% count++; %>
```

该语句就是 10.1 节中 counter.jsp 文件被客户端访问时，使 count 变量每次值增 1，从而代表客户端访问次数。

由于脚本使 JSP 具备镶嵌 Java 代码的能力，因此 JSP 可以进行一定的逻辑计算能力。尽管如此，但从软件架构上考虑，其应该遵循 MVC 模式，将商务逻辑交由 Servlet 控制 JavaBeans 负责，JSP 应该尽量少地包含商务逻辑代码专注于表示层的实现。

脚本不仅可以进行计算，也可以进行 HTML 的输出。以下代码实现同 10.1 节中 counter.jsp 一样的功能。

```
<%@ page language="java" %>
<%! int count = 0; %>
<%
 out.print("<html><body>");
 count++;
 out.print("Welcome! You are visitor number " + count);
 out.print("</body></html>");
%>
```

在该 JSP 代码中，所有 HTML 代码均以字符串形式镶嵌在脚本中。所有的 HTML 代码均采用 javax.servlet.jsp.JspWriter 对象实例 out 的 print()方法进行输出。有关这方面的详情在第 12 章中进行详解。

以下示例代码 scriptlet.jsp 展示了如何使用脚本。

```
<%@ page contentType="text/html; charset=gb2312"%>
<html>
<body>
scriptlet example<br>
<% int times=10; %>
<hr>use variable times。<br>
<%
 for(int i=0;i<times;i++) {
  out.println("<font color=ee"+i+i+i+i+">");
  out.println(times+"<br></font>");
 }
%>
</body>
</html>
```

在上述代码中，先定义了一个变量 times，然后在另一段脚本中使用该变量来控制循环，控制颜色逐渐变浅。

在浏览器地址栏键入 http://localhost:8080/root/scriptlet.jsp 地址来访问 scriptlet.jsp 文件，运行结果如图 10-8 所示。

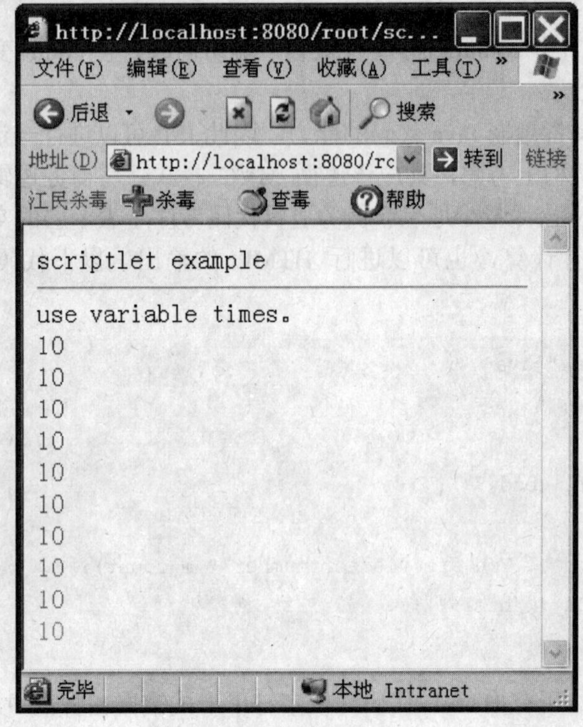

图 10-8 运行效果图

10.1.4 表达式

表达式是 JSP 提供的一种简单方法用于访问可用的 Java 取值或其他表达式，并生成页面中 HTML 取值。表达式语法格式如下：

```
<%=java expression %>
```

以下代码是一个表达式的例子。

```
<%= count %>
```

表达式不像声明，其不能以分号结束。因此，以下表达式是非法的。

```
<%= count; %>
```

表达式在 JSP 请求处理阶段计算其值，所得到的结果转换成字符串并与 HTML 模板数据组合在一起。表达式在页面中的位置，也就是该表达式计算结果在最终页面上显示所处的位置。

如果表达式的任何部分是一个对象，就调用其上定义的 toString()方法进行转换。

通过使用表达式可以使代码变得简洁易读。以下代码采用表达式方式实现同 10.1 节中 counter.jsp 一样的功能。

```
<html>
<body>
<%@ page language="java" %>
<%! int count = 0; %>
Welcome! You are visitor number <%= ++count %>
</body>
</html>
```

通过使用表达式，不仅可以打印输出任意对象或任意一个 Java 基本类型变量值，而且可以打印输出任意一个算术表达式值、布尔表达式值或方法的返回值。

基于以下合法 JSP 声明，表 10-2 是合法表达式的例子，表 10-3 是非法表达式的例子。

```
<%!
  int anInt = 3;
  boolean aBool = true;
  Integer anIntObj = new Integer(3);
  Float aFloatObj = new Float(12.6);
  String str = "some string";
  StringBuffer sBuff = new StringBuffer();
  char getChar(){ return 'A'; }
  Vector aVector=new Vector();
%>
```

表 10-2　合法表达式

标　签	功 能 描 述
<%= 500 %>	整数文字值
<%= anInt*3.5/100-500 %>	算术表达式
<%= aBool %>	布尔型变量
<%= false %>	布尔文字值
<%= !false %>	布尔表达式
<%= getChar() %>	由方法返回的字符值
<%= Math.random() %>	由方法返回的双精度值
<%= aVector %>	向量对象实例
<%= aFloatObj %>	封装类对象实例
<%= aFloatObj.floatValue() %>	由方法返回的单精度值
<%= aFloatObj.toString() %>	由方法返回的字符串

表 10-3　非法表达式

标　签	功 能 描 述
<%= aBool; %>	不能使用分号结尾
<%= int i = 20 %>	不能进行表达式的嵌套
<%= sBuff.setLength(12); %>	不能调用返回类型声明为 void 的方法

10.1.5 动作指令

动作指令在请求处理阶段起作用，向 JSP 容器发送指令，是创建、修改或使用对象的高层 JSP 元素。与指令和脚本元素不同，其语法使用严格的 XML 语法编码，可以采用以下两种格式中的任何一种。

```
<prefix:tag attribute=value .../>
<prefix:tag attribute=value ...>...</prefix:tag>
```

其中 tag、attribute、value 对大小写敏感。value 必须放置在一对单引号或双引号中，在=和 value 之间不允许有空格。

第一种是适合动作指令没有主体的简介形式。

在处理 JSP 时，当容器遇到动作元素，会根据其具体标记进行相应的特殊处理。例如，以下动作指令指示 JSP 容器在当前 JSP 页面输出时，包含一个指定的名为 copyright.jsp 的页面。

```
<jsp:include page="copyright.jsp" />
```

JSP 规范定义了一系列的标准动作，均使用 jsp 作为前缀。常用的主要有 6 种标准动作：jsp:include、jsp:forward、jsp:useBean、jsp:setProperty、jsp:getProperty 及 jsp:plugin。

jsp:include 和 jsp:forward 动作用于使 JSP 复用其他 Web 组件。在第 12 章将会详细讲解。

jsp:useBean、jsp:setProperty 和 jsp:getProperty 三个指令用于在 JSP 页面中使用 JavaBean 组件，在第 14 章将会详细讲解。最后一个 jsp:plugin 动作指令用来产生客户端浏览器的特殊标签，可以使用其来插入 applet 或 JavaBean。

10.1.6 注释

注释的用途是增强代码的可读性。在一个 JSP 页面中包含的注释有 3 种方式：一种是只在 JSP 页面中可视，但不发给客户的隐藏注释；一种是由页面生成的 HTML 中包含，在客户端显示的注释；还有一种是位于 JSP 页面脚本元素中的注释。

隐藏注释语法格式如下：

```
<%--comment[<%=java expression %>]--%>
```

当 JSP 编译器遇到一个 JSP 注释的开始标签<%--时，忽略文件中从此处开始的所有内容，直到找到相匹配的结束标签--%>，不会对标签之间的语句进行编译。这表明 JSP 隐藏注释可用于屏蔽掉 JSP 页面的部分片断，其不会显示在客户端的浏览器中，也不会在源代码中看到。这是一种暂时屏蔽一个程序的部分而不会对源码做主要改动的永久性技术。另外，这也意味着 JSP 注释不能嵌套，因为一个内部注释的结束标签将被解释为外部注释的结尾标记。

HTML 包含注释语法格式如下：

```
<! --comment[=java expression]--%>
```

此类注释经过响应输出流不会被改变，其被包含在生成的 HTML 中，在客户端浏览器中是可视的，通过浏览器上的查看源码菜单选项可以看到。

这种注释和 HTML 中的注释很像，惟一不同之处在于这个注释中可以使用表达式。这个表达式是不定的，由页面来决定。

脚本注释语法遵循 Java 注释语法规定，使用//表示单行注释，使用/*... */表示多行注释。

以下代码是一个使用注释的例子。

```
<html>
<body>
Welcome!
<%-- JSP comment --%>
<% //Java comment %>
<!-- HTML comment -->
</body>
</html>
```

10.2 JSP 页面生命周期

一个 JSP 页面从编译到实际运行直到最后的销毁，需要经过不同的阶段。把整个阶段称作 JSP 的生命周期。JSP 的生命周期共分为 7 个阶段。在讨论 JSP 每个生命周期阶段前，先来学习一下 JSP 的 Servlet 本质和 JSP 页面的集成。

10.2.1 JSP 的 Servlet 本质

尽管 JSP 从结构上来说不同于 Servlet，JSP 是镶嵌有 Java 代码的 HTML 代码，而 Servlet 是镶嵌有 HTML 代码的 Java 代码。实际运行时，JSP 转换为 Servlet 来运行。JSP 容器将 JSP 页面解析为一个对应的 Servlet 类，然后编译、装载、执行该 Servlet 类。此 Servlet 类的输出流发送至客户端。

JSP 页面源文件 counter.jsp 如下：

```
<html>
<body>
<%@ page language="java" %>
<%! int count = 0; %>
<% count++; %>
Welcome! You are visitor number<%= count %>
</body>
</html>
```

JSP 页面源文件经过编译对应的 Servlet 类中的代码如下：

```
//In Generated Servlet
int count = 0;
```

```
//in _jspService()
out.write("<html><body>");
count++;
out.write("Welcome! You are visitor number");
out.print(count);
out.write("</body></html>");
```

最终输出到客户端的 HTML 源文件如下所示：

```
<html>
<body>
Welcome! You are visitor number 1
</body>
</html>
```

10.2.2 JSP 页面集成

如同 HTML 页面通过框架技术可以包含其他 HTML 页面一样，JSP 页面也可以包含其他 JSP 和 HTML 页面内容，这是通过 include 伪指令来实现的。当 JSP 容器编译 JSP 页面代码转换为 Servlet 时，会自动地将 JSP 页面中包含的其他 JSP 页面自动转换为 Servlet，插入到对应的位置，最终合成一个大的集成 Servlet。

但是在包含其他 JSP 页面时，不适当地使用 JSP 标签会导致错误产生。需要注意以下三点：

（1）JSP 页面中的伪指令元素会对所有页面产生作用。

（2）在一个合成后的 JSP 页面中，不能存在两个以上的同名变量声明。因为最终集成的 JSP 页面会转换为一个 Java 类，而一个 Java 类中是不允许重复变量声明的。

（3）在一个合成后的 JSP 页面中，不能存在使用<jsp:useBean>动作指令声明的两个以上的同名 JavaBean 声明。因为最终集成的 JSP 页面会转换为一个 Java 类，而一个 Java 类中是不允许重复对象型变量声明的。

10.2.3 JSP 生命周期阶段

JSP 页面首次被访问时，其速度比以后对该页面的访问速度慢。因为客户端第一次进行请求时，JSP 容器捕获该请求，并加载适当的 JSP 页面。然后，创建一个特殊的来自 JSP 对应的 Servlet 以执行该页面的内容。也就是说，第一次访问的延迟来源于产生并将 JSP 编译成 Servlet 所需要的时间。

一个 JSP 在其能够服务于客户端之前，主要经历以下过程：在客户端首次请求一个 JSP 时，JSP 容器确定当前是否存在该 JSP。容器使用一个内部清单将每个 JSP 页面映射到编译好的类文件。如果某个引用不存在，那么该 JSP 页面就被转换成 Servlet 并创建一个 java 文件。然后，容器编译该代码，生成一个 class 文件，并将其加载到内存中。之后，创建实例，调用该 Servlet 的 init()方法。接下来就是调用_jspService()方法，请求和响应都被传递到_jspService()方法，并最终到达正确的 doXXX()方法。

如果某个 JSP 的 Servlet 已经存在，容器将确定该页面是否需要重新生成或重新编译。JSP 容器基于每个文件的时间戳自动管理每种形式的 JSP 页面。在一个 HTTP 请求的响应中，容器检查自从上次源码被编译后，JSP 源文件是否被修改。如果是，容器就重新将 JSP 源文件转换成 Java 源文件并再次编译，生成类文件，并加载到内存中。

最后，如果服务器决定抛弃生成的 Servlet，它将调用该 Servlet 的 destroy()方法，该方法撤销对该 Servlet 的引用并建立垃圾回收。

整个 JSP 生命周期过程共分为 7 个阶段，如表 10-4 所示。

表 10-4　JSP 生命周期阶段

阶　段	描　述
转换	将 JSP 源文件转换为对应的 Servlet 源文件
编译	编译Java源文件为类（class）文件
装载	将类文件加载至内存中
创建	创建一个 Servlet 类实例对象
初始化	调用 jspInit()方法，最终调用 Servlet 类的 init()方法初始化
服务	调用_jspService()方法，最终调用 Servlet 类的 service()方法，将请求和响应传递进对应的 doXXX()方法
销毁	调用 jspDestroy()方法，最终调用 Servlet 类的 destroy()方法，销毁 Servlet

1. **转换阶段**

在转换阶段，JSP 容器读取 JSP 页面，解析、校验标签的使用合法性。例如，以下是一个错误的 page 伪指令，由于使用了大写开头的错误 page 伪指令名称，此错误在转换阶段会被捕获。

```
<%@ Page language="java" %>
```

除了检查语法合法性外，JSP 容器还要负责以下检测工作：

（1）伪指令中属性/值对的有效性。

（2）标准动作指令的有效性。

（3）在一个合成后的 JSP 页面中是否存在使用<jsp:useBean>动作指令声明的两个以上的同名 JavaBean。

（4）采用定制标签库的有效性。

（5）使用定制标签的有效性。

一旦 JSP 容器完成了所有有效性的检查，就创建一个和 JSP 源文件对应的 Servlet 的 Java 源码文件。

2. **编译阶段**

在编译阶段，使用 Java 编译器编译转换阶段产生的 Java 源文件，对写在声明、脚本以及表达式中的 Java 代码进行编译。例如，以下的声明是一个合法的 JSP 标签，可以通过转换阶段的检查。但是它是一个错误的 Java 声明语句，由于未使用分号作为语句结束的标记，此错误在编译阶段被捕获。

```
<%! int count = 0 %>
```

脚本中的 Java 语言错误均在编译期捕获。

通过使用预编译参数 jsp_precompile，可以在不需要执行 JSP 页面的情况下，强制执行编译。例如，如果想不执行 JSP 页面的情况下，强制编译名为 counter.jsp 的 JSP 页面，必须通过以下形式访问 JSP 页面。

http://localhost:8080/chapter10/counter.jsp?jsp_precompile=true

这样，JSP 容器就可以转换 JSP 代码至 Servlet 代码，直接编译生成类文件而不需要实际执行对应的 Servlet 类。这种机制在开发阶段对调试程序十分有利，尤其对于复杂的 JSP 页面，例如包含访问数据库或其他访问服务的 JSP 页面。利用这种机制，可以预编译所有 JSP 页面，使得所有 JSP 页面一次均处于准备服务状态，这样可以减少首次访问的时间延迟。

需要注意的是，参数 jsp_precompile 是一个布尔型，因此只能取值 true 或 false。如果取值为 false，则预编译无效。如果采取以下方式，不赋予参数 jsp_precompile 任何值，则默认值是 true。

http://localhost:8080/chapter10/counter.jsp?jsp_precompile

3. 装载阶段

在成功编译后，容器将编译成的 Servlet 类文件加载入内存中。

4. 创建实例阶段

在成功装载类文件后，就可以创建类实例，准备调用方法来完成服务。

所有从 JSP 转换来的对应的 Servlet，都必须实现 javax.servlet.jsp.HttpJspPage 接口。该 javax.servlet.jsp.HttpJspPage 接口继承至 javax.servlet.jsp.JspPage 接口，而该 javax.servlet.jsp.JspPage 接口又继承至 javax.servlet.Servlet 接口。

所有转换来的 Servlet 都必须实现这 3 个接口中定义的所有方法，否则因为包含抽象方法成为抽象类，而不能实例化。

javax.servlet.jsp.JspPage 接口定义了 jspInit()和 jspDestroy()两个方法，这两个方法必须被所有 JSP 对应的 Servlet 实现，而不管其构建在何种通信协议之上。

定义在 HTTP 协议之上的 javax.servlet.jsp.HttpJspPage 接口，定义了一个最重要的 _jspService()方法。

上述 3 个方法的语法描述如下：

```
public void jspInit();
public void _jspService(HttpServletRequest request, HttpServletResponse response)
throws javax.servlet.ServletException, java.IO.IOException;
public void jspDestroy();
```

这 3 个方法在 JSP 实例化后被调用。jspInit()、_jspService()和 jspDestroy()方法分别对应 Servlet 的 init()、service()和 destroy()方法。

5. **初始化阶段**

在进行第一个请求时，调用 jspInit()方法初始化 JSP。该方法最先被调用，并且仅在实例化时调用一次。

6. **服务阶段**

接下来就是调用_jspService()方法，请求和响应均被传递到_jspService()方法中，并最终执行对应客户端请求的 doXXX()方法。

7. **销毁阶段**

最后，如果容器决定销毁生成的实例，则其将调用 destroy()方法。该方法由于最后被执行，因此可以负责一些清场工作，释放掉在初始化时获取的资源。

至此，我们已经讨论了 JSP 生命周期的所有阶段。下一节将通过一个示例来直观地看一下 JSP 生命周期的各个阶段。

10.2.4 JS 生命周期示例

以下示例依然采用前面的计数 JSP 页面 counter.jsp 文件，该 JSP 页面用于完成计算客户端访问数量。只是，这里的计数 JSP 页面增加了持久存储数据的能力，使得当服务器停止，再次重启后，不会清零重新计数，可以接着服务器停止前的基数来继续计数。

以下代码示例展示了当服务器启动时，如何在 jspInit()方法中从文件中装载入先前的计数值。当服务器停止时，如何在 jspDestroy()方法中将最后的计数值存入文件。

```
<%@ page language="java" import="java.io.*" %>
<%!
  // A variable to maintain the number of visits.
  int count = 0;
  // Path to the file, counter.db, which stores the count
  // value in a serialized form. The file acts like a database.
  String dbPath;
  // This is the first method called by the container,
  // when the page is loaded. We open the db file,
  // read the integer value, and initialize the count variable.
  public void jspInit() {
    try {
      dbPath = getServletContext().getRealPath("/Web-INF/counter.db");
      FileInputStream fis = new FileInputStream(dbPath);
      DataInputStream dis = new DataInputStream(fis);
      count = dis.readInt();
      dis.close();
    }
    catch(Exception e) {
      log("Error loading persistent counter", e);
```

```
    }
  }
%>
<%--
The main content that goes to the browser.
This will become a part of the generated _jspService() method
--%>
<html>
<body>
<% count++; %>
Welcome! You are visitor number
<%= count %>
</body>
</html>
<%!
  // This method is called by the container only once when the
  // page is about to be destroyed. We open the db file in this
  // method and save the value of the count variable as an integer.
  public void jspDestroy() {
    try {
      FileOutputStream fos = new FileOutputStream(dbPath);
      DataOutputStream dos = new DataOutputStream(fos);
      dos.writeInt(count);
      dos.close();
    }
    catch(Exception e) {
      log("Error storing persistent counter", e);
    }
  }
%>
```

上述代码展示了 jspInit()、jspDestroy()和 getServletContext()方法的使用。当 JSP 页面首次装载 Servlet 容器时，容器将调用 jspInit()方法。在 jspInit()方法中，从资源数据文件/Web-INF/counter.db 中读取出计数值来初始化 count 变量。在生命周期中，该 JSP 页面可以被多次访问，每次访问时，_jspService()方法获得调用。因为脚本<% count++; %>位于_jspService()方法中，因此每次 count++语句均获得执行，变量 count 增 1。最后，当 JSP 页面将被销毁时，容器调用 jspDestroy()方法。在 jspDestroy()方法中，我们再次打开资源数据文件，将变量 count 的最后值存入。

因为 JSP 页面最终被转化为一个 Servlet，因此我们可以在 Servlet 中调用这些在 JSP 页面中调用的方法。例如，可以调用 getServletConfig().getServletContext()方法获取一个

ServletContext 对象。JSP 页面转换的 Servlet 类的父类是 javax.servlet.http.HttpServlet 类，该类提供了一个 log()方法。并且 JSP 页面转换的 Servlet 类一般还实现了 ServletConfig 接口，通过使用定义在 ServletConfig 接口中的 getServletContext()方法，可以获取一个 ServletContext 对象。

在上述示例中，使用了 ServletContext 对象来将资源文件的相对路径转换为绝对路径。假设 Web 应用程序部署在 C:\jakarta-tomcat5.0.25\webapps\chapter10 目录中，则调用 getServletContext().getRealPath("/Web-INF/counter.db") 方法会返回 C:\jakarta-tomcat-5.0.25\webapps\chapter10\Web-INF\counter.db。

当服务器首次启动时，JSP 页面第一次被访问，此时资源文件 counter.db 并不存在，因此 FileNotFoundException 异常被抛出。该异常被捕获，并将错误记录日志中。当服务器首次停止时，jspDestroy()方法创建一个新文件，当前的 count 变量值被存入资源文件。当服务器第二次启动时，JSP 页面又被载入，jspInit()方法查找到资源文件读取出前面存储的计数值来进行初始化。

可以看出，JSP 技术很好地结合了脚本编写的易用性和面向对象的 Java 技术特性。

10.3 page 伪指令属性

page 伪指令用来定义 JSP 文件中的全局属性。page 伪指令中的属性如表 10-5 所示。

表 10-5　page 伪指令的属性

属 性	功 能 描 述	默 认 值
import	和一般的 Java 语言 import 意义一样，用于导入需要使用的类包，只是用，作为包间的分隔符	java.lang.*; javax.servlet.*; javax.servlet.jsp.*; javax.servlet.http.*;
session	指定一个 Http 会话中这个页面是否参与	true
errorPage	定义此页面出现异常时调用的页面	null
isErrorpage	表明当前页是否为其他页的 errorPage 目标。如果被设置为 ture，则可以使用 exception 对象。相反，如果被设置为 false，则不可以使用 exception 对象	false
language	定义要使用的脚本语言，目前只能是 Java	java
extends	一个实现 javax.servlet.jsp.JspPage 接口的用作 JSP 页面超类的一个类	默认忽略
buffer	指定到客户输出流的缓冲模式，如果是 none，则不缓冲；如果指定数值，那么输出就用不小于这个值的缓冲区进行缓冲	不小于 8kB，根据不同的服务器可设置
autoFlash	ture 缓冲区满时，到客户端输出被刷新；flase 缓冲区满时，出现运行异常，表示缓冲溢出	true
info	关于 JSP 页面的信息，定义一个字符串，可以使用 servlet.getServletInfo()获得	默认忽略

续表

属 性	功 能 描 述	默 认 值
contentType	定义 JSP 字符编码和页面响应的 MIME 类型。 TYPE=MIME TYPE;charset=CHARSET	TYPE=text/html CHARSET=ISO-8859-1
pageEncoding	JSP 页面的字符编码	ISO-8859-1
isThreadSafe	用来设置 JSP 文件是否能够多线程使用。如果设置为 ture，那么一个 JSP 能够同时处置多个用户的请求；相反，如果设置为 false，一个 JSP 只能一次处理一个请求	true
isELIgnored	制定 EL（表达式语言）是否被忽略，如果为 true，则容器忽略“${}"表达式的计算	默认值由 web.xml 描述文件的版本确定，servlet2.3 以前的版本将忽略

在这些属性中，我们重点学习 import、session、errorPage 和 isErrorPage 几个属性。

10.3.1 import 属性

import 属性用于描述 JSP 页面中使用类的全质名。这使得通过类名引用该类而无需加入包前缀成为可能，这是一个可选属性。

import 属性值是一个包名或全质类名的逗号分隔的列表，这些名字被直接转换到生成的对应 Servlet 中的 import 语句，其语法相当灵活。例如，为了导入 java.io、java.sql 和 java.util 包中的所有类，可以使用下列语句中的任意一个。

```
<% page import ="java.io.*,java.sql.*,java.util.*" %>
```

或者为多行形式，因为新行可记做字符串中的空格。

```
<% page import ="java.io.*,java.sql.*,java.util.*" %>
```

或使用分开的 page 伪指令。

```
<% page import ="java.io.* " %>
<% page import =" java.sql.* " %>
<% page import =" java.util.*" %>
```

除了空格上的差异，上述语句最终生成同样的 Java 代码。

```
import =java.io.*;
import =java.sql.*;
import =java.util.*;
```

需要注意的是，导入类并不意味着包含载入的任何内容，其只是在使用类名时无需指定其所属包的一种简写形式。

例如，如果导入 java.util 包，编码为：

```
Vector v=new Vector();
```

实际为：

```
java.util.Vector v=new java.util.Vector();
```

它只对 Java 编译器产生影响，而不是运行时的类。可以导入任意数量的类，但需要的只是实际运行时引用的类。

默认导入列表由 4 个包组成：java.lang、javax.servlet、javax.servlet.jsp 及 javax.servlet.http。

对这些包中的类不必进行明确导入声明，也不必写它们的全质名。

import 是 page 伪指令属性中惟一一个可以多次指定的属性，如果存在重复项不会产生错误，只是重复项自动被忽略。当多个 import 属性存在时，其效果与排列顺序无关。

10.3.2 session 属性

page 伪指令的 session 属性指出页面是否需要一个 HTTP 会话。该属性可能取值有两个：如果页面需要一个 HTTP 会话，则 session="true"，这是默认值；如果不需要 HTTP 会话，则 session="false"，在这种情况下，session 隐含变量为未定义，使用时将引起转换错误。

如果 JSP 页面不需要会话，从性能角度来说指定 session 取值为 false 是有意义的，因为这样可以不用创建不必要的会话，从而防止内存消耗和占用 CPU 时间。

10.3.3 errorPage 和 isErrorPage 属性

如果执行 JSP 页面时发生错误，由于 JSP 文件被编译成 Servlet 执行，出现异常的默认操作就是显示异常的堆栈。在开发阶段，这对调试程序很有帮助，但是在商业 Web 应用中这是不应该出现的。JSP 提供了一种简单且便利的解决方案，提供了重写这个默认行为的功能，将异常处理转到另一个文件中。这需要结合 errorPage 和 isErrorPage 两个属性。

JSP 页面可以指出当产生一个不能捕获的溢出时显示一个专门的错误页面。例如：

```
<% page errorPage="errorURL" %>
```

在这个 JSP 页面中，如果遇到任何未捕获到的 Throwable 对象，就会显示指定的出错页面。

这里的 errorURL 就是同一个上下文中另一个 JSP 页面的 URL。此 JSP 页面必须在其 page 伪指令中使用下列属性：

```
<% page isErrorPage="true" %>
```

这是非常关键的地方，只有这样指定，这个页面才能进行错误处理，才能使用 exception 对象。

一个指定错误页面的 JSP 页面源码源文件 errorProducer.jsp 如下，该 JSP 页面指定 errorHandler.jsp 页面为其错误处理页面。

```
<%@ page errorPage="errorHandler.jsp" %>
<html>
<body>
<%
  if (request.getParameter("name")==null) {
    throw new RuntimeException("Name not specified");
  }
%>
Hello, <%=request.getParameter("name")%>
</body>
</html>
```

在上述代码中，当请求中的参数 name 取值为空时，会抛出一个异常。此异常不过不是由 JSP 页面自身处理，而是由 JSP 容器根据 errorPage 属性指定的 errorHandler.jsp 页面为其处理错误。

errorHandler.jsp 页面源码如下：

```
<%@ page isErrorPage="true" %>
<html>
<body>
Unable to process your request: <%=exception.getMessage()%><br>
Please try again.
</body>
</html>
```

在 errorHandler.jsp 页面源码中，必须明确指定 isErrorPage 属性的值为 true，因为 isErrorPage 属性的默认值为 false。只有这样明确地指定，当 errorProducer.jsp 页面产生错误时，errorHandler.jsp 才能进行错误处理。

需要注意的是，错误处理页面只适用于从 exception 对象提取错误信息，产生相应的、合适提示信息。其并不适用于处理商务逻辑，因此不能被不同的 JSP 页面作为组件复用。并且，错误处理页面不是必须是一个 JSP 页面，也可以是一个静态 HTML 页面。如下所示：

```
<%@ page errorPage="errorHandler.html" %>
```

只不过，不能再使用脚本元素或表达式元素产生动态信息。

10.3.4 language 和 extends 属性

language 属性指定 JSP 页面中声明、脚本和表达式中使用的语言。默认值是 java，而且 JSP2.0 规范只允许是 java。在 JSP 页面中使用以下 page 伪指令显然是多余的。

```
<%@ page language="java" %>
```

extends 属性用于指定一个类，作为 JSP 页面对应 Servlet 类的基类。当我们需要定制

JSP 页面对应的 Servlet 类时，可采用此属性。默认的基类一般油框架提供，因此 extends 属性极少使用。

以下是使用 extends 属性的示例：

```
<%@ page extends="mypackage.MySpecialBaseServlet" %>
```

10.3.5　buffer 和 autoFlush 属性

buffer 属性指定输出缓存区的最小值，该缓存区存储响应内容，直到发送给客户端为止。缓存区默认的大小取决于具体的 JSP 引擎，但是 JSP 规范强制要求缓存区大小不能小于 8kb。

以下 page 伪指令设置缓存区大小为 32Kbyte：

```
<%@ page buffer="32kb" %>
```

缓存区大小的单位是 Kbyte，这是规范强制要求的。如果指定缓存区大小为 none，则没有缓存区，直接将数据发送给客户端。

autoFlush 属性用于指定当缓存区满时，是否自动将数据发送给客户端。autoFlush 属性默认取值为 true。如果 autoFlush 属性取值为 false，而且缓存区已满，当我们试图添加更多的数据到缓存区中，则会产生异常抛出。

使用 autoFlush 属性的语句如下所示：

```
<%@ page autoFlush="false" %>
```

以下对 buffer 和 autoFlush 属性的联合使用均是无效的，会产生错误。

```
<%@ page buffer="none" autoFlush="false" %>
<%@ page buffer="0kb" autoFlush="false" %>
```

10.3.6　info 属性

page 伪指令的 info 属性使用户可以指定 JSP 页面的描述性信息。例如：

```
<%@ page info="This is a sample Page. " %>
```

此属性值被编译到类中，可以通过 getServletInfo()方法获得。其允许 Servlet 容器在一个管理界面内对其 Servlet 提供有用的描述，该属性默认值取决于具体实现。

10.3.7　contentType 和 pageEncoding 属性

JSP 页面一般生成 HTML 输出，当然也可以产生其他类型的内容。通过指定 page 伪指令的 contentType 属性值，可以指定页面响应的 MIME 类型和 JSP 字符编码。MIME 默认的类型为 text/html，字符编码默认为 ISO-8859-1。MIME 类型和字符编码之间使用分号隔开，如下所示：

```
<%@ page contentType="text/html;charset=ISO-8859-1" %>
```

pageEncoding 属性用于指定 JSP 页面的字符编码格式，其默认值为 ISO-8859-1。如下所示：

```
<%@ page pageEncoding="ISO-8859-1" %>
```

10.4 小结

在本章中，我们学习了作为 Web 脚本语言的 JSP 技术。首先，学习了 JSP 的 6 个语法构成元素——伪指令、声明、脚本、表达式、动作指令和注释。接着，学习了 JSP 页面如何转换为 Servlet 来响应客户端请求以及 JSP 页面的生命周期中的 7 个阶段。

学习了 JSP 生命周期中的 3 个方法：jspInit()、_jspService()和 jspDestroy()，以及如何利用这些方法实现 JSP 页面的初始化、处理请求和销毁 JSP 页面。最后，学习了用于设置 JSP 页面整体属性的 page 伪指令以及该指令的 12 个属性。

在下一章中，我们将继续深入讨论 JSP 技术，学习几个新特性。

Chapter 11

JSP 模型进阶

11.1 JSP 转换 Servlet

11.2 JSP 内置对象

11.3 JSP 作用域

11.4 JSP 文档

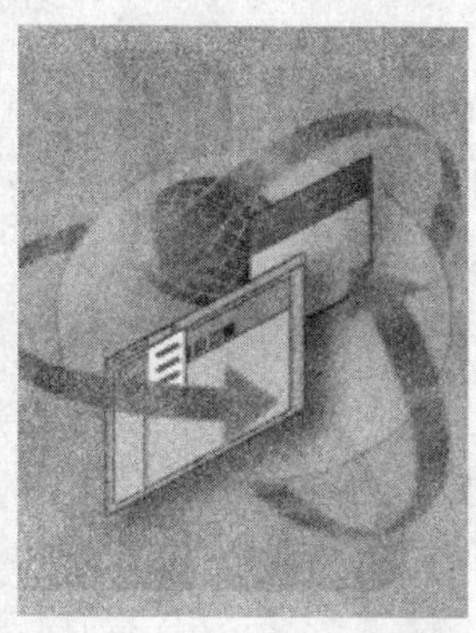

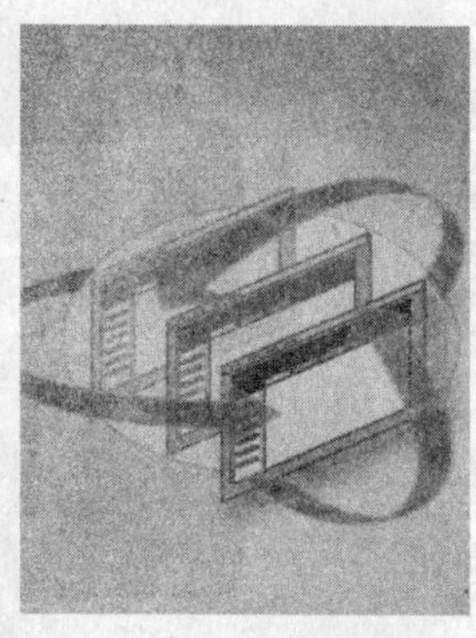

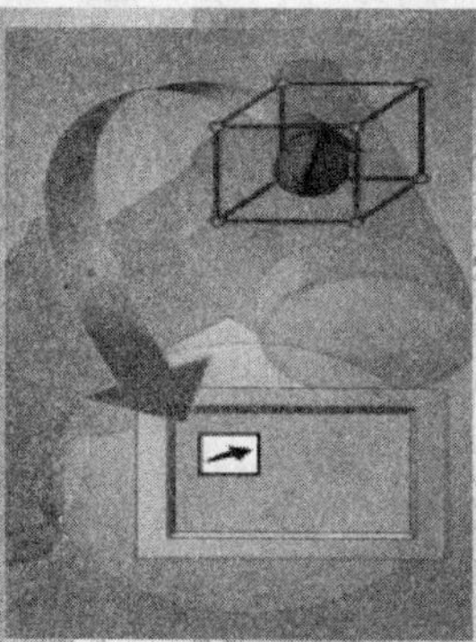

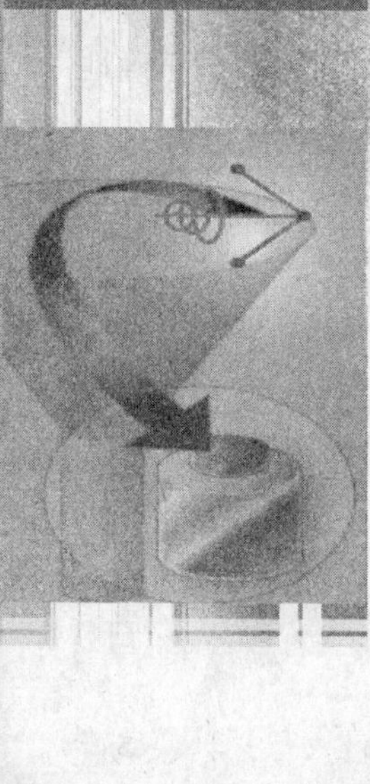

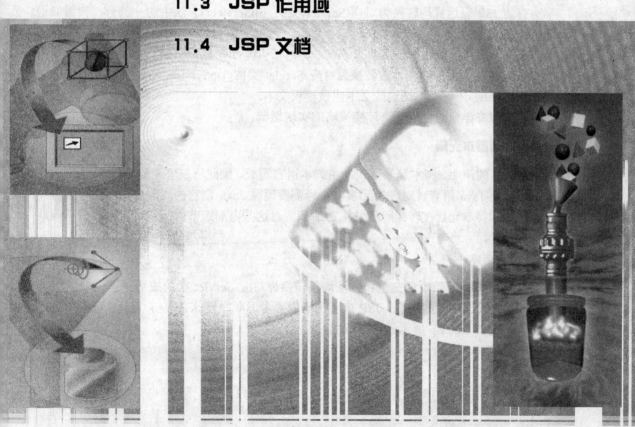

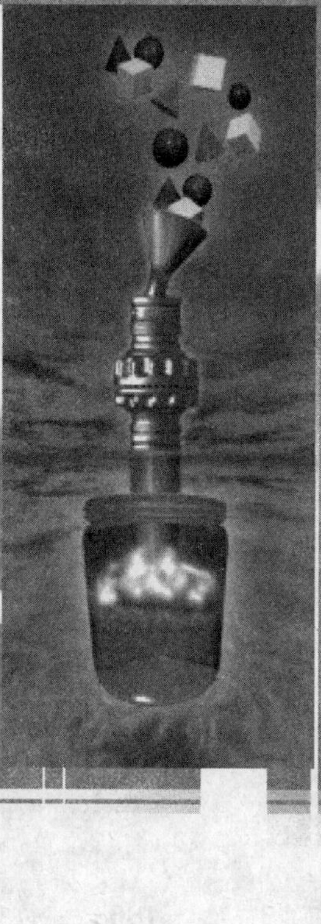

上一章我们学习了 JSP 语法的基础知识，了解了 JSP 构成元素。在本章中，我们将进一步学习 JSP 模型的高级内容，首先我们详细地讲解 JSP 生命期第一个阶段——转换阶段，接着讨论 JSP 的各个内置对象的使用及 JSP 作用域，最后讲解 JSP 文档。

11.1 JSP 转换 Servlet

JSP 页面生命周期的第一个阶段——转换阶段是将 JSP 源文件转换为对应的 Servlet 源文件。JSP 容器读取 JSP 页面采取的转换策略是，解析、校验 JSP 标签使用的合法性，将其转换为 Java 代码。

根据 JSP 伪指令产生对应的 Java 语句。例如，page 伪指令的 import 属性产生 Java 语言的 import 导入语句。利用 Servlet 的 getServletInfo()方法，可以获取 info 属性关于 JSP 页面的描述信息来产生 Servlet 类。还有其他一些 page 伪指令的属性，用来指示容器有关 JSP 文件中的全局属性，例如 language 属性告知容器当前页面使用的脚本语言是 Java 语言；pageEncoding 属性通知容器当前页面的字符编码格式。

所有 JSP 中的声明元素都将转换为对应 Servlet 类的成员。JSP 中的声明变量转换为类成员属性；JSP 中的声明方法转换为类成员方法。

JSP 中所有的脚本转换为对应 Servlet 类的_jspService()方法中的一部分，脚本中的变量转换为_jspService()方法中局部变量。JSP 脚本中不存在方法声明，因为 Java 语言不允许在方法中声明方法。

所有的 JSP 表达式均转换为对应 Servlet 类的_jspService()方法中的一部分，被镶嵌进 out.print()语句中。

所有的动作指令被底层指定的类取代，所有的 JSP 注释被忽略掉。

所有 JSP 页面中的纯文本被转换为对应 Servlet 类的_jspService()方法中的一部分，被镶嵌进 out.write()语句中。把这些文本叫做模板文本。

下面我们将详细的讨论每个转换策略的实现细节。

11.1.1 使用脚本元素

由于 JSP 的声明、脚本和表达式均由脚本语言写成，因此将三者通称为脚本元素。JSP 的脚本语言为 Java 语言，对脚本元素的编译需要遵循 Java 语言的规范要求。以下通过几个示例来展示脚本元素在转换阶段发生的细节，对这些内部细节的了解可以使我们正确地使用脚本元素。

1. 声明顺序

因为所有 JSP 声明中的变量和方法均将转换为对应 Servlet 类的成员，因此根据 Java 语言类成员之间无序性的规则，JSP 声明也不需要考虑顺序性。

以下源文件 area.jsp 展示了这个特性。

```
<html>
<body>
Using pi = <%=pi%>, the area of a circle<br>
with a radius of 3 is <%=area(3)%>
```

```
<%!
  double area(double r) {
    return r*r*pi;
  }
%>
<%! final double pi=3.14159; %>
</body>
</html>
```

在上述代码中，存在两个 JSP 声明：一个声明了 area()方法，另一个声明了常量 pi。尽管这两个方法和产量均在其使用后声明，但是程序正常编译、运行，打印输出：

```
Using pi = 3.14159, the area of a circle
with a radius of 3 is 28.27431
```

2. **脚本顺序**

因为 JSP 中所有的脚本均将转换为对应 Servlet 类的_jspService()方法中的一部分，脚本中的变量转换为_jspService()方法中局部变量。因此，根据 Java 语言方法中变量有序性的规则，JSP 脚本声明也需要考虑顺序性。如以下源文件中所示，展示了这个特性。

```
<html>
<body>
<% String s = s1+s2; %>  <=错误，因为使用了未定义的变量s2
<%! String s1 = "hello"; %>  <=变量s1为成员变量
<% String s2 = "world"; %>  <=变量s2为局部变量
<% out.print(s); %>
</body>
</html>
```

在上述代码中，变量 s 和 s2 是在 JSP 脚本中声明的，变量 s1 是在 JSP 声明中声明的。因此，变量 s 和 s2 转换为方法中的局部变量，变量 s1 转换为类成员变量。上述代码编译错误，因为在使用变量 s2 前未定义声明变量 s2。

3. **变量初始化**

在 Java 语言中，如果类成员变量未初始化，会由系统根据变量声明的类型自动初始化，赋予变量一个默认值。而对于方法中的局部变量，使用前必须由开发人员明确指定初始化值，否则会产生编译错误。因此，在 JSP 声明中声明的变量可以自动被初始化，而在 JSP 脚本中声明的变量，在使用前必须由开发人员明确指定。

以下源文件 init.jsp 展示了这个特性。

```
<html>
<body>
<%! int i; %>
```

```
<% int j; %>
The value of i is <%= i++ %> <br>   <=正确，变量i初始化值0
The value of j is <%= j++ %> <br>   <=错误，变量j未初始化
</body>
</html>
```

在上述代码中，变量 i 是在 JSP 声明中声明的，变量 j 是在 JSP 脚本中声明的。因此，变量 i 转换为类成员变量，自动初始化值为 0；变量 j 转换为_jspService()方法中的局部变量。所以，上述代码编译错误，因为在使用局部变量 j 前未初始化变量 j。

需要注意的是，类实例变量仅在实例化类时，创建、初始化一次。在 JSP 声明中声明的成员变量，其在客户端之间是共享的，而在脚本中声明的局部变量，仅归属于每个客户端。脚本中声明的变量不能在所有客户端间维持状态，而是每次客户端调用_jspService()方法时创建、初始化。

以下改进源文件 init.jsp，展示了这个特性。代码在 JSP 脚本中声明了一个变量 j，并初始化其值为 0。

```
<html>
<body>
<%! int i; %>
<% int j=0; %>
The value of i is <%= i++ %> <br>
The value of j is <%= j++ %> <br>
</body>
</html>
```

现在，由于正确地初始化了变量 j，因此该代码可编译、运行。每次访问该 JSP 页面时，变量 i 的值每次增 1，变量 j 的值始终为 0。

11.1.2 使用逻辑控制

JSP 脚本用来进行逻辑计算，其需要使用逻辑控制，如条件判断、循环控制。以下代码使用了一个条件判断语句来检测客户端的登录状态，根据状态返回客户端相应的响应。

```
<%
  boolean isUserLoggedIn = ... //get login status
  if (isUserLoggedIn) {
    out.print("<h3>Welcome!</h3>");
  } else {
    out.println("Hi! Please log in to access the member's area.<br>");
    out.println("<A href='login.jsp'>Login</A>");
  }
%>
```

当条件判断语句中包含大量的 HTML 代码，为了避免多次书写 out.println()语句，可以采取分割条件判断语句间隔分布的方式。以下代码：

```
<html>
<body>
<%
 boolean isUserLoggedIn = ... //get login status
 if (isUserLoggedIn) {
%>
<h3>Welcome!</h3>
A lot of HTML here...
<%
 } else {
%>
Hi! Please log in to access the member's area.
<A href="login.jsp">login</A>
A lot of HTML here...
<% } %>
</body>
</html>
```

在上述代码中，一个 if-else 条件判断语句被分割在 3 个 JSP 脚本中。运行时，第一个脚本首先执行，获取客户端登录状态，用变量 isUserLoggedIn 标识。如果变量 isUserLoggedIn 取值为 true，则包含在第一个 JSP 脚本和第二个 JSP 脚本之间的 HTML 代码被输出。如果变量 isUserLoggedIn 取值为 false，则包含在第二个 JSP 脚本和第三个 JSP 脚本之间的 HTML 代码被输出。

需要注意的是，作为 Java 语言代码块起始和结束标记的花括号应正确使用。缺少花括号或不匹配，均会产生错误。如以下代码：

```
<% if (isUserLoggedIn) %>
Welcome, <%= userName %>!
```

经过转换生成的 Java 代码如下：

```
if (isUserLoggedIn)
  out.write("Welcome, ");
out.print(userName);
```

在上述代码中，不管变量代表客户端登录状态的 isUserLoggedIn 变量取值为 true 或 false，out.print(userName);语句均会获得执行，因此达不到预期的效果。

正确的 JSP 代码如下：

```
<%
 if (isUserLoggedIn) {
%>
Welcome, <%= userName %>!
<% } %>
```

不仅条件语句可以用于 JSP 脚本，循环控制语句也可以用于 JSP 脚本，并且也可以被分割成几个部分分布到 JSP 页面中与 HTML 交替出现。该方式经常用于控制表格的输出，如以下代码所示：

```
<html>
<body>
List of logged in users:
<table>
<tr>
<th> Name </th>
<th> email </th>
</tr>
<%
 User[] users = //get an array of logged in users
 for(int i=0; i< users.length; i++) {
%>
<tr>
<td> <%= users[i].name %> </td>
<td> <%= users[i].email %> </td>
</tr>
<%
 } // For loop ends
%>
</table>
</body>
</html>
```

在上述代码中，一个 for 循环控制语句被分割在两个 JSP 脚本中。第一个脚本是循环的开始，第二个 JSP 脚本是循环的结束。两个脚本之间包含了使用 JSP 表达式的表格的一行。

当客户端发送请求访问时，循环被执行，执行次数取决于登录的用户数，即数组 users 的长度。执行每次循环体，输出表格中的一行，包含用户名和电子邮件两列。因此，如果数组长度为 9，创建输出的是一个九行两列的表格。通过循环控制变量 i 来访问数组中存储的不同用户的信息。因此，通过使用脚本和表达式可以动态产生可变长度的表格。

11.1.3 使用请求属性表达式

JSP 表达式不仅可以用于输出 HTML 取值，也可以用于向动作指令动态传递参数。如以下代码：

```
<% String pageURL = "copyright.html"; %>
<jsp:include page="<%= pageURL %>" />
```

在上述代码中，表达式<%= pageURL %>并没有向输出流输出值，而是当客户端请求时，将其包含的值 copyright.html 赋予动作指令 include 的 page 属性。我们把这种用于向动作指令属性传递值的 JSP 表达式称作请求属性表达式。

需要注意的是，用于 JSP 动作指令的 JSP 表达式的使用机制，不能用于 JSP 伪指令。因为 JSP 伪指令是静态概念，其在 JSP 生命期的转换阶段就已经确定，转换成型。例如，以下代码中的两个伪指令使用错误。

```
<%!
 String bSize = "32kb";
 String pageUrl = "copyright.html";
%>
<%@ page buffer="<%= bSize %>" %>  <=错误
<%@ include file="<%= pageUrl %>" %>  <=错误
```

11.1.4 使用转义序列

转义字符是指用一些普通字符的组合来代替一些特殊字符，由于其组合改变了原来字符表示的含义，因此称为转义。例如，Java 语言中，用\n 来表示换行，\r 表示回车等，它们本身只是一个反斜杠和一个字母，但是却被赋予了特殊的意义。

ASCII 码中有一些非打印字符，像换行、响铃等，这些字符必须直接写入 ASCII 码值才可以输出。这些 ASCII 码之间没有任何规律，可读性不高，难于记忆，为此人们采用转义字符来代替 ASCII 码值，用以摆脱 ASCII 码的缺点，方便人们的使用。简单的说，就是用可以看见的字符表示那些不可见的字符。

同样，JSP 中也存在一些特殊的转义字符，例如单引号、双引号、反斜杠以及<%!、<%=”、<%、%>、<%--、--%>等。有时需要以这些字符的本意来使用，就必须使用一个反斜杠来联合这些字符，这样代码解析器就不会将这些字符再作为转义字符处理，将此称作转义序列。

下面具体看一下在不同上下文中转移序列的使用情况。

1. 模板文本上下文中

JSP 中所有脚本元素，声明元素（<%!）、脚本元素（<%）、表达式元素（<%=）都是以<%作为起始标记。JSP 代码解析器解析代码时，会搜寻<%来查找起始标签。为了在模板上下文中使用字符<%，必须要在<和%间增加一个反斜杠，以示代码解析器不要将<%作为起始标签解析。如以下代码：

```
<html>
<body>
The opening tag of a scriptlet is <\%
The closing tag of a scriptlet is %>
</body>
</html>
```

运行上述代码，浏览器上输出：

The opening tag of a scriptlet is <% The closing tag of a scriptlet is %>

可以看出，<%和%>被直接作为 HTML 文本输出，而不再作为 JSP 标签标记使用。

需要注意的是，脚本结束标记并未刻意地增加一个反斜杠，这是因为代码解析器已经不将加了反斜杠的<\%作为标签起始标记，自然就不会寻找与起始标记对应的结束标记。

2. **脚本上下文中**

JSP 中所有脚本元素都是以%>作为结束标记，JSP 代码解析器解析代码时，检索到起始标记<%后，会继续搜寻与起始标记对应的结束标记%>。为了在脚本上下文中使用字符%>，必须要在%和>间增加一个反斜杠，以示代码解析器不要将%>作为结束标签解析。如以下代码：

```
<html>
<body>
<%= "The opening tag of a scriptlet is <%" %>
<%= "The closing tag of a scriptlet is %\>" %>
</body>
</html>
```

运行上述代码，浏览器上输出：

```
The opening tag of a scriptlet is <% The closing tag of a scriptlet is %>
```

可以看出，<%和%>被直接作为 HTML 文本输出，而不再作为 JSP 标签标记使用。

需要注意的是，输出的脚本起始标记并未刻意地增加一个反斜杠，这是因为代码解析器已经将<%＝作为表达式标签起始标记，自然就不会在寻找到与起始标记对应的结束标记前再次寻找起始标记。

3. **属性上下文中**

为了在 JSP 脚本上下文中使用单引号、双引号、反斜杠以及<%!、<%=、<%、%>、<%--、--%>等，必须都要和反斜杠结合使用。如以下代码：

```
<%@ page info="A sample use of ', \", \\, <\%, and %\> characters. " %>
<html>
<body>
<%= getServletInfo() %>
</body>
</html>
```

运行上述代码，浏览器上输出：

```
A sample use of ', ", \, <%, and %> characters.
```

在上述代码中，单引号前并未加反斜杠，照样输出单引号。因为此处的 page 伪指令的 info 属性值是用双引号括起来的。如果是用单引号括起来，那么单引号前就必须加反斜杠，如以下代码：

```
<%@ page info='A sample use of \', ", \\, <\%, and %\> characters. ' %>
```

在使用请求属性表达式时，不能嵌套使用单引号或双引号，即不能在一对单引号中再内嵌一对单引号或不能在一对双引号中再内嵌一对双引号。以下代码，是错误代码：

```
<jsp:include page="<%= "copyright.html" %>" />
```

为了改正上述代码错误，可以采用单引号括住整个属性值，结合双引号括住表达式值的方式或通过与反斜杠联合使用的方式。

```
<jsp:include page='<%= "copyright.html" %>' />
<jsp:include page="<%= \"copyright.html\" %>" />
```

需要注意的是，HTML 中的<和>具有特殊含义，用于链接签，不能直接使用。使用这两个字符时，应使用它们的转义序列，如下所示：

```
<html>
<body>
The opening tag of a scriptlet is &lt;%
The closing tag of a scriptlet is %&gt;
</body>
</html>
```

运行上述代码，可以看出<%和%>可以直接输出，并未加反斜杠。

11.2　JSP 内置对象

在 JSP 页面生命周期的转换阶段，JSP 容器在_jspService()方法中声明并初始化 9 个内置对象。以下示例展示了前面已经看到过的 out 对象的使用：

```
<html>
<body>
<%
  out.print("Hello World! ");
%>
</body>
</html>
```

在上述代码中，尽管没有声明、定义过 out 变量，但代码依然可以正常编译、执行而不会产生任何错误。因为 out 是 JSP 内置对象中的之一，JSP 容器使其在 JSP 页面内有效。

JSP 中的 9 个内置对象，如表 11-1 所示。

表 11-1　JSP 内置对象

名　称	接口/类
application	javax.servlet.ServletContext 接口
session	javax.servlet.http.HttpSession 接口
request	javax.servlet.http.HttpServletRequest 接口
response	javax.servlet.http.HttpServletResponse 接口
out	javax.servlet.jsp.JspWriter 类
page	java.lang.Object 类
pageContext	javax.servlet.jsp.PageContext 类
config	javax.servlet.ServletConfig 接口
exception	java.lang.Throwable 类

下面示例展示了 Tomcat 服务器为 JSP 页面自动声明这些内置对象。从中可以证明这些内置对象为什么不需要我们声明，就可以直接使用。

（1）我们在 C:\jakarta-tomcat-5.0.25\webapps\chapter11 目录下创建一个空白内容的 JSP 文件－implicit.jsp。

（2）启动 Tomcat 应用服务器。

（3）在浏览器键入 http://localhost:8080/chapter11/implicit.jsp 地址。尽管在浏览器上没有任何内容展示，但 JSP 容器会在 C:\Jakartatomcat-5.0.25\work\Catalina\localhost\chapter11\org\apache\jsp 目录中创建一个名为 implicit_jsp 的 Java 源文件，就是 implicit.jsp 文件对应的 Servlet 的 Java 类文件。

该 Servlet 中的_jspService()方法代码如下所示：

```
public void _jspService(HttpServletRequest request,
    HttpServletResponse response) throws java.io.IOException,
    ServletException {
  ...other code
  PageContext pageContext = null;
  HttpSession session = null;
  ServletContext application = null;
  ServletConfig config = null;
  JspWriter out = null;
  Object page = this;
  ...other code
```

```
pageContext = ...//get it from somewhere
session = pageContext.getSession();
application = pageContext.getServletContext();
config = pageContext.getServletConfig();
out = pageContext.getOut();
...other code
}
```

在上述代码中，可以看到在_jspService()方法中，共声明、创建了 8 个内置对象。为了获取第九个内置对象，在 implicit.jsp 文件中添加一行代码，如下所示：

```
<%@ page isErrorPage="true" %>
```

存储 implicit.jsp 文件后，在浏览器上再次访问该文件。现在，在 implicit_jsp.java 文件中可以看到，新增了一行代码，如下所示：

```
Throwable exception=(Throwable)
      request.getAttribute("javax.servlet.jsp.jspException");
```

现在，我们应该明白为什么把这些对象称作内置对象。因为我们并没有在 JSP 页面中去声明、创建，而是由容器来产生的。我们可以直接使用。

接下来，我们一一讨论这 9 个内置对象的使用。

11.2.1 application 对象

application 对象的数据类型是 javax.servlet.ServletContext，其为多个应用程序保存信息。对于一个容器而言，每个用户都共享一个 application 对象。服务器启动后，就会自动创建 application 对象，这个对象一直会保持，直到服务器关闭为止。

以下代码中的两个脚本完成相同的功能。

代码段 1：

```
<%
  String path = application.getRealPath("/Web-INF/counter.db");
  application.log("Using: "+path);
%>
```

代码段 2：

```
<%
String path = getServletContext().getRealPath("/Web-INF/counter.db");
 getServletContext().log("Using: "+path);
%>
```

以下示例代码展示了如何使用 application 内置对象。在示例中，完成了通过使用 application 对象来实现一个页面访问的计数器。利用 application 对象的共享性，通过

application 对象的 setAttribute()方法来设置和更新计数器的值。实现的计数器不是针对整个网站，而是为每个页面提供计数功能。只要将 application.jsp 文件包含到页面中，就可以为该页面实现页面访问统计。

```
//application.jsp
<%@ page language="java" contentType="text/html; charset=gb2312"%>
<%
  int count=0;
  String counter_name=request.getParameter("counter_name");
  try {
    count=Integer.parseInt((
      application.getAttribute(counter_name).toString()));
  }
  catch(Exception e) {
  }
out.println("after server started,this page is accessed "+count+"num");
  count++;
  application.setAttribute(counter_name,new Integer(count));
%>
```

在上述代码中，首先声明了一个 count 变量，然后将 count 值增 1，再重新设置 count 属性的值，这样就完成了计数器的功能。

以下提供了两个页面来测试计数，以便可以看出各个页面是独立计数的效果。

页面 test_application.jsp：

```
<%@ page contentType="text/html; charset=gb2312" language="java"
import="java.sql.*" errorPage="" %>
<html>
<head>
<title>count example</title>
<meta http-equiv="Content-Type" content="text/html; charset=gb2312">
</head>
<body>
test application<br>
<jsp:include page="application.jsp">
<jsp:param name="counter_name" value="test_application"/>
</jsp:include>
</body>
</html>
```

页面 test_application2.jsp：

```
<%@ page contentType="text/html; charset=gb2312" language="java"
import="java.sql.*" errorPage="" %>
<html>
<head>
<title> count example </title>
<meta http-equiv="Content-Type" content="text/html; charset=gb2312">
</head>
<body>
test application <br>
<jsp:include page="application.jsp">
<jsp:param name="counter_name" value="test_application2"/>
</jsp:include>
</body>
</html>
```

在上述代码中，使用<jsp:include>伪指令把计数器 application.jsp 文件包含进来，为计数器设置了不同的名称，以便实现多个页面分别计数的功能。

打开两个浏览器，在浏览器地址栏分别键入 http://localhost:8080/root/ test_application.jsp 地址和 http://localhost:8080/root/ test_application2.jsp 地址。通过不同次数的刷新可以看出 test_application.jsp 和 test_application2.jsp 页面的计数是分别进行的。运行结果如图 11-1 所示。

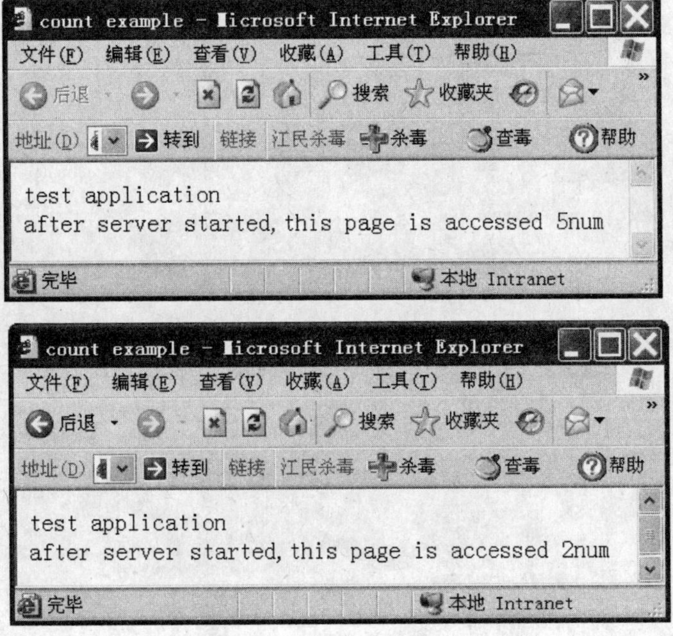

图 11-1　运行效果图

11.2.2 session 对象

session 对象用来保存每个客户的信息，以便跟踪用户的操作状态，session 信息保存在容器中。一般情况下，用户首次访问时，容器会给用户分配一个惟一标识的 ID，该 ID 用于区分其他用户。当用户退出时，与其相关的 session 就会自动回收。也就是说，session 对象是被每个客户端独享的，这不同于 application 对象。

page 伪指令的 session 属性用于指定页面是否需要一个 session 会话。该属性可能取值有两个：如果页面需要一个 HTTP 会话，则 session="true"，这是默认值；如果不需要 HTTP 会话，则 session="false"，在这种情况下，session 隐含对象未定义，此时使用将会引起转换错误，因为容器无法创建该对象。如以下代码：

```
<html>
<body>
<%@ page session="false" %>  <=指明session对象不能使用
Session ID = <%=session.getId()%>  <=错误，使用未定义对象
</body>
</html>
```

在上述代码中，采用 page 伪指令明确指定属性 session 取值为 false，因当前页面中不存在 session 对象，所以调用 session 对象上的 getId()方法会产生编译错误。

以下示例代码展示了如何使用 session 内置对象来实现用户的登录。

首先，用户通过登录页面 session_login.html 表单输入用户名、密码，并选择用户类型。

```
<html>
<body>
<form method=post action="check_login.jsp">
<table>
<tr><td>name:</td><td>
<input type=text name=name>
</td></tr><tr><td>password:</td><td>
<input type=text name=password>
</td></tr><tr colspan=2><td>login type:
<input type=radio name=type value=manager Checked>admin
<input type=radio name=type value=user>user
</td></tr>
<tr colspan=2>
<td>
<input type=submit value=login>
</td>
</tr>
</table>
```

```
</body>
</html>
```

当用户提交登录信息后，由 check_login.jsp 文件负责处理请求。

```
<%
  String name=request.getParameter("name");
  String password=request.getParameter("password");
  String type=request.getParameter("type");
  //check login,if username is admin,login is sucess
  if(name.equals("admin")) {
    session.setAttribute("name",name);
    session.setAttribute("type",type);
    response.sendRedirect("loginsucess.jsp");
  } else {
    response.sendRedirect("session_login.html");
  }
%>
```

在上述代码中，通过调用 session.setAttribute()方法把登录信息保存起来。然后，根据用户登录状况，通过调用 response.sendRedirect()方法转发到不同的页面。如果登录成功，页面就跳转到 loginsucess.jsp 页面。

```
<br>
<hr>
welcome!
<%=session.getAttribute("name")%>
<%
  if(session.getAttribute("type").equals("manager")) {
%>
<a href=manage.jsp>enter manager system </a>
<%
  } else {
%>
<a href="user.jsp">enter function system</a>
<% } %>
```

在上述代码中，通过调用 session.getAttribute()方法获取 name 和 type 属性值。

在浏览器地址栏键入 http://localhost:8080/root/session_login.html 地址来访问。登录页面运行效果图如图 11-2 所示。

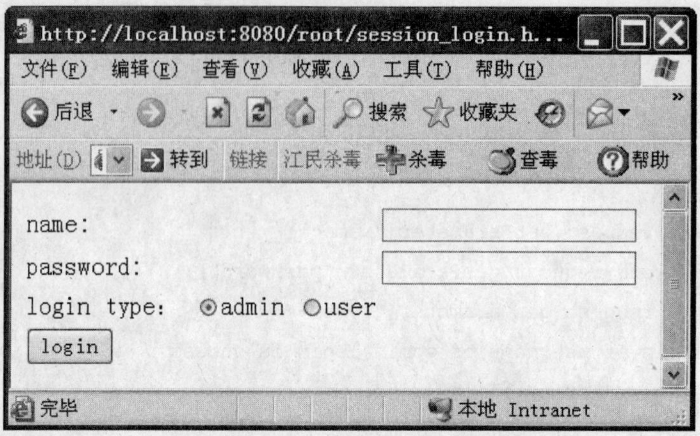

图 11-2　登录页面运行效果图

在表单中填写用户名 admin，然后选择用户类型后提交。根据用户类型返回不同的页面。选择管理员类型，登录成功后页面运行效果图如图 11-3 所示。

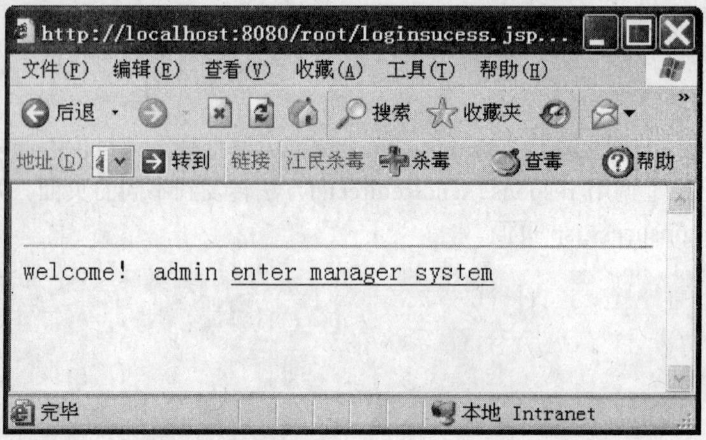

图 11-3　运行效果图

11.2.3　request 和 response 对象

request 对象的数据类型是 javax.servlet.http.HttpServletRequest，response 对象的数据类型是 javax.servlet.http.HttpServletResponse。当客户端访问时，这两个对象作为_jspService() 方法的参数，由容器传递给 JSP 页面。request 对象封装了由客户端生成 HTTP 请求的细节，response 对象封装了返回到 HTTP 客户端的输出。这两个对象的用法同 Servlet 里一样。以下是使用 request 对象和 response 对象的简单示例：

```
<%
  String remoteAddr = request.getRemoteAddr();
  response.setContentType("text/html;charset=ISO-8859-1");
%>
<html>
<body>
```

```
Hi! Your IP address is <%=remoteAddr%>
</body>
</html>
```

以下示例代码 request.jsp 展示了如何使用 request 内置对象。

```
<%@ page import="java.io.*"%>
Request Object Info:
<hr>
<%
  out.println("<br> getMethod:");
  out.println(request.getMethod());
  out.println("<br>getParameter:");
  out.println(request.getParameter("name"));

  out.println("<br>getAttributeNames:");
  java.util.Enumeration e=request.getAttributeNames();
  while(e.hasMoreElements())
    out.println(e.nextElement());

  out.println("<br>getCharacterEncoding:");
  out.println(request.getCharacterEncoding());
  out.println("<br>getContentLength: ");
  out.println(request.getContentLength());
  out.println("<br>getContentType:");
  out.println(request.getContentType());
  out.println("<br>getLocale:");
  out.println(request.getLocale());
  out.println("<br>getProtocol:");
  out.println(request.getProtocol());
  out.println("<br>getRemoteAddr:");
  out.println(request.getRemoteAddr());
  out.println("<br>getRemoteHost:");
  out.println(request.getRemoteHost());
  out.println("<br>getRemoteUser:");
  out.println(request.getRemoteUser());
  out.println("<br>getServerName:");
  out.println(request.getServerName());
  out.println("<br>getServerPort:");
  out.println(request.getServerPort());
  out.println("<br>getSession:");
```

```
    out.println(request.getSession(true));
    out.println("<br>getHeader('User-Agent')");
    out.println( request.getHeader("User-Agent"));
%>
```

上述代码中使用了 request 对象中常用的大多数方法，我们可以借此掌握对 request 对象的使用。

在浏览器地址栏键入 http://localhost:8080/root/request.jsp 地址来访问 request.jsp 文件，浏览器输出信息如图 11-4 所示。

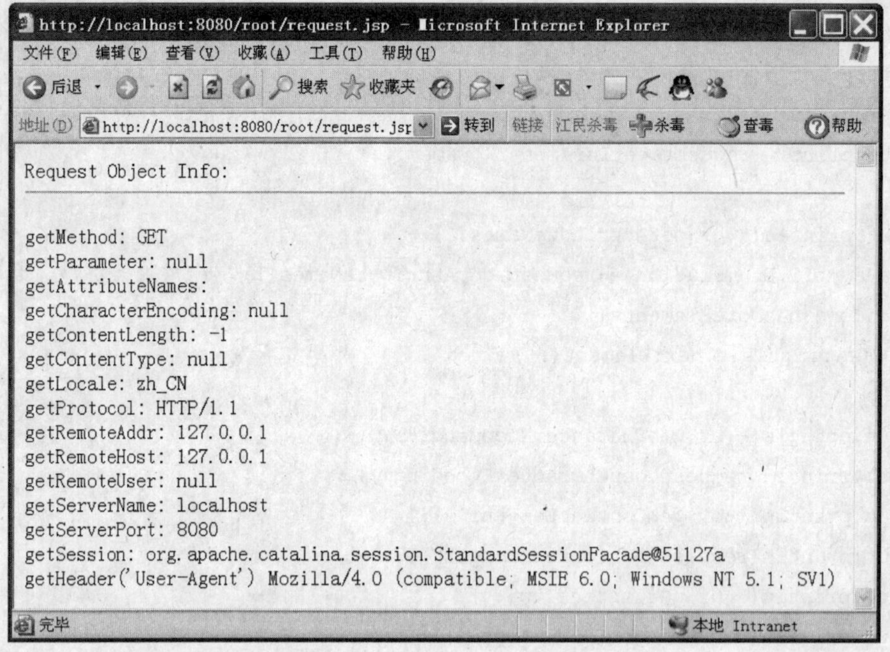

图 11-4　运行效果图

以下示例代码 resposne.jsp 展示了如何使用 response 内置对象。

```
<%@ page import="javax.servlet.http.Cookie,java.util.*"%>
<%
    String userName="hellking";
    Cookie[] cookie=request.getCookies();
    Cookie cookie_response=null;
    List list=Arrays.asList(cookie);
    Iterator it=list.iterator();
    while(it.hasNext()) {
      Cookie temp=(Cookie)it.next();
      if(temp.getName().equals(userName+"_access_time")) {
        cookie_response=temp;
        break;
```

```
        }
      }
      out.println("current time: "+new java.util.Date()+"<br>");
      if(cookie_response!=null) {
        out.println("last time: "+cookie_response.getValue());
        cookie_response.setValue(new Date().toString());
      } else {
        cookie_response=new Cookie(userName+"_access_time",
        new java.util.Date().toString());
      }
      response.addCookie(cookie_response);
      response.setContentType("text/html");
      response.flushBuffer();
%>
```

在上述代码中，使用了一个Cookie对象。每次用户登录时，通过request对象获取Cookie对象，读取出其中包含的客户端相关信息，将其显示在页面中。

11.2.4 page 对象

page 对象的数据类型是 java.lang.Object，其是 JSP 对应实现类的实例。也就是说，它是 JSP 本身，通过该对象可以对它进行访问。此作为 JSP 实现类对象的一个句柄，只有在 JSP 页面的范围内使用才是合法的。

page 对象相当于 Java 语言中的 this 关键字，其声明类似于以下语句：

```
Object page = this; //this refers to the instance of this servlet.
```

page 对象很少被使用。因为其是一个 Object 型对象，不能直接被 Servlet 方法调用。如下代码所示：

```
<%= page.getServletInfo() %>  <=错误
<%= ((Servlet)page).getServletInfo() %>  <=正确
<%= this.getServletInfo() %>  <=正确
```

在上述代码中，第一个 JSP 表达式会产生编译错误，因为 getServletInfo()方法不是 java.lang.Object 类上定义的方法。

在第二个 JSP 表达式中，试图将 page 造型为一个 Servlet，由于 page 代表的 JSP 实现类 Servlet，因此这是一个合法造型。再调用 Servlet 上定义的 getServletInfo()方法可以正确编译。

在第三个 JSP 表达式中，使用 this 关键字来代表 JSP 对应的 Servlet 类实例，调用其上的 getServletInfo()方法，代码可通过编译。

11.2.5 pageContext 对象

pageContext 对象的数据类型是 javax.servlet.jsp.PageContext，其是 JSP 页面上下文的封装，用于管理对属于 JSP 所有作用域中对象的访问，同时也提供转发请求到其他资源和包含其他资源输出的各种方法。由于 PageContext 是一个抽象类，因此其实现子类 pageContext 对象的创建和初始化均由容器来完成，在 JSP 页面里可以直接使用 pageContext 对象。

pageContext 对象中常用的方法有：

- getServletContext()　返回 ServletContext 对象，这个对象对所有的页面都共享。
- getSession()　返回当前页面的 session 对象。
- getRequest()　返回当前的 request 对象。
- getResponse()　返回当前的 response 对象。
- getServletConfig()　返回当前页面的 severletConfig 对象。
- getException()　返回当前的 exception 对象。
- findAttribute()　用来按照页面、请求、会话以及应用程序范围的顺序实现对某个已经命名属性的搜索。
- getAttribute(java.lang.String name [,int scope])　用来检索一个特定的已经命名的对象的范围，并且还可以通过调用 getAttributeNamesInScope()方法，检索对某个特定范围的每个属性 String 字符串名称的枚举。scope 参数是可选的。
- setAttribute()　用来设置默认页面范围或者特定对象范围之中的已命名对象。
- removeAttribute()　用来删除默认页面范围或者特定对象范围之中的已命名对象。
- forward(java.lang.String relativeUrlPath)　把页面重定向到另一个页面或者 Servlet 组件上。

以下代码是在 Servlet 中实现的将一个请求转发到另一个页面。

```
RequestDispatcher rd = request.getRequestDispatcher("other.jsp");
rd.forward(request, response);
```

以下代码是在 JSP 中实现的同样功能。

```
pageContext.forward("other.jsp");
```

以下示例代码 pagecontext_form.html 展示了如何使用 pageContext 内置对象。首先提供一个页面，通过该页面获取测试参数，作为属性参数存在。

```
<html>
<body>
<form method=post action="pagecontext1.jsp">
<table>
<tr><td>name:</td><td>
<input type=text name=name>
</td></tr>
<tr colspan=2>
```

```
<td>
<input type=submit value=login>
</td>
</tr>
</table>
</body>
</html>
```

接着是 pagecontext1.jsp 页面：

```
<%@ page import="javax.servlet.http.*,javax.servlet.*"%>
<%@ page language="java" contentType="text/html; charset=gb2312"%>
JSP of pageContext—add attributes in pagecontext: <br>
<%
  ServletRequest req=pageContext.getRequest();
  String name=req.getParameter("name");
  out.println("name="+name);
  pageContext.setAttribute("userName",name);
  pageContext.getServletContext().setAttribute("sharevalue",
    "shared value in many pags");
  pageContext.getSession().setAttribute("sessionValue",
    "shared value only in session");
  out.println("<br>pageContext.getAttribute('userName'):");
  out.println(pageContext.getAttribute("userName"));
%>
<a href="pagecontext2.jsp">next--></a>


<hr>
following is this page code: <br>
<font color=red>
HttpServletRequest req=pageContext().getRequest();<br>
String name=req.getParameter("name");<br>
pageContext.setAttribute("userName",name);<br>
getServletContext().setAttribute("sharevalue"," shared value in many pags ");<br>
getSession().setAttribute("sessionValue",
" shared value only in session ");<br>
out.println(pageContext.getAttribute("userName"));
</font>
```

在上述代码中，调用 pageContext.getRequest()方法来获取请求对象，调用 getParameter()方法获取参数。然后，通过调用 pageContext.setAttribute()方法在页面上下文设置属性；调用 pageContext.getServletContext().setAttribute()方法在 Servlet 上下文中设置属性；调用

pageContext.getSession().setAttribute()方法在会话中设置属性。

通过 pagecontext2.jsp 文件来读取这些在不同对象中的属性。

```
<%@ page language="java" contentType="text/html; charset=gb2312"%>
JSP of pageContext-get attributes in pagecontext: <br>
<%
  out.println("<br>pageContext.getAttribute('userName')=");
  out.println(pageContext.getAttribute("userName"));
  out.println("<br>
    pageContext.getSession().getAttribute('sessionValue') = ");
 out.println(pageContext.getSession().getAttribute("sessionValue"));
out.println("pageContext.getServletContext().getAttribute('sharevalue')=");
out.println(pageContext.getServletContext().getAttribute("sharevalue"));
%>
```

在上述代码中，通过调用不同对象上的 getAttribute()方法来获取属性值。

在浏览器地址栏键入 http://localhost:8080/root/pagecontext_form.html 地址来访问，运行效果如图 11-5 所示。

图 11-5　运行效果图

随意输入一些值，提交运行效果如图 11-6 所示。

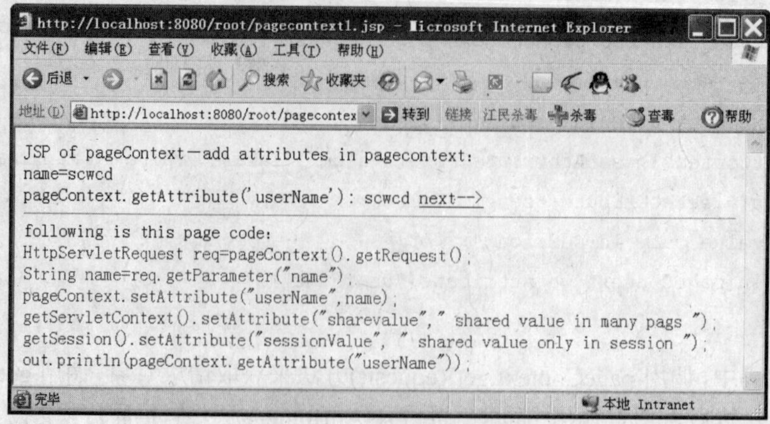

图 11-6　运行效果图

点击 next，运行效果如图 11-7 所示。可以看到，pagecontext2.jsp 文件能够获得 session 和 servletContext 中的属性，而不能获得 pageContext 中的属性。

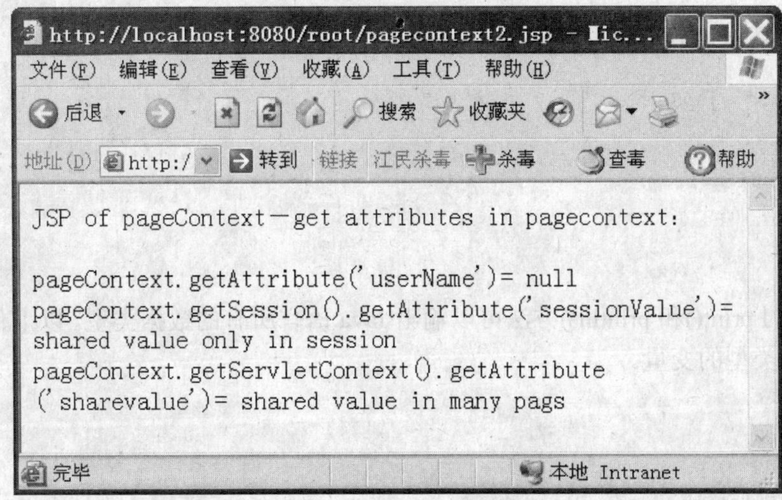

图 11-7　运行效果图

新打开一个浏览器，在浏览器地址栏键入 http://localhost:8080/root/pagecontext2.jsp 地址来访问，运行效果如图 11-8 所示。

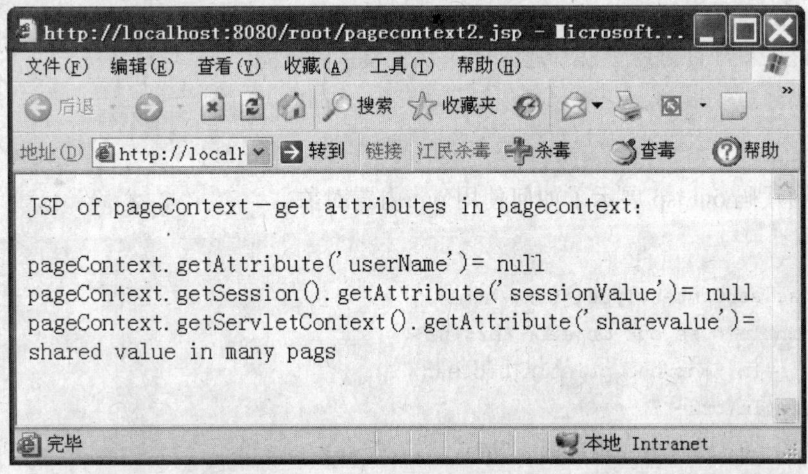

图 11-8　运行效果图

可以看到，由于新开的浏览器 session 和之前的 session 不同，因此不能获取前面 session 中的属性。有关属性共享的细节，将在本章的 11.3 节中具体讲解。

11.2.6　out 对象

pageContext 对象的数据类型是 javax.servlet.jsp.JspWriter，其表示为客户端打开的输出流，使用它向客户端发送输出流。因为 JSP 页面的主要用途就是生成输出，而 out 对象主要用来向客户端输出数据，所以 out 对象是 JSP 中使用最频繁的对象。

out 对象的 print()和 println()方法的作用就是用于把内容输出到客户端的缓冲区。在 JSP 脚本或表达式中，直接使用它们可以产生返回给客户端的 HTML 代码。如下代码所示：

```
<% out.print("Hello 1"); %>
<%= "Hello 2" %>
```

上述代码转换为的 Java 代码如下：

```
public void _jspService(...) {
  //other code
  out.print("Hello 1");
  out.print("Hello 2");
}
```

out 对象的 print()和 println()方法可以输出 Java 语言所有的数据类型。以下代码展示了输出各种数据类型的变量。

```
<%
  int anInt = 3;
  Float aFloatObj = new Float(11.6);
  out.print(anInt); //int
  out.print(anInt > 0); //boolean
  out.print(anInt*3.5/100-500); //float expression
  out.print(aFloatObj); //object
  out.print(aFloatObj.floatValue()); //float method
  out.print(aFloatObj.toString()); //String method
%>
```

以下示例代码 out.jsp 展示了如何使用 out 内置对象。

```
<%
  response.setContentType("text/html");
  out.println("use out object: <br><hr>");
  out.println("<br>out.println(boolean):");
  out.println(true);
  out.println("<br>out.println(char):");
  out.println('a');
  out.println("<br>out.println(char[]):");
  out.println(new char[]{'a','b'});
  out.println("<br>out.println(double):");
  out.println(2.3d);
  out.println("<br>out.println(float):");
  out.println(43.2f);
  out.println("<br>out.println(int):");
  out.println(34);
  out.println("<br>out.println(long):");
  out.println(2342342343242354L);
```

```
        out.println("<br>out.println(object):");
        out.println(new java.util.Date());
        out.println("<br>out.println(string):");
        out.println("string");
        out.println("<br>out.newLine():");
        out.newLine();
        out.println("<br>out.getBufferSize():");
        out.println(out.getBufferSize());
        out.println("<br>out.getRemaining():");
        out.println(out.getRemaining());
        out.println("<br>out.isAutoFlush():");
        out.println(out.isAutoFlush());
        out.flush();
        out.println("<br>call out.flush(),test if here has output");
        out.close();
        out.println("<br>call out.close(),test if here has output ");
        out.clear();
        out.println("<br>call out.clear(),test if here has output ");
%>
```

在上述代码中，使用 out 对象输出了各种类型的数据和对象，同时也输出了数组。调用了 out.close()方法后，就不再有输出流发送到客户端了。

在浏览器地址栏键入 http://localhost:8080/root/out.jsp 地址来访问，运行效果如图 11-9 所示。

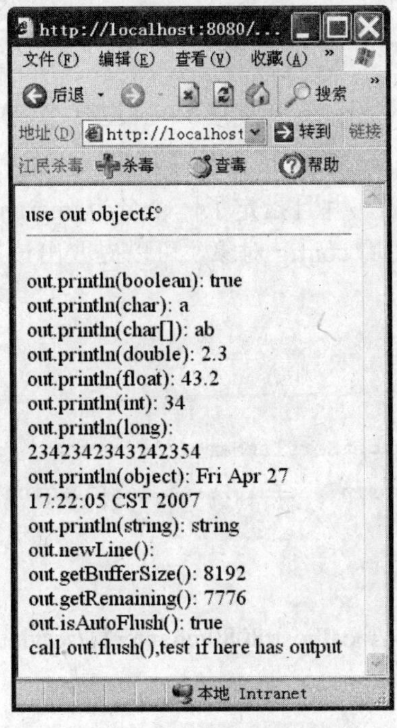

图 11-9　运行效果图

11.2.7 config 对象

config 对象的数据类型是 javax.servlet.ServletConfig，其表示 Servlet 的配置。当 Servlet 初始化时，容器将信息通过此对象传递给这个 Servlet。config 对象只在 JSP 页面中有效。

config 对象中常用的方法有：

- getServletContext()　返回执行者的 Servlet 上下文。
- getServletName()　返回 Servlet 的名字。
- getInitParameter(String name)　返回名字为 name 的初始参数的值。
- getInitParameterNames()　返回 JSP 的所有初始参数的名字。

为了设置 JSP 初始参数，需要在 web.xml 文件中指定。如以下代码：

```
<?xml version="1.0" encoding="ISO-8859-1"?>
<!DOCTYPE web-app PUBLIC "-//Sun Microsystems,
 Inc.//DTD Web Application 2.3//EN"
"http://java.sun.com/dtd/web-app_2_3.dtd">
<web-app>
<servlet>
<servlet-name>InitTestServlet</servlet-name>
<jsp-file>/initTest.jsp</jsp-file>
<init-param>
<param-name>region</param-name>
<param-value>North America</param-value>
</init-param>
</servlet>
</web-app>
```

在上述代码中，指明在当前 Web 应用程序根目录下的 JSP 文件 initTest.jsp 对应的 Servlet 的名字是 InitTestServlet。并且指定了一个名为 region 的初始参数，其值为 North America。通过在 JSP 页面中使用 config 对象，可以提取出该参数。initTest.jsp 文件如以下代码所示：

```
<html>
<body>
Servlet Name = <%=config.getServletName()%><br>
Parameter region = <%=config.getInitParameter("region")%>
</body>
</html>
```

在浏览器地址栏键入 http://localhost:8080/chapter11/servlet/InitTestServlet 地址来访问，浏览器上打印输出：

```
Servlet Name = InitTestServlet
Parameter region = North America
```

但是，如果在浏览器地址栏键入 http://localhost:8080/chapter11/initTest.jsp 地址来直接访问 initTest.jsp 文件，则对于 InitTestServlet 的配置就无法使用，因为 JSP 容器会创建两个不同的 Servlet 类实例。一个是普通 Servlet 类实例，一个是 JSP 页面对应的 Servlet 类实例，两种 Servlet 类实例传入不同的 ServletConfig 对象中。为了能够使用同一个 Servlet 类实例，因需要使用相同的部署配置，所以我们必须在部署描述符中使用<servlet-mapping>元素对 JSP 页面进行映射，如以下代码：

```
<servlet-mapping>
<servlet-name>InitTestServlet</servlet-name>
<url-pattern>/initTest.jsp</url-pattern>
</servlet-mapping>
```

这样，JSP 容器就可以创建一个 Servlet 类实例，保证使用同一个部署配置。用于 JSP 页面的<servlet-mapping>元素，和用于普通的 Servlet 用法一样。我们定义 URL 模式，这样当客户端请求地址与 URL 模式匹配时，容器将执行指定的 JSP 页面。当然，实际执行的是 JSP 页面对应的 Servlet。

以下示例代码展示了如何使用 config 内置对象。前面的 application 对象中的页面计数器示例存在一个小缺陷，就是每当应用服务器停止后，再启动时，计数器就只能从 0 重新开始计数。为了解决这个问题，我们需要在应用服务器启动时，给计数器设置一个初始值。

通过在部署描述符中指定初始值，调用 config.getInitParameter()方法来获取初始值，实现代码 config.jsp 和 web.xml 文件。

下面是 config.jsp：

```
<%@ page contentType="text/html; charset=gb2312" language="java"
import="java.sql.*" errorPage="" %>
<html>
<head>
<title>Untitled Document</title>
<meta http-equiv="Content-Type" content="text/html; charset=gb2312">
</head>

<body>
<%  int org=0;
  int count=0;
  try {
    org=Integer.parseInt(config.getInitParameter("counter"));
  }
  catch(Exception e) {
    out.println("org:"+e);
  }
  try {
```

```
    count=Integer.parseInt((
      application.getAttribute("config_counter").toString()));
  }
  catch(Exception e) {
    out.println("config_counter"+e);
  }
  if(count<org)  count=org;
  out.println("This page is accessed "+count+" num");
  count++;
  application.setAttribute("config_counter",new Integer(count));
%>
</body>
</html>
```

部署描述符文件 web.xml：

```
<?xml version="1.0" encoding="ISO-8859-1"?>

<web-app xmlns="http://java.sun.com/xml/ns/j2ee"
xmlns:xsi="http://www.w3.org/2001/XMLSchema-instance"
xsi:schemaLocation="http://java.sun.com/xml/ns/j2ee web-app_2_4.xsd"
version="2.4">

<display-name>root</display-name>

<servlet>
<servlet-name>
config_counter
</servlet-name>
<jsp-file>
/config.jsp
</jsp-file>
<init-param>
<param-name>
counter
</param-name>
<param-value>
1000
</param-value>
</init-param>
</servlet>
```

```
<servlet-mapping>
<servlet-name>config_counter</servlet-name>
<url-pattern>/config_counter</url-pattern>
</servlet-mapping>

</web-app>
```

在上述代码中，设定了计数器初始值是 1000。

在浏览器地址栏键入 http://localhost:8080/root/config_counter 地址来访问，运行效果如图 11-10 所示。

图 11-10　运行效果图

需要注意的是，地址中使用的是 config.jsp 文件在部署描述符中的映射名称 config_counter，而不能是其自身。因为这样就可以 Servlet 组件的形式来运行，以便获取部署描述符中的初始参数。

11.2.8　exception 对象

exception 对象的数据类型是 java.lang.Throwable，其代表的是运行时的异常，该对象将导致调用错误处理页面。exception 对象只有在错误处理页面中才可以使用，即所在页面必须是使用 page 伪指令指定 isErrorPage 属性取值为 true 的页面。

代码 1：

```
<html>
<body>
<%@ page isErrorPage='true' %>
Msg: <%=exception.toString()%>
</body>
</html>
```

代码 2：

```
<html>
<body>
Msg: <%=exception.toString()%>
</body>
</html>
```

在代码 1 中，由于使用了 page 伪指令指定 isErrorPage 属性取值为 true，因此该页面可以作为其他 JSP 页面的错误处理页面。

而在代码 2 中，由于未使用 page 伪指令指定 isErrorPage 属性值，默认情况下，isErrorPage 属性值为 false，容器未创建 exception 对象。此时，使用 exception 对象会导致错误产生。

以下示例代码 error.jsp 展示了如何使用 exception 内置对象。

```
<%@ page contentType="text/html; charset=gb2312" language="java"
isErrorPage="true" %>
<html>
<head>
<title>error! </title>
<meta http-equiv="Content-Type" content="text/html; charset=gb2312">
</head>
<body>
error! <br>
exception:
<br><hr><font color=red>
<%=exception.getMessage()%>
</font>
</body>
</html>
```

在上述代码中，要使用 exception 对象，就必须在 page 伪指令中指定属性 isErrorPage 取值为 true。同时，可以调用 exception.getMessage()方法来获取错误信息。

在创建好错误处理页面后，我们就可以通过一个产生错误的页面来测试错误页面了。这个产生错误的页面 exception.jsp 如下所示：

```
<%@ page contentType="text/html; charset=gb2312" language="java"
import="java.sql.*" errorPage="error.jsp" %>
<html>
<head>
<title>error example</title>
<meta http-equiv="Content-Type" content="text/html; charset=gb2312">
```

```
</head>
<body>
<% Integer.parseInt("t");%>
</body>
</html>
```

在上述代码中，在 page 伪指令中使用属性 errorPage 指向 error.jsp 文件。

在浏览器地址栏键入 http://localhost:8080/root/exception.jsp 地址来访问。由于表达式 Integer.parseInt("t")执行会抛出异常，因此会自动调用 error.jsp 文件。运行效果如图 11-11 所示。

图 11-11　运行效果图

11.3 JSP 作用域

JSP 页面中的对象，包括用户创建的对象和 JSP 的内置对象，都有一个范围属性。范围定义了在什么时间内，在哪一个 JSP 页面中可以访问这些对象。例如，session 对象在会话期间内，可以在多个页面中被访问。application 对象在整个 Web 应用程序的生命周期中都可以被访问。JSP 中一共有 4 种范围，如表 11-2 所示。

表 11-2　JSP 作用域

作 用 域	描　述
Application	具有应用程序作用域的对象，在应用程序的存活期间均可用
Session	具有会话作用域的对象，在会话的存活期间可用
Request	具有请求作用域的对象，在所有处理同一个请求的页面内都可以访问
Page	具有页面作用域的对象，在当前页面内可用

从表 11-3 中可以看出，Application 作用域范围最大，Page 作用域范围最小。

11.3.1 Application 作用域

应用程序作用域在 Web 应用程序运行期间，所有的页面都可以访问在这个范围内的对象，即数据可以在不同页面、不同用户间共享。

具有 application 范围的对象被绑定到 javax.servlet.ServletContext 中，可以调用 application 这个内置对象或 ServletContext 接口的 setAttribute()和 getAttribute()方法来访问具有这种范围类型的对象。当用户设置了属性值，其他用户都可以获取该属性值。

在 JSP 页面中，通过调用 getServletContext()方法来获取 ServletContext 对象。这样，不同用户页面之间就可以通过 ServletContext 对象来共享数据，当然同一个用户在不同页面间共享数据也不成问题。

以下是一个使用 ServletContext 对象创建的一个十分简单的聊天室示例。

页面 servletContext_chat.jsp：

```
<%@ page contentType="text/html; charset=gb2312"
language="java" import="java.sql.*,
javax.servlet.*,javax.servlet.http.*" errorPage="" %>
<%
  request.setCharacterEncoding("gb2312");
%>

<html>
<head>
<title>Untitled Document</title>
<meta http-equiv="Content-Type" content="text/html; charset=gb2312">
</head>
<body>
a chating room
<br><hr><font color=red>
<%
  String content=(String)getServletContext().getAttribute(
    new String("chatTopic_1"));
  if(content==null){
    content="welcome";
  }
  out.println(content);
  String rp=(String)request.getParameter("content");
  if(rp==null){
    rp="";
  }
  getServletContext().setAttribute("chatTopic_1",content+rp+"<br>");
%></font>
```

```
<hr>
<form action="servletContext_chat.jsp">
<input type=text name=content>
<input type=submit value="speak">
</form>
</body>
</html>
```

在上述代码中，将聊天内容存储在 ServletContext 接口中，这样所有用户的聊天内容就可以串在一起了。

在浏览器地址栏键入 http://localhost:8080/root/servletContext_chat.jsp 地址来访问，运行效果如图 11-12 所示。

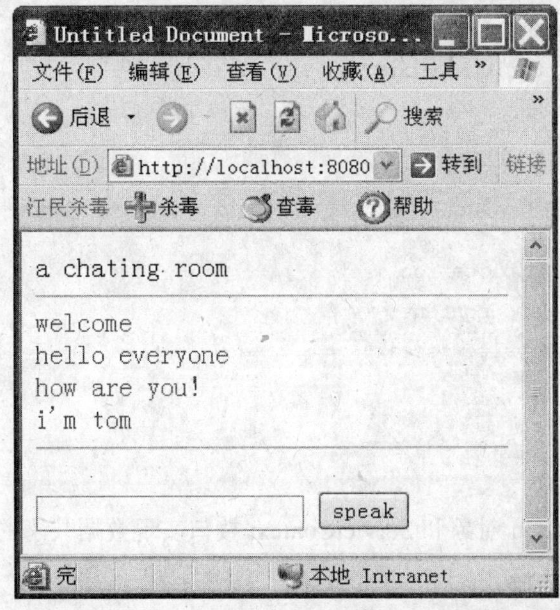

图 11-12　运行效果图

除了使用 ServletContext 对象在不同客户端间实现数据共享外，还可以使用内置对象 application 对象。application 对象对于每个 Web 应用程序来说只有一个，其使用与 ServletContext 对象一样。以下示例采用 application 内置对象来实现与上述一样的简单聊天室示例。

页面 application_chat.jsp：

```
<%@ page contentType="text/html; charset=gb2312"
   language="java" import="java.sql.*,javax.servlet.*,
   javax.servlet.http.*" errorPage="" %>
<%
  request.setCharacterEncoding("gb2312");
%>
```

```
<html>
<head>
<title>Untitled Document</title>
<meta http-equiv="Content-Type" content="text/html; charset=gb2312">
</head>
<body>
a chating room
<br><hr><font color=red>
<%
  String content = (String)application.getAttribute(
    new String("chatTopic_1"));
  out.println(content);
  application.setAttribute("chatTopic_1",content+
     (String)request.getParameter("content")+"<br>");
%>
</font>
<hr>
<form action="testApplication.jsp">
<input type=text name=content>
<input type=submit value="speak">
</form>
</body>
</html>
```

可以看出，application 对象和 ServletContext 接口实现数据共享的机制是一样的。

11.3.2 Session 作用域

在 session 作用域内的对象，可以被来自同一个客户端用户的请求访问，前提是 session 对象必须有效。

具有 session 范围的对象被绑定到 javax.servlet.http.HttpSession 对象中，可以调用 session 这个隐含对象的 getAttribute()方法来访问具有这种范围类型的对象。JSP 容器为每次会话创建一个 HttpSession 对象，在会话期间，可以访问 session 范围内的对象。

在下面这个简单的登录示例中，login.jsp 页面将用户 ID 添加到会话中。

页面 userProfile.jsp：

```
<%--
  Add the userId to the session
--%>
<%
  String userId = // getUserLoggedIn
```

```
    session.setAttribute("userId", userId);
%>
```

在 userProfile.jsp 文件中，通过调用 session.getAttribute()方法来获取前面页面中的用户 ID，如以下代码：

```
<%--
  Retrieve the userId from the session
--%>
<%
  String userId = (String) session.getAttribute("userId");
  //use the userId to retrieve user details.
  String name = getUserNameById(userId);
%>
User Name is: <%=name%>
```

在上述代码中，用户 ID 对同一个会话中的所有客户端请求均是共享的。

我们再来看一个较为复杂的登录示例。当用户登录成功时，我们把用户登录信息存储在一个 userSession 类实例中，该类实例被存储到 session 对象中，以便其他页面可以从中获取到登录用户信息。userSession 类代码如下所示：

```
//userSession.java
import java.util.Date;

public class UserSession {
  private boolean isLogin=false;
  private String userId;
  private Date lastLoginTime;
  private int logCount;
  public void setIsLogin(boolean l) {
    this.isLogin=l;
  }
  public void setUserId(String userId) {
    this.userId=userId;
  }
  public void setLastLoginTime(Date l) {
    this.lastLoginTime=l;
  }
  public void setLogCount(int logCount) {
  this.logCount=logCount;
  }
  public boolean isLogin() {
```

```
    return this.isLogin;
  }
  public String getUserId() {
    return this.userId;
  }
  public Date getLastLoginTime() {
    return this.lastLoginTime;
  }
  public int getLogCount() {
    return this.logCount;
  }
}
```

在上述代码中，userSession 类实际是一个 JavaBean，有关 JavaBean 的细节在第 14 章中详细讲解，这里只需要把它看成一个普通的 Java 类即可。该类共定义了 4 个属性：isLogin、userId、lastLoginTime 和 logCount，分别代表登录成功状态、用户 ID、最后一次登录时间以及登录次数。

用户在登录页面 login.html 填写用户名和密码。登录页面 login.html 代码如下：

```
<html>
<head>
<title>Untitled Document</title>
<meta http-equiv="Content-Type" content="text/html; charset=gb2312">
</head>

<body>
<hr>
<center>
login.....<br>
<form action="login.jsp" method="get">
<tabel><tr><td>name:
<input type="text" name="name"></td></tr>
<tr><td>Password:<input type="password" name="password"></td></tr>
<tr><input type="submit"></tr>
</table>
</form>
</center>
</body>
</html>
```

用户提交登录信息后，由 login.jsp 文件响应客户端请求，获取用户登录信息，连接数据库，进行身份验证。如果身份验证成功，则从数据库中读取用户相关信息保存到一个 userSession 对象中，并将该对象存储到 session 对象中，以供其他页面使用。

login.jsp 文件代码如下：

```
<%@ page contentType="text/html; charset=gb2312" language="java"
import="java.sql.*,com.jspdev.ch10.*" errorPage="" %>
<html>
<head>
<title>Untitled Document</title>
<meta http-equiv="Content-Type" content="text/html; charset=gb2312">
</head>

<body>
<%
  String name=request.getParameter("name");
  String password=request.getParameter("password");
  UserSession user=new UserSession();
  user.setUserId(name);
  user.setIsLogin(true);
  user.setLastLoginTime(new java.util.Date());
  user.setLogCount(10);
  session.setAttribute("userSession",user);
  session.setAttribute("count",new Integer(10));
  response.sendRedirect("welcome.jsp");
%>
</body>
</html>
```

用户登录成功后，将页面转发到欢迎页面。欢迎页面 welcome.jsp 中展示出从 userSession 对象中获取出的用户相关信息。

welcome.jsp 文件代码如下：

```
<%@ page contentType="text/html; charset=gb2312" language="java"
import="java.sql.*,com.jspdev.ch10.*" errorPage="" %>
<html>
<head>
<title>Untitled Document</title>
<meta http-equiv="Content-Type" content="text/html; charset=gb2312">
</head>

<body>
```

```
<%
  UserSession user=(UserSession)session.getAttribute("userSession");
  try {
    if(user.isLogin()) {
      out.print("welcome, your ID is: "+user.getUserId());
      out.print("last login time is:"+user.getLastLoginTime());
      out.print("now this your access: "+user.getLogCount()+" num");
    }
    else       response.sendRedirect("login.html");
  }
  catch(Exception e) {
    response.sendRedirect("login.html");
  }
%>
</body>
</html>
```

11.3.3 Request 作用域

具有 request 范围的对象被绑定到 javax.servlet.ServletRequest 对象中，可以调用 request 这个隐含对象的 getAttribute()方法来访问具有这种范围类型的对象。在调用 forward()方法转向的页面或者调用 include()方法包含的页面中，都可以访问这个范围内的对象。我们可以在页面中添加一个属性到 request 对象中，然后将请求转发到其他页面。其他页面可以从 request 对象中获取属性来产生对应的响应。

需要注意的是，因为请求对象对每个客户请求都是不同的，所以对于每一个新的请求，都要重新创建和删除这个范围内的对象。

在下面这个简单的登录示例中，在 login.jsp 页面将用户 ID 添加到 request 对象中，然后将登录页面转发到 authenticate.jsp 页面。

login.jsp 文件如以下代码：

```
<%
  //Get login and password information from the request object
  //and file it in a User Object.
  User user = new User();
  user.setLogin(request.getParameter("login"));
  user.setPassword(request.getParameter("password"));
  //Set the user object in the request scope for now
  request.setAttribute("user", user);
  //Forward the request to authenticate.jsp
  pageContext.forward("authenticate.jsp");
  return;
%>
```

authenticate.jsp 文件如以下代码所示：

authenticate.jsp

```
<%
  //Get user from the forwarding page
  User user = (User) request.getAttribute("user");
  //Check against the database.
  if (isValid(user)) {
    //remove the user object from request scope
    //and maintain it in the session scope
    request.removeAttribute("user");
    session.setAttribute("user",user);
    pageContext.forward("account.jsp");
  } else {
    pageContext.forward("loginError.jsp");
  }
  return;
%>
```

在上述代码中，从 request 对象中提取出用户名与数据库连接进行校验。如果校验成功，则将用户名存储到 session 对象中，以供后续处理页面使用；如果校验失败，则转发到错误提示页面 loginError.jsp 中。

需要注意的是，在转发请求后，调用了 return 语句，其目的是防止在请求转发后向输出流写入任何数据。否则，会产生一个 IllegalStateException 异常。

11.3.4 Page 作用域

具有 page 范围的对象被绑定到 javax.servlet.jsp.PageContext 对象中。在这个范围内的对象，只能在创建对象的页面中访问。可以调用 pageContext 这个隐含对象的 getAttribute() 方法来访问具有这种范围类型的对象（pageContext 对象还提供了访问其他范围对象的 getAttribute 方法），pageContext 对象本身也属于 page 范围。当 Servlet 类的_jspService()方法执行完毕，属于 page 范围的对象的引用将被丢弃。page 范围内的对象，在客户端每次请求 JSP 页面时创建，向客户端发回响应或请求被转发（forward）到其他的资源后被删除。

为了在 page 作用域内共享对象，我们需要使用定义在 pageContext 对象上的两个方法，如表 11-3 所示。

表 11-3　pageContext 定义的方法

方　法	描　述
void setAttribute(String name, Object attribute)	添加一个属性到 pageContext 对象
Object getAttribute(String name)	从 pageContext 对象获取一个指定名称的属性

11.4 JSP 文档

JSP 规范定义了两种格式的 JSP：一种是标准的 JSP，即 JSP 页面；另一种是基于 XML 语法的 JSP，即 JSP 文档。

截至目前为止，我们所涉及的均是标准的 JSP 页面。在本小结中，我们将讨论采用 XML 风格的 JSP 文档这里着重讲解 XML 格式的伪指令和脚本元素。为了更好地理解 XML 风格的 JSP 标签，我们将采用与我们熟习的标准 JSP 标签作对比的方式来讲解。

首先，我们来看一下采用 XML 风格实现的具有相同功能的 counter.jsp 页面的代码。

```
<html>
<body>
<%@ page language="java" %>
<%! int count = 0; %>
<% count++; %>
Welcome! You are visitor number
<%= count %>
</body>
</html>
```

页面 counter_xml.jsp：

```
<jsp:root xmlns:jsp="http://java.sun.com/JSP/Page" version="2.0">
<html>
<body>
<jsp:directive.page language="java" />
<jsp:declaration>
int count = 0;
</jsp:declaration>
<jsp:scriptlet>
count++;
</jsp:scriptlet>
<jsp:text>
Welcome! You are visitor number
</jsp:text>
<jsp:expression>
count
</jsp:expression>
</body>
</html>
</jsp:root>
```

上述两个不同风格的 JSP 均完成了计算客户端访问数量的相同功能。

在详细讨论 XML 风格的 JSP 之前，我们需要明确以下几点：

（1）标准 JSP 标签和 XML 标签不能同时在同一个 JSP 文件中使用。

（2）采用 forward 或 include 命令重定向的页面之间可以采取不同风格的 JSP。

另外，还需要掌握以下几条有关 XML 标签的规则：

（1）标签的名字、属性名以及属性值均大小写敏感。

（2）单引号和双引号具备相同的作用。

（3）在等号＝号和值之间不允许有空格存在。

11.4.1　根元素

从采用基于 XML 风格的 counter_xml.jsp 文件中可以看到，整个 JSP 代码都需要位于名为 root 的一个惟一的根元素内。

```
<jsp:root xmlns:jsp="http://java.sun.com/JSP/Page" version="2.0" >
Rest of the page
</jsp:root>
```

根元素 root 里有一个名为 xmlns:jsp 的属性，其值为 http://java.sun.com/JSP/Page，表示引用位置在 http://java.sun.com/JSP/Page 处的标签库，该标签库中的标签前缀为 jsp。counter_xml.jsp 文件中标签前缀均为 jsp，这个标签库是 JSP 规范中定义的标准标签库。

version 属性代表当前版本号，这两个属性均是必须存在的。

xmlns 即 XML Name Space，代表 XML 命名空间。其类似于 taglib 伪指令中指定标签前缀的 prefix 属性，因此也可以用来指定引用的自定义标签库。如以下代码：

```
<jsp:root
xmlns:jsp="http://java.sun.com/JSP/Page"
xmlns:myLib="www.someserver.com/someLib"
version="2.0" >
Rest of the page
</jsp:root>
```

在上述代码中，根元素 root 里有一个名为 xmlns:myLib 的属性，其值为 http://www.someserver.com/someLib，表示引用位置在 http://www.someserver.com/someLib 处的自定义标签库，该标签库中的标签前缀为 myLib。有关标签库的详细信息，将在后面章节中详解。

11.4.2　XML 风格的伪指令和脚本元素

存在两个 XML 风格的伪指令：page 和 include。

```
<jsp:directive.page ...attributeList... />
<jsp:directive.include ...attributeList... />
```

没有 XML 风格的 taglib 伪指令，因为标签库信息在 root 元素中指定。page 和 include 伪指令的使用与其属性在 XML 风格和传统 JSP 风格一样。

以下示例展示了 XML 风格的声明、脚本和表达式的使用：

```
<jsp:declaration>
Any valid Java declaration statements
</jsp:declaration>
<jsp:scriptlet>
Any valid Java code
</jsp:scriptlet >
<jsp:expression>
Any valid Java expression
</jsp:expression >
```

对于请求期属性表达式，我们必须使用%= ...%格式，如以下代码：

```
<jsp:scriptlet>
String pageURL = "copyright.html";
</jsp:scriptlet>
<jsp:include page="%=pageURL%" />
```

在上述代码中，pageURL 变量值作为一个参数被发送至 include 动作指令中。

11.4.3 XML 风格的文本、注释和动作指令

对文本的处理是标准 JSP 和 XML 格式的 JSP 最大的不同。标准 JSP 中的文本不需要放在任何标签中，而 XML 格式的 JSP 必须将文本放置在<jsp:text>和</jsp:text>标签之间，如以下代码：

```
<html>
<body>
<jsp:text>Have a nice day!</jsp:text>
</body>
</html>
```

由于 XML 格式的 JSP 没有对注释规定相应的标记标签，因此可以直接采用标准 JSP 注释的标签。

```
<!-- comment here -->
```

令人高兴的是，对于复杂的动作指令，XML 格式的 JSP 均可采用标准 JSP 的动作标签。如以下 include 动作指令：

```
<jsp:include page="someOtherPage.jsp" />
```

11.5 小结

在本章中，我们继续学习了 JSP 技术。首先，深入探讨了 JSP 转换 Servlet 的规则，包括变量的声明、逻辑控制和表达式，这些规则可以利用 Java 语言的特性和 HTML 代码完好地结合，创建出高效的 JSP 页面。接着，学习了 9 个 JSP 的内置对象，包括 application、session、request、response、page、pageContext、out、config 和 exception，这些内置对象由 Servlet 容器负责创建。之后，讨论了 4 种作用域：page、request、session 和 application。最后，介绍了 XML 语法格式的 JSP 页面。

Chapter 12

Web组件复用

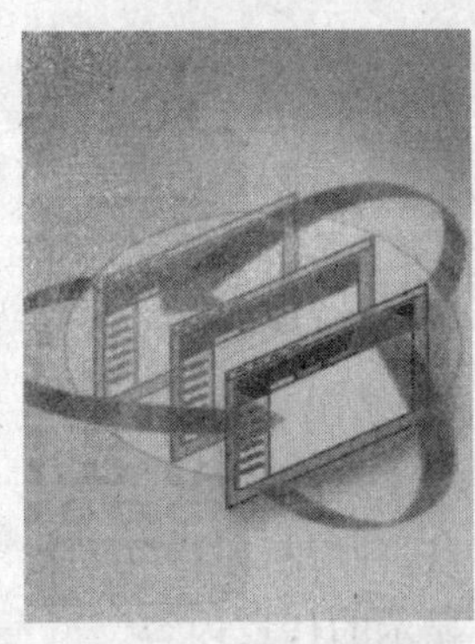

在软件工程中，构建可复用的组件可极大地提高软件生产效率、增强系统的可维护性。HTML 本身没有提供直接在其输出中包含来自其他文件的数据的方式，这是一件很糟糕的事情，因为 HTML 标记对一个 Web 应用系统中大量的页面都是通用的。例如，公司标志、版权声明、导航菜单等。除了文本和图像等静态资源外，也需要包含一些动态内容。

幸运的是，JSP 提供了合并数据资源的机制，使得在 JSP 页面中可以复用其他 Web 组件。

在本章中，我们将学习 JSP 复用 Web 组件的两种方式：静态包含和动态包含。首先学习在转换阶段发生的静态包含，详细讲解 include 伪指令；接着讨论在请求阶段发生的动态包含，详细讲解 include 和 forward 动作指令；最后讲解在动态包含中的参数传递和内置对象的使用。

12.1 静态包含

静态包含是指在将 JSP 源文件转换为对应的 Servlet 源文件时，将当前 JSP 文件和其包含的所有其他文件合并成一个 Servlet 源文件。

使用 JSP 的 include 伪指令来实现静态包含。include 伪指令用于在 JSP 源码被转换成 Servlet 源码和被编译前将静态文本复制到其中，即 include 伪指令指示容器将当前 JSP 页面中内嵌的，在指定位置上的资源内容包含，被包含的文件内容被解析，这种解析发生在编译期间。典型情况下，文本为 HTML 代码，但也可以是在 JSP 页面内可显示的任意内容。

include 伪指令的标准语法和 XML 语法格式如下：

```
<%@ include file="relativeURL" %>
<jsp:directive.include file="relativeURL" />
```

其中属性 file 是 include 伪指令的惟一且必须存在的属性，该属性用于指定要包含的文件。文件类型可以是 HTML、JSP 及 XML 文件，甚至是一个文本文件。如果被包含的文件中包含可执行代码，那么代码将被执行。

需要注意的是，静态包含的文件一经编译，其内容就不可变。如果要改变被包含的文件，必须重新编译 JSP 文件。

被包含的文件名必须是相对的 URL，即只包含路径信息，而不能有协议、主机名和端口号。如果路径以/开头，那么路径以当前 Web 应用上下文为根目录；如果路径是以文件名或目录名开头，那么以当前正在使用的 JSP 文件的当前路径为根目录。

以下过程展示了静态包含的实现过程。

现在有两个 JSP 源文件：a.jsp 和 b.jsp。a.jsp 文件通过使用 include 伪指令将 b.jsp 文件包含进来。

a.jsp 文件的源文件如下：

```
<html>
<body>
<b>Welcome</b>
<%@ include file="b.jsp">
```

```
<b>Good Bye</b>
</body>
</html>
```

b.jsp 文件源的文件如下：

```
<pre>
Once upon a time
...
</pre>
```

合并后的 JSP 页面源文件，经过转换对应的 Servlet 类中的代码如下：

```
//in _jspService()
out.write("<html><body>");
out.write("<b>Welcome</b>");
out.write("
<pre>
Once upon a time
...
</pre>
");
out.write("<b>Good Bye</b>");
out.write("</body></html>");
```

客户端请求时返回页面代码如下：

```
<html>
<body>
<b>Welcome</b>
<pre>
Once upon a time
...
</pre>
<b>Good Bye</b>
</body>
</html>
```

在上述过程中，转换阶段生成的 JSP 对应的 Servlet 源代码包含两个文件 a.jsp 和 b.jsp 的内容，之后将合并的 Servlet 源文件进行编译。当客户端请求文件 a.jsp 时，由于是由包含 b.jsp 的整个 Servlet 来响应，因此返回给客户端的是合并后的页面内容。

由于使用了 include 伪指令，可以把一个复杂的 JSP 页面分割成若干个简单的部分，这样可以大大地增加 JSP 页面的可维护性。当要对页面进行变更时，只修改对应的部分即可。

12.1.1 访问变量

由于静态包含是生成一个合并的整体文件，因此组成整体文件的各个文件之间实际上是在同一个作用域范围内，并且彼此之间可以互相访问。即各自定义的变量、方法均是共享的，甚至包含内置对象的使用。

需要注意的是，在包含与被包含页面之间，由于最终位于一个命名空间，因此必须确保没有重复变量定义的发生。

以下的 productsSearch.jsp 是静态包含访问变量的示例。

```
<html>
<body>
<%
  //Get the search criteria from the request.
  String criteria = request.getParameter("criteria");
  //Search the product database and get the product IDs.
  String productId[] = getMatchingProducts(criteria);
%>
The following products were found that match your criteria:<br>
<!--
  Let productDescription.jsp generate the description
  for each of the products
-->
<%@ include file="productDescription.jsp" %>
  New Search:
<!--
  FORM for another search
-->
<form>...</form>
</body>
</html>
```

在上述代码中，productsSearch.jsp 文件根据用户输入的标准参数来从数据库中获取一个满足条件的产品 ID 数组。该数组将在 productsSearch.jsp 文件包含的 productDescription.jsp 文件中使用，以便输出产品列表。

productDescription.jsp 文件源码如下：

```
<%
  // The implicit variable request used here is
  // actually that of the including page.
  String sortBy = request.getParameter("sortBy");
  // Use the productId array defined by productsSearch.jsp
  // to sort and generate the description of the products
```

```
    productId = sort(productId, sortBy);
    for(int i=0; i<productId.length; i++) {
      // Generate a tabular description
      // for the products.
    }
%>
```

在上述代码中，productDescription.jsp 文件使用了内置对象 request，通过 productId 数组来产生一个展示产品的列表。

12.1.2 静态包含规则

在详细讨论静态包含之后，在实际使用中，我们还需要明确以下几点：

（1）由于静态包含是在转换阶段发生的，因此其是一个静态的概念。include 伪指令的 file 属性值不能是一个动态概念的表达式。

以下示例是无效的代码：

```
<% String myURL ="copyright.html"; %>
<%@ include file="<%= myURL %>" %>
```

（2）因为请求参数作为客户端请求期请求的一个属性面存在，其在静态转换阶段无效，因此 include 伪指令的 file 属性值不能向被包含文件传递参数。

以下示例是无效的代码：

```
<%@ include file="other.jsp?abc=pqr" %>
```

（3）由于被包含的文件之间可以共享变量，因此需要尽量减少文件之间的联系，降低耦合度，增强可复用度。

在前述的示例中，productsSearch.jsp 文件与被包含的 productDescription.jsp 文件之间由于共享 productId 数组，所以关联度高无法各自单独编译。为了避免这种情况的发生，应使用内置对象 pageContext 的 pageContext.setAttribute()和 pageContext.getAttribute()方法来传递对象实现共享联系。

12.2 动态包含

动态包含是指在客户端请求时，将请求转发给当前 JSP 文件包含的其他对象。

可以使用 JSP 的 include 动作指令和 forward 动作指令来实现动态包含。

include 和 forward 动作指令等同于 Servlet 中使用的 RequestDispatcher.include()和 RequestDispatcher.forward()方法。

12.2.1 include 动作指令

<jsp:include>动作指令允许在请求时间内，在当前的 JSP 页面内包含静态或动态资源，即将当前客户端请求暂时转交给所包含的对象，一旦包含对象执行完毕，依然返回当前 JSP 页面。此过程相当于方法调用。

include 动作指令的语法格式如下：

```
<jsp:include page="relativeURL" flush="true" />
```

其中属性 page 是必须存在的，用于指定要包含的静态或动态文件。page 属性值为一个相对路径或者代表相对路径的表达式。如果路径以/开头，那么路径以当前 Web 应用上下文为根目录；如果路径是以文件名或目录名开头，那么以当前正在使用的 JSP 文件的当前路径为根目录。示例代码如下：

```
<% String pageURL = "other.jsp"; %>
<jsp:include page="<%= pageURL %>" />
```

属性 flush 默认值为 true，在这里必须明确地使用 true 值，而不能使用 false 值。如果页面输出是缓冲的，则缓冲区的刷新要优于包含文件的刷新。

以下过程展示了 include 动作指令实现动态包含的过程。

现在有两个 JSP 源文件，a.jsp 和 b.jsp。a.jsp 文件通过使用 include 动作指令将 b.jsp 文件包含进来。

a.jsp 文件源码和转换后的 Servlet 源码如下：

```
<html>
<jsp:include page="b.jsp" />
</html>
```

Servlet 源码如下：

```
//_jspService()
out.write("<html>");
delegate request to b.jsp
out.write("</html>");
```

b.jsp 文件源码和转换后的 Servlet 源码如下：

```
<%="Hello!" %>
```

Servlet 源码如下：

```
//_jspService()
out.print("Hello!");
```

客户端请求时，首先执行 a.jsp，接着根据 include 动作指令转而去执行 b.jsp，最终返回客户端请求。页面代码如下：

```
<html>
Hello!
</html>
```

在上述动态包含的 include 动作指令执行过程中，在转换阶段，不像静态包含的 include 伪指令是将包含文件与被包含文件合并为一个整体，而是各自独立转换，只是将在包含文件的 include 动作指令处插入一个转换为被包含文件的调用。客户端请求时，会自动跳转到被包含的文件执行。

include 动作指令既可以包含动态文件也可以包含静态文件，但是这两种包含文件的结果是不同的。如果文件仅仅是静态文件，那么这种包含仅仅把包含文件的内容加到 JSP 文件中去，而被包含文件不会被 JSP 编译器执行。与之相反，如果被包含文件是动态的文件，那么被包含文件将被 JSP 编译器执行。

需要注意的是，与 include 伪指令不同的是，include 动作指令包含的内容可以是动态改变的，其在执行时才确定，而 include 伪指令包含的内容是固定不变的，一经编译就不能再改变，除非重新编译。

include 伪指令与 include 动作指令具备相似的功能，各有优势。使用其中哪一种应该考虑包含是否需要在运行时进行。表 12-1 对比了两种指令。

表 12-1 include 伪指令和 include 动作指令对比

	include 伪指令	include 动作指令
规 则	<%@ include %>	<jsp:include>
编译时间	较慢（因资源必须被解析）	较快
执行时间	较快	较慢（因每次请求资源必须被解析）
灵 活 性	较差（因页面内容必须固定）	较好（因页面在运行时可动态选择）

由于<jsp:include>动作指令等同于 RequestDispatcher.include()方法，因此以下三段代码具备相同功能。

代码段 1：

```
<%
  RequestDispatcher rd =request.getRequestDispatcher("other.jsp");
  rd.include(request, response);
%>
```

代码段 2：

```
<%
  pageContext.include("other.jsp");
%>
```

代码段 3：

```
<jsp:include page="other.jsp" flush="true"/>
```

以下示例代码 jsp_include.jsp 展示了如何使用 include 动作指令。

```
<%@ page contentType="text/html; charset=gb2312" language="java" %>
```

```
<html>
<body>
<%@ include file="static.html" %>
<a href="two.jsp">goto two--></a><br>
this examples show include works
<jsp:include page="two.jsp" flush="true">
<jsp:param name="a1" value="<%=request.getParameter("name")%>" />
<jsp:param name="a2" value="<%=request.getParameter("password")%>" />
</jsp:include>
</body>
</html>
```

页面 static.html：

```
<html>
<body>
<form method=post action="jsp_include.jsp">
<table>
<tr>
<td>please input your name:</td></tr>
<tr><td>
<input type=text name=name>
</td></tr>
<tr><td>input you password:</td>
<td>
<input type=text name=password>
</td>
</tr>
<tr>
<td>
<input type=submit value=login>
</td>
</tr>
</table>
</body>
</html>
```

脚本 two.jsp：

```
<%@ page contentType="text/html; charset=gb2312" language="java" %>
include action example:
<br>
```

```
this is a1=<%=request.getParameter("a1")%>
<br>
this is a2=<%=request.getParameter("a2")%>
<br>
<% out.println("hello from two.jsp");%>
```

上述代码在 jsp_include.jsp 文件中，static.html 文件作为静态文件被包含，two.jsp 文件作为动态文件被包含。

two.jsp 文件的内容是动态变化的，其内容由参数 a1 和 a2 决定，而 static.html 文件中的内容是不变的。

12.2.2 forward 动作指令

<jsp:forward>动作指令允许将客户端请求转发到另一个资源文件，即每当遇到此动作指令时，就停止执行当前的 JSP，转而执行被转发的指定资源。此过程相当于 C 语言中 goto 语句的调用。

forward 动作指令的语法格式如下：

<jsp:forward page="relativeURL" />

其中属性 page 是必须存在的，用于指定要包含的静态或动态文件。page 属性值为一个表达式或者一个字符串。这个文件既可以是 JSP 文件，也可以是程序段，或者其他能够处理 request 对象的文件。

以下过程展示了 forward 动作指令实现动态包含的过程。

现在有两个 JSP 源文件：a.jsp 和 b.jsp。a.jsp 文件通过使用 forward 动作指令将 b.jsp 文件包含进来。

a.jsp 文件源码和转换后的 Servlet 源码如下所示：

```
//do some processing
<jsp:forward page="b.jsp" />
```

Servlet 源码：

```
//_jspService()
//do some processing
delegate request to b.jsp
```

b.jsp 文件源码和转换后的 Servlet 源码如下：

```
<html>
<%="Hello!" %>
</html>
```

Servlet 源码：

```
//_jspService()
out.write("<html>");
```

```
out.print("Hello!");
out.write("</html>");
```

客户端请求时，首先执行 a.jsp，接着根据 forward 动作指令停止当前 a.jsp 文件，转而去执行 b.jsp，最终返回客户端请求页面。代码如下：

```
<html>
Hello!
</html>
```

在上述动态包含的 forward 动作指令执行过程中，在转换阶段，不像静态包含的 include 伪指令是将包含文件与被包含文件合并为一个整体，而是各自独立转换，只是将在包含文件的 forward 动作指令处插入一个转换对被包含文件的调用。在客户端请求时，会自动跳转到被包含的文件执行，将执行结果返回给客户端。

由于<jsp:forward>动作指令等同于 RequestDispatcher.forward()方法，因此以下三段代码具备相同功能。

代码段 1：

```
<%
 RequestDispatcher rd =request.getRequestDispatcher("other.jsp");
 rd.forward(request, response);
%>
```

代码段 2：

```
<%
 pageContext.forward("other.jsp");
%>
```

代码段 3：

```
<jsp:forward page="other.jsp" />
```

在上述 3 种代码中，下列规则适用于所有与 forward 动作指令相关联的输出流：

（1）如果页面是缓冲的，则缓存区将在转发前被清除；

（2）如果页面输出是带缓冲的且该缓冲区被刷新，则转发请求的尝试将导致一个 java.lang.IllegalStateException 异常抛出。

（3）如果页面输出是不带缓冲的且已经写入数据，则转发请求的尝试将导致一个 java.lang.IllegalStateException 异常抛出。

需要注意的是，与 include 动作指令不同的是，forward 动作指令在调用转发操作后，不会继续处理指令后的任何代码，而 include 动作指令在调用转发操作后，在完成该操作后，将继续处理指令后的所有代码。

以下示例代码展示了如何使用 forward 动作指令。该示例是一个登录验证页面，如果验证成功，则把页面跳转到 success.jsp 页面，如果验证失败，则把页面跳转到 login.jsp 页面。

以下的 login.jsp 是用户登录页面，代码如下：

```
<%@ page contentType="text/html; charset=gb2312" %>
<html>
<body>
<form method=get action=checklogin.jsp>
<table>
<tr><td>username: </td>
<td>
<input type=text name=name
value=<%=request.getParameter("name")%>></td>
</tr>
<tr><td>password: </td>
<td><input type=password name=password></td>
</tr>
<tr colspan=2><td><input type=submit value=login></td></tr>
</table>
</body>
</html>
```

以下的 checklogin.jsp 是响应用户登录请求页面，代码如下所示：

```
<%@ page contentType="text/html; charset=gb2312" %>
<html>
<body>
<%
  String name=request.getParameter("name");
  String password=request.getParameter("password");
  // if checked, forward-->sucess.jsp
  //else forward-->login.jsp
  if(name.equals("admin")) {
%>
<jsp:forward page="sucess.jsp">
<jsp:param name="user" value="<%=name%>"/>
</jsp:forward>
<%
  }//if
  else {
%>
<jsp:forward page="login.jsp">
<jsp:param name="user" value="<%=name%>"/>
</jsp:forward>
```

```
<%}%>
</body>
</html>
```

在上述代码中，只是简单地实现了用于身份验证。

在浏览器地址栏键入 http://localhost:8080/root/login.jsp 地址来访问，运行效果如图 12-1 所示。

图 12-1　运行效果图

在登录页面中输入用户名 admin，则进入登录成功页面。反之，则会提示继续登录。

12.2.3　参数传递

通过使用<jsp:param />标签可以传递一个或多个参数给动态页面。如以下代码所示，向 include 动作指令指定的 JSP 文件传递两个参数。

```
<jsp:include page="somePage.jsp">
<jsp:param name="name1" value="value1" />
<jsp:param name="name2" value="value2" />
</jsp:include>
```

<jsp:param />标签的语法格式如下：

<jsp: param name="paraName" value="paraValue" />

<jsp:param />标签和 include、forward 动作指令结合使用，嵌套在< jsp: include>和</ jsp: include>以及< jsp: forward>和</ jsp: forward>之间，可以存在一条或多条。如果要传递多个参数，则可以在一个 JSP 文件中使用多个<jsp:param />标签，将多个参数发送到一个动态文件中。

属性 value 值不仅可以指定为常量，也可以采取表达式形式在客户端请求时动态指定。如以下代码所示：

```
<jsp:include page="somePage.jsp">
<jsp:param name="name1" value="<%= someExpr1 %>" />
<jsp:param name="name2" value="<%= someExpr2 %>" />
</jsp:include>
```

需要注意的是，<jsp:param />标签既可以与 include 动作指令结合使用，同样可以与 forward 动作指令结合使用。

当使用<jsp:param />标签传递参数时，如果传递参数名称与 request 对象参数名称一致，则会替换掉 request 对象同名参数值。

脚本 paramTest1.jsp：

```
<html>
<body>
<pre>
In paramTest1:
First name is <%= request.getParameter("firstname") %>
Last name is <%= request.getParameter("lastname") %>
<jsp:include page="paramTest2.jsp" >
<jsp:param name="firstname" value="mary" />
</jsp:include>
</pre>
</body>
</html>
```

脚本 paramTest2.jsp：

```
In paramTest2:
First name is <%= request.getParameter("firstname") %>
Last name is <%= request.getParameter("lastname") %>
Looping through all the first names
<%
  String first[] = request.getParameterValues("firstname");
  for (int i=0; i<first.length; i++) {
    out.println(first[i]);
  }
%>
```

在浏览器地址栏中输入 http://localhost:8080/chapter12/paramTest1.jsp?firstname=john&lastname=smith，打印输出以下内容：

```
In paramTest1:
First name is john
Last name is smith
```

```
In paramTest2:
First name is mary
Last name is smith
Looping through all the first names
mary
john
```

在上述代码中，存在 paramTest1.jsp 和 paramTest2.jsp 两个 JSP 文件。paramTest1.jsp 通过 include 动作指令包含了 paramTest2.jsp 文件。客户端请求带有两个参数 firstname 和 lastname，其值分别为 john 和 smith。首先执行 paramTest1.jsp 文件打印输出两个值 john 和 smith；接着，由于使用<jsp:param />标签赋予了参数 firstname 一个新值 mary，转发到 paramTest2.jsp 文件，请求参数串为 firstname=mary&firstname=john&lastname=smith，firstname 新值先于旧值而存在，因此打印输出 mary 和 smith。

通过<jsp:param />标签设置的参数，仅仅在传递给被包含的文件对象中有效，一旦退出被包含的文件，请求对象就不再带有<jsp:param />标签设置的参数了。

脚本 paramTest1.jsp：

```
<html>
<body>
<pre>
In paramTest1:
First name is <%= request.getParameter("firstname") %>
Last name is <%= request.getParameter("lastname") %>
<jsp:include page="paramTest2.jsp" >
<jsp:param name="firstname" value="mary" />
</jsp:include>
Looping through all the first names
<%
 String first[] = request.getParameterValues("firstname");
 for (int i=0; i<first.length; i++) {
   out.println(first[i]);
 }
%>
</pre>
</body>
</html>
```

脚本 paramTest2.jsp：

```
In paramTest2:
First name is <%= request.getParameter("firstname") %>
Last name is <%= request.getParameter("lastname") %>
```

```
Looping through all the first names
<%
  String first[] = request.getParameterValues("firstname");
  for (int i=0; i<first.length; i++) {
    out.println(first[i]);
  }
%>
```

在浏览器地址中输入 http://localhost:8080/chapter12/paramTest1.jsp?firstname=john&lastname=smith，回车后即可打印输出以下内容：

```
In paramTest1:
First name is john
Last name is smith
In paramTest2:
First name is mary
Last name is smith
Looping through all the first names
mary
john

Looping through all the first names
john
```

上述代码中，在执行完转发到的 paramTest2.jsp 文件后，返回到 paramTest1.jsp 文件继续执行，此时的 request 对象所带的请求参数串依然为最初的 firstname=john&lastname=smith，调用 request.getParameterValues("firstname")方法，打印输出只有 john 没有新值 mary。

通过<jsp:param />标签设置的参数会优先于 request 对象所带的同名参数，而<jsp:param />标签内设置的同名参数不会以新替旧，按参数顺序传递。:

脚本 paramTest1.jsp：

```
<html>
<body>
<pre>
In paramTest1:
First name is <%= request.getParameter("firstname") %>
Last name is <%= request.getParameter("lastname") %>
<jsp:include page="paramTest2.jsp" >
<jsp:param name="firstname" value="mary" />
<jsp:param name="firstname" value="tom" />
</jsp:include>
```

```
</pre>
</body>
</html>
```

脚本 paramTest2.jsp：

```
In paramTest2:
First name is <%= request.getParameter("firstname") %>
Last name is <%= request.getParameter("lastname") %>
Looping through all the first names
<%
  String first[] = request.getParameterValues("firstname");
  for (int i=0; i<first.length; i++) {
    out.println(first[i]);
  }
%>
```

在浏览器中输入地址 http://localhost:8080/chapter12/ paramTest1.jsp?firstname=john&lastname=smith，打印输出以下内容：

```
In paramTest1:
First name is john
Last name is smith
In paramTest2:
First name is mary
Last name is smith
Looping through all the first names
mary
tom
john
```

上述代码中，在执行完转发到的 paramTest2.jsp 文件后，返回到 paramTest1.jsp 文件继续执行，此时的 request 对象所带的请求参数串依然为最初的 firstname=john&lastname=smith，调用 request.getParameterValues("firstname")方法，将打印输出 john 没有新值 mary。

在上述代码中，连续两次使用<jsp:param />标签赋予了参数 firstname 新值 mary 和 tom，之后转发到 paramTest2.jsp 文件，请求参数串为 firstname=mary&firstname=tom&firstname=john&lastname=smith，因此在 paramTest2.jsp 文件中，首先打印输出 mary 和 smith，最后打印输出 mary、tom 和 john。

12.2.4 使用内置对象

由于动态包含中的包含文件和被包含文件各自独立编译、执行，并未合成一个整体，所以彼此之间不可以互相访问各自定义的变量、方法。只有 request 请求对象可以共享，因此包含文件和被包含文件属于同一个 request 作用域内，共享 request 对象。

以下的 productsSearch.jsp 是动态包含访问共享对象 request 的示例。

```
<html>
<body>
<%
  //Get the search criteria from the request.
  String criteria = request.getParameter("criteria");
  //Search the product database and get the product IDs.
  String productId[] = getMatchingProducts(criteria);
  request.setAttribute("productIds", productId);
%>
The following products were found that match your criteria:<br>
<!--
  Let productDescription.jsp generate the description
  for each of the products
-->
<jsp:include page="productDescription.jsp" />
  New Search:
<!--
  FORM for another search
-->
<form>...</form>
</body>
</html>
```

上述代码，同 12.1.1 节中的 productsSearch.jsp 文件一样，都是试图根据用户输入的标准参数来从数据库中获取一个满足条件的产品 ID 数组。惟一区别是，此处使用 include 动作指令而非 include 伪指令，实现的是动态包含。为了使 productId 数组能在 productsSearch.jsp 文件包含的 productDescription.jsp 文件中使用，以便输出产品列表，必须使用共享对象 request 的 setAttribute()方法，将数组存储在属性中。

productDescription.jsp 文件源码如下：

```
<%
  //The implicit variable request used here is
  //not the same as that of the including page.
  //But the objects in the request scope are shared.
  String sortBy = request.getParameter("sortBy");
  String[] productIds = (String[])request.getAttribute("productIds");
  //Use the productId array here
```

```
    for(int i=0; i<productIds.length; i++) {
      // Generate a tabular description
      // for the products.
    }
%>
```

在上述代码中，通过共享对象 request 的 getAttribute()方法，获取存储在属性中的 productId 数组，输出产品列表。

需要注意的是，除了可以在动态包含中使用 request 对象处，还可以使用 session 和 application 对象，但使用时需要注意作用域。例如，如果在上述示例中使用 application 对象代替 request 对象传递产品数组，那么产品数组不仅在一个客户端中共享，还会在所有客户端中共享，因为扩大了作用域范围。

12.3 小结

在本章中，我们学习了两种复用 Web 组件的方式：一静态包含和动态包含。静态包含发生在 JSP 页面生命周期的转换阶段，使用 include 伪指令实现，将当前 JSP 文件和其包含的所有其他文件合并成一个 Servlet 源文件。文件彼此之间可以互相访问各自定义的变量、方法。

动态包含发生在客户端请求时，使用 include 或 forward 动作指令实现，将请求转发给当前 JSP 文件包含的其他对象。尽管动态包含的文件之间彼此不可以互相访问各自定义的变量、方法，但通过使用<jsp:param />标签，可以传递一个或多个参数给动态页面，因为 request 对象在文件间是共享的。

在下一章中，我们将学习 JSP2.0 引入的一个新特性——表达式语言。

Chapter 13

表达式语言

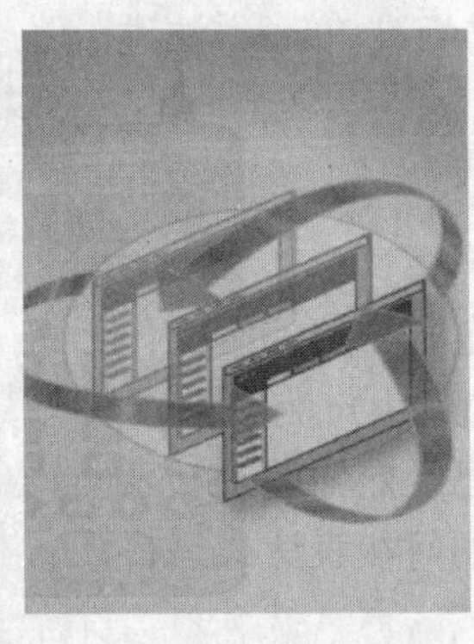

前面我们学习了 JSP 的声明、表达式、脚本以及各部分对应的标签。尽管它们实现了 Java 代码与 HTML 脚本的隔离，但也使得 JSP 页面过于复杂。首先，大量不同标签的使用，使得 JSP 程序代码的编写、阅读、调试均变得十分困难。其次，脚本的使用也使得商业逻辑代码依然在表示层 HTML 脚本中存在。

Java 标准标签库（JSTL，Java Standard Tag Library）的开发者意识到这个问题，提出了使用表达式语言（EL，Expression Language）来解决上述问题。表达式语言较少地依赖于 Java，并且根本不使用标签。SUN 公司把此表达式语言作为 JSP 标准的新特性，以此作为 JSP 脚本的替代品。

在本章中，首先讲解表达式语言的作用及其工作原理，接着讨论表达式语言的运算符如何有效地操作变量，最后对表达式中的函数做详细讲解，并解释如何与标准 Java 方法进行关联。

13.1 表达式语言简介

表达式语言并不是一个新的 XML 标签组或 Java 类群，其是一个完全独立的拥有操作符、语法和保留字的编程语言。JSP 开发者使用该语言创建表达式，添加到用户响应中。

让我们从最基本的学起。首先，我们把表达式语言的表达式与我们已经熟知的 JSP 表达式作对比，讨论它们之间的相似点与操作变量的不同处。之后，讲解如何在表达式语言中使用内置对象，以及如何通过内置对象访问外部页面信息。

13.1.1 EL 表达式与 JSP 表达式比较

理解表达式语言的表达式最容易的方式就是将其与普通的 JSP 脚本表达式进行比较。二者都能够把动态内容插入到静态表示层代码中。例如，以下分别使用表达式语言的表达式和 JSP 表达式来在 HTML 代码中插入一个变量。

采用 JSP 表达式的代码如下：

```
The outside temperature is <%= temp %> degrees.
```

采用表达式语言表达式的代码如下：

```
The outside temperature is ${temp} degrees.
```

上述两句代码均产生相同的输出，并且 Web 容器处理它们的方式也是一样的。更确切地说，一旦容器接收到一个请求时，就会计算表达式的值，将计算结果转换为一个字符串，插入到一个输出流中。

通过使用表达式，不仅可以输出变量值，还可以设置、改变标准标签或定制标签的属性值。例如，以下分别使用表达式语言的表达式和 JSP 表达式来改变 HTML 代码中文字字体标签的字型属性值。

采用 JSP 表达式的代码如下：

```
<FONT FACE=<%= font %>>This sentence uses the <%= font %> font.</FONT>
```

采用表达式语言表达式的代码如下：

```
<FONT FACE=${font}>This sentence uses the ${font} font.</FONT>.
```

尽管上述代码的运行效果是一样的，但是存在两个不同点：

（1）所有表达式语言的表达式均以${作为起始标志，以}作为结束标志。这不同于 JSP 表达式的<%起始标志和%>结束标志。

（2）表达式语言的表达式和 JSP 表达式处理表达式中的变量能力不一样。

在 JSP 表达式中声明一个变量十分容易，只需将变量放置在 JSP 声明标签<%!和%>之间即可，如以下代码：

```
<%! int JSPvariable = 100; %>.
```

问题是，在上述代码中使用的完全是 Java 代码，这与表达式语言尽量去除 Java 代码的初衷背道而驰。因此，表达式语言在脚本中不能使用变量声明。

例如在上述声明代码后，以下的 JSP 表达式可以正常执行，输出变量的值为 100。

```
The JSPvariable is <%= JSPvariable %>
```

但是以下采用表达式语言的表达式书写的语句，返回的是一个未定义的值。

```
The JSPvariable is ${JSPvariable}
```

这是因为，表达式语言不能声明变量，因此需要通过其他的途径来创建。可以通过使用标签库和 JavaBean 组件的属性来获取变量，但是获取变量最简单的方式就是使用 JSP 的内置对象。

13.1.2 在 EL 表达式中使用内置对象

在编写 Servlet 代码时，可以使用大量的方法来获取有关应用程序的相关信息。例如，getServletContext()、getSession()方法等。但是，这些方法对于 JSP 并不适用，在 JSP 中应尽量减少 Java 代码量。

JSP 设计者提供了使用内置对象来获取应用程序信息的方式，使得 JSP 开发者不需要调用 Servlet 中的那些方法，就可以直接获取方法的结果。这些内置对象对我们十分重要，有利于提高编程效率，解决许多实际问题。

表 13-1 列出了可以在表达式语言中使用的内置对象及其描述。

表 13-1 表达式语言中的内置对象

内 置 对 象	描 述
pageContext	用于访问 JSP 的内置对象
pageScope	代表 page 作用域对象
requestScope	代表 request 作用域对象
sessionScope	代表 session 作用域对象
applicationScope	代表 application 作用域对象
param	代表请求参数对象
paramValues	代表所有请求参数对象

续表

内置对象	描述
header	代表请求头对象
headerValues	代表所有请求头对象
cookie	代表 Cookie 对象

通过 pageContext 内置对象可以访问到 application、session、request 等对象。例如，为了显示出输出流的缓存区大小，可以使用以下表达式：

```
${pageContext.out.bufferSize}
```

为了检索请求的方法，可以使用以下表达式：

```
${pageContext.request.method}
```

但是，由于表达式语言限制开发人员调用 Java 方法，因此以下表达式语言的表达式是非法的。

```
${pageContext.request.getMethod()}
```

然而，以下的 JSP 表达式是合法的，可以获得执行。

```
<%= request.getMethod() %>
```

pageScope、requestScope、sessionScope 和 applicationScope 四个内置对象十分简单。从名字上就可以识别出，它们与前面讨论的 4 个作用域相对应。

开发人员不需要直接访问页面或 ServletRequest、HttpSession 和 ServletContext 对象，调用其上的设置或获取属性的方法，而直接访问 pageScope、requestScope、sessionScope 和 applicationScope 四个内置对象上的属性即可。

例如，把一个名为 totalPrice 的属性添加到会话对象中，用来代表用户的所有购买商品的总价，可以通过以下表达式输出总价。

```
${sessionScope.totalPrice}
```

对于 ServletContext 对象的访问，可以通过 applicationScope 对象来获取，而不是通过 pageContext 内置对象。

param 和 paramValues 两个内置对象用于获取请求输入参数。param 对象的使用类似于调用 getParameter(String name)方法来获取指定参数名称的值。如以下代码：

```
${param.name}
```

与此类似，paramValues 内置对象的使用类似于调用 getParameterValues(String[]name)方法来获取指定参数名称的一组值。

header 和 headerValues 两个内置对象的使用就像 param 和 paramValues 两个内置对象，只是用来获取请求头信息。以下代码展示了使用表达式语言输出请求头中的 accept 属性域的值：

```
${header.accept}
```

最后一个内置对象是 cookie，其相当于调用 getCookies()方法的结果。

需要注意的是，当容器解析表达式中的变量时，例如表达式${x}中的变量 x。容器首先检查内置对象。如果查找 x 失败，则会在 page、request、session 和 application 四个作用域内的属性查找。如果依旧没有查找到 x，则容器返回 null 值。

截至目前为止，已完成了所有表达式语言中内置对象的讨论。以下代码展示了 JSP 脚本、表单、内置对象以及表达式语言的表达式。

脚本 el-test.jsp：

```
<html>
<body>
<b>Expression Language Variables</b>
<%! int x=4; %>
<p>The script expression for x = <%= x %>.
<p>The EL expression for x = ${x}.
<form action="EL_Variables.jsp" method="GET">
<p>What is x? <input type="text" size=2 name="num">
<p><input type="submit">
</form>
<p>That's ${param.num == 4}!
</body>
</html>
```

在上述代码中，JSP 接收一个输入参数，并通过表达式语言的表达式显示出来。实际处理中不会如此简单，需要在表达式语言表达式中对变量做一些处理。因此，需要掌握表达式语言的运算符。

在浏览器地址栏键入 http://localhost:8080/root/el-test.jsp 地址来访问，运行效果如图 13-1 所示。

图 13-1　运行效果图

13.2 表达式语言运算符

既然我们已经知道了如何在表达式语言的表达式中使用变量，那么现在就需要学习表达式语言运算符来操作变量，将变量通过运算符结合起来。表达式语言的运算符分为四类：属性/集合访问运算符、算术运算符、关系运算和逻辑运算符。这些运算符与 Java 语言的运算符十分类似，仅有不多的一些新特性。

13.2.1 属性与集合访问运算符

属性访问运算符允许开发者访问一个对象的成员，集合访问运算符允许开发者访问一个集合中的元素，例如从 Map、List、Array 等集合中提取一个元素。这两个运算符在用于包含了集合的内置对象时十分有用。

属性访问运算符为.，例如 a.b 代表的是 a 对象的名为 b 的属性。

集合访问运算符为[]，例如 a[b]代表的是集合 a 的关键字为 b 所指向的元素。

可以看出，这两个运算符与 Java 语言里的十分相似，只是在表达式语言里代表属性或集合关键字的 b 可以是字符串，此时集合访问运算符可以与属性访问运算符相互替换。

以下表达式产生的结果是相同的。

```
${header["host"]}
${header['host']}
${header.host}
```

如果 header 是一个 Map 集合，那么上述表达式的结果就相当于调用 header.get("host")方法的结果。

同样，如果 headerValues.host 是一个数组，则以下表达式的结果就是数组下标为 0 的元素。

```
${headerValues.host["0"]}
${headerValues.host['0']}
${headerValues.host[0]}
```

当数组元素由整数来访问时，则集合访问运算符不能与属性访问运算符相互替换。因此，以下表达式会引起编译错误。

```
${headerValues.host.[0]}
${headerValues.host."0"}
```

尽管表达式语言的属性与集合访问运算符与 Java 语言中的不是完全一致，但接下来讨论的算术运算符则与 Java 语言中的完全一样。

13.2.2 算术运算符

表达式语言允许开发者使用的算术值数据类型，类似于 java.math 包中定义的数据类型。特别是可以使用 Integer 和 BigInteger 类型的整数，以及 Double 和 BigDecimal 类型的浮点数。

表达式语言中定义的算术运算符如表 13-2 所示。

表 13-2　表达式语言中的算术运算符

运算符名称	符号
加运算	+
减运算	–
乘运算	*
除运算	div 和/
取余运算	mod 和%

运算结果的数据类型由操作数决定。例如，一个整数类型操作数与一个浮点类型操作数之间的运算结果是一个浮点类型。同理，一个代表低精度的操作数和一个代表高精度的操作数之间的运算结果总是高精度的数。

表 13-3 列举了一些表达式语言算术运算符的用法示例。请注意，在浮点类型数值中，e 代表的是指数计数法。

表 13-3　一些算术运算示例

表达式	说明
${2 * 3.14159}	表达式的结果是 6.283 18
${6.80 + -12}	表达式的结果是-5.2
${24 mod 5} 和 ${24 % 5}	表达式的结果是 4
${25 div 5} 和 ${25/5}	表达式的结果是 5.0
${-30.0/5}	表达式的结果是-6.0
${1.5e6/1000000}	表达式的结果是 1.5
${1e6 * 1}	表达式的结果是 1 000 000.0

除了数字外，字符串也可以用于算术表达式当中。前提是，只要字符串可以转换为数字，如表 13-4 所示。

表 13-4　字符串表达式

表达式	说明
${"16" * 4}	表达式的结果是 64
${a div 4}	表达式的结果是 0.0
${"a" div 4}	表达式的结果是一个编译错误

算术运算符可以处理数值和字符串，但是不能用于布尔类型操作数的计算。对布尔类型的数运算需要关系与逻辑运算符，其表达式结果为 true 或 false。

13.2.3　关系与逻辑运算符

表达式语言中的关系运算符与 Java 语言中的一样，如表 13-5 所示。

表 13-5 表达式语言中的关系运算

关系运算	运算符
相等	== 和 eq
不相等	!= 和 ne
小于	<和 lt
大于	> 和 gt
小于或等于	<= 和 le
大于或等于	>= 和 ge

关系表达式的结果为布尔值，因此可以被用于逻辑表达式当中，如表 13-6 所示。

表 13-6 表达式语言中的逻辑运算

逻辑运算	运算符
逻辑与	&&和 and
逻辑或	||和 or
逻辑非	!和 not

在表达式语言中，不允许使用像 Java 语言中的 if、for 和 while 这样的控制语句，因此仅有两个途径可以使用逻辑表达式。

第一个途径就是直接显示出表达式的值，如表 13-7 所示。

表 13-7 逻辑运算示例

表达式	说明
${8.5 gt 4}	表达式的结果是 true
${(4 >= 9.2) || (1e2 <= 63)}	表达式的结果是 false

第二个途径就是在表达式语言的条件运算符中使用逻辑表达式。在这种情况下，表达式的结果取决于布尔变量的值。

条件运算符的语法为：

```
A ? B : C
```

其中，如果 A 取值为 true，则 B 就作为整个表达式的结果；如果 A 为 false，则 C 就作为整个表达式的结果。表 13-8 是一些应用此运算符的示例。

表 13-8 条件运算示例

表达式	说明
${(5 * 5) == 25 ? 1 : 0}	表达式的结果是 1
${(3 gt 2) && !(12 gt 6) ? "Right" : "Wrong"}	表达式的结果是"Wrong"
${("14" eq 14.0) && (14 le 16) ? "Yes" : "No"}	表达式的结果是"Yes"
${(4.0 ne 4) || (100 <= 10) ? 1 : 0}	表达式的结果是 0

尽管表达式语言提供了许多用于操作变量的运算符，但由于其不允许在表达式中使用 Java 方法，因此像通过方法来创建类似于 log 或 pow 计算的定制运算符是十分困难的。但是，表达式语言允许开发者在其应用的标签库文件中调用 Java 方法，把这些方法叫做函数。

13.2.4 示例

以下示例展示了使用 3 种不同的方式来获取请求参数。

脚本 el.jsp：

```
<%@ taglib prefix="c" uri="http://java.sun.com/jsp/jstl/core" %>
<%@ page contentType="text/html; charset=gb2312" language="java" %>
<%@ page import="java.util.*,com.jspdev.ch3.TestBean"%>
<jsp:useBean id="user" class="com.jspdev.ch3.TestBean" scope="request">
<jsp:setProperty name="user" property="*"/>
</jsp:useBean>
<html>
<head>
<title>EL example</title>
</head>
<body bgcolor="#FFFFFF">
<hr>First Way: <br>
name: ${user.userName}<br>
password: ${user.password}<br>
age: ${user.age}<br>
<hr>
<hr>Second Way: <br>
name: ${param.userName}<br>
password: ${param.password}<br>
age: ${param.age}<br>
<hr>Third Way: <br>
name: ${param['userName']}<br>
password: ${param['password']}<br>
age: ${param['age']}<br>

<hr>
submit
<form action="el.jsp" method=get name=form1><br>
name: <input type=text name="userName"><br>
password: <input type=password name="password"><br>
age: <input type=text name="age"><br>
<input type=submit value=submit>
```

```
</form>
<hr>
</body>
</html>
```

在上述代码中，首先采用 JavaBean 属性的方式来获得请求参数，然后使用表达式语言输出 JavaBean 的属性；接着采用内置对象 param 来获取请求参数，再使用表达式语言输出 param 对象的属性；最后采用集合访问运算符[]的表达方式来输出 param 内置对象获取的请求参数。

13.3 表达式语言函数

表达式语言函数可以完全实现 JSP 页面中商业逻辑代码和表示层代码的隔离。不需要再在 JSP 页面中通过脚本调用 Java 方法，而是通过与调用 Java 方法的表达式语言函数对应的 XML 标签来调用。

页面设计者仅仅需要使用表达式语言函数名称，以及在 JSP 页面内访问函数的标签描述符地址。

在 JSP 页面内插入一个表达式语言函数的过程，包括创建、修改以下 4 个文件：

- 方法类对应的源文件　一个后缀为.java 的文本文件，该源文件包含了在 JSP 页面中需要使用的 Java 方法。
- 标签库描述符　一个后缀为.tld 的 XML 格式文件，该文件定义了 Java 方法对应的函数名称。
- 部署描述符　web.xml 文件，该文件指定标签库描述符的地址。
- JSP 文件　一个后缀为.jsp 的文件。在该文件中，使用标签库的函数名称来调用 Java 方法。

为了清楚这 4 个文件之间是如何交互、配合的，我们通过创建一个与 Java 方法相对应的表达式语言函数来展示。

13.3.1 创建静态方法

表达式语言函数开发的过程，首先是创建将在 JSP 页面中被间接调用的 Java 方法。在示例 StrMethods 类中，包含了两个简单的方法：一个是 upper()方法将字符串转换为大写字符串，另一个是 length()方法计算出字符串的长度。

```
//StrMethods.java
package chapter13;

public class StrMethods {
  public static String upper( String x ) {
    return x.toUpperCase();
  }
  public static int length( String x ) {
```

```
        return x.length();
    }
}
```

创建被表达式语言函数调用的 Java 方法需要注意以下几点：

（1）方法应声明为公共的（public）、静态的（static）。类也要声明为公共的，这样的好处是，不需要创建类实例就可以访问方法。

（2）方法的返回值和参数必须是表达式语言内有效的。否则，容器认为方法声明是无效的。

（3）对应的类文件（.class）必须存储在/Web-INF/classes 目录中。

创建这样一个包含方法的 Java 类是十分简单的，就像普通的 Java 类一样。但是，为了在 JSP 页面中使用此定义的方法，还需要其他工作要做。接下来，就是要创建一个名为标签库描述符的 XML 文件。

13.3.2　创建标签库描述符

标签库描述符用于将 Java 静态方法映射到 JSP 页面中使用的表达式语言函数名称。这是必须的步骤，因为表达式语言不允许开发者直接调用 Java 方法。

在下面的标签库描述符示例中，将 upper()方法对应的函数名指定为 upper，将 length()方法对应的函数名指定为 length，如以下代码所示：

```
<taglib xmlns="http://java.sun.com/xml/ns/j2ee"
xmlns:xsi="http://www.w3.org/2001/XMLSchema-instance"
xsi:schemaLocation="http://java.sun.com/xml/ns/j2ee
web-jsptaglibrary_2_0.xsd"
version="2.0">
<tlib-version>1.0</tlib-version>

<function>
<name>upper</name>
<function-class>myFunc.StrMethods</function-class>
<function-signature>
java.lang.String upper(java.lang.String)
</function-signature>
</function>

<function>
<name>length</name>
<function-class>myFunc.StrMethods</function-class>
<function-signature>
java.lang.int length(java.lang.String)
</function-signature>
```

```
</function>

</taglib>
```

在上述代码中，<taglib>和<tlib-version>元素用于指定标签库描述符中其他部分的处理原则。

包含在<function>和</function>之间的部分，用于指定表达式语言函数与 Java 方法之间的对应关系。<function>和</function>必须成对出现，使用时需要注意以下事项：

（1）包含在<name>和</name>之间的部分，用于指定 JSP 页面中使用的表达式语言函数名称。在示例中，两个表达式语言函数为 upper 和 length。

（2）包含在<function-class>和</function-class>之间的部分，用于指定 Java 方法所在类的类名，这是一个包含包名的全类名，示例中的类为 myFunc.StrMethods。

（3）包含在<function-signature>和</function-signature>之间的部分，用于指定静态方法及其参数类型和返回值类型，这些类型必须是表达式语言可以识别的数据类型。

这个 TLD 文件通常放置在/Web-INF 下或/Web-INF 目录的子目录中。为了使容器可以准确找到该 TLD 文件，需要在部署描述符中声明其所在位置。

13.3.3 修改部署描述符

通知容器 TLD 文件的所在位置是部署描述符的众多作用之一。web.xml 文件通过将 TLD 文件的实际地址与一个在整个应用程序中都使用的惟一 URI 相映射来实现 TLD 文件的定位。意味着可以将 TLD 文件进行移动，而仅仅改变一些 web.xml 文件即可。

开发者为了指定标签库不需要完全重写部署描述符，只需要将如下代码添加进部署描述符即可。

```
<web-app>
...
<servlet>
…
</servlet>
…
<taglib>
<taglib-uri>
http://myFunc/Functions
</taglib-uri>
<taglib-location>
/Web-INF/myFunc/Functions.tld
</taglib-location>
</taglib>
…
</web-app>
```

在上述示例代码中，指定了任何 Servlet 或 JSP 通过 http://myFunc/Functions 这个 URI 访问的标签库描述符对应的位于/Web-INF/myFunc 目录中的 Functions.tld 文件。这个信息被包含在直接位于<web-app>和</web-app>元素之下的<taglib>和</taglib>元素之间。

使用<taglib>和</taglib>元素之间的两个子元素时，需要注意以下事项：

（1）包含在<taglib-uri>和</taglib-uri>之间的部分，用于指定 JSP 或 Servlet 中使用的标签库描述符的 URI 地址。该地址既可以是绝对地址，例如 http://...；也可以是相对地址，例如，/...。

（2）包含在<taglib-location>和</taglib-location>之间的部分，用于指定标签库描述符的实际物理位置。在示例中，Functions.tld 文件是位于/Web-INF/myFunc/目录中的。

截至目前为止，我们已经声明了两个静态 Java 方法：一个用于指定与方法相映射的表达式语言函数的标签描述符，另一个在部署描述符中指定了标签库描述符的位置。一切准备就绪，现在就可以在 JSP 页面中使用表达式语言的函数了。

13.3.4 JSP 中访问表达式语言函数

一旦设置好表达式语言函数名和 TLD 文件的地址，那么在 JSP 文件中调用函数就十分简单了。这个过程分为两个步骤：

（1）使用 taglib 指令访问 TLD 文件，并添加一个代表标签库的前缀名。

（2）使用 TLD 前缀和函数名创建表达式语言的表达式，使用正确数据类型的参数。

此过程如以下代码所示：

```
<%@ taglib prefix="myString"
uri="http://myFunc/Functions"%>
<html>
<body>
<b>Enter text:</b>
<form action="Stringfun.jsp" method="GET">
<input type="text" name="x">
<p><input type="submit">
</form>
<table border="1">
<tr>
<td>Uppercase:</td>
<td>${myString:upper(param.x)}</td>
</tr>
<tr>
<td>String length:</td>
<td>${myString:length(param.x)}</td>
</tr>
</table>
</body>
```

```
</html>
```

在上述代码中，首先给由 URI 指定的 TLD 文件分配了一个名为 myString 的前缀，然后在两个表达式${myString:upper()}和${myString:length()}中，调用函数来处理字符串类型的请求参数。

图 13-2 展示了示例的 JSP 运行效果。可以看到，使用表达式语言函数的 JSP 页面同普通的带脚本的 JSP 页面执行效果一样。

在结束表达式语言讨论之前，还有一点需要大家注意的是，如果在 taglib 指令的 URI 属性中设置了 TLD 的实际位置，就不需要再在部署描述符中指定 TLD 的位置了。这仅对简单的 Web 页面适用，如果是创建复杂的企业级 Web 应用程序则是不适用的。当有许多个 JSP 页面需要访问多个 TLD 文件时，JSP 页面是通过 URI 地址来访问，而不是直接访问 TLD 文件。我们需要变动 TLD 文件时，只需在部署描述符中更改 URI 与 TLD 文件的映射关系即可，而不需要修改每个 JSP 文件的 taglib 指令中的 URI 属性。

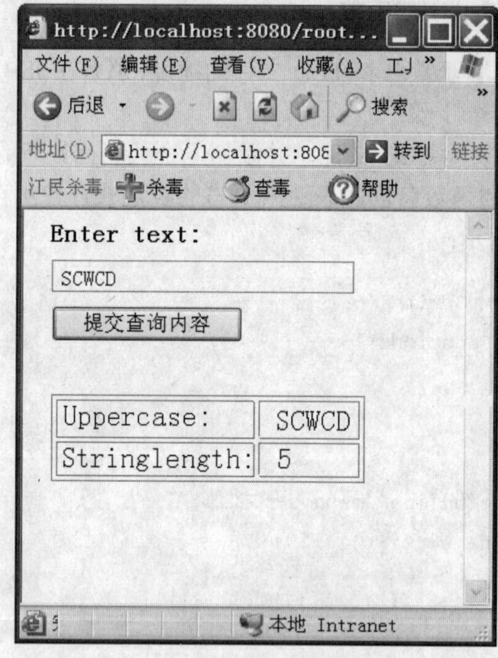

图 13-2　运行效果图

13.3.5 示例

（1）创建一个 Java 类。示例的 Function 类包含了两个静态方法：一个用于字符编码的转换，另一个用于计算两个数的和。

脚本 Function.java：

```
import java.io.*;

 public class Function {
  public static String trans(String chi) {
```

```
    String result = null;
    byte temp [];
    try {
      temp=chi.getBytes("iso-8859-1");
      result = new String(temp);
    }
    catch(UnsupportedEncodingException e) {
      System.out.println (e.toString());
    }
    return result;
  }
public static int add(int x,int y) {
```

```
    return x+y;
  }
}
```

（2）在标签库描述符中对两个方法进行声明。

描述文件 functions.tld：

```
<?xml version="1.0" encoding="ISO-8859-1" ?>
<taglib xmlns="http://java.sun.com/xml/ns/j2ee"
xmlns:xsi="http://www.w3.org/2001/XMLSchema-instance"
xsi:schemaLocation="http://java.sun.com/xml/ns/j2ee
web-jsptaglibrary_2_0.xsd"
version="2.0">
<tlib-version>1.0</tlib-version>
<jsp-version>1.2</jsp-version>
<short-name>function</short-name>
<uri>http://hellking.com/function</uri>
<display-name>JSTL sql RT</display-name>
<description>my function</description>

<function>
<name>add</name>
<function-class>com.jspdev.ch16.Function</function-class>
<function-signature>int add(int,int)</function-signature>
</function>

<function>
<name>trans</name>
<function-class>com.jspdev.ch16.Function</function-class>
```

```
<function-signature>java.lang.String trans(java.lang.String)
</function-signature>
</function>

<function>
<name>formatPer</name>
<function-class>PerUtil</function-class>
<function-signature>
java.lang.String formatPer(float)
</function-signature>
</function>

</taglib>
```

（3）在部署描述符中对标签库描述符文件位置进行映射配置。

描述文件 web.xml：

```
<?xml version="1.0" encoding="ISO-8859-1"?>

<web-app xmlns="http://java.sun.com/xml/ns/j2ee"
xmlns:xsi="http://www.w3.org/2001/XMLSchema-instance"
xsi:schemaLocation="http://java.sun.com/xml/ns/j2ee
http://java.sun.com/xml/ns/j2ee/web-app_2_4.xsd"
version="2.4">

<display-name>root</display-name>

<description>
Examples for the 'standard' taglib (JSTL)
</description>

<welcome-file-list>
<welcome-file>index.jsp</welcome-file>
<welcome-file>index.html</welcome-file>
</welcome-file-list>

<taglib>
<taglib-uri>http://scwcd.com/function</taglib-uri>
<taglib-location>/Web-INF/functions.tld</taglib-location>
</taglib>

</web-app>
```

完成上述 3 个步骤后，就可以在 JSP 页面中使用定义好的表达式语言函数了。在 JSP 页面中，使用表达式语言函数如同使用自定义标签一样。

脚本 function.jsp：

```
<%@ taglib prefix="myfun" uri="http://scwcd.com/function"%>
<%@ taglib prefix="c" uri="http://java.sun.com/jsp/jstl/core" %>
<%@ page contentType="text/html; charset=gb2312" language="java" %>
<%@ page isELIgnored ="false" %>
<html>
<head>
<title>EL example</title>
</head>
<body bgcolor="#FFFFFF">
<hr>content:
${myfun:trans(param.name)}

<hr>
<form action="function.jsp" method=get name=form1>
<input type=text name="name">
<input type=submit value=submit>
</form>
<hr>
<hr>
result:
${myfun:add(param["x"],param["y"])}
<form action="function.jsp" method=get name=form2>
<input type=text name="x">
<input type=text name="y">
<input type=submit value=submit>
</form>

</body>
</html>
```

13.4 小结

表达式语言用于从 JSP 页面中抽取出 Java 代码，使得 JSP 页面变得更简洁、更易阅读，也提高了 Java 代码的可复用度。为了到达这些目标，表达式语言有自己的运算符、语法和函数。可以将传统的 JSP 变量声明、表达式和脚本完全代替。

表达式语言的运算符和内置对象，对 JSP 开发人员不会陌生。表达式语言为属性的访问、集合的访问、逻辑运算以及关系运算提供了类似于 Java 语言的基本构造。对属性的访问和集合的访问，在表达式语言中是一样的，并且表达式语言的数据类型必须是 Integer、BigInteger、Double 或 BigDecimal。

在表达式语言中，调用函数是一项新的挑战。能够从 JSP 中调用方法，但仅仅通过标签库描述符中定义的标签形式来使用。首先，要创建一个 public、static 的方法，该方法名在标签库描述符中映射为函数名。然后在部署描述符中指定标签库描述符的位置，这样就可以在 JSP 页面访问标签库描述符，使用前缀访问函数了。本章中未讲述如何配置标签库描述符，这在以后的章节中会详细讲解。

在下一章中，我们将学习如何在 JSP 页面中复用 JavaBean 组件。

Chapter 14

使用 JavaBean 组件

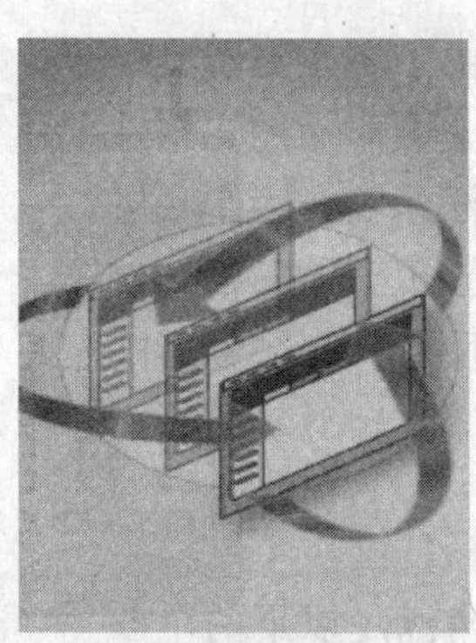

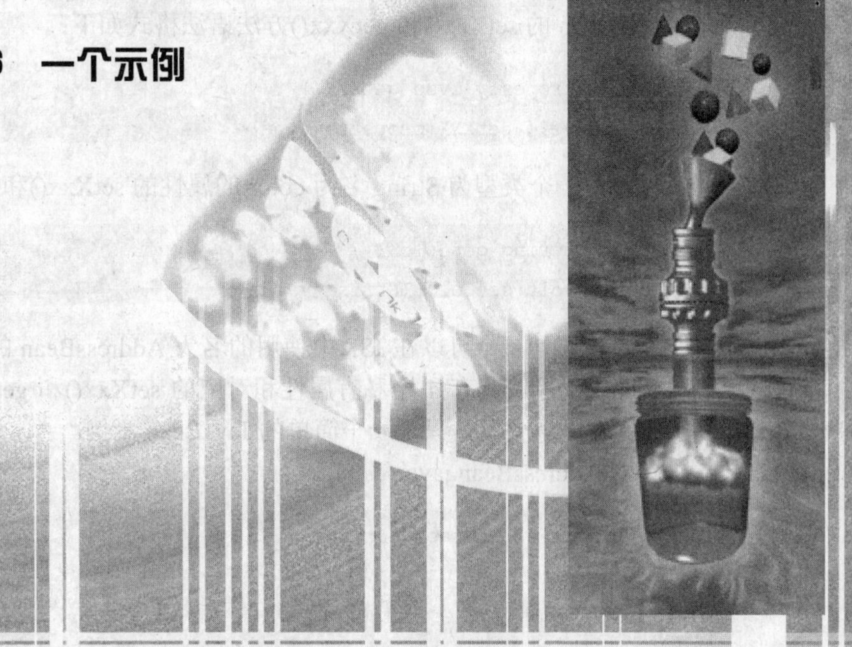

尽管可以在 JSP 页面中加入大量的脚本代码块，但事实上，大多数 Java 代码都应该封装在可再复用的组件中使用，这些组件叫做 JavaBean。JavaBean 提供了完整的功能性和再利用的特性。通过使用具备独立性的 JavaBean 组件，可以实现模块、应用系统的组装。在 JSP 中，通过标准的动作指令来使用封装了复杂逻辑代码的 JavaBean 组件，减少 JSP 脚本代码的使用，实现系统的稳定性、可靠性，降低了系统开发时间、增强了系统可维护性。

在本章中，我们先了解 JavaBean 的基本概念，接着讨论 JavaBean 组件的具体使用，最后对 JavaBean 的属性做详细讲解，包括非字符串属性和索引属性。

14.1 JavaBean 简介

JavaBean 组件模型架构是第一个全面的基于组件的标准模型之一。由于其独立于具体平台，因此是非常容易编写和使用的组件。简单地说，JavaBean 是用 Java 语言描述的软件组件模型，其实际上是一个类。这些类遵循 JavaBean 接口格式，以便方法命名、控制底层行为以及继承或实现的行为。可以把类看作标准的 JavaBean 组件进行构造和应用。JavaBean 是一个包含私有属性和方法的类，这些方法能够动态地改变属性。通过反射机制，容器能够确定属性的可见性。

14.1.1 JSP 中的 JavaBan

JSP 的一个强大功能就是能够在页面中使用 JavaBean 组件体系。通常满足以下两个条件的类，可以在 JSP 中被用作 JavaBean。

（1）类必须有一个没有参数的公共构造器，以便被 JSP 引擎调用实例化类对象。

（2）作为 JavaBean 类所有的属性最好定义为私有的，以实现 JavaBean 组件的封装性。且每个属性在类，中都定义有 setXxx()和 getXxx()方法来对属性进行操作，其中 Xxx 是首字母大写的私有属性名称。

JavaBean 的 setXxx()和 getXxx()方法语法格式如下：

```
public property-type getXXX()
public void setXXX(property-type)
```

以下是一个类型为 String 名为 color 的属性的 setXxx()和 getXxx()方法格式：

```
public String getColor();
public void setColor(String value);
```

以下代码是一个可以在 JSP 中使用的名为 AddressBean 的 JavaBean 组件，该组件封装了一个地址对象，其有 4 个私有属性和对应的 setXxx()和 getXxx()方法。该组件没有提供复杂的商业逻辑代码，只是一个简单的 JavaBean 示例。

脚本 AddressBean.java：

```
public class AddressBean{
  //properties
  private String street;
  private String city;
```

```
    private String state;
    private String zip;

    //setters
    public void setStreet(String street){
      this.street = street;
    }

    public void setCity(String city) {
      this.city = city;
    }

    public void setState(String state) {
      this.state = state;
    }

    public void setZip(String zip) {
      this.zip = zip;
    }

    //getters
    public String getStreet(){
      return this.street;
    }

    public String getCity() {
      return this.city;
    }

    public String getState() {
      return this.state;
    }

    public String getZip() {
      return this.zip;
    }
}
```

示例中的类名 AddressBean 以 Bean 作为后缀，这并不是 JavaBean 规范的强制要求。不过建议这么做，以示与其他类的区别。

一个 JavaBean 实质上就是一个类，其所在的路径与其他类一样，一般存在于

/Web-INF/classes 目录中。如果以 JAR 包形式存在，则存在于/Web-INF/lib 目录中。

为了使用不同包中的 JavaBean，需要使用 import 语句导入进来。

14.1.2 JavaBean 优势

为了直观地看一下在 JSP 页面中使用 JavaBean 组件的好处，以下一个简单的示例展示了如何在 JSP 页面中使用 14.1.1 节中的 AddressBean 组件，并且对比了自创建使用 JavaBean 组件的方式和采用标签创建 JavaBean 组件的方式。

示例中用户从页面表单输入地址的各项值，将它们填入 AddressBean 组件对应的属性中。AddressBean 组件在与客户端的整个会话过程中保持有效。

```
<html>
<body>
Please give your address:<br>
<form action="address.jsp">
Street: <input type="text" name="street"><br>
City: <input type="text" name="city"><br>
State: <input type="text" name="state"><br>
Zip: <input type="text" name="zip"><br>
<input type="submit"><br>
</form>
</body>
</html>
```

当用户填完表单，点击提交按钮后，由 form 表单中指定的 address.jsp 文件响应客户端请求。address.jsp 文件源码如下所示：

```
<%@ page import="chapter14.AddressBean" %>
<%
  AddressBean address = null;
  synchronized(session){
  //Get an existing instance
  address = (AddressBean) session.getAttribute("address");
  //Create a new instance if required
  if (address==null){
    address = new AddressBean();
    session.setAttribute("address", address);
  }
  //Get the parameters and fill up the address object
  address.setStreet(request.getParameter("street"));
  address.setCity(request.getParameter("city"));
```

```
    address.setState(request.getParameter("state"));
    address.setZip(request.getParameter("zip"));
    }
  %>
```

在上述代码中，address.jsp 文件完成以下功能：

（1）检测 seesion 对象中是否已存在 AddressBean 组件。

（2）如果不存在，则创建一个 AddressBean 对象实例。

（3）调用 request.getParameter()方法获取表单中用户输入项。

（4）调用 AddressBean 组件的 setXxx()方法传入属性值。

此处采用由开发者在 JSP 脚本中自创建 JavaBean 组件的方式，这种方式使用灵活，但不够方便、编写的代码不够简介、网页开发人员不易理解。因此，JSP 提供了使用标准的标签方式来使用 JavaBean 组件。以下代码是采用 JSP 标签方式实现的 address.jsp 文件。

```
<%@ page import="AddressBean" %>
<jsp:useBean id="address" class="AddressBean" scope="session" />
<jsp:setProperty name="address" property="*" />
```

从上述代码中可以看出，代码行数大大减少，并且没有由开发人员直接调用组件的方法，提高了复用度。

从上述的 AddressBean 组件使用过程中，似乎并没有体现出使用 JavaBean 组件有何好处。实际上，因为此处的 AddressBean 组件是一个最简单的不包含任何商务逻辑的组件，现在让我们假定 AddressBean 组件除了接收用户输入以外，还需要做一些其他工作，这种情况下会发生什么？

在 AddressBean 组件接收用户输入后，接下来最常见的事务就是将这些信息存入数据库中保留起来，以便日后使用。为了把这些信息保存到数据库中，需要操作数据库，例如连接数据库、插入数据、检索数据、释放数据库等操作。这些操作可能会不止在一个 JSP 页面中出现，如果不采用 JavaBean 组件方式，那么这些操作会各自独立地分布在多个页面中，一旦数据库发生改变，我们就不得不依次修改所有页面中的代码。但是，如果我们将这些数据库的相关操作封装到一个 JavaBean 中，需要操作数据库的页面时，可以通过使用 JavaBean 来实现数据库操作，即使数据库发生改变，也只须修改 JavaBean 即可，所有使用 JavaBean 组件的页面代码不会受到任何影响。采用 JavaBean 组件的优势是显而易见的，并且操作数据库的细节对所有使用 JavaBean 组件的 JSP 页面来说都是透明的，充分体现了面向对象的封装性。

采用 JavaBean 组件可以很好地利用 Java 语言面向对象的特性。例如，假设现在需要两种地址：一种是住宅地址，另一种是办公地址。我们可以新创建两个类 BusinessAddressBean 和 ResidentialAddressBean，都继承至 AddressBean。在基类 AddressBean 中，可以把从 BusinessAddressBean 和 ResidentialAddressBean 两个类中的共性抽取出来实现。而 BusinessAddressBean 和 ResidentialAddressBean 类，可以添加适合各自特性的需求。

14.1.3 序列化 JavaBean

为了实现数据的持久化，我们将数据存储在数据库中。关系型数据库采取表来管理数据。一张表由若干个不同数据类型的列组成，构成一个二维表。例如，一个地址表可以用来存储用户的地址信息，表中的一行数据对应一个用户的地址，表中的列对应地址的组成部分，例如国家、城市、单位。一旦数据被存储在数据库中，以后就可以随时提取出来，显示给用户或进行相关的操作。

通过将数据库中的表与 JavaBean 组件形成映射关系，可以将 JavaBean 组件的属性存储在数据表的列中来实现 JavaBean 组件的持久化。但由于关系型数据库不是基于面向对象机制的，因此在 JavaBean 组件与表之间需要进行相应的转换。这种转换是有代价的，并且操纵数据库的语言与 Java 语言是不同机制的。为了方便地存储 JavaBean 的某时状态，JavaBean 规范提供了序列化机制来通过文件系统存储 JavaBean 快照。

序列化分为两大部分：序列化和反序列化。序列化是这个过程的第一部分，将对象数据分解成字节流，写入字节流，以便存储在文件中，这样就可以将一个 JavaBean 实例的状态永久地存储起来，其属性值日后可以检索、提取。反序列化就是打开字节流，从字节流中读取对象并重构对象。

JavaBean 组件序列化比较简单，实现 java.io.Serializable 接口的类对象就可以启动其序列化功能转换成字节流或从字节流恢复，而不需要在类中增加任何代码，整个过程自动完成。未实现此接口的类，将无法使其任何状态序列化或反序列化。可序列化类的所有子类型本身都是可序列化的。序列化接口没有方法或字段，仅用于标识可序列化的语义。

序列化的 JavaBean 以资源文件形式存在，其有以下几点特性：

（1）存储序列化的 JavaBean 文件必须以 ser 作为文件类型后缀。例如，将 AddressBean 组件的对象序列化存储在文件中，一个文件代表的就是用户的地址，因此文件名可以为用户名+.ser。例如，tom.ser。

（2）存储 JavaBean 的文件，其所在的路径与类一样，存在于/Web-INF/classes 目录中或其任何子目录中。例如，/Web-INF/classes/John.ser、/Web-INF/classes/businessData/visitorAddresses/Mary.ser

（3）可以将路径与存储 JavaBean 的文件名联合起来使用，相当于 Java 语言中的包名与类名的联合。

java.io 包有两个用于序列化对象的类：ObjectOutputStream 和 ObjectInputStream。ObjectOutputStream 负责将对象写入字节流，ObjectInputStream 负责从字节流重构对象。

ObjectOutputStream 类扩展 DataOutput 接口。writeObject()方法是最重要的方法，用于对象序列化。如果对象包含其他对象的引用，则 writeObject()方法递归序列化这些对象。每个 ObjectOutputStream 维护序列化的对象引用表，防止发送同一对象的多个拷贝。

ObjectInputStream 类扩展 DataInput 接口。readObject()方法从字节流中反序列化对象，每次调用 readObject()方法都返回流中下一个 Object。对象字节流并不传输类的字节码，而是包括类名及其签名。readObject()收到对象时，JVM 装入头中指定的类。如果找不到这个类，则 readObject()方法抛出 ClassNotFoundException 异常。

通过调用 java.beans.Beans.instantiate()方法，可以装入被序列化存储的 JavaBean 对象实

例。以下示例展示了 AddressBean 序列化的过程，假定其所在路径为 /Web-INF/classes/businessData/visitorAddresses/。

（1）实现序列化接口。

```
public class AddressBean implements java.io.Serializable {
  ...
}
```

（2）存储 JavaBean 对象实例。

脚本 beanSaver.jsp：

```
<%@ page import="chapter14.AddressBean, java.io.* " %>
<%
  String message="";
  try{
    //Create an instance. Set the properties
    AddressBean address = new AddressBean();
    address.setCity(request.getParameter("city"));
    address.setState(request.getParameter("state"));
    //Get the user's name to build the file path
    String name = request.getParameter("name");
    String appRelativePath =
      "/Web-INF/classes/businessData/visitorAddresses/"+ name
      + ".ser";
    String realPath = application.getRealPath(appRelativePath);
    //Serialize the object into the file
    FileOutputStream fos = new FileOutputStream(realPath);
    ObjectOutputStream oos = new ObjectOutputStream(fos);
    oos.writeObject(address);
    oos.close();
    message = "Successfully saved the bean as " + realPath;
  }
  catch(Exception e){
    message = "Error: Could not save the bean";
  }
%>
<html>
<body>
<h3><%= message %></h3>
</body>
</html>
```

在上述 beanSaver.jsp 文件代码中，首先通过 page 伪指令的 import 属性导入需要使用的 AddressBean 和 java.io 包。然后接收客户端用户输入的用户名，创建一个 AddressBean 对象实例用于接收地址信息。最后将该对象通过对象输出流写入到文件中存储起来，文件名由用户名动态生成。

在浏览器上输入以下地址：

```
http://localhost:8080/chapter14/beanSaver.jsp?name=John&city=Topeka&state=Kansas
```

如果代码正常执行，将在/Web-INF/classes/businessData/visitorAddresses 目录下创建一个 John.ser 文件。John.ser 文件存储了用户 John 的地址信息。

之后，任何一个 Web 组件都可以通过反序列化来使用存储 John 用户的 AddressBean 对象实例。

在下一节中，我们将具体讲解 JSP 提供的 JavaBean 动作指令。

14.2 JSP 中使用 JavaBean

正如前面所见，JavaBean 实质上也是一个 Java 类，因此也可以在 JSP 的脚本、声明和表达式中通过 new 语句创建和使用。JSP 规范对在更高层次上进行脚本化的 JavaBean 提供了特殊支持，此支持包含以下 3 种标准行为：

- <jsp:useBean> 声明、实例和初始化 JavaBean。
- <jsp:setProperty> 设置 JavaBean 属性。
- <jsp:getProperty> 获取 JavaBean 属性值。

14.2.1 useBean 动作指令

< jsp:useBean >动作指令用来在 JSP 页面中创建一个 JavaBean 实例，并指定其名字以及作用范围，以保证对象在指定范围内可以使用。指令执行包含两个过程，首先在指定作用域内查找是否存在指定的 JavaBean 实例，如果不存在，则创建一个指定的 JavaBean 实例。

< jsp:useBean >动作指令语法格式如下：

```
< jsp:useBean id="id" scope="page|request|session|application|" typeSpec / >
```

其中 id 是一个大小写敏感的名字，用来表示这个实例，其必须存在；scope 表示此对象可以使用的范围，其是可选的；typeSpec 是类型规范，其由 class、type 和 beanName 三个属性组成，这些属性的结合允许灵活地指定 useBean 行为。typeSpec 值至少必须指定 class 和 type 中的一个，如果指定了 class，则不能使用 beanName。class、type 和 beanName 三个属性的有效结合方式，可以是以下四者之一：

```
class="classsName"
class="classsName" type="typeName"
beanName="beanName" type="typeName"
type="typeName"
```

< jsp:useBean >动作指令中共有 5 种属性，如表 14-1 所示。

表 14-1　< jsp:useBean >动作指令属性

属　性	功　能　描　述	示　例
id	JSP 页面中 JavaBean 的标识	id="address"
scope	JavaBean 存在的范围	scope="session"
class	JavaBean 对应的类名	class="BusinessAddressBean"
type	引用 JavaBean 变量的类型	type="AddressBean"
beanName	装载序列化 JavaBean 名或创建实例类名	beanName="AddressBean"

为了更好的理解掌握< jsp:useBean >动作指令的属性，以下辅以示例，分别详细讲解各个属性的具体用法。

1. **id 属性**

id 属性用于指定 JavaBean 的名称，作为指定范围内 JavaBean 对象的标识符。在所定义的范围内，为了确认 JavaBean 变量，通过 id 对 JavaBean 的对象实例进行引用。

因为该变量是一个脚本变量，最终被转换为 Servlet 中的变量，因此可以用作 JSP 中的表达式、脚本中。这个变量名必须符合 Java 语言的命名规定，而且变量名对大小写敏感。id 值必须在指定作用域内是惟一的，重复的 id 将导致错误，因为最终的 Servlet 中不能出现两个同名的变量。

如果要使用一个已经创建好的 JavaBean，则这个 id 的值必须与原来的 id 值一致。

id 属性是必须存在的，其值将被<jsp:setProperty>和<jsp:getProperty>动作指令使用。

2. **scope 属性**

scope 属性用于指定 JavaBean 存在的可见范围，其值有 4 个选项可供选择：page、request、session 和 application。

- page 作用域　能够在包含< jsp:useBean >标签的 JSP 文件以及此文件静态包含的所有文件中使用 JavaBean，直到页面执行完毕向客户端发回响应或转发到另一个文件为止。超出此范围 JavaBean 就失效，即 JavaBean 在页面内使用一次后就销毁。
- request 作用域　在请求范围内使用有效。JavaBean 实例被存储为 request 请求属性。这意味着可以在处理同一请求的任何 JSP 页面内使用 JavaBean。
- session 作用域　从创建 JavaBean 开始，就可以在 session 有效范围内使用 JavaBean，这个 JavaBean 对于 JSP 来说是共享的。JavaBean 实例被存储为 session 属性，因此 JavaBean 存在于整个会话期间。
- application 作用域　从创建 JavaBean 开始，就可以在任何使用相同 application 的 JSP 文件中使用 JavaBean。application 对象在应用服务器启动时就创建了，直到应用服务器关闭。这个 JavaBean 存在于整个 application 生存周期内，任何在此共享 application 的 JSP 文件都能使用同一 JavaBean。JavaBean 实例被存储为 Web 应用上下文属性，因此对整个应用程序都可用。

需要注意的是，scope 属性是可选的，如果没有指定值，其默认值是 page。如果使用 page 伪指令的 session 属性取值为 false，那么 scope 属性则不能取值为 session。

3. class 属性

class 属性指定 JavaBean 的类名。在创建 JavaBean 实例时，使用指定的类，调用其无参的公共构造器生成对象实例。因此，class 属性指定的类不能是一个抽象类，并且必须有一个公共的、无参数的构造器。路径可以根据需要加上指定包名。

4. type 属性

type 属性指定 id 属性变量的类型，即将 JavaBean 转换成指定数据类型的类类型。其值可以是 JavaBean 类本身，也可以是 JavaBean 类的父类，或者是一个 JavaBean 类实现的接口。当从某个特定的作用域检索到该对象时，其将被当作一个普通的对象返回，然后该 JavaBean 被转换成指定的类类型。如果没有指定类型，那么其类型将默认为类变量指定的同一个类型。如果它们不匹配，那么就抛出一个 ClassCastException 异常来。

5. beanName 属性

beanName 属性取代 class 属性以创建 JavaBean 实例，其值被当作参数传递到 java.beans.Beans.instantiate()方法中以创建对象实例。

beanName 属性既可以用于指定一个序列化 JavaBean，也可以指定一个类。如果 beanName 属性指定的是一个序列化的 JavaBean，则从存储序列化对象的文件中装载。例如，beanName 属性取值为 "businessData.visitorAddresses.John"，则从 businessData/visitorAddresses/John.ser 文件中装载 JavaBean 对象实例。请注意，beanName 属性指定的文件没有加后缀.ser。如果 beanName 属性指定的是一个类，则将指定类装入内存，并实例化作为 JavaBean 使用。例如，beanName 属性取值为"chapter14.AddressBean"，则从 chapter14/AddressBean.class 文件中装载。请注意，beanName 属性指定的文件没有加后缀.class。

需要注意的是，class 和 beanName 属性都可以用于指定需要实例化的类。但是，beanName 属性可以被指定为一个请求期的表达式，这样可以在客户端请求时动态装载、实例化类，而不需要在转换阶段指定类，这使开发人员能够动态地创建 JavaBean 实例。

在详细了解< jsp:useBean >动作指令的 5 个属性之后，接下来我们通过示例来展示一下它们是如何在 JSP 页面中通过< jsp:useBean >动作指令来使用的。

6. 一个简单示例

该示例在< jsp:useBean >动作指令中使用了 3 个属性：id、class 和 scope，代码如下所示：

```
<jsp:useBean id="address" class="chapter14.AddressBean"
scope="session" />
```

在上述代码中，< jsp:useBean >动作指令指示 JSP 引擎，声明一个名为 address 的对象变量，其指向名为 AddressBean 类的一个对象实例，该对象在 session 范围内有效。

当客户端请求时，如果名为 address 的对象在 session 中已经存在，则其由 address 变量引用。如果名为 address 的对象在 session 中不存在，则会创建一个 AddressBean 类的对象实例，并且其由 address 变量引用。此过程同以下代码所示：

```
chapter14.AddressBean address = (chapter14.AddressBean)
    session.getAttribute("address");
  if (address == null){
    address = new chapter14.AddressBean ();
    session.setAttribute("address", address);
}
```

7. 一个默认范围示例

该示例在< jsp:useBean >动作指令中使用了两个属性：id 和 class，代码如下所示：

```
<jsp:useBean id="address" class="chapter14.AddressBean" />
```

在上述代码中，没有明确地指定 scope 属性。由于 scope 属性的默认值是 page，因此< jsp:useBean >动作指令指示 JSP 引擎，声明一个名为 address 的对象变量，其指向名为 AddressBean 类的一个对象实例，该对象仅在 page 范围内有效。

当客户端请求时，如果名为 address 的对象在 page 中已经存在，则其由 address 变量引用。如果名为 address 的对象在 page 中不存在，则会创建一个 AddressBean 类的对象实例，并且其由 address 变量引用。此过程同以下代码所示：

```
chapter14.AddressBean address = (chapter14.AddressBean)
    pageContext.getAttribute("address");
  if (address == null){
    address = new chapter14.AddressBean();
    pageContext.setAttribute("address", address);
}
```

8. 一个类型造型示例

假设，现在有两个类 BusinessAddressBean 和 ResidentialAddressBean 都继承至 AddressBean。有两个 JSP 文件：residential.jsp 和 business.jsp，它们分别使用 ResidentialAddressBean 和 BusinessAddressBean 组件。两个文件中的< jsp:useBean >动作指令的 id 属性均使用相同的 address 值，且均采用 session 作用域。如以下代码所示：

脚本 residential.jsp：

```
<jsp:useBean id="address"
scope="session"
class="chapter14.ResidentialAddressBean" />
```

脚本 business.jsp：

```
<jsp:useBean id="address"
scope="session"
class="chapter14.BusinessAddressBean" />
```

假设，客户端首先访问 residential.jsp 文件，其上的<jsp:useBean>动作指令会创建一个名为 address 的 ResidentialAddressBean 对象实例。当同一个客户端接着访问 business.jsp 文件时，会抛出 java.lang.ClassCastException 异常。这是因为当访问 business.jsp 文件时，由于处于同一个 session 作用域内已经创建了一个名为 address 对象实例。因此其上的<jsp:useBean>动作指令会将已创建的 ResidentialAddressBean 对象实例转换为指定的 BusinessAddressBean 类型。而由于 ResidentialAddressBean 和 BusinessAddressBean 之间没有继承关系，只是都继承自同一个父类 AddressBean 而已，因此会产生类造型异常错误。同样，如果在同一个客户端上先后访问 business.jsp 和 residential.jsp 文件，也会抛出 java.lang.ClassCastException 异常来。

9. 一个使用 class 和 type 属性的示例

该示例在< jsp:useBean >动作指令中使用了两个属性：type 和 class，代码如下所示：

```
<jsp:useBean id="address"
type="AddressBean"
class="chapter14.BusinessAddressBean"
scope="session" />
```

在上述代码中，<jsp:useBean>动作指令定义了一个类型为 AddressBean 的变量 address。我们知道，<jsp:useBean>动作指令首先会在 session 作用域内寻找已经创建了名为 address 的对象实例，如果在 session 作用域内存在名为 address 的对象实例，则被赋予变量 address。请注意，由于此<jsp:useBean>动作指令使用 type 属性指定了变量 address 的类型为 AddressBean，因此已经创建的对象实例类型应该为 AddressBean 类或其子类，而不必是 class 属性指定的 BusinessAddressBean 对象实例。

然而，如果在 session 作用域内不存在名为 address 的对象实例，则会创建一个由 class 属性指定的 BusinessAddressBean 对象实例赋予变量 address，而不是由 type 属性指定的 AddressBean 对象实例。此过程同以下代码所示：

```
AddressBean address = (AddressBean)session.getAttribute("address");
if (address == null){
  address = new chapter14.BusinessAddressBean();
  session.setAttribute("address", address);
}
```

从上述使用 scope 属性过程中，可以推断：如果没有明确指定 scope 属性值，则其默认值同 class 属性值。以下两个<jsp:useBean>动作指令具备相同的功能。

<jsp:useBean>动作指令 1：

```
<jsp:useBean id="address"
class="chapter14.BusinessAddressBean"
scope="session" />
```

<jsp:useBean>动作指令 2：

```
<jsp:useBean id="address"
type="BusinessAddressBean"
class="chapter14.BusinessAddressBean"
scope="session" />
```

10. **一个使用序列化 JavaBean 示例**

该示例在<jsp:useBean>动作指令中使用了 beanName 属性来指定一个序列化的 JavaBean，代码如下所示：

```
<jsp:useBean id="address"
type="AddressBean"
beanName="businessData.visitorAddresses.John"
scope="session" />
```

在上述代码中，<jsp:useBean>动作指令定义了一个类型为 AddressBean 的变量 address。<jsp:useBean>动作指令首先会在 session 作用域内寻找已经创建了名为 address 的对象实例，如果在 session 作用域内不存在名为 address 的对象实例，则会从由 beanName 属性指定的存储序列化 JavaBean 的 businessData/visitorAddresses/John.ser 文件中装载、创建、初始化对象实例。此过程同以下代码所示：

```
AddressBean address = (AddressBean)session.getAttribute("address");
if (address == null){
 ClassLoader classLoader = this.getClass().getClassLoader();
 address = (AddressBean) java.beans.Beans.instantiate(classLoader,
   "businessData.visitorAddresses.John");
 session.setAttribute("address", address);
}
```

下面示例中，<jsp:useBean >动作指令的 beanName 属性未指定一个序列化的 JavaBean，而是指定了一个类，代码如下所示：

```
<jsp:useBean id="address"
type="AddressBean"
beanName="AddressBean"
scope="session" />
```

在上述代码中，<jsp:useBean>动作指令定义了一个类型为 AddressBean 的变量 address。<jsp:useBean>动作指令首先会在 session 作用域内寻找已经创建了名为 address 的对象实例，如果在 session 作用域内不存在名为 address 的对象实例，则会创建一个由 beanName 属性指定的对象实例。此过程同以下代码所示：

```
java.beans.Beans.instantiate(classLoader, "AddressBean");
```

需要注意的是，不能在<jsp:useBean>动作指令中同时指定 class 和 beanName 属性。因为 Bean 的类要么由序列化的 Bean 数据文件决定，要么由 beanName 属性值决定。但 type 属性是需要的，为了决定声明变量的类型。因此，type 属性值必须是 Bean 类，或者 Bean 类超类、或由此 Bean 类实现的接口。

11. 一个在 beanName 属性中使用表达式的示例

由于 beanName 属性可以被指定为一个请求期的表达式，因此可以在客户端请求时动态装载、实例化类，而不需要在转换阶段时就必须指定类。

以下示例在< jsp:useBean >动作指令的 beanName 属性中使用表达式来动态地指定类，代码如下所示：

```
<%@ page import="chapter14.AddressBean, java.io.*" %>
<%
  String theBeanName = null;
  String name = request.getParameter("name");
  if (name!=null && !name.equals("")) {
    theBeanName = "businessData.visitorAddresses. " + name;
  } else {
    //Name not specified.
    if ("Business".equals(request.getParameter("newType"))) {
      theBeanName = "BusinessAddressBean";
    } else {
      theBeanName = "ResidentialAddressBean";
    }
  }
%>
<jsp:useBean id="address"
type="AddressBean"
beanName="<%= theBeanName %>" />
```

在上述代码中，如果请求参数 name 取值为 John，则<jsp:useBean>动作指令中的 beanName 属性取值为"businessData/visitorAddresses/John"，指向存储序列化 JavaBean 的 businessData/visitorAddresses/John.ser 文件。

如果未指定请求参数 name 值，则< jsp:useBean >动作指令会根据参数 newType 的取值来决定是创建 BusinessAddressBean 或 ResidentialAddressBean 类实例。

需要注意的是，上述< jsp:useBean >动作指令的 type 属性值取值为 AddressBean。这样可以确保在运行期无论传入那个对象实例均可以正常运行。例如，序列化对象 John 的类型是 BusinessAddressBean 类，序列化对象 Mary 的类型是 ResidentialAddressBean 类。这两个对象类均扩展自 AddressBean 类，因此只导入该类即可，而不需要明确导入两个 Bean 对象所属类。如果未发现序列化文件或指定类，则 java.lang.InstantiationException 异常被抛出。

12. 一个独立使用 type 属性示例

现在，我们来学习在没有使用 class 或 beanName 属性的情况下使用 type 属性。如果我们需要定位一个已存在的 Bean 对象，即使该对象可能无效，但并不想创建一个新的对象实例，这种方式使用 useBean 动作指令十分有用。

```
<jsp:useBean id="address" type="AddressBean" scope="session" />
```

在上述代码中，如果定位的对象不是 AddressBean 类型，也不是 AddressBean 类的子类，则 ClassCastException 异常被抛出。另一方面，如果定位的对象根本不在指定的范围内，不会创建一个新的对象，而是抛出一个 java.lang.InstantiationException 异常来。

在了解各个属性的具体用法后，我们来学习一下 JavaBean 属性的初始化。

使用 JavaBean 的限制是，实例化 JavaBean 需要由 JSP 容器通过调用 JavaBean 类的无参构造器来实例化。因为这个限制，我们无法通过向构造器传递参数来实现 JavaBean 的初始化。为了克服这个缺点，JSP 规范允许我们给<jsp:useBean>标签提供一个标签内容体。如以下代码所示：

```
<jsp:useBean id="address" scope="session" class="AddressBean" >
<%
  address.setStreet("123 Main St. ");
%>
</jsp:useBean>
```

在上述代码中，存在以下两种执行过程：

（1）如果在会话作用域内存在名为 address 的 JavaBean 对象实例，则 JSP 容器会跳过<jsp:useBean>标签内容体，直接使用已存在的对象。在这种情况下，嵌套的 JSP 脚本并未获得执行。

（2）如果名为 address 的 JavaBean 对象实例未在会话作用域内存在，则 JSP 容器就会创建一个 AddressBean 类实例，并将该实例以 address 的名称添加到会话作用域内，然后执行<jsp:useBean>标签内容体。

在这种情况下，嵌套的 JSP 脚本获得执行。每次创建 JavaBean 对象实例时，实现了初始化 street 属性值为"123 Main St."。但是，一般初始化 JavaBean 属性是通过使用<jsp:setProperty>动作指令来实现的。在实际操作中，除了初始化 JavaBean 外，<jsp:useBean>标签内容体还可以是 JSP 代码的任何形式。例如，HTML、脚本、表达式等。需要注意的是，<jsp:useBean>标签内容体只有在创建 JavaBean 对象实例时才能获得执行。

当<jsp:useBean>标签被镶嵌到 JSP 脚本的花括号中时，所声明的 JavaBean 变量仅在所在花括号内有效。以下代码是无法正常执行的：

```
<%@ page language="java" import="AddressBean" %>
<html>
<body>
<%
  if (true) {
%>
<jsp:useBean id="address" class="AddressBean" />
```

```
<% } %>
<B>Some HTML here</B>
<%
  if (true) {
    out.print("Zip: "+ address.getZip()); //error here
  }
%>
</body>
</html>
```

在上述代码中，<jsp:useBean>标签被嵌套到一个 JSP 脚本的 if 语句花括号中。这意味着<jsp:useBean>动作指令声明的变量 address 仅在该花括号内有效。因此，当在另一个 if 语句中的 out.print()方法中使用该变量 address 时，由于超出了使用范围，会产生一个该变量未定义的错误。

尽管花括号限制了 JavaBean 变量的使用范围，但是通过使用 JSP 的内置对象 pageContext，依然可以使 JavaBean 变量在页面作用域内有效。如以下代码所示：

```
<%
  if (true) {
    AddressBean address = (AddressBean)
      pageContext.getAttribute("address");
    out.print("Zip: "+ address.getZip()); //ok
  }
%>
```

当然，如果在<jsp:useBean>动作指令中指定了其他的作用域，比如请求作用域、会话作用域或应用程序作用域，则只需要使用对应的内置对象和其上的 getAttribute()方法，就可以实现 JavaBean 变量的访问了。

以下示例代码展示了如何使用 useBean 动作指令，完成了将用户登录信息存储在 JavaBean 属性中。

（1）创建一个 JavaBean 类，该类提供了 3 个属性：userName、password 和 age，分别表示用户名、口令和年龄。

脚本 TestBean.java：

```
package chapter14;

public class TestBean {
  public String userName;
  public String password;
  public int age;

  public void setUserName(String name) {
```

```
    this.userName=name;
  }

  public void setPassword(String password) {
    this.password=password;
  }

  public String  getUserName() {
    return this.userName;
  }

  public String getPassword() {
    return password;
  }

  public int getAge() {
    return this.age;
  }

  public void setAge(int age) {
    this.age=age;
  }
}
```

（2）创建一个用户登录页面，便于用户提交登录信息。

页面 register.html：

```
<html>
<body>
user register information: <br><hr>
<form method="get" action="register.jsp">
<table>
<tr><td>userName: <input name="userName" type="text"></td></tr>
<tr><td>password: <input name="password" type="password"></td></tr>
<tr><td>age:<input name="age" type="text"></td></tr>
<tr><td><input type=submit value="submit"></td></tr>
</table>
</form>
</body>
</html>
```

（3）用户提交登录请求后，由 register.jsp 文件负责接受处理用户请求。

脚本 register.jsp：

```
<%@ page contentType="text/html;charset=gb2312"%>
<jsp:useBean id="user" scope="page" class="chapter14.TestBean"/>
<jsp:setProperty name="user" property="*"/>
<html>
<body>
register success: <br>
<hr>
using method of bean's attribute: <br>
username: <%=user.getUserName() %><br>
password: <%=user.getPassword() %><br>
age: <%=user.getAge()%><br>
<hr>
using getProperty method:<br>
username: <jsp:getProperty name="user" property="userName"/><br>
password: <jsp:getProperty name="user" property="password"/><br>
age: <jsp:getProperty name="user" property="age"/><br>
</body>
</html>
```

在上述代码中， 使用<jsp:useBean>动作指令来应用 JavaBean，指定 JavaBean 的 ID 为 user。同时使用<jsp:setProperty>和<jsp:getProperty>两个动作指令来设置 JavaBean 属性和获取 JavaBean 属性值，这两个动作指令在接下来的两个小结中讲解。

在浏览器地址栏键入 http://localhost:8080/root/register.html 地址来访问，运行效果如图 14-1 所示。

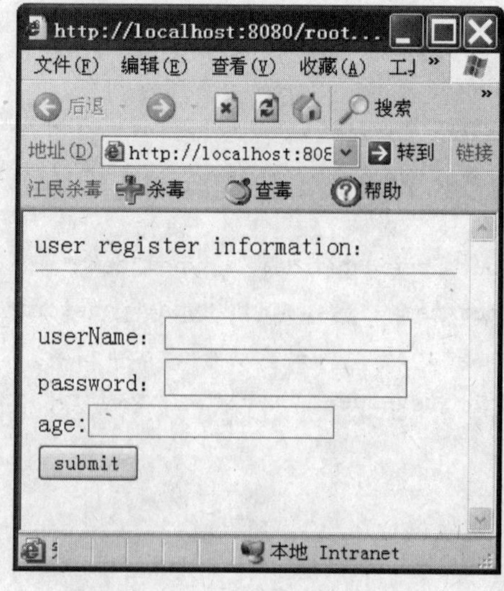

图 14-1　运行效果图

输入用户名、密码和年龄，然后点击提交按钮，将用户注册信息展示出来，如图 14-2 所示。

图 14-2　运行效果图

14.2.2　setProperty 动作指令

<jsp:setProperty>动作指令用于给 JavaBean 赋予一个新值。该动作指令一共有四个属性，如表 14-2 所示。

表 14-2　<jsp:setProperty>动作指令属性

属　性	描　述
name	JSP 页面中 JavaBean 的标识名称
property	JavaBean的属性名称，用来接收新值
value	被赋予JavaBean属性的新值
param	HttpServletRequest的参数

name 属性用来标识一个特定的、已存在的 JavaBean 对象实例，因此 name 属性是必须存在的。JavaBean 必须是已经使用<jsp:useBean>动作指令声明过的，且 name 属性值必须和<jsp:useBean>动作指令中的 id 属性值一致。

property 属性用于指定需要设置的 JavaBean 属性。JSP 容器会调用与指定 JavaBean 属性相匹配的 setXXX()方法来设值。因此，该 property 属性也是必须存在的。

value 属性用于指定 JavaBean 属性的新值，该属性可以接收一个表达式。

param 属性用于指定请求参数。如果请求包含了指定的参数，则该参数值被用于设置 JavaBean 属性值。

value 和 param 属性不能同时使用，二者均是可选的。如果两者均没有使用，JSP 容器会自动寻找请求参数中与 JavaBean 属性相匹配的参数来设置 JavaBean 属性值。

以下通过实例来展示如何使用这些属性，这些示例均假设已经通过以下代码声明过需要使用的 JavaBean。

```
<%@ page import="chapter14.AddressBean" %>
<jsp:useBean id="address" class="chapter14.AddressBean" />
```

以下所有示例均采用了 JSP 脚本和动作指令的两种方式实现相同的功能。

示例 1：使用 value 属性

示例中使用了两个<jsp:setProperty>动作指令，将名为 address 的 JavaBean 的两个属性 city 和 state 设置为"Albany"和"NY"。如以下代码所示：

```
<jsp:setProperty name="address" property="city" value="Albany" />
<jsp:setProperty name="address" property="state" value="NY" />
```

采用 JSP 脚本的实现方式，如以下代码所示：

```
<%
  address.setCity("Albany");
  address.setState("NY");
%>
```

以下代码展示了使用一个 JSP 表达式设置 value 属性值：

```
<% String theCity = getCityFromSomewhere(); %>
<jsp:setProperty name="address"
property="city"
value="<%= theCity %>" />
```

示例 2：使用 param 属性

在这种情况下，使用 param 属性取代 value 属性来设置 JavaBean 属性值。如以下代码所示：

```
<jsp:setProperty name="address" property="city" param="myCity" />
<jsp:setProperty name="address" property="state" param="myState"/>
```

在上述代码中，JSP 容器会将请求中名为 myCity 和 myState 参数的值，分别赋予 city 和 state 两个 JavaBean 属性。

采用 JSP 脚本的实现方式，如以下代码所示：

```
<%
  address.setCity(request.getParameter("myCity"));
  address.setState(request.getParameter("myState"));
%>
```

示例 3：使用默认的 param 属性

前面的示例均是当请求参数名称和 JavaBean 属性名称不匹配时，需要设置 value 或 param 属性。而当请求参数名称和 JavaBean 属性名称匹配时，我们根本不需要再设置 value 或 param 属性。如以下代码所示：

```
<jsp:setProperty name="address" property="city" />
<jsp:setProperty name="address" property="state" />
```

在上述代码中，直接使用与 JavaBean 属性匹配的请求参数来设置 JavaBean 属性值。以下所示代码与上述代码完成相同功能。

```
<jsp:setProperty name="address" property="city" param="city" />
<jsp:setProperty name="address" property="state" param="state" />
```

采用 JSP 脚本的实现方式，如以下代码所示：

```
<%
  address.setCity(request.getParameter("city"));
  address.setState(request.getParameter("state"));
%>
```

如果请求中没有与 JavaBean 属性相匹配的参数会发生什么情况？实际上并不影响这种方式的<jsp:setProperty>动作指令，JavaBean 属性值依然保持其原始值即可。

示例 4：一次设置所有 JavaBean 属性

以下代码展示了在一条<jsp:setProperty>动作指令中一次性地设置 JavaBean 中的所有属性值。

```
<jsp:setProperty name="address" property="*" />
```

通过在 property 属性中使用*通配符，可以不需要一个个地设置 JavaBean 属性值，而一次性全部设置。

采用 JSP 脚本的实现方式，如以下代码所示：

```
<%
  address.setStreet(request.getParameter("street"));
  address.setCity(request.getParameter("city"));
  address.setState(request.getParameter("state"));
  address.setZip(request.getParameter("zip"));
%>
```

当然，请求参数的名称应该和 JavaBean 属性一一对应。如果没有与 JavaBean 属性相匹配的请求参数，则 JavaBean 属性值保持不变。

需要注意的是，如果请求参数有多个值，仅第一个值被赋予与之匹配的 JavaBean 属性。

14.2.3 getProperty 动作指令

<jsp:getProperty>动作指令用于获取 JavaBean 属性并打印输出到输出流中。

以下是<jsp:getProperty>动作指令语法格式：

```
<jsp:getProperty name="beanInstanceName"
property="propertyName" />
```

<jsp:getProperty>动作指令仅有两个属性：name 和 property，它们是必须存在的。

如同<jsp:setProperty>动作指令一样，name 属性用来标识一个特定的，已存在的 JavaBean 对象实例。该 JavaBean 必须是已经使用<jsp:useBean>动作指令声明过的，且 name 属性值必须和<jsp:useBean>动作指令中的 id 属性值一致。

property 属性指定的属性值将被打印输出。

以下代码示例打印输出名为 address 的 JavaBean 的 state 和 zip 两个属性值。

```
<jsp:getProperty name="address" property="state" />
<jsp:getProperty name="address" property="zip" />
```

采用 JSP 脚本的实现方式，如以下代码所示：

```
<%
  out.print(address.getState());
  out.print(address.getZip());
%>
```

以下示例代码展示了将一个位于会话作用域内的名为 AddressBean 的 JavaBean 组件的属性以表格形式输出。

脚本 outAddress.jsp：

```
<%@ page import="chapter14.AddressBean" %>
<jsp:useBean id="address" class="chapter14.AddressBean"
scope="session"/>
<html>
<body>
<table border="1">
<tr>
<td>Street</td>
<td><jsp:getProperty name="address" property="street"/></td>
</tr>
<tr>
<td>City</td>
<td><jsp:getProperty name="address" property="city"/></td>
</tr>
<tr>
```

```
<td>State</td>
<td><jsp:getProperty name="address" property="state"/></td>
</tr>
<tr>
<td>Zip</td>
<td><jsp:getProperty name="address" property="zip"/></td>
</tr>
</table>
</body>
</html>
```

上述代码在 HTML 表格元素中使用<jsp:getProperty>动作指令来格式化 JavaBean 属性值。

在浏览器地址栏键入 http://localhost:8080/root/outAddress.jsp 地址来访问，运行效果如图 14-3 所示。

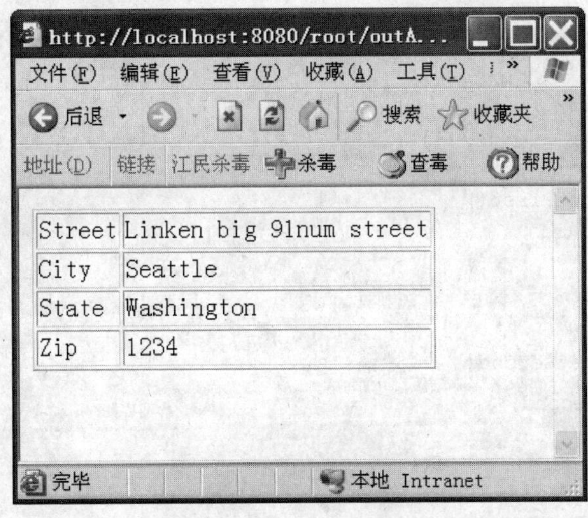

图 14-3　运行效果图

14.2.4　示例

在这个示例中，我们使用 JavaBean 构造了一个简单的计算器组件，该组件可以进行加、减、乘和除运算。

（1）先来创建 JavaBean 类。

脚本 SimpleCalculator.java：

```
package chapter14;

public class SimpleCalculator {
  //属性声明
  private String first;//第一个操作数
  private String second;//第二个操作数
```

```
private double result;//操作结果
private String operator;//操作符

/**
*以下是一些属性方法
*/
public void setFirst(String first) {
  this.first=first;
}

public void setSecond(String second) {
  this.second=second;
}

public void setOperator(String operator) {
  this.operator=operator;
}

public String getFirst() {
  return this.first;
}

public String getSecond() {
  return this.second;
}

public String getOperator() {
  return this.operator;
}

//获得计算结果
public double getResult() {
  return this.result;
}

/**
*根据不同的操作符进行计算
*/
public void calculate() {
  double one=Double.parseDouble(first);
```

```
        double two=Double.parseDouble(second);
        try {
         if(operator.equals("+")) result=one+two;
         else if(operator.equals("-"))result=one-two;
         else if(operator.equals("*"))result=one*two;
         else if(operator.equals("/"))result=one/two;
        }
        catch(Exception e) {
         System.out.println(e);
        }
    }
}
```

在上述代码中，为了要完成一个二元的数学运算，需要两个运算操作数和一个运算操作符。这两个操作数分别使用变量 first 和 second 表示，一个操作符使用 operator 变量表示。calculate()方法用于完成计算，其把运算结果保存到 result 中，通过提供 getResult()方法来获取运算结果。

（2）就可以在 JSP 页面中使用该 JavaBean 组件了。

脚本 calculate.jsp：

```
<%@ page contentType="text/html; charset=gb2312" language="java"
import="java.sql.*" errorPage="" %>
<jsp:useBean id="calculator" scope="request"
class="chapter14.SimpleCalculator">
<jsp:setProperty name="calculator" property="*"/>
</jsp:useBean>
<html>
<head>
<title>Untitled Document</title>
<meta http-equiv="Content-Type" content="text/html; charset=gb2312">
</head>
<body>
<hr>
count result:<%
  try {
    calculator.calculate();
    out.println(calculator.getFirst()+calculator.getOperator()+
      calculator.getSecond()+"="+calculator.getResult());
    }
  catch(Exception e) {
    out.println(e.getMessage());
```

```
  }
%>
<hr>
<form action="calculate.jsp" method=get>
<table width="75%" border="1" bordercolor="#003300">
<tr bgcolor="#999999">
<td colspan="2">simple counter</td>
</tr>
<tr>
<td>first param</td>
<td><input type=text name="first"></td>
</tr>
<tr>
<td>operator</td>
<td><select name="operator">
<option value="+">+</option>
<option value="-">-</option>
<option value="*">*</option>
<option value="/">/</option>
</select>
</td>
</tr>
<tr>
<td>second param</td>
<td><input type=text name="second"></td>
</tr>
<tr>
<td colspan="2" bgcolor="#CCCCCC">
<input type=submit value=count>
</td>
</tr>
</table>
</form>
</body>
</html>
```

在上述代码中，通过使用<jsp:useBean>动作指令来应用 JavaBean。指定了 JavaBean 的 ID 号为 calculator，JavaBean 的范围为 request，JavaBean 的属性与请求参数一一对应。

在浏览器地址栏键入 http://localhost:8080/root/calculate.jsp 地址来访问，运行效果如图 14-4 所示。

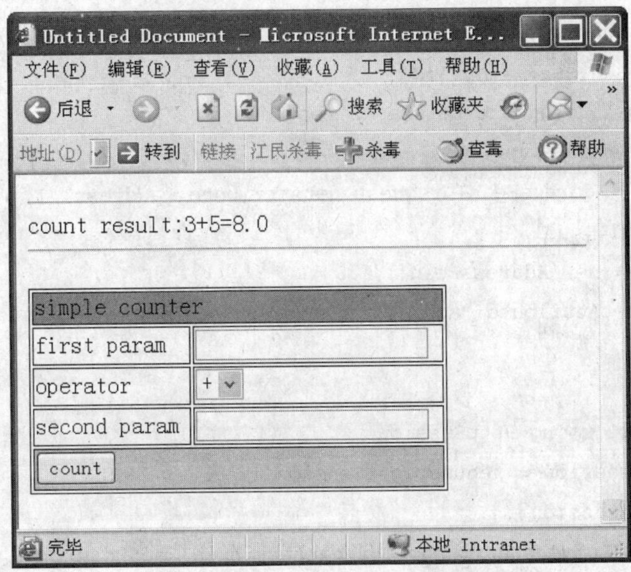

图 14-4　运行效果图

14.3 Servlet 中使用 JavaBean

我们知道，JSP 页面最终是要转换为 Servlet 的，这意味着 JSP 页面使用的 JavaBean 实际上是在 Servlet 中使用。这就说明，我们也可以在 Servlet 中直接使用 JavaBean。本小结们来讨论如何实现在 JSP 和 Servlet 间共享 JavaBean。

假设，我们在 JSP 页面中使用 useBean 动作指令定义了以下 3 个位于不同作用域内的 JavaBean 声明。

```
<jsp:useBean id="address1" class="chapter14.AddressBean"
scope="request" />
<jsp:useBean id="address2" class="chapter14.AddressBean"
scope="session" />
<jsp:useBean id="address3" class="chapter14.AddressBean"
scope="application" />
```

以下是完成具备与上述 useBean 动作指令相同功能的 Servlet 代码：

```
import javax.servlet.*;
import javax.servlet.http.*;
import chapter14.AddressBean;

public class BeanTestServlet extends HttpServlet {
  public void service(HttpServletRequest request,
      HttpServletResponse response) throws java.io.IOException,
      ServletException {
  AddressBean address1 = null;
```

```
    AddressBean address2 = null;
    AddressBean address3 = null;
    //Get address1 using the parameter request
    synchronized(request) {
      address1 = (AddressBean) request.getAttribute("address1");
      if (address1==null) {
        address1 = new AddressBean();
        request.setAttribute("address1", address1);
      }
    }
    //Get address2 using HttpSession
    HttpSession session = request.getSession();
    synchronized(session) {
      address2 = (AddressBean) session.getAttribute("address2");
      if (address2==null) {
        address2 = new AddressBean();
        session.setAttribute("address2", address2);
      }
    }
    // Get address3 using ServletContext
    ServletContext servletContext = this.getServletContext();
    synchronized(servletContext) {
      address3 = (AddressBean) servletContext.getAttribute("address3");
      if (address3==null) {
        address3 = new AddressBean();
        servletContext.setAttribute("address3", address3);
      }
    }
    }//service
  }//class
```

在上述代码中，分别使用了 3 个容器对象：HttpServletRequest、HttpSession 和 ServletContext，实现了在 3 个作用域：请求作用域、会话作用域和应用程序作用域内的 Servlet 和 JSP 间的 JavaBean 共享。

需要注意的是，我们必须对 3 个容器对象的访问同步化。因为其他的 Servlet 或 JSP 页面可能同时访问此相同的对象，造成多个线程访问同一个共享对象的局面。

如果我们需要在 Servlet 中来序列化一个 JavaBean 对象，可以使用如下所示方法：

```
java.beans.Beans.instantiate(this.getClass().getClassLoader(),
"businessData.John");
```

14.4 脚本中使用 JavaBean

正如我们所看到的，在 JSP 页面中使用 JavaBean 最主要的优点之一，不是可以通过标准动作指令极大地简化 JSP 页面代码。不仅如此，JavaBean 组件也可以直接在 JSP 脚本中使用。在有些情况下，这是非常有效的。例如，一个 JavaBean 除了提供标准的对属性操作的 setXXX()和 getXXX()方法外，还提供了用于从数据库中提取数据初始化的功能。通常这些功能需要单独提供方法，而不是放置在 setXXX()或 getXXX()方法中实现。

例如，我们现在有一个名为 UserBean 的 JavaBean 组件用来存储用户身份照。当用户提交了登录帐号和密码后，就可以从数据库中提取该用户的身份照来。以下是示例实现代码：

```
<%@ page import="chapter14.UserBean" %>
<jsp:useBean id="user" class="chapter14.UserBean" scope="session">
<jsp:setProperty name="user" property="login" />
<jsp:setProperty name="user" property="password" />
<%
  //The bean is used in a scriptlet here.
  //Load the user information from the database.
  user.initialize();
%>
</jsp:useBean>
```

在上述代码中，我们首先使用<jsp:useBean>动作指令创建了一个 UserBean 对象实例。然后通过使用<jsp:setProperty>动作指令设置了 login 和 password 两个属性值，这时需要调用 initialize()方法来完成初始化。因为没有标准的 JSP 动作指令可以完成此项任务，所以需要在 JSP 脚本中调用 JavaBean 特定方法来完成。

在脚本中，我们使用 user 变量来引用 UserBean 对象实例，因为该变量已经在前面的<jsp:useBean>动作指令中声明过了。

在 JSP 脚本或表达式中直接使用 JavaBean 的另一个理由是，标准的<jsp:getProperty>动作指令是直接将属性值输出到输出流中。对于希望根据属性进行逻辑处理的愿望是无法实现的。

例如，假设 UserBean 有一个名为 loginStatus 的属性，其值被设置为 true 或 false 取决于用户登录是否成功。我们无法在 JSP 脚本的 if 语句条件表达式中使用<jsp:getProperty>动作指令。因此，以下所示代码是无效的。

```
<%
  if (<jsp:getProperty //error here
    name="user"
    property="loginStatus" />) {
  }
%>
```

与此类似，如果 UserBean 有一个名为 preferredHomePage 的属性，用于存储用户的个人主页地址，那么也无法通过使用<jsp:getProperty>动作指令向<jsp:forward>动作指令传递参数。因此，以下所示代码是无效的。

```
<jsp:forward page="<jsp:getProperty //error here
name="user"
property="preferredHomePage" />"
/>
```

在这种情况下，我们只有在 JSP 脚本或表达式中，直接使用 JavaBean 才能解决此问题。如以下代码所示：

```
<% if (user.getLoginStatus()) { %>
<jsp:forward page="<%=user.getPreferredHomePage()%>" />
} else {
<jsp:forward page="loginError.jsp" >
<% } %>
```

14.5 深入了解 JavaBean 属性

在前面的示例 AddressBean 中，所有的属性类型均为 java.lang.String。实际上，一个 JavaBean 组件的属性可以为任意 Java 合法类型。例如，基本类型、基本类型对应的封装类型、其他对象引用型、数组等。

在本节中，我们将讨论如何在 JSP 页面中使用非字符串类型的 JavaBean 属性。以下代码为一个具备 3 个非字符串类型属性的 JavaBean：UserBean。UserBean 的 3 个属性中，一个是基本类型；一个是封装引用型；一个是数组型。

```
public class UserBean{
  private int visits; //An example of primitive type
  private Boolean valid; //An example of wrapper type
  private char[] permissions; //An example of index type
  //appropriate setters and getters go here
}
```

在上述代码中，属性 visits 用于记录用户访问次数。属性 valid 用于指明 JavaBean 是否实例化以及是否有效。属性 permissions 是一个字符数组，把这样的 JavaBean 属性称作索引属性。

14.5.1 非字符串属性

请求参数均是以字符串形式存在。如果我们在 JSP 页面中使用的 JavaBean 属性是非字符串类型，就必须在使用请求参数前进行类型转换。例如，以下代码示例展示了在 JSP 脚本中将请求参数字符串转换为一个整型值和整型封装类型。

```
<%
  String numAsString = null;
  int numAsInt = 0;
  Integer numAsInteger = null;
  try{
   numAsString = request.getParameter("num");
   numAsInt = Integer.parseInt(numAsString);
   numAsInteger = Integer.valueOf(numAsString);
  }
  catch(NumberFormatException nfe){
  }
%>
```

在上述代码中，需要开发人员手工进行转换。然而，如果使用<jsp:setProperty>和<jsp:getProperty>动作指令，则可以自动完成属性类型的转换。

当我们使用<jsp:setProperty>动作指令时，JSP 容器会自动将字符串类型转换为 JavaBean 属性指定的非字符串类型。例如，以下代码示例展示了容器将文字值 30 和 true 转换为 int 型和 Boolean 型。

```
<jsp:setProperty name="user" property="visits" value="30" />
<jsp:setProperty name="user" property="valid" value="true" />
```

采用 JSP 脚本的实现方式，如以下代码所示：

```
<%
  user.setVisits(Integer.valueOf("30").intValue());
  user.setValid(Boolean.valueOf("true"));
%>
```

当在<jsp:setProperty>动作指令中未指定属性值时，容器也会自动将请求参数中与 JavaBean 属性匹配的参数值进行类型转换，将请求参数字符串转换为 JavaBean 属性指定的非字符串类型。例如，以下代码示例展示了容器将字符串转换为 int 型和 Boolean 型。

```
<jsp:setProperty name="user" property="visits" />
<jsp:setProperty name="user" property="valid" />
```

当在浏览器上键入地址 http://localhost:8080/chapter14/test.jsp?visits=30&valid=true 时，上述代码正常运行，不会产生任何错误。

但是，如果我们在<jsp:setProperty>动作指令中使用 JSP 表达式传值，则容器不会进行类型转换。如以下代码所示：

```
<%
  String anIntAsString = "30";
  String aBoolAsString = "true";
```

```
%>
<jsp:setProperty name="user"
property="visits"
value="<%= anIntAsString %>" />
<jsp:setProperty name="user"
property="valid"
value="<%= aBoolAsString %>" />
```

上述代码编译错误。因为我们在<jsp:setProperty>动作指令中使用 JSP 表达式向 JavaBean 属性，传入两个字符串属性值，分别赋予 int 和 Boolean 型属性。由于没有自动类型转换，就会产生类型不兼容错误。

为了使上述代码正常执行，需要在表达式中明确进行数据类型的转换，如以下代码所示：

```
<jsp:setProperty
name="user"
property="visits"
value="<%= Integer.valueOf(anIntAsString).intValue() %>" />
<jsp:setProperty
name="user"
property="valid"
value="<%= Boolean.valueOf(aBoolAsString) %>" />
```

当我们使用<jsp:getProperty>动作指令时，JSP 容器会自动将 JavaBean 属性指定的非字符串类型转换为字符串类型。例如，以下代码示例展示了容器将 int 和 Boolean 型转换为 String 型。

```
<jsp:getProperty name="user" property="visits" />
<jsp:getProperty name="user" property="valid" />
```

采用 JSP 脚本的实现方式，如以下代码所示：

```
<%
  out.print(user.getVisits()); //getVisits() returns int
  out.print(user.getValid()); //getValid() returns Boolean
%>
```

14.5.2 索引属性

索引属性用于将一个属性存储多个值。通常，我们设置索引属性值采取两种方式：

（1）利用请求参数自动进行设置。

（2）使用 JSP 表达式明确对索引属性数组进行赋值。

以下代码示例展示了使用请求参数自动给索引属性 permissions 赋值：

```
<jsp:setProperty name="user" property="permissions" />
```

在上述代码中，假设在浏览器中键入地址 http://localhost:8080/chapter14/test.jsp?permissions=XYZ&permissions=PQR&permissions=L 来访问 JSP 页面。JSP 容器会创建一个同名为 permissions 请求参数数量一样多的字符数组。在地址中，由于指定了 3 个名为 permissions 的请求参数，因此创建了一个长度为 3 的字符数组。然后通过调用 String.charAt(0)方法，将每个 permissions 请求参数值的第一个字符依次存入字符数组。因此，上述的<jsp:setProperty>动作指令的执行效果同以下代码相同。

```
char charArr[] = new char[3];
charArr[0] = (request.getParameterValues("permissions"))[0].charAt(0);
// "XYZ".charAt(0)
charArr[1] = (request.getParameterValues("permissions"))[1].charAt(0);
// "PQR".charAt(0)
charArr[2] = (request.getParameterValues("permissions"))[2].charAt(0);
// "L".charAt(0)
```

以下代码示例展示了使用表达式设置索引属性值：

```
<%!
  char myPermissions[] = {'A', 'B', 'C' };
%>
<jsp:setProperty
name="user"
property="permissions"
value="<%= myPermissions %>" />
```

在上述代码中，将字符 A、B 和 C 赋值给索引属性。

当我们使用<jsp:getProperty>动作指令获取索引属性时，该指令执行效果等价于执行 out.print(property-type [])方法。如以下代码所示：

```
<jsp:getProperty name="user" property="permissions" />
```

采用 JSP 脚本的实现方式，如以下代码所示：

```
<%
  out.print(user.getPermissions()); // getPermissions returns char[]
%>
```

然而，由于在 Java 语言中数组是一种对象引用型，因此<jsp:getProperty>动作指令对于索引属性的处理并不是十分理想，它仅仅打印输出索引数组对象的内存地址。如以下所示：

```
char[]@0xcafebabe
```

如果想打印输出索引属性特定的值或整个属性值，就必须借助于脚本来实现。如以下代码所示：

```
<%
  char[] permissions = user.getPermissions();
  if (permissions != null) {
    for (int p = 0; p<permissions.length; p++ ) {
%>
      Permission is <%= permissions[p] %> <br>
<%
    }
  }
%>
```

在上述代码中，我们使用脚本来获取 permissions 索引属性，然后通过表达式将其内容一一输出。

14.6 一个示例

本示例实现一个简单的在线购物系统。首先需要用户登录，登录成功后，在商品页面选择商品，添加到购物车中。在购物车页面中，可以查看购物车状态。

我们针对商品、商品列表和购物车 3 个对象，先开发 3 个对应的 JavaBean 类。

Item 类代表一个商品，其上定义了 5 个属性：itemId、price、description、available 和 producer，分别代表商品 ID、商品价格、商品描述、商品是否有货以及商品生产者。

脚本 Item.java：

```
package chapter14;

public class Item {
  //属性
  private String itemId;
  private float price;
  private String description;
  private boolean available;
  private String producer ;

  //构造方法
  public Item(String itemId, String description,
  float price, boolean available,
  String producer) {
    this.itemId = itemId;
    this.description = description;
```

```
    this.available = available;
    this.price = price;
    this.producer = producer;
  }

  //属性的getter和setter方法
  public String getItemId() {
    return itemId;
  }

  public void setItemId(String aItemId) {
    itemId = aItemId;
  }

  public float getPrice() {
    return price;
  }

  public String getDescription() {
    return description;
  }

  public boolean getAvailable() {
    return available;
  }

  public void setAvailable(boolean aAvailable) {
    available = aAvailable;
  }

  public String getProducer() {
    return this.producer;
  }

  public void setProducer(String producer) {
    this.producer = producer;
  }

}
```

Products 类代表商品列表，即可供用户选择购买的商品集合。

脚本 Products.java：

```
package chapter14;

import java.util.Vector;

public class Products {
  private Vector items = new Vector();

  synchronized public Vector getItems() {
    return items;
  }

  synchronized public Item getItem(String itemId) {
    int index = Integer.parseInt(itemId);
    return (Item)items.elementAt(index);
  }

  synchronized public void setItem(Item item, String itemId) {
    int index = Integer.parseInt(itemId);
    items.set(index, item);
  }

  public Products() {
    items.addElement(new Item("0", "red and black",
      (float)59, true, "Hope publishing company"));
    items.addElement(new Item("1", "Java Web Development",
      (float)45, true, "Electron publishing company"));
    items.addElement(new Item("2", "Thinking in Java",
      (float)99, true, " Electron publishing company"));
    items.addElement(new Item("3", "JSP Development ",
      (float)10, true, "Sea publishing company"));
    items.addElement(new Item("4", "J2EE1.4 Application Development",
      (float)68, true, "Beijing publishing company "));
    items.addElement(new Item("5", "J2EE Development Guide",
      (float)56, true, "Xi'an publishing company "));
    items.addElement(new Item("6", "J2EE API", (float)56, true,
     "Machine publishing company "));
    items.addElement(new Item("7", "J2EE Web Service",
      (float)55, true, "Hope publishing company"));
```

```
  }

  public int getSize() {
    return items.size();
  }
}
```

Cart 类代表购物车，其使用一个 Java 集合类 HashMap 来存储用户选择的商品，便于通过商品 ID 号关联商品。

脚本 Cart.java：

```
package chapter14;

import java.util.HashMap;

public class Cart {
  private String userId;//用户的标识
  private HashMap items;//购物车中的物品

  public Cart() {
    items=new HashMap();
  }

  public void addItem(String itemId,int quantity) {
    items.put(itemId,new Integer(quantity));
  }

  public void removeItem(String itemId) {
    items.remove(itemId);
  }

  public void updateItem(String itemId,int quantity) {
    if(items.containsKey(itemId))items.remove(itemId);
    items.put(itemId,new Integer(quantity));
  }

  public HashMap getItems() {
    return this.items;
  }

  public void setUserId(String userId) {
```

```
    this.userId=userId;
  }

  public String getUserId() {
    return this.userId;
  }

  public void clear() {
    items.clear();
  }
}
```

再针对提供的服务开发出登录页面、登录验证页面、商品选择页面、购物车管理页面以及注销页面。

login.jsp 文件代表登录页面，用户在这里输入用户名和密码提交登录信息。

脚本 login.jsp：

```
<%@ page contentType="text/html; charset=gb2312" %>
<% session.invalidate() ;%>
<html>
<head>
<title>Untitled Document</title>
<meta http-equiv="Content-Type" content="text/html; charset=gb2312">
</head>

<body>
<center>
<hr>
please enter text<br>
<form action="checklogin.jsp" method=get>
<table width="30%" border="1">
<tr bgcolor="#336600">
<td>user login</td>
</tr>
<tr align="center" bgcolor="#CCCCCC">
<td>username: <input type="text" name="userId"></td>
</tr>
<tr align="center" bgcolor="#CCCCCC">
<td>password: <input type="password" name="password"></td>
</tr>
<tr align="center" bgcolor="#993399">
```

```
<td align="center"><input type="submit" value="login"></td>
</tr>
</table>
</form>
</center>
</body>
</html>
```

checklogin.jsp 文件负责接收处理用户的登录请求，对用户身份进行验证。如果验证成功，则请求转发到商品选择页面；否则需要用户重新登录。

脚本 checklogin.jsp：

```
<jsp:useBean id="cart" class="chapter14.Cart" scope="session">
<jsp:setProperty name="cart" property="*"/>
</jsp:useBean>
<% session.setMaxInactiveInterval(900);%>
<%
 String nextpage;
 if(cart.getUserId().equals("test"))nextpage="shopping.jsp";
 else nextpage="login.jsp";
%>
<jsp:forward page="<%=nextpage%>"/>
```

shopping.jsp 文件代表商品选择页面，在该页面中展示出所有可供用户选择购买的商品列表。用户选择某商品后，通过点击添加按钮，把该商品加入到购物车中。

脚本 shopping.jsp：

```
<%@ page contentType="text/html; charset=gb2312"%>
<%@ page import="chapter14.*"%>
<jsp:useBean id="products" class="chapter14.Products" scope="session"/>
<html>
<head>
<title>Untitled Document</title>
<meta http-equiv="Content-Type" content="text/html; charset=gb2312">
</head>
<LINK href="test2.css" type=text/css rel=stylesheet>
<body>
<%@ include file="header.jsp"%>
<center>
<form action="cart.jsp" method=get>
<table width="75%" border="1" bordercolor="#006633">
<tr bgcolor="#999999">
```

```
<td>id</td>
<td>book</td>
<td>price</td>
<td>state</td>
<td>publisher</td>
</tr>
<%
  java.util.Vector v=products.getItems();
  java.util.Enumeration e=v.elements();
  while(e.hasMoreElements()) {
    Item item=(Item)e.nextElement();
%>
<tr>
<td><input type="checkbox" name="itemId"
value="<%=item.getItemId()%>"></td>
<td><%=item.getDescription()%></td>
<td><%=item.getPrice()%></td>
<td><%=item.getAvailable()%></td>
<td><%=item.getProducer()%></td>
</tr>
<%}%>
<tr align=left>
<td colspan=5 ><input type=submit value="add" name="action"></td></tr>
<tr align=left><td colspan=5><a href="cart.jsp">cart</a>
<a href="logout.jsp">destroy</a></td></tr>
</table>
</form>
</center>
</body>
</html>
```

cart.jsp 文件代表购物车管理页面。

脚本 cart.jsp：

```
<%@ page contentType="text/html; charset=gb2312"%>
<%@ page import="chapter14.*,java.util.*"%>
<jsp:useBean id="products" class="Products" scope="session"/>
<jsp:useBean id="cart" class="Cart" scope="session">
</jsp:useBean>
<html>
<head>
```

```
<title>Untitled Document</title>
<meta http-equiv="Content-Type" content="text/html; charset=gb2312">
</head>
<LINK href="test2.css" type=text/css rel=stylesheet>
<%
  String action=request.getParameter("action");
  String items[]=request.getParameterValues("itemId");
  if(items!=null)
    for(int i=0;i<items.length;i++) {
      if(action.equals("add")) cart.addItem(items[i],1);
      else if(action.equals("remove"))cart.removeItem(items[i]);
  }
%>

<body>
<%@ include file="header.jsp"%>
<center>
<form action="cart.jsp" method=get>
<table width="75%" border="1" bordercolor="#006633">
<tr bgcolor="#999999">
<td>id</td>
<td>book</td>
<td>amount</td>
</tr>
<%
  java.util.HashMap cart_item=cart.getItems();
  Iterator it=cart_item.keySet().iterator();
  while(it.hasNext()) {
    String itemId=(String)it.next();
    Item item=products.getItem(itemId);
%>
<tr>
<td><input type="checkbox" name="itemId"
value="<%=item.getItemId()%>"></td>
<td><%=item.getDescription()%></td>
<td><%=cart_item.get(itemId)%></td>
</tr>
<%}%>
<tr align=left>
<td colspan=5>
```

```
<input type=submit value="remove" name="action">
</td>
</tr>
<tr align=left><td colspan=5><a href="shopping.jsp">shopping</a>『』<a
href="logout.jsp">destrioy</a></td></tr>
</table>
</form>
</center>
</body>
</html>
```

最后一个页面就是注销页面，主要完成购物车的清除和相关会话的解除。

脚本 logout.jsp：

```
<jsp:useBean id="cart" class="chapter14.Cart" scope="session"/>
<%
  cart.clear();
  session.invalidate() ;
  response.sendRedirect("login.jsp");
%>
```

在每个页面上有一个标题页面，代码如下所示：

脚本 header.jsp：

```
<%@ page contentType="text/html; charset=gb2312"%>
<center>
======================================<br>
  a simple shopping cart example<br>
=======================================<br>
welcome!
<jsp:getProperty name="cart" property="userId"/>
current time: <%=new java.util.Date().toLocaleString()%>
<br>
</center>
```

在浏览器地址栏键入 http://localhost:8080/root/login.jsp 地址来访问，用户在这里登录，运行效果如图 14-5 所示。

登录成功后，进入商品选择页面，如图 14-6 所示。

选择商品加入购物车后，可进入购物车管理页面，如图 14-7 所示。

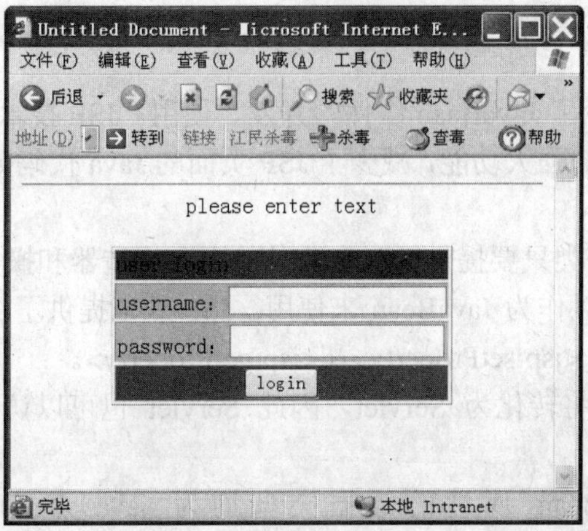

图 14-5　登录页面运行效果图

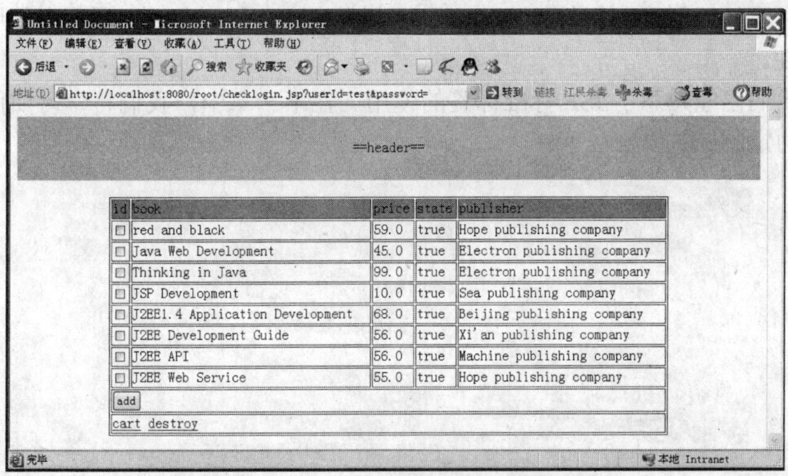

图 14-6　商品选择页面运行效果图

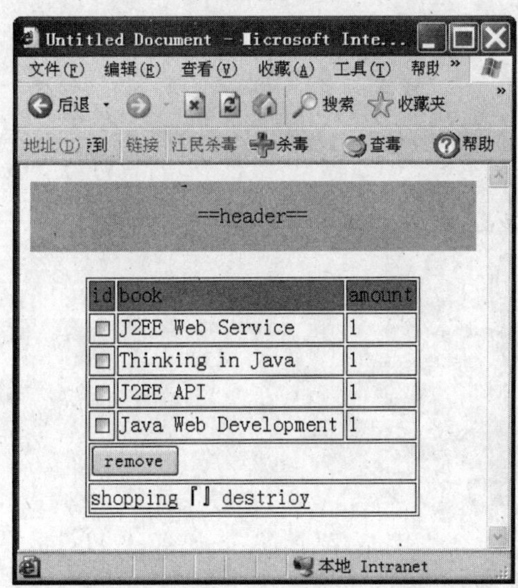

图 14-7　购物车页面运行效果图

14.7 小结

在本章中，我们讨论了 JavaBean 组件的开发、使用。JSP 技术自身设计的就是可以很好地利用 JavaBean 组件的强大功能，减少了 JSP 页面的 Java 代码数量，很好地增加了 JSP 页面的可读性。

在 JSP 页面中，任何类只要提供了一个公共的无参构造器和操作私有属性的 setXXX() 和 getXXX()方法，就可以作为 JavaBean 来使用。JSP 规范提供了 3 个使用 JavaBean 的动作指令：<jsp:useBean>、<jsp:setProperty>和<jsp:getProperty>。

由于 JSP 页面最终将转化为 Servlet，因此 Servlet 也可以访问位于不同作用域内的 JavaBean 对象。

并非所有的 JavaBean 属性的数据类型均为 java.lang.String。我们可以使用<jsp:setProperty>和<jsp:getProperty>动作指令来处理非字符串的 JavaBean 属性。

最后学习了如何创建、操作索引 JavaBean 属性，以及如何在 JSP 页面中使用这种索引 JavaBean 属性。

现在，我们已经熟悉了 JSP 标准标签的使用。在下一章中，我们将学习如何在 JSP 中使用自定义的定制标签。

Chapter 15

使用定制标签

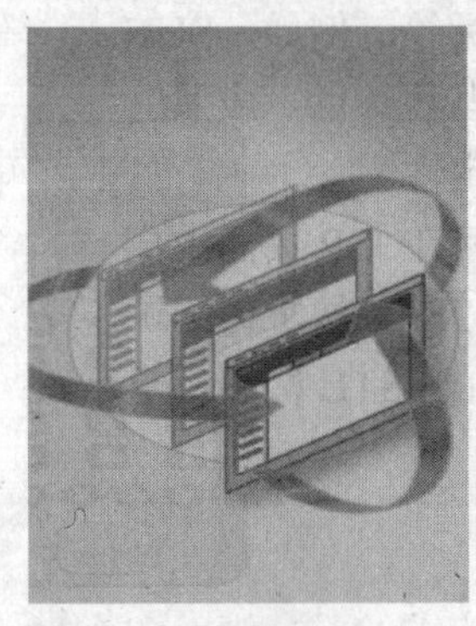

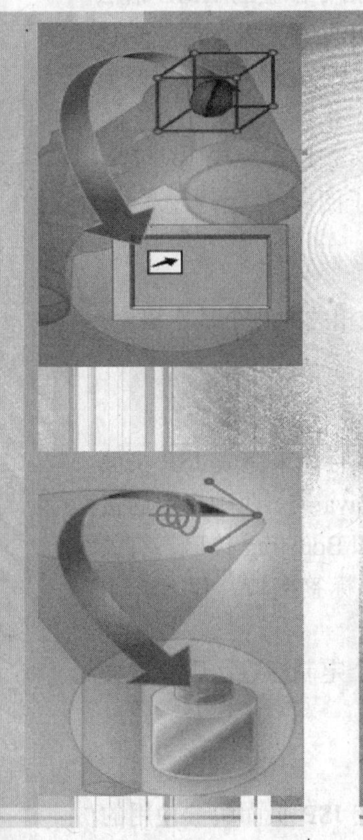

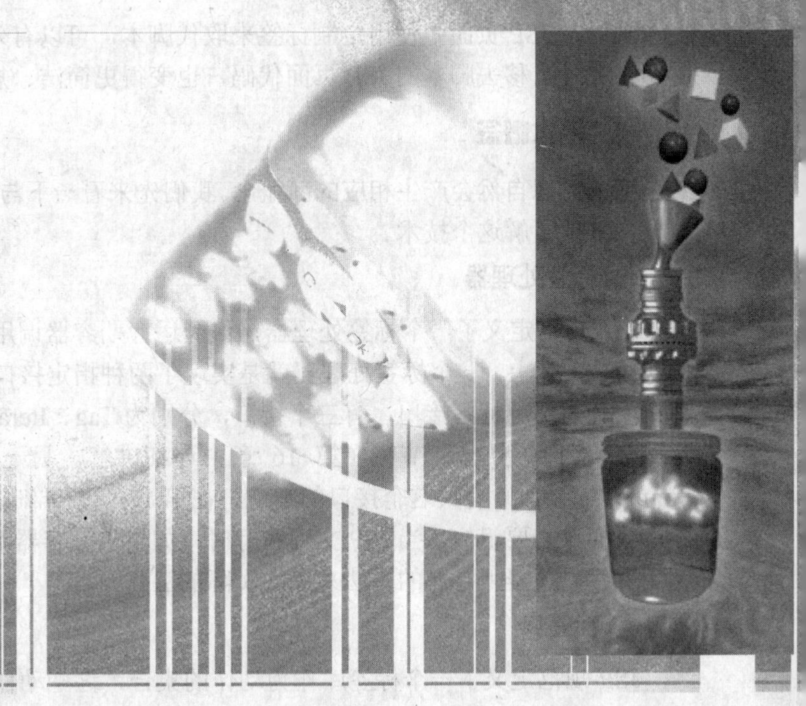

JSP 规范提供了标准的 XML 格式的动作指令标签，用于通知 JSP 容器根据其具体标记进行相应的特殊处理。尽管这十分有用，但是这种标准的标签只能提供最基本的特性功能。随着 Web 应用程序规模、复杂度的快速增加，这些标准标签的局限性就凸现出来，不能够很好地支持表示层对动态数据格式化的需求。

开发者不得不在表示层中编写大量的 JSP 脚本代码，而且还不得不把这些表示层脚本代码复制粘贴到 Web 应用程序的许多页面中去。很显然，正确的做法应该是把这些在页面之间共享的表示层代码集中到一个地方，在需要使用的页面内去复用它们。幸运的是，JSP 技术提供了实现这种方式的途径。JSP 开发者可以创建一个新的标签来根据实际需求定制对应的方法，这种由 JSP 开发者自定义的标签就叫做定制标签。

除了 JSP 开发者自定义的标签外，还有一些公司已实现了的自定义标签。例如，SUN 公司的 JSP 标准标签库（JSP Standard Tag Libarary，JSTL）。直接使用这些现成的、成熟的标签库，比自己全新开发既提高效率、节省了时间，也增加了系统的稳定性。

在本章中，首先我们了解有关自定义标签的相关概念，接着讨论如何在 JSP 页面中导入标签库以及如何在 JSP 代码中使用各种定制标签，最后对 SUN 公司的 JSTL 做了详细讲解，包括一般用途的 JSTL 标签、操作属性用途的 JSTL 标签和控制用途的 JSTL 标签。至于如何创建定制标签，则在第 16 章中讲解，本章只涉及标签的使用。

15.1 定制标签简介

定制标签没有使用任何新的语法，其非常类似于标准 JSP 动作指令标签的 XML 语法格式。更确切地说，就是定制动作而不是定制标签。定制标签允许开发者把表示层逻辑代码从 JSP 页面中移出放入一个独立的 Java 类中，通过这种代码的集中化处理，可以很好地增加系统的可维护性。

通过在 JSP 页面中使用定制标签来取代脚本，可以有效地避免表示层逻辑代码的重复拷贝。并且，移去脚本的 JSP 页面代码，也变得更简洁、规整，易于阅读。

15.1.1 基本概念

新的思想自然会产生相应的新概念。我们先来看一下与定制标签相关的几个基本概念，以便更好地了解这个技术。

1. **标签处理器**

JSP 规范定义了一个标签处理器，作为运行期容器调用其上定制行为来完成 JSP 页面的执行。实际上，一个标签处理器就是实现了两种指定接口之一的 Java 类。两种指定的接口：一种是标准标签接口，有三个接口，分别为 Tag、IterationTag 和 BodyTag 接口，有关这 3 个接口的具体细节将在第 16 章中详细讲解。另一种是简单标签接口，仅有一个 SimpleTag 接口，有关这个接口的细节将在第 17 章中详细讲解。

我们只需要记住，当 JSP 文件执行时，如果 JSP 容器遭遇到一个定制标签，则其就会调用标签处理器上定义的方法来完成实际的工作。

2. **标签库**

JSP 规范定义了一个标签库作为动作的集合，这些动作封装了在 JSP 页面中被使用的功能。通常，我们不可能只创建一个标签来完成一个特定的需求。而是设计、开发一组定制标签，它们彼此配合来解决实现需求要求，把这一组定制标签就称作标签库。

3. **标签库描述符**

当在 JSP 页面中使用定制标签时，JSP 容器需要知道标签所对应的标签处理器所在的标签库位置以及如何使用它们。有关这些信息被存储在一个名为标签库描述符（Tag Library descriptor，TLD）的文件中。

4. **URI 类型**

在 JSP 页面中，我们通过 URI 来引用导入标签库。表 15-1 列出了 JSP 页面中使用的所有 3 种类型的 URI。

表 15-1　引用标签库的 URI 类型

类型	描述	示例
绝对路径	带有协议、主机名、端口号的完整路径	http://localhost:8080/taglibs http://www.manning.com/taglibs
相对于上下文的路径	以/开头，没有协议、主机名、端口号，相对于Web应用的上下文路径	/helloLib /taglib1/helloLib
相对于页面的路径	不是以/开头，没有协议、主机名、端口号，相对于当前页面的路径	HelloLib taglib2/helloLib

15.1.2　标签库

对于普通的功能需求，我们不需要创建属于自己的标签库。已经存在由一些公司实现的标签库，我们可以直接使用它们。由 Jakarta Apache 项目提供的位于 http://jakarta.apache.org/taglibs 处的标签库，包含了许多常用特性，例如对文本的操作、日期的操作。SUN 公司也提供了一个 JSP 标准标签库，这个 JSTL 标签库将在本章的最后小结中讲解。

为了使用已存在的标签库，我们需要处理以下两点：

（1）需要通知 JSP 容器一个标签库的 TLD 文件的位置。

（2）在 JSP 页面中如何使用标签库中的定制标签。

如果已存在的标签库并不适合我们的要求，则只能自己来实现一个定制标签库。我们需要处理以下两点：

（1）如何实现标签库中的标签处理器。

（2）如何在 TLD 文件中描述标签库。

本章中只涉及标签库的使用，有关标签库的实现在下一章讨论。

15.2　引用定制标签库

在 JSP 语法中，我们可以通过使用一个 taglib 伪指令来导入一个新的标签库到一个 JSP 页面中。如以下代码所示：

```
<%@ taglib prefix="test" uri="sampleLib.tld" %>
```

如果采取 XML 语法，则可以通过使用<jsp:root>元素来导入一个新的标签库，如下代码所示：

```
<jsp:root
xmlns:jsp="http://java.sun.com/JSP/Page"
xmlns:test="sampleLib.tld"
version="2.0" >
...JSP PAGE...
</jsp:root>
```

在上述代码的声明中，通知 JSP 容器该 JSP 页面使用前缀为 test 的定制标签，这些定制标签在 sampleLib.tld 文件中描述。在这个示例中，URI 属性的值采用的是相对于页面的路径来定位 TLD 文件，即 JSP 容器在 JSP 页面的同一个目录中来查找 TLD 文件。

使用 taglib 伪指令最简单的方式，就是将所有 JSP 页面和 TLD 文件放置在同一个目录中。但是这有两个缺点：较差的安全性；较差的灵活性。

让我们先来看一下安全性。假设 JSP 页面的 URL 地址是 http://www.someserver.com/sample.jsp。一个客户端用户通过输入以下 URL 地址 http://www.someserver.com/sampleLib.tld 就可以访问到你的标签库描述符内容，获取各类 Web 资源的具体物理位置。

当然，我们可以通过配置 Web 服务器来限制对所有 TLD 文件的访问，或者将 TLD 文件放置到/Web-INF 目录中。但是，这依旧存在灵活性的问题。如果我们想将标签库切换到一个新版本的标签库中去。例如把标签库名改为 sampleLib_2.tld，则我们需要手工逐次修改所有已引用了旧版 sampleLib.tld 标签库的 JSP 页面。不仅如此，对打包到 JAR 文件的第三方标签库的使用，如何来应对标签库的变更就更难了。

为了避免这种问题的出现，JSP 规范提供了一个简单的解决方案来指定标签库的使用。JSP 容器维持一个在我们使用 taglib 伪指令的 URI 和存在于文件系统中的 TLD 文件的实际物理位置之间的映射。通过此方法，取代相对于页面的路径，采用绝对路径来定义 TLD 文件位置。如以下代码所示：

```
<%@ taglib prefix="test"
uri="http://www.someserver.com/sampleLib" %>
```

当 JSP 容器遇到上述 URI 地址时，就会通过映射查找到对应的 TLD 文件的物理位置。

通过这种间接的指导，既可以解决安全性差的问题，也可以解决灵活性差的问题。实际的 TLD 文件既可以放置在 Web-INF 目录中，也可以放置在一个 JAR 文件中，对客户端用户均是隐藏的。当标签库版本变更时，我们所做的全部工作只是更改 TLD 文件 URI 和实际路径之间的映射而已。至于引用标签库的 JSP 页面根本无需改动，就可实现标签库的升级或变更。

需要注意的是，绝对 URL 地址的使用并不意味着 JSP 容器将从指定 URL 处下载 TLD 文件或者标签库类文件。在上述示例中，JSP 容器并不定位标签库到 http://www.someserver.com/sampleLib 地址处。URI 只是一个作为位于本地机上的 TLD 文件实际位置的映射名称而已。

在以下各节中，我们将讨论如何定位 TLD 文件，如何在 URI 和所创建的 TLD 文件之间进行映射，以及 JSP 容器如何解析由 taglib 伪指令指定的不同的 URI 值。

15.2.1 定位 TLD 文件

一个 TLD 文件可以存放到两个地方。首先，可以被放置 Web 应用程序中的任何一个目录中。如以下所示：

```
<docroot>/sampleLib.tld
<docroot>/myLibs/sampleLib.tld
<docroot>/Web-INF/sampleLib.tld
<docroot>/Web-INF/myLibs/sampleLib.tld
```

在标签库的开发过程中，通常把 TLD 文件放置到目录中，而不是 JAR 文件中。这样可以加快开发和测试的周期，因为我们会经常设计一个新标签，添加一个新标签处理器，或修改一个 TLD 文件。

然而，一旦开发完成，我们最好把标签处理器和标签库 TLD 文件打包到一个 JAR 文件中。将此 JAR 文件部署到<doc-root>/Web-INF/lib 目录中和其他 JAR 文件（例如第三方工具 JAR 文件）放到一块。

当把 TLD 文件部署到一个 JAR 文件中时，JSP 规范强制要求把 TLD 文件直接放置到 META-INF 目录或其子目录中。而且，TLD 文件的名称必须为 taglib.tld。一个包含打包标签库的 JAR 文件的典型目录结构如下所示：

```
myPackage/myTagHandler1.class
myPackage/myTagHandler2.class
myPackage/myTagHandler3.class
META-INF/taglib.tld
```

JSP 容器从作为 TLD 文件路径的一个目录或 JAR 文件中定位 TLD 文件，把此路径称为 TLD 资源路径。

在确定了 TLD 文件存放位置后，需要将 TLD 文件资源路径映射到 URI 上，即将存放 TLD 文件路径的一个目录或包含 TLD 文件的 JAR 文件来映射到 URI 上。接下来就来讨论如何映射 TLD 文件。

15.2.2 映射 TLD 文件

JSP 容器采取 3 种方式获取一个 URI 到一个标签库的映射：

（1）容器从部署描述符中读取标签库资源路径与 URI 地址之间的映射配置。

（2）容器从一个 JAR 文件中读取所有的 TLD 文件。对于打包在 JAR 文件中的 TLD 文件已经包含了路径信息，因此容器可以自动地创建一个在 URI 和当前 JAR 文件位置之间的映射。

（3）容器读取默认的标签库地址。例如，<jsp:root>元素包含了一个众所周知的 URI http://java.sun.com/JSP/Page，该 URI 对应的标签库是由容器自身来实现的。

15.2.3 配置 TLD 文件

在部署描述符中，使用<taglib>元素为标签 TLD 资源路径定义对应的 URI。<taglib>元素的语法格式如下：

```
<!ELEMENT taglib (taglib-uri, taglib-location)>
```

一个<taglib>元素只能定义一对标签 TLD 资源路径与对应 URI 的映射。<taglib>元素包含了两个子元素：<taglib-uri>和<taglib-location>。

<taglib-uri>元素用于指定 URI，其值可以是绝对路径、相对于上下文的路径或相对于页面的路径。<taglib-location>元素用于指定标签 TLD 资源路径，其值可以是相对于根目录的路径，也可以是相对于非根目录的路径，但必须是有效指向 TLD 资源文件的路径。

以下代码展示了在部署描述符中使用<taglib>元素：

```
<?xml version="1.0" encoding="ISO-8859-1"?>

<!DOCTYPE web-app
PUBLIC "-//Sun Microsystems, Inc.//DTD Web Application 2.3//EN"
"http://java.sun.com/dtd/web-app_2_3.dtd">

<web-app>
<!-- other elements ... -->
<!-- Taglib 1 -->
<taglib>
<taglib-uri>
http://www.manning.com/studyKit
</taglib-uri>
<taglib-location>
/myLibs/studyKit.tld
</taglib-location>
</taglib>

<!-- Taglib 2 -->
<taglib>
<taglib-uri>
http://www.manning.com/sampleLib
</taglib-uri>
<taglib-location>
yourLibs/sample.jar
```

```
</taglib-location>
</taglib>
</web-app>
```

上述代码中定义了两个<taglib>元素：<taglib>元素将 http://www.manning.com/studyKit 地址 URI 与/myLibs/studyKit.tld 标签 TLD 资源路径关联起来；<taglib>元素将 http://www.manning.com/sampleLib 地址 URI 与 yourLibs/sample.jar 标签 TLD 资源路径关联起来。

15.2.4 解析 TLD 文件

一旦建立好 URI 与 TLD 资源路径之间的映射，就可以在 JSP 页面中通过使用 taglib 伪指令来引用标签库。

例如，使用上小结中在部署描述符中定义的两个标签库资源代码如下：

```
<%@ taglib prefix="study" uri="http://www.manning.com/studyKit" %>
<%@ taglib prefix="sample" uri="http://www.manning.com/sampleLib" %>
```

当 JSP 容器解析一个 JSP 页面时，如果遇到 taglib 伪指令，且 taglib 伪指令中包含有 uri 属性，其就会检测标签库的映射。

如果 taglib 伪指令的 uri 属性值与部署描述符中的<taglib-uri>元素值一致，JSP 容器就会使用对应的<taglib-location>元素的值来定位 TLD 文件的实际位置。根据<taglib-location>元素的取值类型存在以下两种情况：

（1）如果<taglib-location>元素值是一个相对于根目录的路径，也就是以/开头的路径，则 JSP 容器就以 Web 应用程序上下文路径为根目录。例如，前面定义的 http://www.manning.com/studyKit 地址解析后的路径为<doc-root>/myLibs/studyKit.tld。

（2）如果<taglib-location>元素值是一个相对于非根目录的路径，也就是不以/开头的路径，则 JSP 容器就以/Web-INF/为相对根目录。例如，前面定义的 http://www.manning.com/sampleLib 地址解析后的完整路径为<doc-root>/Web-INF/yourLibs/sample.jar。

如果 taglib 伪指令的 uri 属性值与部署描述符中的所有<taglib-uri>元素值均不一致，则根据 uri 属性的取值类型存在以下 3 种情况：

（1）如果 uri 属性值是绝对路径，则产生编译错误。

（2）如果 uri 属性值是相对于上下文的路径，则该路径被认为是以 Web 应用程序上下文路径为根目录的路径。

（3）如果 uri 属性值是相对于页面的路径，则该路径就是与当前 JSP 页面路径一致。例如，如果一个 JSP 页面位于<doc-root>/jsp/test.jsp 路径，其上包含有<%@ taglib prefix="test" uri="sample.tld" %>伪指令，则 JSP 容器会试图从<doc-root>/jsp/sample.tld 路径来定位 TLD 资源。

15.2.5 标签库前缀

在第 10 章中我们曾经讨论过 JSP 的动作指令，每个 JSP 标准的动作指令均有一个标签名称，该标签名称由两部分组成：前缀和动作，它们之间用冒号分隔。例如，<jsp:include>和<jsp:forward>动作指令均以 jsp 作前缀，include 和 forward 分别代表动作。定制标签也具备 JSP 动作指令同样的语法，语法格式如下：

```
<myPrefix:myCustomAction>
```

因为我们经常需要在同一个 JSP 页面中使用多个标签库，通过使用前缀可以很好地区别开不同标签库中的标签。例如：

```
<%@ taglib prefix="compA" uri="mathLibFromCompanyA" %>
<%@ taglib prefix="compB" uri="mathLibFromCompanyB" %>
<!-- Uses a tag from Company A -->
<compA:random/>
<!-- Uses a tag from Company B-->
<compB:random/>
```

在上述代码中，使用前缀 compA 和 compB 可以区分出两个同名的 random 标签所属的标签库。

为了避免用户定义的标签和 JSP 标准标签之间的冲突，使用前缀时应注意相关的一些规定。例如，我们不能使用 jsp 作为自定义标签的前缀，因为 jsp 前缀已经作为 JSP 标准动作指令的前缀了。例如，<jsp:include>、<jsp:forward>和<jsp:useBean>动作指令。

除了不能使用 jsp 作为自定义标签前缀外，jspx、java、javax、servlet、sun 和 sunw 等 JSP 规范指定的保留字，也不能在 taglib 伪指令中作为标签前缀来使用。以下 taglib 伪指令为无效指令：

```
<%@ taglib prefix="sun" uri="myLib" %>
```

15.3 使用定制标签

我们已经掌握了如何通过使用 taglib 伪指令在 JSP 页面中导入标签库。现在，我们来学习如何在 JSP 页面中使用导入的自定义标签。自定义标签有许多类型，主要分为以下几种类型：

- 空标签体的定制标签。
- 带属性的定制标签。
- 带 JSP 代码的定制标签。
- 带嵌套的定制标签。

接下来，我们通过一些示例来直观地展示如何使用这些不同类型的定制标签。

15.3.1 空标签体的定制标签

空标签体的定制标签顾名思义就是没有任何标签体内容的定制标签。由于不需要包含任何内容，因此这类定制标签可以采取两种书写方式。

第一种是采取普通的起始、结束标签对的方式，起始、结束标签间无任何内容，语法如下：

```
<prefix:tagName></prefix:tagName>
```

第二种为简写形式，只有一个标签符号。语法如下：

```
<prefix:tagName />
```

简写形式中的/符号位于标签尾部，而不是普通的位于结束标签起始处。

以下示例中，我们使用了一个名为 required 的空标签体定制标签，该标签用于在 HTML 页面中输出*号，此标签可以用于 FORM 表单中接收用户输入密码时的遮掩符。具体 JSP 页面代码如下：

```
<%@ taglib uri="sampleLib.tld" prefix="test" %>
<html>
Please enter text.<br>
The fields marked with a <test:required /> are mandatory.
<form action="validateAddress.jsp">
<table>
<tr>
<td><test:required /> Street 1</td>
<td><input TYPE='text' NAME='street1'></td>
</tr>
<tr>
<td> Street 2</td>
<td><input TYPE='text' NAME='street2'></td>
</tr>
<tr>
<td> Street 3</td>
<td><input TYPE='text' NAME='street3'></td>
</tr>
<tr>
<td><test:required/> City </td>
<td><input TYPE='text' NAME='city'></td>
</tr>
<tr>
<td><test:required/> State </td>
<td><input TYPE='text' NAME='state'></td>
</tr>
<tr>
<td><test:required /> Zip </td>
<td><input TYPE='text' NAME='zip'></td>
</tr>
</table>
```

```
<input TYPE='submit' >
</form>
</html>
```

图 15-1 展示了使用 required 标签的运行效果图。

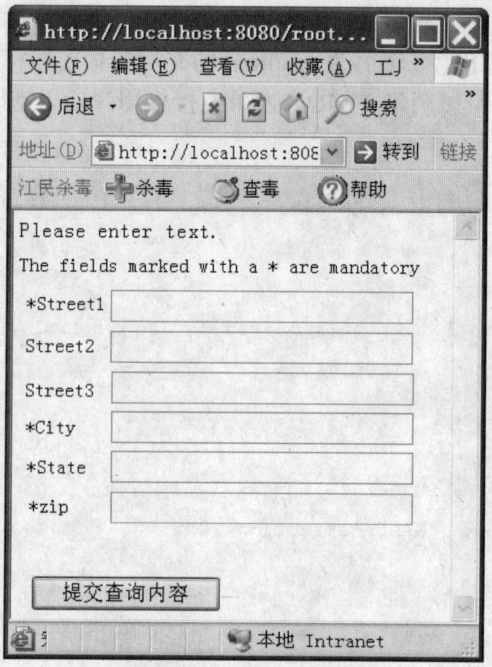

图 15-1 运行效果图

尽管该示例十分简单，却可以说明使用标签的强大作用。表示层页面开发者不必在每个需要使用*号的地方均写入<font color='#FF0000'>*</font>代码。不仅如此，如果需要使用一个不同于*号的其他符号，或者简单地把*号变一种颜色或者用一张精美的图片来代替*号，均不需要改动任何一个使用*号的页面代码，仅仅修改一下标签实现类的代码即可，接下来一切变换自动进行。

15.3.2 带属性的定制标签

不像标准 JSP 标签，定制标签可以包含属性。以下示例中有一个名为 greet 的标签，完成打印输出问候语，其可以接收一个名为 user 的属性值，打印输出 Hello 和 user 值。具体代码如下：

```
<html>
<body>
<%@ taglib prefix="test" uri="sampleLib.tld" %>
A JSP page using
the required tag
Licensed to Tricia Fu <tricia.fu@gmail.com>
<h3><test:greet user="john" /></h3>
```

```
</body>
</html>
```

在上述代码中，属性 user 接收了一个 john 值，标签 greet 在浏览器上打印输出 Hello john!。

不仅可以为定制标签包含属性，还可以把属性定义为强制性的。如果没有指定一个强制性属性的值，则 JSP 容器就会产生一个编译错误。另一方面，如果未指定非强制性属性的值，则标签处理器使用默认值。非强制性属性默认值取决于标签处理器的具体实现。

标签的属性值可以是一个普通的常量，也可以是一个表达式用于动态接收内容，如以下代码：

```
<prefix:tagName attrib1="fixedValue"
attrib2="<%= someJSPExpression %>"
attrib3= ...
/>
```

表达式在请求时被计算，并将结果传入到标签处理器中。

通过使用表达式，可以改善前面的 greet 标签的使用功效，动态地接收用户名，而不是将用户名硬编码到 JSP 页面中。如以下代码：

```
<html>
<body>
<%@ taglib prefix="test" uri="sampleLib.tld" %>
<h3>
<test:greet
name='<%= request.getParameter("username") %>'
/>
</h3>
</body>
</html>
```

标签的属性值其实质就是标签处理器方法的参数值，这样标签设计者可以通过指定属性值来定制标签的行为。

15.3.3 带 JSP 代码的定制标签

一个标签可以在其起始、结束标签间嵌入 JSP 代码，把这样的代码称作标签的内容体。其可以是任意有效的 JSP 代码，这意味着标签内容体可以是文本、HTML、JSP 脚本、表达式等。

以下示例中有一个名为 if 的标签，其可以接收一个类型为 boolean 型的属性值，根据属性取值完成打印输出或者跳过此内容体。具体代码如下：

```
<html>
<body>
```

```
<%@ taglib uri="sampletaglib.tld" prefix="test" %>
<test:if condition="true">
Anything that is to be printed when the condition is true goes here.
Name is: <%= request.getParameter("name") %>
</test:if>
</body>
</html>
```

在上述代码中，<test:if>标签传入一个 true 值给属性 condition，标签内容体将会获得执行，其生成的内容作为 HTML 页面的一部分返回给客户端浏览器。如果属性 condition 取值为 false，将跳过内容体，内容体的内容不会被纳入到 HTML 页面中。

15.3.4 带嵌套的定制标签

非空的标签不仅可以包含 JSP 代码，也可以包含任意其他定制标签作为其内容体，把这种类型的标签称作嵌套标签。以下示例中使用了 3 个定制标签：<switch>、<case>和<default>，实现了 switch-case 语句功能。具体代码如下：

```
<html>
<body>
<%@ taglib uri="sampleLib.tld" prefix="test" %>
<test:switch conditionValue='<%= request.getParameter("action") %>' >
<test:case caseValue="sayHello">
Hello!
</test:case>
<test:case caseValue="sayGoodBye" >
Good Bye!!
</test:case>
<test:default>
I am Dumb!!!
</test:default>
</test:switch>
</body>
</html>
```

在上述代码中，<case> 和<default>标签被镶嵌到<switch>标签中。代码最后输出结果取决于属性 conditionValue 的取值。

需要注意的是，嵌套标签与被嵌套标签的起始、结束标签不能交叉。例如，以下代码所示为不正确的嵌套标签。

```
<test:tag1>
<test:tag2>
</test:tag1>
</test:tag2>
```

15.4 使用 JSTL

通过前一节的学习，我们已经熟悉了如何在 JSP 页面中使用开发者自定义的定制标签，本节将讲述如何使用 SUN 公司提供的最新版本 1.1 的 JSTL 标签库。

JSTL 标签库由几个子标签库构成，每个子标签库是一个功能集合，提供了一组功能相近的标签。主要分为以下几种：核心标签、XML 标签、格式化标签、SQL 标签。

尽管这些标签均是非常有用的，但是我们以 SCWCD 认证目标为标准，重点讲解核心标签。

在讨论标签的具体用法前，我们先来了解一下如何安装 JSTL，以便运行含有 JSTL 的代码。

15.4.1 安装 JSTL

有两个 JAR 文件用于向 JSP 提供 JSTL 标签。一个是 jstl.jar 文件，该文件提供了标签开发接口类；另一个是 standard.jar 文件，该文件提供了标签库实现类。Tomcat5.0 中就自带了这两个文件，将这两个文件从 C:\jakarta-tomcat-5.0.25\webapps\jsp-examples\Web-INF\lib 目录中拷贝至 Web 应用程序的\Web-INF\lib 目录中。

由于已经将 jstl.jar 和 standard.jar 两个文件放置在 lib 目录中，因此不需要再在部署描述符中配置，容器会自动定位到它们。同使用普通自定义定制标签一样，需要在 JSP 页面中使用 taglib 伪指令来导入 JSTL 标签库，如以下代码：

```
<%@ taglib uri="http://java.sun.com/jstl/core_rt" prefix="c" %>
```

通过使用前缀 c 就可以在 JSP 页面中使用 JSTL 的核心标签。

SUN 公司将 JSTL 核心标签分为四类，表 15-2 展示了 JSTL 的核心标签。

表 15-2　JSTL 核心标签

标　签	描　述
<c:catch>	捕获异常
<c:out>	打印输出
<c:set>	设置变量值
<c:remove>	删除变量
<c:if>	条件判断
<c:choose>	
<c:forEach>	循环控制
<c:forTokens>	
<c:url>	重写URL
<c:import>	导入资源
<c:redirect>	重定向请求

15.4.2 一般用途的 JSTL 标签

<c:catch>和<c:out>两个标签可以在不利用 JSP 脚本的情况下，实现 Java 处理能力。

<c:catch>标签可以捕获 JSP 页面中抛出的异常。<c:out>标签的功能类似于 JSP 表达式，其可以打印输出内容到页面中。

通常，JSP 页面中抛出的任何一个异常都可以被发送给错误页面。然而，我们需要对不同的行为采取不同的错误处理。尽管<c:catch>标签不能完成对错误的处理，但是其可以将页面抛出的异常存储在一个名为 var 的标签属性中。以下是一个使用<c:catch>标签的示例代码：

```
<c:catch var="e">
actions that might throw an exception
</c:catch>
```

在上述代码中，如果标签内容体抛出了一个异常，则该异常被存储在一个名为 e 的变量中，该变量在页面作用域内有效。

我们再来看一个较为复杂的<c:catch>标签的示例 c_catch.jsp：

```
<%@ taglib prefix="c" uri="http://java.sun.com/jstl/core" %>
<%@ page contentType="text/html; charset=gb2312" language="java" %>
<html>
<head>
  <title>JSTL:的使用</title>
</head>
<body bgcolor="#FFFFFF">
<c:catch var="myexception">
<%
  int i=0;
  int j=10/i;
 %>
 </c:catch>
 <hr>异常:
 <c:out value="${myexception}"/>
 <hr>异常exception.getMessage=
 <c:out value="${myexception.message}"/>
<hr> 异常exception.getCause=
 <c:out value="${myexception.cause}"/>
</body>
</html>
```

在上述代码中，由于表达式 10/0 会产生异常抛出，因此<c:catch var="myexception">标签将会捕获到这个异常。

<c:out>标签使用十分简单，其完全类似于 JSP 的表达式<%= expression/>。其有一个名为 value 的属性，该属性值将被输出到页面中。以下是一个使用<c:out>标签的示例代码：

```
<c:out value="${number}" />
```

在上述代码中，执行结果是打印输出变量 number 的值。

尽管<c:out>标签使用十分简单，但需要注意以下几个事项：

（1）如果属性 value 包含有<、>、'、"和&字符，则输出页面的将是类似于>的转换字符。

（2）如果属性变量没有初始化，则可以为其指定一个默认值。通过属性 default 来指定默认值，该默认值不是必须的。

以下是一个使用 default 默认值的示例代码：

```
<c:out value="${color}" default="red" />
```

如同<c:out>标签可以代替 JSP 表达式一样，JSTL 还提供了可替代 JSP 声明的标签：操作属性用途的 JSTL 标签。

我们再来看一个较为复杂的<c:out>标签的示例 c_out.jsp：

```
<%@ taglib prefix="c" uri="http://java.sun.com/jstl/core" %>
<%@ page contentType="text/html; charset=gb2312" language="java" %>
<html>
<head>
  <title>JSTL: c:out的使用</title>
</head>
<body bgcolor="#FFFFFF">
<hr>
<% session.setAttribute("test_session","testValue_session");%>
<% request.setAttribute("test_request","testValue_request");%>
<% application.setAttribute("test_application","testValue_application");%>
<% request.setAttribute("test_all","testValue_request");%>
<% session.setAttribute("test_all","testValue_session");%>
<% application.setAttribute("test_all","testValue_application");%>

<hr>输出一个字符串：
<c:out value="test"/>
<hr>带有body的c:out标签，但是body不输到客户端。
<% for(int i=0;i<5;i++) {
%>
<c:out value="test2">
<% out.println("i");
   i++;
%>
</c:out>
<% }%>
```

```
<hr>
<c:out value="2<10" escapeXml="true">
</c:out>
<hr>获得session中的属性:
<c:out value="${test_session}"/>
<hr>获得request中的属性:
<c:out value="${test_request}"/>
<hr>获得application中的属性:
<c:out value="${test_application}"/>
<hr>测试表达式语言优先获得哪个属性: <request,session,application>
<c:out value="${test_all}"/>
<hr>输出一个默认值:
<c:out value="${notex}" default="这个值不存在"/>
</body>
</html>
```

在上述代码中，已把<c:out>标签的相关用法一一列出，便于对<c:out>标签的掌握。

需要注意的是，<c:out>标签是可以带有标签内容体的。如果带有标签内容体，则标签内容体中的输出不会发送到客户端。

15.4.3 属性用途的 JSTL 标签

尽管表达式语言可以灵活地操作变量，但是其不能声明或删除变量。通过使用 JSTL 提供的<c:set>和<c:remove>标签，可以在不借助 JSP 脚本的前提下完成对变量的声明、删除操作。

<c:set>标签用于设置变量的值或设置对象的属性值，既可以在标签内指定值，也可以在标签内容体中设置值。

当使用<c:set>标签设置变量时，需要在标签的 var 属性中指定变量名称。然后就可以通过属性 value 指定变量值，或者在标签内容体中设置变量值。以下两段代码分别展示了两种赋值变量的方式。

在标签中赋值：

```
<c:set var="num" value="${4*4}" />
```

在标签内容体中赋值：

```
<c:set var="num">
${8*2}
</c:set>
```

上述两段代码均将变量 num 设置为 16。

采取标签内容体内设置变量的方式，可以允许在<c:set>标签内插入其他标签。如以下代码：

```
<c:set var="num">
<c:out value="${8+8}" />
</c:set>
```

上述代码的运行效果同前面两段代码一样。

<c:set>标签除了可以设置变量以外，还可以用于操作 JavaBean、Map 等对象。<c:set>标签操作对象的方式和操作变量一样，惟一不同的是标签属性名称不一样。

当设置对象时，需要使用 target 属性来指定对象名称，使用 property 属性来指定属性名称。为了设置对象的属性值，既可以使用 value 属性来设置对象属性值，也可以采用在标签内容体内设置对象属性值的方式。

以下代码示例展示了设置 customer1 对象的 zipcode 属性值为 55501。

在标签内容体中赋值：

```
<c:set target="customer1" property="zipcode">
55501
</c:set>
```

在标签中赋值：

```
<c:set target="customer1" property="zipcode" value="55501">
```

<c:remove>标签被用于从指定作用域内删除变量。在<c:remove>标签的 var 属性处指定变量名称，在 scope 属性处指定作用域范围。scope 属性是可选的，如果没有指定 scope 属性，则容器将从小到大以此查询作用域范围，即按照页面作用域、请求作用域、会话作用域、应用作用域的顺序。

以下代码示例展示了从会话作用域内删除一个名为 num 的变量：

```
<c:remove var="num" scope="session" />
```

需要注意的是，不像<c:set>标签，<c:remove>标签不能用于操作对象。

接下来，我们看一个完整的使用<c:set>标签的示例 c_set.jsp：

```
<%@ taglib prefix="c" uri="http://java.sun.com/jstl/core" %>
<%@ page contentType="text/html; charset=gb2312" language="java" %>
<jsp:useBean id="user" class="chapter14.TestBean"/>
<html>
<head>
<title>JSTL:的使用c:set</title>
</head>
<body bgcolor="#FFFFFF">
<hr>
设置userName的属性为admin，然后输出这个属性值：
<c:set value="admin" var="userName"/>
```

```
<c:out value="${userName}"/>
<hr>设置password的属性，属性值在body中，然后输出这个属性值：
<c:set var="password">
xcsdkjf234dfsgs234234234
</c:set>
<c:out value="${password}"/>
<hr>设置javaBean的属性，然后输出这些属性值：
<c:set value="hk2" target="${user}" property="userName"/>
<c:set target="${user}" property="password">
sdf234sdfd
</c:set>
userName=<c:out value="${user.userName}"/>,
password=<c:out value="${user.password}"/>.
<hr>设置不同的属性，并且指定它们的范围：
<c:set value="10000" var="maxUser" scope="application"/>
<c:set value="20" var="maxIdelTime" scope="session"/>
<c:set value="next.jsp" var="nextPage" scope="page"/>

</body>
</html>
```

在上述代码中，首先使用<c:set value="admin" var="userName"/>标签来设置一个属性。该属性名为 userName，值为 admin。这样，可以使用<c:out value="${userName}"/>标签来获取这个属性值。在设置属性时，可以把属性值放置在标签内容体中，并且标签内容体允许是 JSP 脚本或 HTML 代码。

15.4.4 控制用途的 JSTL 标签

程序代码大多数根据变量取值来控制流程，改变处理过程。for 和 while 循环结构可用于控制一个任务多次重复执行。if 条件结构和 switch 选择结构允许一个任务在多个处理途径中进行选择执行。在 JSP2.0 之前，我们只能在 JSP 页面中使用 JSP 脚本来完成页面逻辑的控制。但是，现在我们可以不借助 JSP 脚本，通过使用 JSTL 提供的 4 个标签：<c:if>、<c:choose>、<c:forEach>和<c:forTokens>来实现流程控制。

接下来，我们就一一来讨论这 4 个流程控制标签。

<c:if>标签其功能完全类似于 Java 语言中的 if 语句。<c:if>标签和 if 语句最大的不同在于，其没有与 else 语句对应的标签。<c:if>标签必须有一个名为 test 的属性，相当于 if 语句的条件表达式。以下代码示例展示了<c:if>标签的使用：

```
<c:if test="${x == '9'}">
${x}
</c:if>
```

在上述代码中，如果变量 x 取值为 9，则其值就会被打印输出页面。

我们看一个完整的使用<c:if>标签的示例 c_if.jsp：

```
<%@ taglib prefix="c" uri="http://java.sun.com/jstl/core" %>
<%@ page contentType="text/html; charset=gb2312" language="java" %>
<jsp:useBean id="user" class="com.jspdev.ch3.TestBean"/>
<c:set value="16" target="${user}" property="age"/>
<html>
<head>
  <title>JSTL:c:if的使用</title>
</head>
<body bgcolor="#FFFFFF">
<c:if test="${user.age<18}">
 对不起，你还的年龄过小，不能范围这个网页◎！
 </c:if>
</body>
</html>
```

<c:choose>标签的功能完全类似于 Java 语言中的 switch-case 语句。<c:choose>标签自身没有任何属性，但其包含的相当于 case 语句的<c:when>子标签则包含有 test 属性。以下代码示例展示了<c:choose>标签的使用：

```
<c:choose>
<c:when test="${color == 'white'}">
Light!
</c:when>
<c:when test="${color == 'black'}">
Dark!
</c:when>
<c:otherwise>
Colors!
</c:otherwise>
</c:choose>
```

在上述代码中，根据变量 color 的取值，可以打印输出不同的代表颜色的文本。

如同 Java 语言的 switch 机构包含有一个 default 语句一样，<c:choose>标签也包含一个<c:otherwise>子标签，用作没有条件符合时作为默认选项。

我们看一个完整的使用<c: choose>标签的示例 c_choose.jsp：

```
<%@ taglib prefix="c" uri="http://java.sun.com/jstl/core" %>
<%@ page contentType="text/html; charset=gb2312" language="java" %>
<jsp:useBean id="user" class="chapter14.TestBean"/>
```

```
<c:set value="56" target="${user}" property="age"/>
<html>
<head>
<title>JSTL:c:choose的使用</title>
</head>
<body bgcolor="#FFFFFF">
<c:choose>
<c:when test="${user.age <=18}">
<font color="blue">
</c:when>
<c:when test="${user.age<=30&&user.age>18}">
<font color="red">
</c:when>
<c:otherwise>
<font color="green">
</c:otherwise>
</c:choose>
你的年龄是：<c:out value="${user.age}"/>
</body>
</html>
```

在上述代码中，如果<c:when>的 Test 条件为 true，则把其标签内容体发送至客户端；否则<c:otherwise>获得调用。

<c:forEach>和< c:forTokens>标签的功能完全类似于 Java 语言中的 for 语句，允许使用者重复多次执行标签内容体。使用这两个标签，可以通过 3 种方式来控制循环次数：

（1）使用<c:forEach>标签的 begin、end 和 step 3 个属性来指定循环次数。

（2）对集合的访问，使用<c:forEach>标签的 items 属性来指定循环次数。

（3）对字符串的访问，使用<c:forEach>标签的 items 属性来指定循环次数。

第一种方式的工作原理完全类似于传统的 for 循环结构。首先，<c:forEach>标签在其 var 属性处创建一个变量，该变量相当于 for 循环结构中的循环控制变量。其次，赋值给属性 begin 代表初始值，并且赋值给属性 end 代表循环结束条件。最后，赋值给属性 step 代表循环控制的步长。这样，整个循环的次数就完全确定下来了。以下代码示例展示了如何使用<c:forEach>标签：

```
<%@ taglib uri="http://java.sun.com/jstl/core_rt" prefix="c" %>
<html>
<body>
<c:forEach var="x" begin="0" end="30" step="3">
${x}
</c:forEach>
```

```
</body>
</html>
```

在上述代码中，从 0~30，每隔 3 个数打印输出。

<c:forEach>标签不仅可以操作变量，也可以遍历集合，例如 Vector、List 和 Map。通过使用 var 属性，可以访问集合中的每个元素。以下代码示例展示了使用<c:forEach>标签来遍历一个数组：

```
<c:forEach var="num" items="${numArray}">
<c:set var="num" value="100" />
</c:forEach>
```

在上述代码中，将数组 numArray 的每个元素设置为 100。

我们看一个完整的使用<c:forEach >标签的示例 c_forEach.jsp：

```
<%@ taglib prefix="c" uri="http://java.sun.com/jstl/core" %>
<%@ page import="java.util.*"%>
<html>
<head>
  <title>JSTL: Iterator Support -- Data Types Example</title>
</head>
<body bgcolor="#FFFFFF">
<h3>Data Types</h3>
<%
  int[] myIntArray=new int[]{1,2,3,4,5,65,34};
  String[] myStringArray=new String[]{"I ","am ","a ","Java","fans"};
  Vector v=new Vector();
  v.add("this");
  v.add("is");
  v.add("myEnumeration");
  v.add("!");
  Enumeration myEnumeration=v.elements();
  HashMap myNumberMap=new HashMap();
  myNumberMap.put("hellking","23");
  myNumberMap.put("guest","23");
  myNumberMap.put("guest2","223");
  myNumberMap.put("guest3","232");
  request.setAttribute("myIntArray",myIntArray);
  request.setAttribute("myStringArray",myStringArray);
  request.setAttribute("myEnumeration",myEnumeration);
  request.setAttribute("myNumberMap",myNumberMap);
%>
```

```
<h4>Array of primitives (int)</h4>

<c:forEach var="i" items="${myIntArray}">
  <c:out value="${i}"/> ?
</c:forEach>

<h4>Array of objects (String)</h4>

<c:forEach var="string" items="${myStringArray}">
  <c:out value="${string}"/><br>
</c:forEach>

<h4>myEnumeration (warning: this only works until myEnumeration is exhausted!)</h4>

<c:forEach var="item" items="${myEnumeration}" begin="0" end="5" step="1">
  <c:out value="${item}"/><br>
</c:forEach>

<h4>Properties (Map)</h4>

<c:forEach var="prop" items="${myNumberMap}" begin="1" end="5">
  <c:out value="${prop.key}"/> = <c:out value="${prop.value}"/><br>
</c:forEach>

<h4>String (Common Separated Values)</h4>

<c:forEach var="token" items="red,blue,green">
  <c:out value="${token}"/><br>
</c:forEach>
</body>
</html>
```

在上述代码中，使用<c:forEach>标签来对不同类型的数据进行了迭代处理。但是，不管是什么类型，<c:forEach>标签都会自动进行处理。

< c:forTokens>标签专门用于处理字符串的迭代。< c:forTokens>标签的 items 属性是一个由指定分隔符相连的字符串。以下代码示例展示了使用< c:forTokens>标签来分隔一个字符串：

```
<%@ taglib uri="http://java.sun.com/jstl/core_rt" prefix="c" %>
<html>
<body>
```

```
<c:set var="numList" value="one,two,three,four,five,six" />
Output of the forTokens tag:<p>
<table border="1">
<c:forTokens var="num" items="${numList}" delims=",">
<tr><td>${num}</td></tr>
</c:forTokens>
</table>
</body>
</html>
```

在上述代码中，根据属性 delims 指定的分隔符，来分隔字符串 one,two,three,four,five,six。运行效果图如图 15-2 所示。

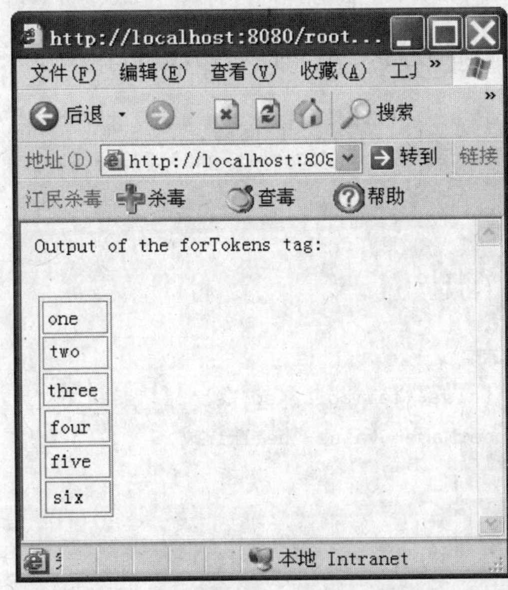

图 15-2　运行效果图

除了控制程序流程的标签外，JSTL 还提供了一类用于处理与 URL 相关的标签。主要有以下 3 种：

- <c:url>标签　用于重写 URL 并且编码参数。
- <c:import>标签　访问位于 Web 应用程序之外的资源。
- <c:redirect>标签　用于把客户的请求重定向到另一个资源。

当客户端浏览器关闭了 Cookie 时，我们通过重写 URL，可以维持客户端与服务器端的会话状态。JSTL 提供的<c:url>标签可以实现此目的。在<c:url>标签的 value 属性处指定 URL，之后这个 URL 就可以被 JspWriter 对象输出到页面。也可以使用 var 属性来保存这个 URL，如以下代码：

```
<c:url value="/page.html" var="pagename"/>
```

在上述代码中，因为 value 属性值以/开头，所以该 URL 是以 Web 应用上下文为根目录的，即 URL 的实际地址为/contextname/page.html。

如果浏览器支持 Cookie，假设容器未在当前查找到一个 Cookie 对象，则重写的 URL 会附带一个 SessionID 号。在这种情况下，上述 URL 就成为/contextname/page.html;jsessionid=jsessionid。

<c:url>标签提供了一个可选的属性 scope，用来指定作用域范围，即其值可取 page、request、session 和 application。

通过在<c:url>标签内容体中使用<c:param>标签，可以追加参数到 URL，如以下代码：

```
<c:url value="/page.html" var="pagename">
<c:param name="param1" value="${2*2}"/>
<c:param name="param2" value="${3*3}"/>
</c:url>
```

我们看一个完整的简单的使用<c:url >标签的示 c_url.jsp 例：

```
<%@ taglib prefix="c" uri="http://java.sun.com/jstl/core" %>
<%@ page contentType="text/html; charset=gb2312" language="java" %>
<html>
<head>
  <title>JSTL:的使用</title>
</head>
<body bgcolor="#FFFFFF">
<c:url  var="myurl" value="beimport.jsp" scope="session">
    <c:param name="userName" value="hellking"/>
</c:url>
<c:out value="${myurl}"/>
<c:url value="beimport.jsp"/>
</body>
</html>
```

在上述代码中，URL 可以作为一个参数来保存，并且可以指定参数的范围。

<c:param>标签提供了两个属性：name 和 value，分别用来指定参数名称和参数值。如果浏览器支持 Cookie，则上述代码变量 pagename 值为/contextname/page.html?param1=4¶m2=9。

以下为使用<c:param>标签的示例 c_param.jsp：

```
<%@ taglib prefix="c" uri="http://java.sun.com/jstl/core" %>
<%@ page contentType="text/html; charset=gb2312" language="java" %>
<html>
<head>
  <title>JSTL:的使用</title>
</head>
```

```
<body bgcolor="#FFFFFF">
<c:import url="beimport.jsp" charEncoding="gb2312">
  <c:param name="userName" value="hellking"/>
 </c:import>

 <c:redirect url="beimport.jsp">
<c:param name="userName">
   hellking
</c:param>
</c:redirect>
</body>
</html>
```

<c:import>标签可以根据需要对 URL 及其参数进行编码。通过 include 伪指令可以访问 URL。但是，如果需要访问 Web 应用程序之外的资源，则需要使用<c:import>标签来导入外部资源。

<c:import>标签的 url 属性指定导入的内容。url 属性取值可以是相对路径，也可以是绝对路径。

以下为使用<c:import>标签的示例 c_import.jsp：

```
<%@ taglib prefix="c" uri="http://java.sun.com/jstl/core" %>
<%@ page contentType="text/html; charset=gb2312" language="java" %>
<html>
<head>
  <title>JSTL:c:import的使用</title>
</head>
<body bgcolor="#FFFFFF">
<h3>绝对路径 URL</h3>
<blockquote>
<ex:escapeHtml>
  <c:import url="http://127.0.0.1:8080/ch15/beimport.jsp"/>
</ex:escapeHtml>
</blockquote>
<h3>相对路径 URL</h3>
<blockquote>
<ex:escapeHtml>
  <c:import url="beimport.jsp"/>
</ex:escapeHtml>
</blockquote>
 <h3>encode:</h3>
<a href=<c:url value="beimport.jsp"><c:param name="userName"
```

```
value="hellking"/></c:url>>--></a>

     <h3>string exposure Absolute URL:</h3>
     <c:import var="myurl" url="http://127.0.0.1:8080/ch15/beimport.jsp"/>
     <blockquote>
     <pre>
      <c:out value="${myurl}"/>
     </pre>
    </blockquote>
    <h3>string exposure relative URL:</h3>
     <c:import var="myurl2" url="beimport.jsp"/>
     <blockquote>
     <pre>
      <c:out value="${myurl2}"/>
     </pre>
    </blockquote>
    <h3>传递参数到指定的URL</h3>
    <blockquote>
      <c:import url="beimport.jsp" charEncoding="gb2312">
      <c:param name="userName" value="hellking"/>
     </c:import>
    </blockquote>
    </body>
    </html>
```

在上述代码中，在使用<c:import>标签时，待导入的资源既可以是相对路径，也可以是绝对路径。

可以像<c:url>标签一样，通过在<c:import>标签内容体中，使用<c:param>标签来为URL追加参数。

以下示例创建了一个名为 newstuff 的变量，其值等于 content.html。并且添加了两个参数：par1 和 par2 到 URL 中。

```
<c:import url="/content.html" var="newstuff" scope="session">
<c:param name="par1" value="val1"/>
<c:param name="par2" value="val2"/>
</c:import>
```

<c:redirect>标签的功能等同于 HttpServletResponse 对象的 sendRedirect()方法，用于把客户的请求重定向到另一个 URL。<c:redirect>标签也具有 url 和 context 属性，并且也可以通过使用<c:param>标签添加参数。

以下代码示例展示了如何使用<c:redirect>标签来重定向一个新的 URL。

```
<c:redirect url="/content.html">
<c:param name="par1" value="val1"/>
<c:param name="par2" value="val2"/>
</c:redirect>
```

15.5 小结

定制标签是一种用于 JSP 页面的动作指令元素，其被映射至一个标签库中的标签处理器实现类。标签库允许我们将 JSP 页面中的表示层逻辑代码抽取为独立的 Java 类，因此可以减少 JSP 页面中 JSP 脚本的使用，增加代码的复用度，缩短了开发周期。

在本章中，我们学习了标签库的用法和基本概念，以及在部署描述符使用<taglib>元素来配置标签库描述符文件。

我们讨论了 taglib 伪指令在 JSP 页面中导入定制标签。学习了几种不同类型的定制标签的使用，包括空标签体的定制标签、带属性的定制标签、带 JSP 代码的定制标签以及带嵌套的定制标签。

在下一章中，我们将学习有关标签库描述符文件的配置，以及如何实现自定义的定制标签。

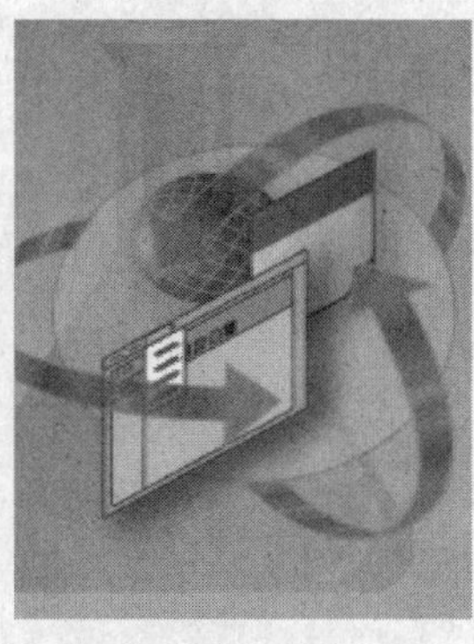

Chapter 16

标准标签库

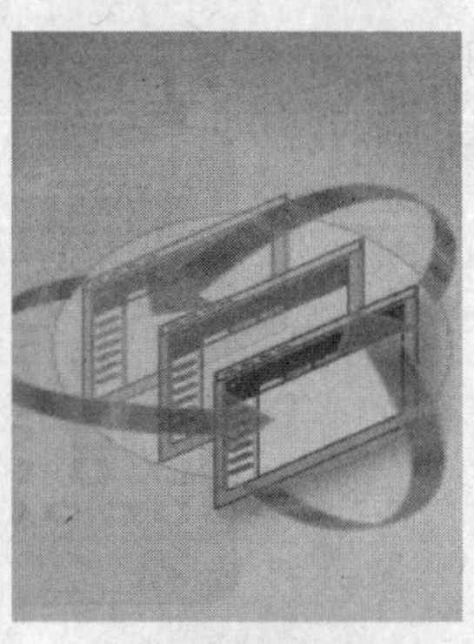

16.1 标签库描述符

16.2 标签应用开发接口

16.3 Tag 接口

16.4 IterationTag 接口

16.5 BodyTag 接口

16.6 TagSupport 和 BodyTagSupport 类

16.7 标签和 JavaBean 区别

上一章我们学习了如何在 JSP 页面中使用已创建好了的标签库。在本章中，我们来学习如何创建标签的实现类。首先先具体了解标签库描述符中的构成元素，接着讨论标签开发接口的相关接口和类，包括 Tag、IterationTag、BodyTag 以及 TagSupport 和 BodyTagSupport 类，最后介绍一些标签相关高级内容。

16.1 标签库描述符

标签库描述符文件包含的信息，可以指导 JSP 容器解析 JSP 页面中的定制标签。现在，我们来详细地讨论标签库描述符的构成以及如何来使用其描述一个标签库。

一个标签库描述符就是一个 XML 文档，用于通知标签库使用者关于标签库的功能和用法。我们需要掌握标签库描述府中各个构成元素的使用及其正确语法格式。

以下是一个标签库描述符的代码，其包含了 4 个元素：<taglib>、<tag>、<body-content> 和<attribute>。在后续的章节中，我们将详细地讲解这些元素的用法。

```
<?xml version="1.0" encoding="ISO-8859-1" ?>
<!DOCTYPE taglib PUBLIC
"-//Sun Microsystems, Inc.//DTD JSP Tag Library 1.2//EN"
"http://java.sun.com/dtd/web-jsptaglibrary_1_2.dtd" >

<taglib>
<tlib-version>1.0</tlib-version>
<jsp-version>2.0</jsp-version>
<short-name>test</short-name>
<uri>http://www.manning.com/sampleLib</uri>
<tag>
<name>greet</name>
<tag-class>sampleLib.GreetTag</tag-class>
<body-content>empty</body-content>
<description>Prints Hello and the user name</description>
<attribute>
<name>user</name>
<required>false</required>
<rtexprvalue>true</rtexprvalue>
</attribute>
</tag>
</taglib>
```

从上述代码中可以看出：

首先，一个标签库描述符像其他所有 XML 文件一样，以<?xml version="1.0" encoding="ISO-8859-1">开头，指明了 XML 的版本号以及文件使用的字符集。

其次，DOCTYPE 声明指定了文件的 DTD。标签库描述符遵循 JSP1.2 规范，因此 DOCTYPE 声明必须如以下代码：

```
<!DOCTYPE taglib PUBLIC
"-//Sun Microsystems, Inc.//DTD JSP Tag Library 1.2//EN"
"http://java.sun.com/dtd/web-jsptaglibrary_1_2.dtd" >
```

最后，<taglib>元素为所有 TLD 内容的根元素，其他内容元素均在此元素内。

需要注意的是，不像部署描述符文件（web.xml）以.xml 作为文件后缀，而标签库描述符是以.tld 作为文件后缀。

在本章的示例中，我们均假定有一个名为 sampleLib.tld 的标签库描述符，其位于 Web-INF 目录中，在 JSP 页面中通过以下 taglib 伪指令导入。

```
<%@ taglib prefix="test" uri="/Web-INF/sampleLib.tld" %>
```

从上述代码中可以看出，标签库前缀为 test。

16.1.1　<taglib>元素

<taglib>元素是标签库描述符中的顶层、根元素，其包含了一些二层元素，用于描述标签库的整体信息，例如标签库版本、遵循的 JSP 规范版本等。

<taglib>元素的 DTD 语法描述如下：

```
<!ELEMENT taglib (tlib-version, jsp-version, short-name,
uri?, display-name?, small-icon?, large-icon?,
description?, validator?, listener*, tag+) >
```

从上述语法中可以看出，<taglib>元素的 3 个子元素：<tlib-version>、<jspversion>和<short-name>是强制的，且仅能出现一次。<tag>子元素必须至少出现一次，<listener>子元素可以一次不出现也可以出现多次。剩余的其他子元素均是可选的，如果出现只能出现一次。

表 16-1 展示了<taglib>元素的所有子元素。

表 16-1　<taglib>元素的子元素

元　素	描　述	出现次数
tlib-version	标签库版本号	仅1次
jsp-version	JSP版本号	仅1次
short-name	标签前缀的简短名称	仅1次
uri	标签库地址	最多1次
display-name	显示名称	最多1次
small-icon	小图标	最多1次
large-icon	大图标	最多1次
description	对标签的描述	最多1次
validator	关于标签库提供者的信息	最多1次
listener	指定事件监听器类	无限制
tag	子标签信息	至少1次

16.1.2 <tag>元素

<taglib>元素可以包含一个或多个<tag>子元素，每个<tag>元素用于提供关于一个标签的信息，例如在 JSP 页面中使用的标签名称、标签实现类、标签属性等。

<tag>元素的 DTD 语法描述如下：

```
<!ELEMENT tag (name, tag-class, tei-class?, body-content?,
display-name?, small-icon?, large-icon?,
description?, variable*, attribute*, example?) >
```

从上述语法中可以看出，<name>和<tagclass>子元素是强制的，且仅能出现一次。<variable>和<attribute>子元素可以一次不出现也可以出现多次，其他子元素均是可选的，如果出现只能出现一次。

表 16-2 展示了<tag>元素的所有子元素。

表 16-2 <tag>元素的子元素

元　素	描　述	出现次数
name	惟一的标签名称	仅1次
tag-class	实现了javax.servlet.jsp.tagext.Tag接口的标签处理器类	仅1次
tei-class	可选的，javax.servlet.jsp.tagext.TagExtraInfo类的子类	最多1次
body-content	标签内容体类型，其值可以为空、JSP或tagdependent，默认值是JSP	最多1次
display-name	显示名称	最多1次
small-icon	小图标	最多1次
large-icon	大图标	最多1次
description	描述	最多1次
variable	变量信息	无限制
attribute	属性信息	无限制
example	可选，此标签的用法示例	最多1次

<name>元素指定了标签的名称，该名称在 JSP 页面中被使用。<tag-class>元素指定了实现标签功能的类，该类是一个必须实现了 javax.servlet.jsp.tagext.Tag 接口的类。

我们可以在标签库描述符中，为同一个标签处理器定义多个名称，如以下代码：

```
<tag>
<name>greet</name>
<tag-class>sampleLib.GreetTag</tag-class >
</tag>
<tag>
<name>welcome</name>
<tag-class>sampleLib.GreetTag</tag-class>
</tag>
```

在一个 JSP 页面中，<test:greet>和<test:welcome>标签均调用同一个标签处理器 sampleLib.GreetTag。

然而，我们不能为多个标签处理器起同一个标签名称，因为 JSP 容器无法根据标签名称来决定该引用哪个标签实现类。因此，以下所示代码是非法的。

```
<tag>
<name>greet</name>
<tag-class>sampleLib.GreetTag</tag-class >
</tag>
<tag>
<name>greet</name>
<tag-class>sampleLib.WelcomeTag</tag-class>
</tag>
```

16.1.3　<attribute>元素

<attribute>元素是标签库描述符中的第三层元素，其是<tag>元素的子元素。如果定制标签需要接收属性值，则需要使用<attribute>元素指定每个属性。

每个<attribute>元素都有 5 个子元素，分别用于提供属性的以下信息：

- 属性名称，将在 JSP 页面中使用。
- 属性数据类型。
- 属性是否是强制的。
- 属性是否在请求期接收值。
- 关于属性的简短描述。

<tag>元素的 DTD 语法描述如下：

```
<!ELEMENT attribute (name, required?, rtexprvalue?,
type?, description?) >
```

从上述语法中可以看出，仅仅只有<name>子元素是强制的，且仅能出现一次。所有其他子元素均是可选的、如果出现只能出现一次。

表 16-3 展示了<attribute>元素的所有子元素。

表 16-3　<attribute>元素的子元素

元　素	描　述
name	属性名称
required	指明属性是否是可选的
rtexprvalue	指明是否可以接收请求期表达式值
type	属性数据类
description	描述。

给出一个<tag>元素的定义，如下所示：

```
<tag>
<name>greet</name>
<tag-class>sampleLib.Greet</tag-class>
<attribute>
<name>user</name>
<required>false</required>
<rtexprvalue>true</rtexprvalue>
</attribute>
</tag>
```

在上述代码中，greet 标签接收一个名为 user 的参数。因为<required>子标签取值为 false，所以 JSP 页面开发者可以选择不使用此属性值对。而且，因为<rtexprvalue>子标签取值为 true，所以 JSP 页面开发者可以使用一个请求期的表达式值。以下是一个使用该标签的有效代码。

```
<test:greet />
<test:greet user='<%= request.getParameter("user") %>' />
```

在前面的标签声明中，如果<required>子标签取值为 treu，则在 JSP 页面中使用此标签时就必须指定属性值。上述代码中第一个标签的使用<test:greet />会因为没有为 user 属性指定值而引起编译错误。

不仅如此，如果将<rtexprvalue>子标签取值为 false，则必须在 JSP 页面中提供属性值，而不是在一个请求期的表达式中。因此，<test:greet user="john"/>代码是正确的，而<test:greet user="<%=...%>"/>由于使用了一个请求期的属性值导致编译错误。

16.1.4 <body-content>元素

<body-content>元素是标签库描述符中的第三层元素，其是<tag>元素的子元素。该元素没有包含任何子元素，其值可以是以下 3 种中的一种：

- empty　表明标签内容体必须是空值，没有任何内容。
- JSP　表明标签内容体可以是任何有效的 JSP 代码。
- tagdependent　表明标签内容体不是由 JSP 容器处理而是由标签来处理。

以下我们分别来看一下 3 种取值情况下标签的使用。

有的标签需要标签内容体，而有的标签不需要标签内容体。例如，仅仅负责完成输出特定字符的标签是不需要标签内容体的，而进行页面内容处理的标签则需要标签内容体。

<body-content>元素取值为 empty，表明其所属的标签不支持任何标签内容体。如果页面开发者提供了标签内容体，则 JSP 容器会产生一个编译器错误。

以下示例代码声明一个名为 greet 的标签，并指明其标签内容体应为空。

```
<tag>
<name>greet</name>
<tag-class>sampleLib.GreetTag</tag-class>
```

```
<body-content>empty</body-content>
<attribute>
<name>user</name>
<required>false</required>
<rtexprvalue>true</rtexprvalue>
</attribute>
</tag>
```

以下使用 greet 标签的代码是有效的。

```
<test:greet />
<test:greet user="john" />
<test:greet></test:greet>
<test:greet user="john"></test:greet>
```

而以下使用 greet 标签的代码是无效的，因为给 greet 标签添加了标签内容体。

```
<test:greet>john</test:greet>
<test:greet><%= "john" %></test:greet>
<test:greet> </test:greet>
<test:greet>
</test:greet>
```

<body-content>元素取值为 JSP 表明其所属的标签支持任何有效 JSP 代码形式的标签内容体。这就意味着标签内容体可以是文本、HTML 代码、JSP 脚本、JSP 动作指令、甚至是其他自定义的定制标签，当然也可以为空。

以下示例代码声明一个名为 if 的标签，并指明其标签内容体应为 JSP 类型。

```
<tag>
<name>if</name>
<tag-class>sampleLib.IfTag</tag-class>
<body-content>JSP</body-content>
<attribute>
<name>condition</name>
<required>true</required>
<rtexprvalue>true</rtexprvalue>
</attribute>
</tag>
```

在请求期，标签内容体中的嵌套的脚本、表达式被执行，JSP 动作指令以及自定义定制标签正常调用执行。因此，以下使用 if 标签的代码是有效的。

```
<test:if condition="true" />
<test:if condition="true"> </test:if>
```

```
<test:if condition="true">  </test:if>
<test:if condition="true">
<test:greet user="john" />
<% int x = 2+3; %>
2+3 = <%= x %>
</test:if>
```

<body-content>元素取值为 tagdependent，表明其所属的标签不支持任何有效 JSP 代码形式的标签内容体。这就意味着在请求期 JSP 容器不会去解析执行该标签内容体，而是将标签内容体转至标签处理器来处理。标签处理器实现类才是真正适合处理此种标签内容体的地方，这样可以实现标签内容体需要由其他编程语言来处理的情况。例如，以下示例展示了使用一个可以处理 SQL 语句的标签的使用。

```
<test:dbQuery>
SELECT count(*) FROM USERS
</test:dbQuery>
```

在上述代码中，dbQuery 标签负责处理有关数据库的事务，例如打开一个数据库连接，发送一条 SQL 语句等。对数据库的操作，页面开发者只须发送一条简单的 SQL 语句即可，但一定要将<body-content>元素取值为 tagdependent。

需要注意的是，标签库描述符是一个 XML 文档，因此其必须遵循以下规则：

（1）不同元素及其子元素是要遵循排列顺序的。例如，<body-content>元素必须出现在<attribute>元素前，<tag>元素后。

（2）标签名称是大小写敏感的。因此，<Attribute>不是有效的元素，而<attribute>才是有效的属性元素。

（3）关键字的使用。<bodycontent>和<tagclass>在 JSP1.1 中是有效的，而在 JSP1.2 中是无效的。使用以下的标签库描述符 DOCTYPE 元素，就必须使用<body-content>和<tag-class>。

```
<!DOCTYPE taglib PUBLIC
"-//Sun Microsystems, Inc.//DTD JSP Tag Library 1.2//EN"
"http://java.sun.com/dtd/web-jsptaglibrary_1_2.dtd" >
```

16.2 标签应用开发接口

标签应用开发接口是由一系列的接口和类构成，用于形成在 JSP 容器和标签处理器实现类之间的连接。如同通过 Servlet 应用开发接口来编写 Servlet 一样，我们需要掌握标签应用开发接口来编写自定义标签。

标签应用开发接口只有一个组成包 javax.servlet.jsp.tagext，该包中共定义了 4 个接口和 13 个类。

表 16-4 列出了核心的接口和类。

表 16-4　javax.servlet.jsp.tagext 包中定义的接口和类

接　口	描　述
Tag	标签的基本接口
IterationTag	处理循环的标签接口
BodyTag	处理标签内容体的标签接口
TagSupport	基本标签适配器
BodyTagSupport	处理内容体适配器
BodyContent	带缓存区处理内容体适配器

所有定制标签处理器实现类都必须直接或间接地实现或继承这 3 个类之一。

除了表 16-4 所示的接口和类外，标签处理器实现类还需要使用表 16-5 所示的两个异常类，这两个异常类定义在 javax.servlet.jsp 包中。

表 16-5　javax.servlet.jsp 包中定义的异常类

异　常	描　述
JspException	java.lang.Exception子类
JspTagException	JspException子类

JspTagException 类定义在 javax.servlet.jsp 包中，而不是定义在 javax.servlet.jsp.tagext 包中。

图 16-1 展示了标签开发接口中的继承树。

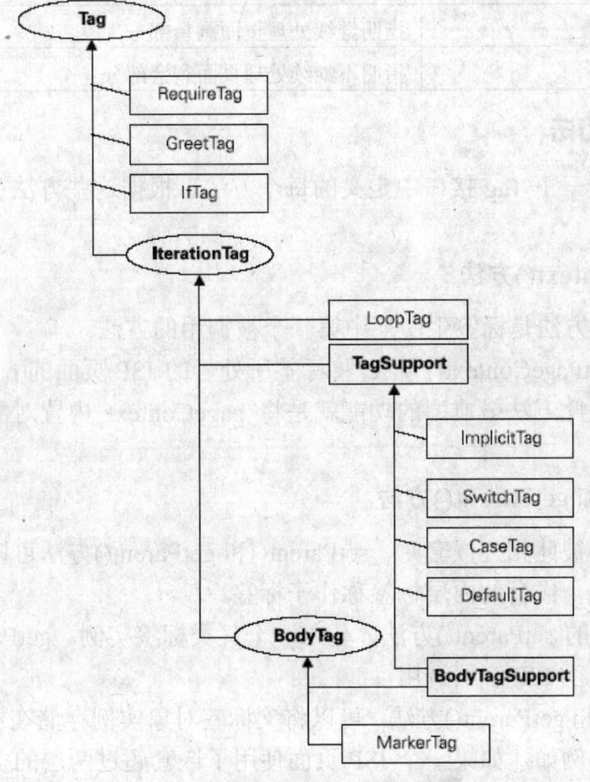

图 16-1　标签应用开发接口继承树

16.3 Tag 接口

Tag 接口对所有的标签处理器来说都是最基本的接口，其提供了基本的控制标签生命期的方法，这些方法由 JSP 容器来调用。

Tag 接口上定义的方法如表 16-6 所示。

表 16-6 Tag 接口定义的方法

方 法	功 能 描 述
int doStartTag()	当标签开始处理时被调用
int doEndTag()	当标签结束处理时被调用
Tag getParent()	获取此标签的直接父标签类
void release()	释放标签资源
void setPageContext(PageContext)	设置当前上下文
void setParent(Tag)	设置直接父标签类

Tag 接口上定义的常量属性如表 16-7 所示。

表 16-7 Tag 接口定义的常量属性

属 性	描 述
EVAL_BODY_INCLUDE	指明标签内容体需要处理
SKIP_BODY	指明标签内容体不需要处理
EVAL_PAGE	指明继续处理页面剩余部分
SKIP_PAGE	指明不继续处理页面剩余部分

16.3.1 Tag 接口方法

我们先来具体看一下 Tag 接口中定义的每个方法。根据这些方法在标签生命期中出现的顺序依次讨论。

1. 1setPageContext()方法

setPageContext()方法是标签生命期中第一个被调用的方法。

JSP 容器调用 setPageContext()方法，将标签所处于的 JSP 页面的 pageContext 内置对象传入该方法中。实现此方法最典型的功能就是将 pageContext 内置对象存储在一个私有变量中供以后使用。

2. setParent()和 getParent()方法

当存在标签之间彼此相互嵌套时，setParent()和 getParent()方法可以获得调用。嵌套的外层标签称作父标签，嵌套的内层标签称作子标签。

JSP 调用子标签的 setParent()方法，传入一个父类标签实例。getParent()方法一般由子标签来调用，而不是由 JSP 容器调用。

实现 setParent()和 getParent()方法，可以将父标签对象实例存储在一个私有变量中，需要时返回以供使用。例如，如果一个 JSP 页面使用了嵌套超过两层的多个标签，则 JSP 容器会将每个子标签对象实例传至其直接父标签。这就允许最内层的标签通过调用其直接父标签的 getParent()方法，然后再调用前一个 getParent()方法，返回对象实例的 getParent()方法来获取最外层标签的引用。通过这种反复迭代调用，就可以处理多层复杂的嵌套标签了。

3. 设置属性方法

定制标签的属性处理如同 JavaBean 组件的处理一样。如果一个定制标签存在属性，则对每个属性而言，JSP 容器在请求期都会调用与属性匹配的 setXXX()方法来设置属性值。

因为这些方法的语法定义完全取决于属性的名称、类型，因此 Tag 接口中不予规定，但是可以通过与 JavaBean 一样的反射机制来调用。这些设置属性的方法是在 setPageContext()和 setParent()方法后调用，但在 doStartTag()方法前被调用。

4. doStartTag()方法

在调用了 setPageContext()、setParent()以及设置属性 setXXX()方法后，JSP 容器就调用标签的 doStartTag()方法。

对 doStartTag()方法的调用，标志着标签实际处理的开始。首先标签处理器会进行相关的初始化工作，例如初始化计算，校验传入 setXXX()方法的属性值是否有效等。如果初始化失败，则 doStartTag()方法会抛出一个 JspException 异常或其子异常，表明初始化存在问题。

在初始化完成后，doStartTag()方法决定是否继续处理标签内容体，其会返回定义在 Tag 接口中的两个属性常量 EVAL_BODY_INCLUDE 和 SKIP_BODY 之一。如果返回的是 Tag.EVAL_BODY_INCLUDE 属性常量，则表明标签内容体必须被处理，且其输出必须被包含到返回客户端的响应中；如果返回的是 Tag.SKIP_BODY 属性常量，则表明标签内容体必须被跳过不予处理。请注意，doStartTag()方法不能返回除这两个属性常量以外的其他值。

5. doEndTag()方法

在标签内容体被处理后或跳过忽略后，容器调用 doEndTag()方法。

对 doEndTag()方法的调用，标志着标签处理的结束。在该方法中，标签处理器可以作个对标签的最后清理工作。清理时，如果产生任何错误，则 doEndTag()方法会抛出一个 JspException 异常或其子异常。

最后，doEndTag()方法决定是否继续处理剩余的 JSP 页面。其会返回定义在 Tag 接口中的两个属性常量 EVAL_PAGE 和 SKIP_PAGE 之一。如果返回的是 Tag.EVAL_PAGE 属性常量，则表明剩余的 JSP 页面必须被处理，且其输出必须被包含到返回客户端的响应中；如果返回的是 Tag. SKIP_PAGE 属性常量，则表明剩余的 JSP 页面必须被跳过不予处理。JSP 容器应该从当前_jspService()方法立刻返回。如果该 JSP 页面被转发或被其他页面包含，则这个当前页面的处理被终止。如果页面是被其他页面包含的情况，则处理返回到调用的组件，doEndTag()方法不再返回任何其他值。

6. release()方法

当标签处理器不在需要时，容器调用标签处理器对象示例上的 release()方法。

一个定制标签可以在同一个 JSP 页面中被多次使用。但是，只有一个标签处理器对象实例被用于处理所有情况。因此，只有当标签处理器对象实例不在需要时，JSP 容器才会调用 release()方法。需要注意的是，不能在每次调用 doEndTag()方法后就调用 release()方法。当 JSP 容器决定撤销掉标签处理器对象实例时，release()方法仅被调用一次。例如，如果容器实现了一个标签处理器对象实例池，容器可以通过多次调用 setPageContext()、doStartTag()和 doEndTag()方法来反复使用一个标签处理器对象实例。当标签处理器对象实例被永久地从池中删除掉时，此时 JSP 容器才会调用 release()方法。

release()方法用于释放所有在标签处理器声明期间占有的资源。

图 16-2 展示了实现 Tag 接口的标签处理器的整个生命周期。

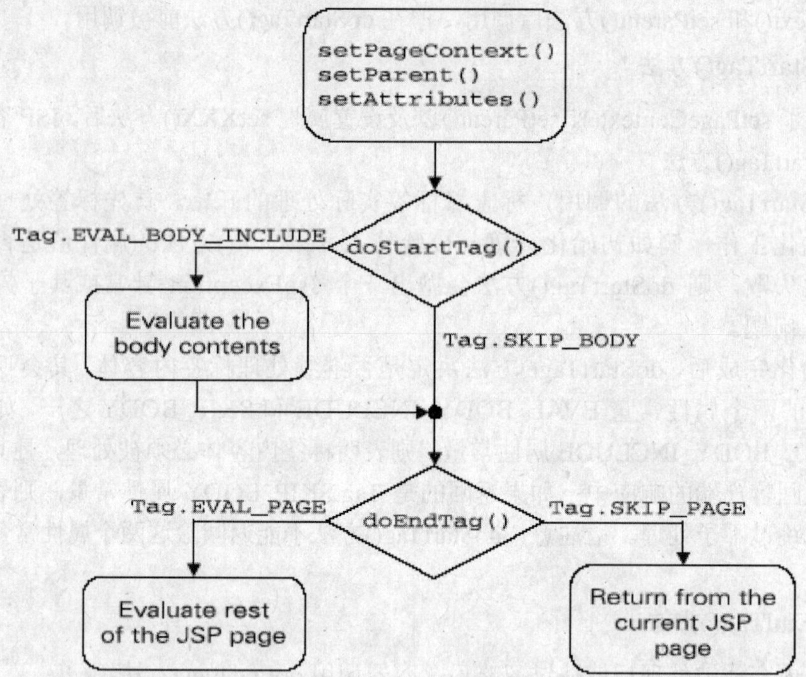

图 16-2 实现 Tag 接口标签处理器生命周期

以下示例展示了开发一个自定义标签的 4 个步骤：

- 编写标签实现类。
- 编写标签库描述符。
- 编写部署描述符配置标签。
- 编写使用标签的 JSP 页面。

（1）开发一个标签实现类。

脚本 HelloTag_Interface.java：

```
package chapter16;

import javax.servlet.jsp.*;
import javax.servlet.jsp.tagext.*;
import java.util.Hashtable;
import java.io.Writer;
```

```
import java.io.IOException;
import java.util.Date;

/**
*演示怎么实现Tag接口的方式来开发标签程序
*/
public class HelloTag_Interface implements
    javax.servlet.jsp.tagext.Tag {
  private PageContext pageContext;
  private Tag parent;

  public HelloTag_Interface() {
    super();
  }

  /**
  *设置标签的页面的上下文
  */
  public void setPageContext(final javax.servlet.jsp.PageContext pageContext) {
    this.pageContext=pageContext;
  }

  /**
  *设置上一级标签
  */
  public void setParent(final javax.servlet.jsp.tagext.Tag parent) {
    this.parent=parent;
  }

  /**
  *开始标签时的操作
  */
  public int doStartTag() throws javax.servlet.jsp.JspTagException {
    return SKIP_BODY;  //返回SKIP_BODY，表示不计算标签体
  }

  /**
  *结束标签时的操作
  */
  public int doEndTag() throws javax.servlet.jsp.JspTagException {
```

```
    try {
      pageContext.getOut().write("Hello World!");
    }
    catch(java.io.IOException e) {
      throw new JspTagException("IO Error: " + e.getMessage());
    }
    return EVAL_PAGE;
  }

  /**
  *release用于释放标签程序占用的资源，比如使用了数据库，那么应该关闭这个连接。
  */
  public void release() {}

  public javax.servlet.jsp.tagext.Tag getParent() {
    return parent;
  }
}
```

在上述代码中，HelloTag_Interface 类实现了 Tag 接口中的所有方法。doStartTag()方法返回值为 SKIP_BODY，表示不需要计算标签内容体。doEndTag()方法通过输出流输出字符串 Hello World!。

（2）编写标签库描述符

描述文件 mytag.tld：

```
<?xml version="1.0" encoding="ISO-8859-1" ?>

<taglib xmlns="http://java.sun.com/xml/ns/j2ee"
xmlns:xsi="http://www.w3.org/2001/XMLSchema-instance"
xsi:schemaLocation="http://java.sun.com/xml/ns/j2ee
web-jsptaglibrary_2_0.xsd"
version="2.0">
<description>A tag library exercising SimpleTag handlers.</description>
<tlib-version>1.0</tlib-version>

<short-name>examples</short-name>
<uri>/demotag</uri>
<description>
A simple tab library for the examples
</description>
```

```
<tag>
<description>
Outputs Hello World,implements Tag interface
</description>
<name>hello_int</name>
<tag-class>ch16.HelloTag_Interface</tag-class>
<body-content>empty</body-content>
</tag>

</taglib>
```

上述代码在<tag>元素中，首先指定了标签的名称，然后指定标签的实现类，最后指定标签体。由于没有标签体，因此指定为 empty.

（3）配置部署描述符。

```
<?xml version="1.0" encoding="ISO-8859-1"?>

<web-app xmlns="http://java.sun.com/xml/ns/j2ee"
xmlns:xsi="http://www.w3.org/2001/XMLSchema-instance"
xsi:schemaLocation="http://java.sun.com/xml/ns/j2ee
http://java.sun.com/xml/ns/j2ee/web-app_2_4.xsd"
version="2.4">

<display-name>root</display-name>

<description>
Welcome to Tomcat
</description>

<taglib>
<taglib-uri>/demotag</taglib-uri>
<taglib-location>/Web-INF/tlds/mytag.tld</taglib-location>
</taglib>

</web-app>
```

在上述代码中，指定了标签库地址映射。

（4）编写 JSP 页面。

脚本 hellotag_interface.jsp:

```
<%@ taglib uri="/demotag" prefix="hello" %>
<%@ page contentType="text/html; charset=gb2312" language="java" %>
```

```
<html>
<head>
<title>first cumstomed tag</title>
<meta http-equiv="Content-Type" content="text/html; charset=gb2312">
</head>

<body>
<p>以下的内容从Taglib中显示：</p>
<p><i><hello:hello_int/></i></p>
</body>
</html>
```

在上述代码中，首先使用<taglib>伪指令声明了要使用的标签和标签前缀的名称，用于标识不同的标签。通过<hello:hello_int/>来使用该标签，这里的 hello_int 是在标签库描述符中指定的名称，通过该名称来使用这个标签。

在了解 Tag 标签结构后，接下来我们将通过示例讨论如何来使用 Tag 接口编写以下几种类型的标签处理器：

- 打印输出 HTML 文本的空标签。
- 接收属性的空标签。
- 非空标签。

16.3.2 打印输出 HTML 文本空标签

在 15.3 节中，我们曾经学习过在 JSP 页面中使用一个名为 required 的空标签内容体标签，该标签负责完成打印输出*字符。在 JSP 页面中，通过以下代码来使用该标签：

```
<test:required />
```

以下代码是 required 标签的处理器实现类：

```
import javax.servlet.jsp.*;
import javax.servlet.jsp.tagext.*;
public class RequiredTag implements Tag {
  private PageContext pageContext;
  private Tag parentTag;

  public void setPageContext(PageContext pageContext) {
    this.pageContext = pageContext;
  }

  public void setParent(Tag parentTag) {
    this.parentTag = parentTag;
  }
```

```
    public Tag getParent() {
      return this.parentTag;
    }

    public int doStartTag() throws JspException {
      try {
        JspWriter out = pageContext.getOut();
        out.print("<font color='#ff0000'>*</font>");
      }
      catch(Exception e) {
        throw new JspException("Error in RequiredTag.doStartTag()");
      }
      return SKIP_BODY;
    }

    public int doEndTag() throws JspException {
      return EVAL_PAGE;
    }

    //clean up the resources (if any)
    public void release() {}
  }
```

上述代码展示了一个简单的标签处理器实现类 RequiredTag。该类实现了 Tag 接口，定义了接口中所有的 6 个方法。

首先，在 setPageContext()和 setParent()方法中保存了 pageContext 对象实例和父标签对象实例。

在此标签中没有任何属性，我们没有定义任何设置属性的 setXXX()方法。

其次，在 doStartTag()方法中，使用了前面保存的 pageContext 对象实例来获取 JSP 页面中的 JspWriter 对象，打印输出 HTML 代码。如以下代码所示：

```
JspWriter out = pageContext.getOut();
out.print("<font color='#ff0000'>*</font>");
```

doStartTag()方法返回一个 SKIP_BODY 属性常量，因为此标签是一个不需要处理标签内容体的空标签。

最后，doEndTag()方法返回一个 EVAL_PAGE 属性常量，因为我们需要处理剩余的 JSP 页面。

该标签在标签库描述符中的配置如下所示：

```
<tag>
<name>required</name>
<tag-class>sampleLib.RequiredTag</tag-class>
<body-content>empty</body-content>
<description>Prints * wherever it occurs</description>
</tag>
```

我们将<body-content>元素的值指定为 empty，希望此标签不处理任何标签内容体。

16.3.3 接收属性的空标签

当一个标签可以接收属性时，对每个属性我们必须采取以下 3 个处理：

（1）在标签处理器实现类中为每个属性声明对应的成员变量。

（2）如果不需要指定属性为强制的，则要么为属性提供一个默认值，要么处理对应的 null 值。

（3）必须为每个属性实现对应的 setXXX()方法。

以下示例展示了一个带有一个属性 user 的名为 greet 的标签，该标签负责打印输出问候语来。在 JSP 页面中，通过以下代码来使用该标签：

```
<test:greet />
<test:greet user='john' />
```

如果 user 属性没有指定值，则标签只打印输出 Hello。

以下是简化了的 greet 标签的标签处理器实现类代码，省略了包声明、导入语句和 setPageContext()方法等常规条目。

```
public class GreetTag implements Tag {
  //other methods as before
  //A String that holds the user attribute
  private String user;
  //The setter method that is called by the container
  public void setUser(String user) { this.user = user; }

  public int doStartTag() throws JspException {
    JspWriter out = pageContext.getOut();
    try {
      if (user==null) out.print("Hello!");
      else  out.print("Hello "+user+"!");
    }
    catch(Exception e) {
      throw new JspException("Error in Greet.doStartTag()");
    }
```

```
        return SKIP_BODY;
    }
}
```

上述代码中声明了一个类成员变量user和对应的setUser()方法。当JSP容器解析到user属性时，其就会调用 setUser()方法传入属性值。setUser()方法将属性值存储到成员变量 user中，然后在 doStartTag()方法中使用。

如果页面开发者在使用标签时没有指定 user 属性值，如以下代码：

```
<test:greet>
```

则 user 变量的值为 null，因此标签只打印输出 Hello，而无用户名。

该标签在标签库描述符中的配置如下：

```
<tag>
<name>greet</name>
<tag-class>sampleLib.GreetTag</tag-class>
<body-content>empty</body-content>
<description>Prints Hello user! wherever it occurs</description>
<attribute>
<name>user</name>
<required>false</required>
<rtexprvalue>true</rtexprvalue>
</attribute>
</tag>
```

可能会感到惊讶的是，把user变量作为一个类实例成员变量来使用。我们知道在Servlet中使用一个类实例成员变量存储请求信息是十分危险的，因为这时线程是不安全的。但是，由于定制标签的线程安全责任是由容器负责的，因此不存在问题。容器可以确保为 JSP 页面中的每一次标签的使用创建一个新标签实例，或者容器维护一个标签类实例，这样就可以从池中提取合适的标签实例，保证属性被重置。

在以下示例中，存在两处使用标签 greet，第二个使用标签的地方不会获取第一个使用标签时的属性值。

```
<html>
<body>
<test:greet user="john" />
<test:greet />
</body>
</html>
```

16.3.4 非空标签

doStartTag()方法能够返回 EVAL_BODY_INCLUDE 或 SKIP_BODY 属性常量之一，以

指明是处理标签内容体还是忽略处理标签内容体。

以下示例使用了标签的此特性，完成了类似于 Java 语言的 if 条件语句功能。

```
public class IfTag implements Tag {
  //other methods as before
  private boolean condition = false;

  public void setCondition(boolean condition) {
    this.condition = condition;
  }

  public int doStartTag() throws JspException {
    if (condition)  return EVAL_BODY_INCLUDE;
    else  return SKIP_BODY;
  }
}
```

在上述代码中，我们使用了一个 boolean 型的 condition 属性来决定是处理标签内容体还是忽略处理。

在 doStartTag()方法中，根据 condition 属性值来返回 EVAL_BODY_INCLUDE 或 Tag.SKIP_BODY。

该 if 标签在标签库描述符中的配置如下：

```
<tag>
<name>if</name>
<tag-class>sampleLib.IfTag</tag-class>
<body-content>JSP</body-content>
<attribute>
<name>condition</name>
<required>true</required>
<rtexprvalue>true</rtexprvalue>
</attribute>
</tag>
```

从上述代码中可以看出，<body-content>元素取值为 JSP。这意味着，我们可以在标签内容体中编写有效的 JSP 代码。如果标签的 doStartTag()方法的返回值是 EVAL_BODY_INCLUDE，则标签内容体像其他普通 JSP 代码一样执行，否则越过标签内容体的这段代码。

我们指定了<required>元素的值为 true，因为我们需要决定是否处理标签内容体。以下代码展示了在 JSP 页面中使用 if 标签。

```
<%@ taglib prefix="test" uri="/Web-INF/sampleLib.tld" %>
<% boolean debug = "true".equals(request.getParameter("debug")); %>
<html>
<body>
Hello<br>
<test:if condition="<%= debug %>" >
DEBUG INFO:...
</test:if>
</body>
</html>
```

当我们在浏览器上通过 http://localhost:8080/chapter16/ifTest.jsp?debug=true 地址访问 JSP 页面时，浏览器打印输出：

```
Hello
DEBUG INFO:...
```

如果将参数 debug 设值为 false，则打印输出的结果不含第二行文本。

16.4 IterationTag 接口

前面我们通过一些示例，学习了使用 Tag 接口创建不含标签内容体的空标签或可处理标签内容体的标签。即使是包含标签内容体的标签，对标签内容体也仅能处理一次。继承至 Tag 接口的 IterationTag 接口可以实现对标签内容体的多次处理，其功能非常类似于 Java 语言的循环结构。IterationTag 接口上只定义了一个方法和一个属性常量。

IterationTag 接口上定义的方法如下：

```
int doAfterBody()
```

在循环体中调用该方法，返回 IterationTag.EVAL_BODY_AGAIN 或 Tag.SKIP_BODY，指明是否继续循环处理。

IterationTag 接口上定义的常量属性是 EVAL_BODY_AGAIN，指明继续循环处理。

16.4.1 IterationTag 接口方法

因为 IterationTag 接口继承自 Tag 接口，所以其继承了 Tag 接口的所有功能。同 Tag 接口一样，容器调用 setPageContext()和 setParent()方法，获取 pageContext 内置对象和父标签对象，调用 setXXX()方法设置属性值，然后调用 doStartTag()方法。是否处理标签的内容体取决于 doStartTag()方法的返回值。如果 doStartTag()方法返回值为 SKIP_BODY，则不处理标签内容体，容器调用 doEndTag()方法。这种情况下，IterationTag 接口的 doAfterBody()方法不会获得调用。然而，如果 doStartTag()方法返回值为 EVAL_BODY_INCLUDE，则标签内容体获得处理，处理结果被输出到页面，这时才是容器真正地首次调用 doAfterBody()方法。

doAfterBody()方法是 IterationTag 接口上定义的惟一方法，该方法用于可循环反复地处理标签内容体。

如果在执行 doAfterBody()方法期间发生错误，则该方法会抛出一个 JspException 异常或其子异常。如果方法正常执行完毕，则是否继续再次处理标签内容体，取决于 doAfterBody()方法是否返回定义在 IterationTag 接口上的属性常量 EVAL_BODY_AGAIN。

如果 doAfterBody()方法返回属性常量 EVAL_BODY_AGAIN，则会导致容器第二次调用 doAfterBody()方法，使得标签内容体第二次获得处理。这个反复执行的过程，直到 doAfterBody()方法返回定义在 Tag 接口上的属性常量 SKIP_BODY 为止。

请注意，doAfterBody()方法不能返回除这两个属性常量以外的其他返回值。

因为 doStartTag()方法返回 SKIP_BODY 或者 doAfterBody()方法返回 SKIP_BODY，从而使得 doEndTag()方法获得调用。

在 IterationTag 接口上的 doEndTag()方法和 Tag 接口上的 doEndTag()方法，其功能、作用、目的是一样的。

图 16-3 展示了实现 IterationTag 接口的标签处理器实现类的生命周期。

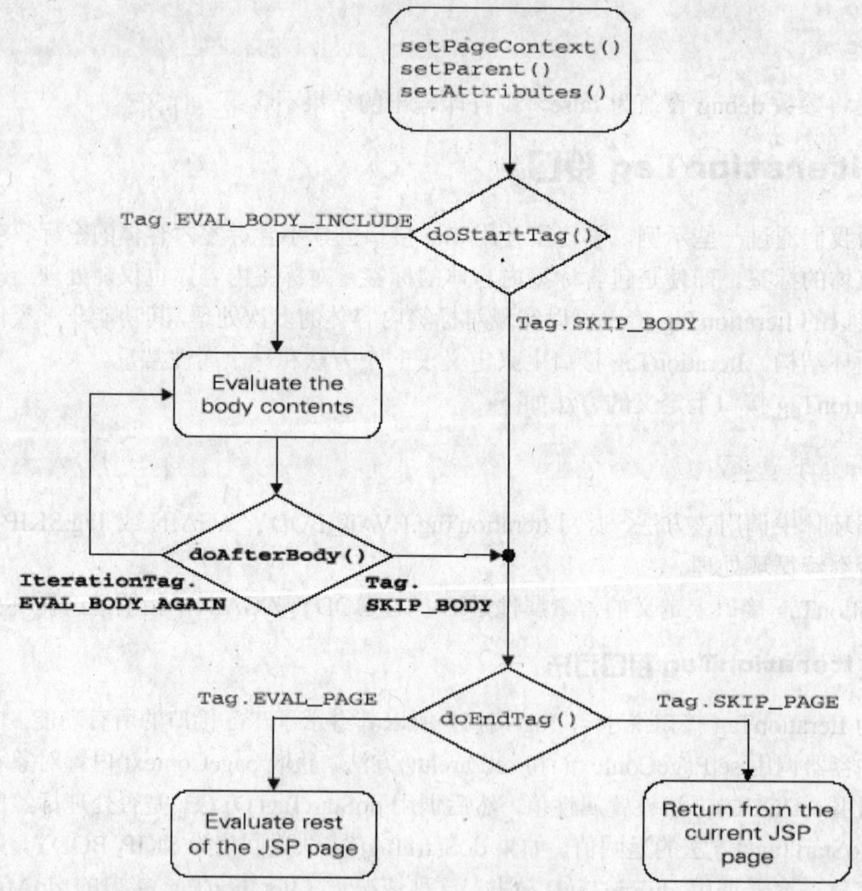

图 16-3　实现 IterationTag 接口标签处理器生命周期

16.4.2　示例

在了解 IterationTag 接口之后，现在我们来看一个示例，该示例完成了同 Java 语言循环语句一样的功能——标签处理器 loop。

先看一下在 JSP 页面中使用 loop 标签的代码，如下所示：

```
<%@ taglib prefix="test" uri="/Web-INF/sampleLib.tld" %>
<html>
<body>
<test:loop count="5" >
Hello World!<br>
</test:loop>
</body>
</html>
```

在上述代码中，标签 loop 有一个 count 属性，接收了一个整数值 5，该属性用于指定标签内容体重复执行的次数。

上述执行的结果是，打印输出 5 次 Hello World!。

以下代码是 loop 标签处理器实现类 LoopTag 的代码。LoopTag 类实现了 IterationTag 接口，除了实现 Tag 接口定义的 6 个方法外，还必须实现 IterationTag 接口定义的 doAfterBody()方法。

脚本 LoopTag.java：

```
import javax.servlet.jsp.*;
import javax.servlet.jsp.tagext.*;

public class LoopTag implements IterationTag {
  private PageContext pageContext;
  private Tag parentTag;

  public void setPageContext(PageContext pageContext) {
    this.pageContext = pageContext;
  }

  public void setParent(Tag parentTag) {
    this.parentTag = parentTag;
  }

  public Tag getParent() {
    return this.parentTag;
  }

  //Attribute to maintain looping count
  private int count = 0;
```

```
    public void setCount(int count) {
      this.count = count;
    }

    public int doStartTag() throws JspException {
      if (count>0)  return EVAL_BODY_INCLUDE;
      else  return SKIP_BODY;
    }

    public int doAfterBody() throws JspException {
      if (--count > 0)  return EVAL_BODY_AGAIN;
      else  return SKIP_BODY;
    }

    public int doEndTag() throws JspException {
      return EVAL_PAGE;
    }
    public void release() {}
  }
```

上述代码中定义了一个成员变量 count，用于接收指定循环次数的标签属性值。每次调用 doAfterBody()方法时，将变量 count 值减一，然后返回 EVAL_BODY_AGAIN 值，直到 count 变量值为 0 为止。如果变量 count 值为 0，则返回 SKIP_BODY 来指明结束循环，从而容器调用 doEndTag()方法。

loop 标签在标签库描述符中的配置如下：

```
<tag>
<name>loop</name>
<tag-class>sampleLib.LoopTag</tag-class>
<body-content>JSP</body-content>
<attribute>
<name>count</name>
<required>true</required>
<rtexprvalue>true</rtexprvalue>
</attribute>
</tag>
```

在上述代码中，对一个实现了 IterationTag 接口标签的配置与实现 Tag 接口标签的配置并无区别。不需要明确地在标签库描述符中指出是不是循环标签。容器会自动根据标签处理器实现类所实现的接口判断标签类型，如果发现其是实现 IterationTag 接口的实例，则会自动调用 doAfterBody()方法。

16.5 BodyTag 接口

BodyTag 接口继承自 IterationTag 接口，增加了标签处理器在临时缓冲区中处理标签内容体的能力。此特性允许标签改变标签内容体，产生任意的输出内容。例如，在处理完标签内容体后，发送结果到页面输出流前，标签可以选择输出内容体，忽略掉内容体，变更内容体或者添加进新内容到内容体。

因为 BodyTag 接口继承自 IterationTag 接口，所以 BodyTag 接口也具备重复多次处理标签内容体的能力。

BodyTag 接口上定义了两个方法和一个属性常量。BodyTag 接口上定义的方法如表 16-8 所示。

表 16-8　BodyTag 接口定义的方法

方　法	功　能　描　述
void setBodyContent(BodyContent)	由容器调用传入一个BodyContent对象
void doInitBody()	由容器在调用setBodyContent()方法之后调用，完成初始化工作

BodyTag 接口上定义的常量属性为 EVAL_BODY_BUFFERED，用来提供缓存区。

需要注意的是，在 JSP1.1 中，BodyTag.doAfterBody()方法存在 EVAL_BODY_TAG 返回值，现在该返回值已经废弃。BodyTag.doAfterBody() 方法返回值应为 IterationTag.EVAL_BODY_AGAIN 或 BodyTag.EVAL_BODY_BUFFERED。

16.5.1 BodyTag 接口方法

BodyTag 接口增加了两个处理标签内容体的新方法：setBodyContent()和 doInitBody()方法。

容器调用 setBodyContent()方法将标签内容体实例传入标签。

实现此方法最典型的功能，就是将标签内容体实例存储在一个私有变量中供以后使用。

在执行完 setBodyContent()方法后，容器调用 doInitBody()方法。

如果需要，在实际处理标签内容体前，doInitBody()方法允许标签处理器实现类初始化标签内容体。如果初始化标签内容体失败，则 doInitBody()方法会抛出一个 JspException 或其子异常以示错误。

因为 BodyTag 接口继承自 IterationTag 接口，而 IterationTag 接口继承自 Tag 接口，因此 BodyTag 接口继承了 IterationTag 和 Tag 接口的所有功能。同 IterationTag 和 Tag 接口一样，容器调用 setPageContext()和 setParent()方法，可以获取 pageContext 内置对象和父标签对象，调用 setXXX()方法设置属性值，然后调用 doStartTag()方法。

如何处理标签的内容体取决于 doStartTag()方法的返回值。BodyTag 接口的 doStartTag()方法可以返回继承 Tag 接口的 EVAL_BODY_INCLUDE 属性常量，SKIP_BODY 属性常量，或者返回定义在 BodyTag 接口自身的 EVAL_BODY_BUFFERED 属性常量。

对于返回的 EVAL_BODY_INCLUDE、SKIP_BODY 属性常量，处理方式同 IterationTag 接口一样。但是，如果返回值是 EVAL_BODY_BUFFERED 属性常量，则容器会采取不同的处理步骤。

创建一个 BodyContent 类实例。BodyContent 类是 JspWriter 类的子类，其重载了 JspWriter 类中所有的打印输出方法，将原来的结果直接打印输出到输出流的方式改为将结果写入缓冲区。

容器调用 setBodyContent()方法，将新创建的 BodyContent 类实例传入标签处理器实现类中，然后调用 doInitBody()方法初始化，最后处理标签内容体，将结果写入 BodyContent 类实例创建的缓冲区。

在处理完标签内容体后，容器调用 doAfterBody()方法，直接将结果输出或写入缓冲区，这取决于实际的需要。如果将结果压入缓冲区，就可以对结果进行一系列的添加、修改、删除等操作。最后，如果该方法返回 EVAL_BODY_AGAIN 或 EVAL_BODY_BUFFERED 属性常量，则继续重复循环处理标签内容体；如果返回的是 SKIP_BODY 属性常量，则结束循环。

最后，同 Tag 和 IterationTag 接口实现类一样，调用 doEndTag()方法。

图 16-4 展示了实现 BodyTag 接口的标签处理器实现类的生命周期。

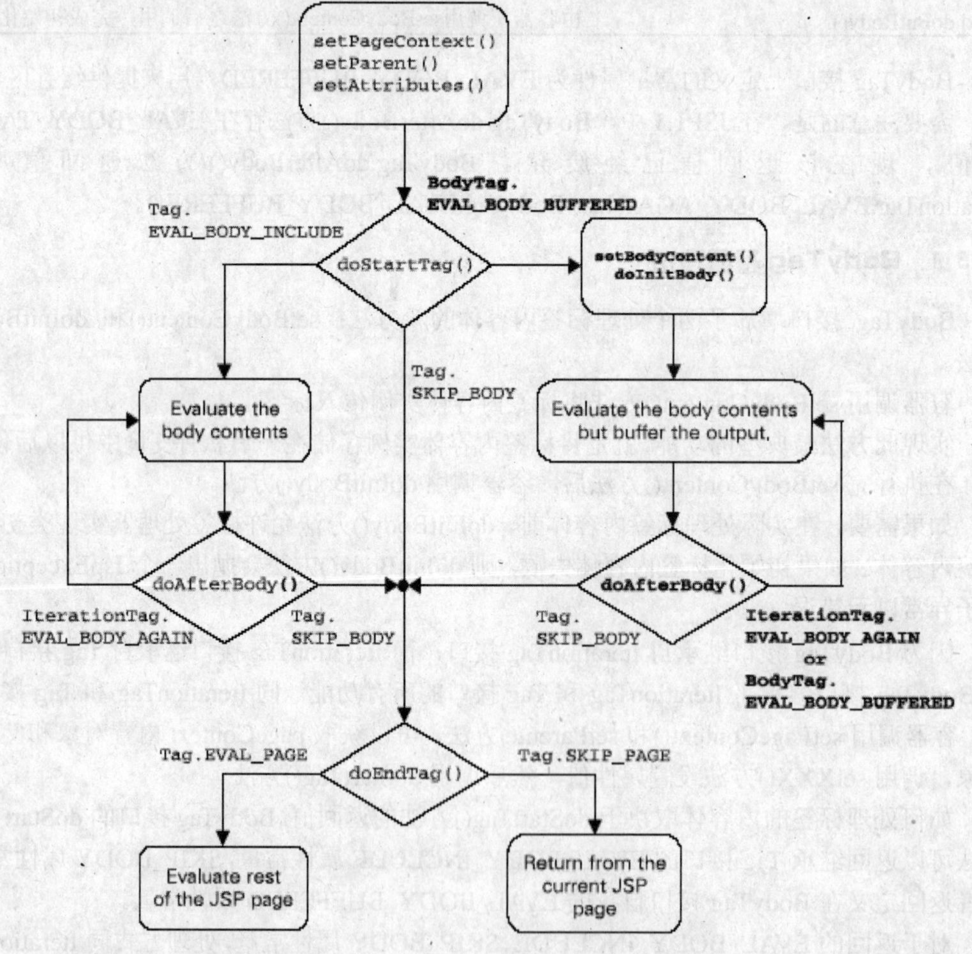

图 16-4　实现 BodyTag 接口标签处理器生命周期

16.5.2　示例

在了解 BodyTag 接口之后，我们来看一个示例，该示例完成一个标签处理器 mark，实现了对指定字符的加粗处理。

先看一下 JSP 页面中使用 mark 标签的代码，如下所示：

```
<test:mark search="s">
she sells sea shells on the sea shore!
</test:mark>
```

在上述代码中，标签 mark 有一个 search 属性，用于指定需要加粗的字符。运行上述代码的结果为：

```
she sells sea shells on the sea shore!
```

可以看出，如果将属性 search 赋值 sh，则运行结果为：

```
she sells sea shells on the sea shore!
```

BodyTag 接口的这种特性对于维护 Web 应用程序的说明性文档以及使用关键字的搜索十分有用。

搜索引擎的输出，可以嵌套到像 mark 这样的标签中，将搜索结果中的关键字以加粗作出提示。

以下代码是 mark 标签处理器实现类 MarkTag 的代码。

脚本 MarkerTag.java：

```
import javax.servlet.jsp.*;
import javax.servlet.jsp.tagext.*;

public class MarkerTag implements BodyTag {
  //INITIALIZATION
  private PageContext pageContext;
  private Tag parentTag;

  public void setPageContext(PageContext pageContext) {
    this.pageContext = pageContext;
  }

  public void setParent(Tag parentTag) {
    this.parentTag = parentTag;
  }

  public Tag getParent() {
    return this.parentTag;
  }
```

```
//attributes
private String search = null;
public void setSearch(String search) {
  this.search = search;
}
//BODY CONTENT RELATED MEMBERS
private BodyContent bodyContent;

public void setBodyContent(BodyContent bodyContent) {
  this.bodyContent = bodyContent;
}

public void doInitBody() throws JspException {}

//START, ITERATE, AND END METHODS
public int doStartTag() throws JspException {
  return EVAL_BODY_BUFFERED;
}

public int doAfterBody() throws JspException {
  try{
    JspWriter out = bodyContent.getEnclosingWriter();
    String text = bodyContent.getString();
    int len = search.length();
    int oldIndex=0, newIndex=0;
    while((newIndex = text.indexOf(search,oldIndex))>=0){
    if (newIndex<oldIndex) { break; }
    out.print(text.substring(oldIndex,newIndex));
    out.print("<b>"+search+"</b>");
    oldIndex = newIndex + len;
  }
  out.print(text.substring(oldIndex));
}
catch(Exception e){
  e.printStackTrace();
}
  return SKIP_BODY;
}

public int doEndTag() throws JspException {
```

```
        return EVAL_PAGE;
    }

    public void release(){}
}
```

在上述代码中，使用了 BodyContent 类实例。此处的 doStartTag()方法的返回值为 EVAL_BODY_BUFFERED 属性常量。如果 doStartTag() 方法的返回值是 EVAL_BODY_INCLUDE，则因为在 doAfterBody()方法中使用了 bodyContent 对象（使用语句如下）而抛出一个 NullPointerException 异常来。

```
JspWriter out = bodyContent.getEnclosingWriter();
```

这是因为，如果 doStartTag()方法返回值为 EVAL_BODY_INCLUDE 属性常量，则 setBodyContent()方法没有被调用，因此 bodyContent 对象没有被获取。

16.6　TagSupport 和 BodyTagSupport 类

到目前为止，我们已经学习了通过 Tag、IterationTag 和 BodyTag 三个接口来实现不同类型的标签处理器。详细讨论了 Tag、IterationTag 和 BodyTag 接口生命周期中各个方法的调用及其执行目的。由于标签处理器需要实现这 3 个标签中的一种，因此必须每次把实现接口中的所有方法均实现一遍，哪怕没有一条语句，也需要在类体中给出方法声明。很显然，这对标签开发者来说不够便利。

标签开发接口提供了两个适配器类：TagSupport 和 BodyTagSupport。这两个类均已独立实现了 IterationTag 和 BodyTag 接口，提供了 IterationTag 接口和 BodyTag 中所有方法的默认实现。这样，我们在开发标签时，只需重载特定的方法即可。

16.6.1　TagSupport 类

TagSupport 类实现了 IterationTag 接口，提供了 Tag 和 IterationTag 接口中所有方法的默认实现。并且还新增了一些新的便利方法，用于提供一个对象列表的维护，以及从内部标签获取外部标签的方法。

TagSupport 类上定义的方法如表 16-9 所示。

表 16-9　TagSupport 类定义的方法

方　法	功 能 描 述
int doStartTag()	开始标签处理
int doAfterBody()	循环标签处理
int doEndTag()	结束标签处理
void setParent(Tag)	设置父标签
Tag getParent()	获取父标签
Tag findAncestorWithClass(Tag, Class)	获取直接父标签类

续表

方 法	功 能 描 述
void setValue(String,Object)	设置属性
Object getValue(String)	获取属性
Enumeration getValues()	获取所有属性
void removeValue(String)	删除属性

以下示例展示了如何使用 TagSupport 类开发标签，依然以输出一个 HelloWorld 功能为例。

脚本 HelloTag.java：

```
import javax.servlet.jsp.*;
import javax.servlet.jsp.tagext.*;
import java.util.Hashtable;
import java.io.Writer;
import java.io.IOException;
import java.util.Date;

/**
*演示从TagSupport继承来开发标签
*/
public class HelloTag extends TagSupport {
  /**
  *覆盖doStartTag方法
  */
  public int doStartTag() throws JspTagException {
    return EVAL_BODY_INCLUDE;
  }

  /**
  *覆盖doEndTag方法
  */
  public int doEndTag()throws JspTagException {
    String dateString =new Date().toString();
    try {
      pageContext.getOut().write("Hello World hellking.
        <br>现在的时间是: "+dateString);
    }
    catch(IOException ex) {
      throw new JspTagException("Fatal error");
```

```
    }
    return EVAL_PAGE;
  }
}
```

在上述代码中，由于从 TagSupport 类继承实现标签，因此只重写 doStartTag()和doEndTag()两个方法即可，说明采用这种方式开发标签还是比较简单的。

该标签的标签库描述符如下：

```
<?xml version="1.0" encoding="ISO-8859-1" ?>

<taglib xmlns="http://java.sun.com/xml/ns/j2ee"
xmlns:xsi="http://www.w3.org/2001/XMLSchema-instance"
xsi:schemaLocation="http://java.sun.com/xml/ns/j2ee web-jsptaglibrary_2_0.xsd"
version="2.0">
<description>
A tag library exercising SimpleTag handlers.
</description>
<tlib-version>1.0</tlib-version>

<short-name>examples</short-name>
<uri>/demotag</uri>
<description>
A simple tab library for the examples
</description>

<tag>
<name>hello</name>
<tag-class>ch14.HelloTag</tag-class>
<body-content>empty</body-content>
<description>
Simple hello world examples.
Takes no attribute,and simply generates HTML
</description>
</tag>

</taglib>
```

使用该标签的 JSP 页面代码 helloworld_tag.jsp 如下：

```
<%@ taglib uri="/demotag" prefix="hello" %>
<%@ page contentType="text/html; charset=gb2312" language="java" %>
```

```
<html>
<head>
<title>first cumstomed tag</title>
<meta http-equiv="Content-Type" content="text/html; charset=gb2312">
</head>

<body>


<p>以下的内容从Taglib中显示：</p>
<p><i><hello:hello/></i></p>
</body>
</html>
```

16.6.2 BodyTagSupport 类

BodyTagSupport 类继承自 TagSupport 类，同时继承了 TagSupport 类上的所有方法。BodyTagSupport 类还实现了 BodyTag 接口，提供了 setBodyContent()和 doInitBody()方法的默认实现。同时，新增了两个便利的方法 getBodyContent()和 getPreviousOut()，用于处理缓冲区输出。

BodyTagSupport 类上定义的方法如表 16-10 所示。

表 16-10 BodyTagSupport 类定义的方法

方 法	功 能 描 述
int doStartTag()	开始标签处理
int doAfterBody()	循环标签处理
int doEndTag()	结束标签处理
void setBodyContent(BodyContent)	设置标签内容体
BodyContent getBodyContent()	获取标签内容体
JspWriter getPreviousOut()	获取一个输出流

以下示例展示了如何使用 BodyTagSupport 类开发标签，该示例使用循环来输出内容。

脚本 BodyTagExample.java：

```
import javax.servlet.jsp.*;
import javax.servlet.jsp.tagext.*;
import java.util.Hashtable;
import java.io.Writer;
import java.io.IOException;

public class BodyTagExample extends BodyTagSupport {
  int counts;//counts为迭代的次数
  public BodyTagExample() {
```

```
    super();
  }

  /**
  *设置counts属性。这个方法由容器自动调用。
  */
  public void setCounts(int c) {
    this.counts=c;
  }

  /**
  *覆盖doStartTag方法
  */
  public int doStartTag() throws JspTagException {
    System.out.println("doStartTag");
    if(counts>0) {
      return EVAL_BODY_TAG;
    } else {
      return SKIP_BODY;
    }
  }

  /**
  *覆盖doAfterBody方法
  */
  public int doAfterBody() throws JspTagException {
    System.out.println("doAfterBody"+counts);
    if(counts>1) {
      counts--;
      return EVAL_BODY_TAG;
    } else {
      return SKIP_BODY;
    }
  }

  /**
  *覆盖doEndTag方法
  */
  public int doEndTag() throws JspTagException {
    System.out.println("doEndTag");
```

```
    try {
      if(bodyContent != null) {
        bodyContent.writeOut(bodyContent.getEnclosingWriter());
      }
    }
    catch(java.io.IOException e) {
      throw new JspTagException("IO Error: " + e.getMessage());
    }
    return EVAL_PAGE;
  }

  public void doInitBody() throws JspTagException{
    System.out.println("doInitBody");
  }
  public void setBodyContent(BodyContent bodyContent) {
    System.out.println("setBodyContent");
    this.bodyContent=bodyContent;
  }
}
```

在上述代码中，每次处理完标签内容体后，均会调用 doAfterBody()方法。使用变量 counts 来控制循环次数，如果变量 counts 值大于 1，则继续处理标签内容体；否则返回 SKIP_BODY 指明不再处理标签内容体。接下来，doEndTag()方法获得调用。

该标签的标签库描述符如下：

```
<?xml version="1.0" encoding="ISO-8859-1" ?>

<taglib xmlns="http://java.sun.com/xml/ns/j2ee"
xmlns:xsi="http://www.w3.org/2001/XMLSchema-instance"
xsi:schemaLocation="http://java.sun.com/xml/ns/j2ee
web-jsptaglibrary_2_0.xsd"
version="2.0">

<description>A tag library exercising SimpleTag handlers.</description>
<tlib-version>1.0</tlib-version>

<short-name>examples</short-name>
<uri>/demotag</uri>
<description>
A simple tab library for the examples
</description>
```

```
<tag>
<name>loop</name>
<tag-class>chapter16.BodyTagExample</tag-class>
<body-content>jsp</body-content>
<attribute>
<name>counts</name>
<required>true</required>
<rtexprvalue>true</rtexprvalue>
</attribute>
</tag>

</taglib>
```

在上述代码中，<tag>元素的子元素<body-content>取值必须为 JSP。counts 为标签属性，其与标签处理器实现类中的属性 counts 必须一样，并且标签实现类还提供了设置该属性的 setXXX()方法。否则，该属性就不能获得设置。<required>子元素取值为 true，表明该属性是必须的。

使用该标签的 JSP 页面代码 bodytag.jsp 如下：

```
<%@ taglib uri="/demotag" prefix="bodytag" %>
<html>
<head>
<title>body tag</title>
<meta http-equiv="Content-Type" content="text/html; charset=gb2312">
</head>
<body>
<HR>
<bodytag:loop counts="5">
现在的时间是： <%=new java.util.Date()%><BR>
</bodytag:loop>
<HR>
</BODY>
</HTML>
```

16.6.3 访问内置对象

定制标签最大的特性之一就是允许从标签处理器实现类中访问其所在 JSP 页面中的所有对象。在调用 doStartTag()方法之前，容器调用 setPageContext()方法可以获取 PageContext 内置对象。使用 PageContext 内置对象，就可以访问 JSP 页面中任何其他的对象了。

例如，我们可以使用 PageContext 内置对象获取一个 JspWriter 对象，这样就可以实现向页面的输出，如以下代码所示：

```
JspWriter out = pageContext.getOut();
```

表那 16-11 列出了访问 4 个内置对象的方法。

表 16-11　TagSupport 类定义的方法

作用域	内置对象	内置对象所属类	从标签类获取内置对象方法
Application	application	ServletContext	pageContext.getServletContext()
Session	session	HttpSession	pageContext.getSession()
Reques	request	ServletRequest	pageContext.getRequest()
Page	pageContext	PageContext	

```
pageContext.getAttribute(PageContext.APPLICATION);
pageContext.getAttribute(PageContext.SESSION);
pageContext.getAttribute(PageContext.REQUEST);
pageContext.getAttribute(PageContext.PAGECONTEXT);
```

我们来看一个示例，该示例标签 implicit 有两个属性 attributeName 和 scopeName，用于完成在指定的作用域中通过名称获取指定对象，完成打印输出。

首先看一下在 JSP 页面中使用 implicit 标签的代码，如下所示：

```
<%@ taglib prefix="test" uri="/Web-INF/sampleLib.tld" %>
<html>
<body>
<%
  application.setAttribute("attribute1", "somestring");
  session.setAttribute("attribute2", new Boolean(true));
  request.setAttribute("attribute3", new Integer(5));
%>
<test:implicit attributeName="attribute1" scopeName="application"/>
<test:implicit attributeName="attribute2" scopeName="session"/>
<test:implicit attributeName="attribute3" scopeName="request"/>
</body>
</html>
```

在上述代码中，attribute1、attribute2 和 attribute3 三个属性分别对应字符串、布尔封装类对象和整型封装类对象。将 attribute1、attribute2 和 attribute3 属性分别设置在应用程序作用域、会话作用域和请求作用域内。implicit 标签实现打印输出这些属性对应的对象。

运行上述代码打印输出的内容为：

```
<html>
<body>
someString
```

```
true
5
</body>
</html>
```

以下代码是 implicit 标签处理器实现类 ImplicitTag 的代码。ImplicitTag 类继承了 TagSupport 类。

脚本 ImplicitTag.java：

```
import javax.servlet.jsp.*;
import javax.servlet.jsp.tagext.*;

public class ImplicitTag extends TagSupport {

  public void setAttributeName(String name) {
    //Stores the passed object in the hashtable maintained by
    //TagSupport with the name "attributeName".
    setValue("attributeName",name);
  }

  public void setScopeName(String scope) {
    //Stores the passed object in the hashtable with
    //the name "scopeName".
    setValue("scopeName",scope);
  }

  //Our utility method to convert the scopeName String
  //to the integer constant defined in PageContext for each scope.
  //We need this method because we have to use
  //PageContext.getAttribute(String name, int scope) later.
  private int getScopeAsInt() {
    //Retrieve the scopeName value from the hashtable
    String scope = (String) getValue("scopeName");
    if ("request".equals(scope))
      return PageContext.REQUEST_SCOPE;
    if ("session".equals(scope))
      return PageContext.SESSION_SCOPE;
    if ("application".equals(scope))
      return PageContext.APPLICATION_SCOPE;
    //Default is page scope
    return PageContext.PAGE_SCOPE;
```

```
    }

    public int doStartTag() throws JspException {
      try {
        JspWriter out = pageContext.getOut();
        String attributeName = (String) getValue("attributeName");
        int scopeConstant = getScopeAsInt();
        out.print(pageContext.getAttribute(attributeName,
          scopeConstant));
        return SKIP_BODY;
      }
      catch(Exception e) {
        throw new JspException("Error in Implicit.doAfterBody()");
      }
    }
  }
```

上述代码分析如下：

为每个属性实现了一个 setXXX()方法。但是，并没有采用一个私有类成员变量来接收属性值的方式，而是使用了 TagSupport 类提供的维护一个对象列表的 HashTable 来按键值存储。

getScopeAsInt()方法是我们定义的工具类方法，用于返回一个代表作用域范围的整数常量。这些整数常量定义在 PageContext 类上，通过 PageContext.getAttribute(String name, int scope)方法来使用。

在 doStartTag()方法中，使用 PageContext.getAttribute(String name, int scope)方法来获取指定作用域名称中的属性值。在打印输出属性值后，返回一个 SKIP_BODY 属性常量，这是因为不需要处理标签内容体。

implicit 标签在标签库描述符中的配置如下：

```
<tag>
<name>implicit</name>
<tag-class>sampleLib.ImplicitTag</tag-class>
<body-content>empty</body-content>
<attribute>
<name>attributeName</name>
<required>true</required>
</attribute>
<attribute>
<name>scopeName</name>
<required>true</required>
</attribute>
</tag>
```

16.6.4 协作标签

创建标签目的就是解决一些页面上共享、通用的模式，因此我们往往需要多个标签分工协作相互配合，以组件群的方式出现。将这样的一组标签称作协作标签。

我们先来看一个简单的标签嵌套示例，该示例提供两个标签：一个实现 if 条件选择的标签，另一个是嵌套入 if 条件选择标签中完成简单输出的标签。

if 条件选择标签处理器实现类 IfTag.java 如下：

```
import javax.servlet.jsp.*;
import javax.servlet.jsp.tagext.*;
import java.util.Hashtable;
import java.io.Writer;
import java.io.IOException;

/**
 *if Tag
 *usage:<tag:if value=true>
 *      ...
 *      </tag:if>
 */
public class IfTag extends BodyTagSupport {
  private boolean value;
  /**
  *设置属性的值。
  */
  public void setValue(boolean value) {
    this.value=value;
  }

  /**
  *doStartTag方法，如果value为true，那么
  *就计算tagbody的值，否则不计算body的值。
  */
  public int doStartTag() throws JspTagException {
    if(value) {
      System.out.println("value is true");
      return EVAL_BODY_INCLUDE;
    } else {
      System.out.println("value is false");
      return SKIP_BODY;
    }
```

```
    }

    /**
    *覆盖doEndTag方法
    */
    public int doEndTag() throws JspTagException {
      try {
        if(bodyContent != null) {
          bodyContent.writeOut(bodyContent.getEnclosingWriter());
        }
      }
      catch(java.io.IOException e) {
        throw new JspTagException("IO Error: " + e.getMessage());
      }
      return EVAL_PAGE;
    }
}
```

在上述代码中，各类属性 value 取值为 true 时，标签内容体就获得处理；如果取值为 false，则标签内容体不会获得处理，将被忽略掉。

嵌套到 if 条件选择标签中的简单输出标签类 OutTag.java 如下：

```
import javax.servlet.jsp.*;
import javax.servlet.jsp.tagext.*;
import java.util.Hashtable;
import java.io.Writer;
import java.io.IOException;

public class OutTag extends TagSupport {
  private Object value;

  /**
  *覆盖doStartTag方法
  */
  public void setValue(Object value) {
    this.value=value;
  }

  public int doStartTag() throws JspTagException {
    return EVAL_BODY_INCLUDE;
  }
```

```
  /**
  *覆盖doEndTag方法
  */
  public int doEndTag()throws JspTagException {
    try {
      System.out.println(value);
      pageContext.getOut().write(value.toString());
    }
    catch(IOException ex) {
      throw new JspTagException("Fatal error:
      hello tag conld not write to JSP out");
    }
    return EVAL_PAGE;
  }
}
```

在上述代码中，不处理标签内容体，只是简单地向客户端输出信息。

以下是标签库描述符文件 mytag.tld：

```
<?xml version="1.0" encoding="ISO-8859-1" ?>

<taglib xmlns="http://java.sun.com/xml/ns/j2ee"
xmlns:xsi="http://www.w3.org/2001/XMLSchema-instance"
xsi:schemaLocation="http://java.sun.com/xml/ns/j2ee
web-jsptaglibrary_2_0.xsd"
version="2.0">
<description>A tag library exercising SimpleTag handlers.</description>
<tlib-version>1.0</tlib-version>

<short-name>examples</short-name>
<uri>/demotag</uri>
<description>
A simple tab library for the examples
</description>

<tag>
<name>if</name>
<tag-class>chapter16.IfTag</tag-class>
<body-content>jsp</body-content>
<attribute>
```

```
<name>value</name>
<required>true</required>
<rtexprvalue>true</rtexprvalue>
</attribute>
</tag>
<tag>
<name>out</name>
<tag-class>com.jspdev.ch14.OutTag</tag-class>
<body-content>jsp</body-content>
<attribute>
<name>value</name>
<required>true</required>
<rtexprvalue>true</rtexprvalue>
</attribute>
</tag>

</taglib>
```

现在就可以在 JSP 页面中使用上述自定义的嵌套标签了。JSP 页面文 cortag.jsp 件如下所示：

```
<%@ taglib uri="/demotag" prefix="mt" %>
<html>
<head>
<title>vcorwork  tag</title>
<meta http-equiv="Content-Type" content="text/html; charset=gb2312">
</head>
<body>
<HR>
协作标签<br>
<%
  boolean test=true;
  String outValue="HelloWorld!";
%>
<mt:if value="<%=test%>">
<mt:out value="<%=outValue%>">
这是mt:out...>打印出的内容。
</mt:out>
</mt:if>
<HR>
<mt:if value="false">
```

```
<mt:out value="<%=outValue%>">
这些内容会显示在客户端。
</mt:out>
</mt:if>
<br>
</BODY>
</HTML>
```

在上述代码中，当标签<mt:if>属性 value 取值为 true 时，标签体中的内容就会被打印输出到客户端；当标签<mt:if>属性 value 取值为 false 时，标签体中的内容就不会被处理，自然标签内容不会被输出到客户端。

协作标签最典型的例子就是实现 switch-case 功能的标签组，其由 3 个标签构成：<switch>、<case>和<default>。

在 JSP 页面中使用这组协作标签的代码，如下所示：

```
<html>
<body>
<%@ taglib prefix="test" uri="/Web-INF/sampleLib.tld" %>
<% String action = request.getParameter("action"); %>
<test:switch conditionValue="<%= action %>" >
<test:case caseValue="sayHello">
Hello!
</test:case>
<test:case caseValue="sayGoodBye" >
Good Bye!!
</test:case>
<test:default>
I am Dumb!!!
</test:default>
</test:switch>
</body>
</html>
```

在上述代码中，switch 标签的 conditionValue 属性相当于 Java 语言中 switch 条件表达式；case 标签的 caseValue 属性相当于 Java 语言中 case 常量表达式。这些 case 标签中的 caseValue 属性值，与 switch 标签的 conditionValue 属性值相匹配的 case 标签内容体，可以获得打印输出。

在浏览器中键入 http://localhost:8080/chapter16/switchTest.jsp?action=sayHello 地址运行上述代码打印输出的内容为：

```
Hello!
```

接下来，让我们分别看一下 switch、case 和 default 标签对应的 3 个标签处理器实现类

SwitchTag、CaseTag 和 DefaultTag。

脚本 SwitchTag.java：

```
import javax.servlet.jsp.*;
import javax.servlet.jsp.tagext.*;

public class SwitchTag extends TagSupport {
  public void setPageContext(PageContext pageContext) {
    super.setPageContext(pageContext);
    //Sets the internal flag that tells whether or not a matching
    //case tag has been found to be false.
    setValue("caseFound", Boolean.FALSE);
  }

  //stores the value of the match attribute
  public void setConditionValue(String value) {
    setValue("conditionValue", value);
  }

  public int doStartTag() throws JspException {
    return EVAL_BODY_INCLUDE;
  }
}
```

在上述代码中，SwitchTag 类共定义了 3 个方法。setPageContext()方法用于设置 conditionValue 属性的 setConditionValue()以及 doStartTag()方法。caseFound 标志表明是否存在相匹配的 case 标签。在 setPageContext()方法中，初始化其值为 false。稍后，我们将会看到在 case 和 default 标签中对 caseFound 标志的使用。

setConditionValue()方法使用 setValue()方法存储了 conditionValue 属性值。在 doStartTag()方法中，我们不需要完成任何任务，只需要表明 switch 标签的内容体应该被处理。但是，定义在 TagSupport 类上的 doStartTag()方法的默认实现是返回一个 SKIP_BODY 属性常量，因此我们重载了 doStartTag()方法，返回一个 EVAL_BODY_INCLUDE 属性常量。

以下是 case 标签处理器实现类 CaseTag.java 的代码：

```
import javax.servlet.jsp.*;
import javax.servlet.jsp.tagext.*;

public class CaseTag extends TagSupport {
  public void setCaseValue(String caseValue) {
    setValue("caseValue",caseValue);
  }
```

```
    public int doStartTag() throws JspException {
      //gets the reference of the enclosing switch tag handler.
      SwitchTag parent =
        (SwitchTag) findAncestorWithClass(this, SwitchTag.class);
      Object caseValue = this.getValue("caseValue");
      Object conditionValue = parent.getValue("conditionValue");
      //If the value of the caseValue attribute of this case tag
      //matches with the value of the conditionValue attribute of
      //the parent switch tag, it sets the caseFound flag to true and
      //includes the body; otherwise, it skips the body.
      if (conditionValue.equals(caseValue)) {
        //Sets the caseFound flag to true
        parent.setValue("caseFound",Boolean.TRUE);
        //Includes the body contents in the output HTML
        return EVAL_BODY_INCLUDE;
      } else {
        return SKIP_BODY;
      }
    }
  }
```

上述代码分析如下：

setCaseValue()方法中调用 setValue()方法来存储 caseValue 属性值。

在在 doStartTag() 方法中，首先通过调用定义在 TagSupport 类上的 findAncestorWithClass()方法，获取父标签 switch 的引用。然后，使用父标签 switch 的引用获取 conditionValue 属性值以及使用 case 标签自身引用获取 caseValue 属性值。如果两个属性值相等，则设置标志 caseFound 值为 true，并且返回 EVAL_BODY_INCLUDE 属性常量，表明该 case 标签的内容体应该被输出到页面中。否则，因为两个属性值不相等，而返回 SKIP_BODY 属性常量，表明此 case 标签未匹配，其内容不会被输出。

以下是 default 标签处理器实现类 DefaultTag.java 的代码：

```
import javax.servlet.jsp.*;
import javax.servlet.jsp.tagext.*;

public class DefaultTag extends TagSupport {
  public int doStartTag() throws JspException {
    SwitchTag parent = (SwitchTag)
      findAncestorWithClass(this, SwitchTag.class);
    Boolean caseFound = (Boolean) parent.getValue("caseFound");
    //If the conditionValue attribute value of the switch tag
```

```
    //did not match with any of the caseValue attribute values,
    //then it includes the body of this tag; otherwise; it skips the body.
    if (caseFound.equals(Boolean.FALSE)) {
      return EVAL_BODY_INCLUDE;
    } else {
      return SKIP_BODY;
    }
  }
}
```

在上述代码中，default 标签处理器实现类检查位于 SwitchTag 标签中的 caseFound 标志是否取值为 true。如果取值为 false，则表明没有一个 case 标签的 caseValue 属性值与 switch 标签的 conditionValue 属性值相匹配，因此 default 标签的内容体应该输出。否则，应忽略掉 default 标签的内容体。

switch、case 和 default 标签在标签库描述符中的配置如下：

```
<tag>
<name>switch</name>
<tag-class>sampleLib.SwitchTag</tag-class>
<body-content>JSP</body-content>
<attribute>
<name>conditionValue</name>
<required>true</required>
<rtexprvalue>true</rtexprvalue>
</attribute>
</tag>
<tag>
<name>case</name>
<tag-class>sampleLib.CaseTag</tag-class>
<body-content>JSP</body-content>
<attribute>
<name>caseValue</name>
<required>true</required>
</attribute>
</tag>
<tag>
<name>default</name>
<tag-class>sampleLib.DefaultTag</tag-class>
<body-content>JSP</body-content>
</tag>
```

16.7 标签与 JavaBean 区别

截至目前为止，我们已经讨论了标签开发接口中不同类型的标签、接口以及适配器类。然而，有关标签技术的内容远不止此，为了更好地从使用定制标签中受益，我们还应该学习使用标签开发接口中的其他类和接口。例如，学习使用 TagLibraryValidator 和 PageData 类，以便在编译期检测 JSP 页面中使用标签的语法。

定制标签和 JavaBean 均可以简化 JSP 页面代码，减少 JSP 脚本数量，实现代码组件化、共享化。那么什么时候使用定制标签，什么时候使用 JavaBean 呢？例如，访问数据库时应该在 JavaBean 中实现，还是在定制标签中实现？

实际上，定制标签和 JavaBean 是用于两种不同目的的组件技术。两者主要有以下几个不同点：

（1）JavaBean 用于处理 JSP 页面中的数据，对数据管理的逻辑处理进行封装，存储数据，而定制标签则用于对特定请求进行逻辑计算。

（2）定制标签是线程安全的，而 JavaBean 不是线程安全的。

（3）定制标签是依赖于上下文环境的，而 JavaBean 不是的。

（4）定制标签实质依然是 JSP 的一部分，需要同 JSP 一起进行编译，而 JavaBean 是独立于 JSP 的类文件。

（5）定制标签可以访问 JSP 内置对象，而 JavaBean 不行。

（6）定制标签仅存在于页面作用域内，而。在一个单独的页面内被创建、被销毁。但是，可以访问其他作用域内的对象。JavaBean 自成一体位于不同的范围内。定制标签可以访问、操作 JavaBean，而 JavaBean 不能访问、操作定制标签。

（7）标签应用开发接口仅能适用于 JSP 开发，不能应用于其他方面，而 JavaBean 可以被其他种类的容器管理。

（8）定制标签不是持久对象。JavaBean 有属性和方法，JavaBean 对象实例可以被序列化。

通过上述对定制标签和 JavaBean 的比较，对于应该在定制标签还是 JavaBean 中实现对数据库的访问问题答案自然浮出水面了。对数据库的访问应该在 JavaBean 中实现。

我们应该将对数据的操作、商业逻辑的实现封装在 JavaBean 中，而对作用域内 JavaBean 组件的管理以及表示层逻辑均应在定制标签中实现。

16.8 小结

在本章中，我们学习了如何利用标签应用开发接口创建自定义的定制标签库。标签库描述符文件包含了 JSP 容器需要知道的有关标签库的相关信息，以便成功地解释 JSP 页面中的定制标签。标签库描述符有 3 个重要的元素<tag>、<attribute>和<body-content>。

标签应用开发接口只包含一个包 javax.servlet.jsp.tagext，该包由 4 个接口和 13 个类组成。我们通过开发 Tag、IterativeTag 和 BodyTag 三个接口来实现不同用途的自定义标签处理器实现类。同时为了方便开发，我们可以使用已实现了 IterationTag 和 BodyTag 接口中所有方法的两个适配器类 TagSupport 和 BodyTagSupport。

在下一章中，我们将学习更加简单的标签开发模式——简单标签。

Chapter 17

简单标签库

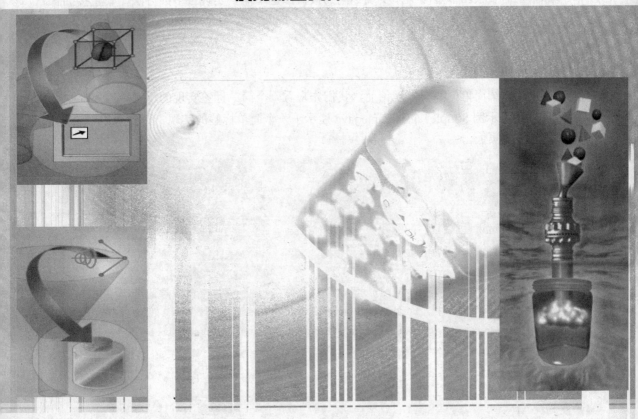

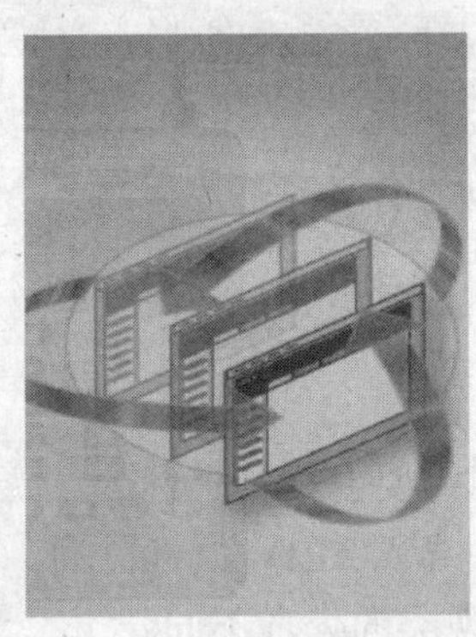

17.1 简单标签简介

17.2 JSP中使用简单标签

17.3 使用标签文件

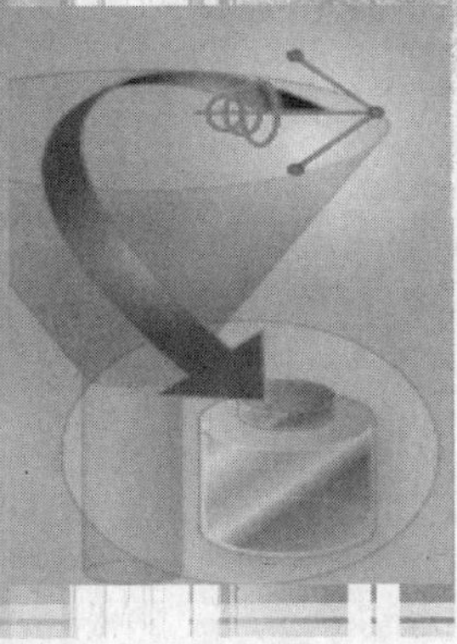

在上一章中，我们已经学习了如何通过实现 Tag、IterationTag 和 BodyTag 接口以及 doStartTag()、doAfterBody()和 doEndTag()方法来开发标签处理器实现类。使我们可以根据需要，灵活地构建我们的定制标签，但同时也增加了编码的复杂度和时间成本。JSP2.0 通过提供简单标签模型解决了这个问题，给我们一个新的创建标签的替代方法。

在简单标签模型中，构建定制标签只需要实现一个 SimpleTag 和一个 doTag()方法即可。我们只需要专注于逻辑代码的构建，不再需要实现与容器的交互。同时，对于标签内容体以及标签属性也给出了不同的解决方案。

除了简单标签以外，JSP2.0 规范还提供了一种新的构建标签库的形式——标签文件。标签文件与标准的 JSP 标签处理十分相似，但是更简便，无须标签库描述符和标签处理器。标签文件包含的是常规 JSP 代码，可以包含 JSP 脚本元素。标签文件简化了标签库的创建，使标签更具模块化。

在本章中，我们来学习如何创建简单标签库。我们先了解简单标签的基本概念，接着讨论如何开发各种类型的简单标签，最后介绍标签文件的使用。

17.1 简单标签简介

使用 SimpleTag 接口构建标签与构建标准标签的过程十分相似。依旧需要创建一个标签处理器实现类，在标签库描述符中配置对该类的引用，以及在 JSP 页面中导入 TLD 文件。

在标准标签与简单标签开发上，最大的不同点在于，对标签处理器实现类的处理不同。简单标签不需要根据标签的类型实现不同的接口，也不需要实现过多的方法，其直接拥有可用的内置对象。本节将讨论如何实现简单标签，以及如何通过简单标签减少编码复杂度，缩短开发时间。

17.1.1 示例

在正式介绍简单标签模型理论前，我们先来看一个简单标签实现的示例。

以下代码示例 SimpleTagExample.java 展示了一个简单标签的实现，该标签完成输出一个消息到 JSP 页面。

```
package chapter17;

import java.io.*;
import javax.servlet.jsp.*;
import javax.servlet.jsp.tagext.*;

public class SimpleTagExample extends SimpleTagSupport {
  public void doTag() throws JspException, IOException {
    getJspContext().getOut().print("I can't believe it's so simple!");
  }
}
```

在上述代码中，没有标准标签中的 SKIP_BODY、EVAL_BODY、EVAL_PAGE 等各种返回值。也不需要再考虑是开发处理标签内容体的标签，还是开发处理循环的标签。这里，仅仅只有一个方法 doTag()和一行输出信息的语句。开发简单标签就这么简单！

Web 容器对简单标签类的访问与访问标准标签一样，通过标签库描述符来进行。以下是上述简单标签的标签库描述符中的配置，该简单标签取名为 message。

```
<taglib>
..
<tag>
<name>message</name>
<tag-class>chapter17.SimpleTagExample</tag-class>
<body-content>empty</body-content>
<description>Sends a message to the JSP</description>
</tag>
..
</taglib>
```

现在就可以像使用标准标签一样，在 JSP 页面中使用该简单标签了。

17.1.2 SimpleTag 接口和 SimpleTagSupport 类声明

在构建标准标签时，如果需要处理标签内容体，则标签处理器实现类需要实现 BodyTag 接口；如果需要循环多次处理标签内容体，则标签处理器实现类需要实现 IterationTag 接口；如果上述二者都不是，则标签处理器实现类就需要实现 Tag 接口。而在构建简单标签时，不需要考虑这些，只须实现一个 SimpleTag 接口即可。

图 17-1 展示了这些接口之间的继承树。

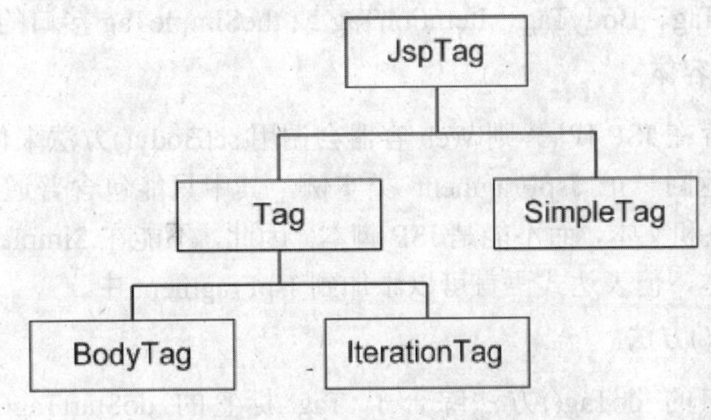

图 17-1　标签接口继承树

JSP2.0 也提供了与 SimpleTag 接口相对应的适配器类 SimpleTagSupport，创建简单标签也可以通过继承 SimpleTagSupport 类来实现。SimpleTagSupport 类实现了 SimpleTag 接口中所有方法的默认实现，并且还新增了一些用于获取 Web 容器信息的额外方法。

如同标准标签模型中的 Tag 和 BodyTag 接口一样，定义在 SimpleTag 接口中的方法主要用于两个目的。首先，实现 Java 类和 JSP 页面间交换信息。其次，被容器调用来实现对 SimpleTag 接口的初始化操作。

SimpleTag 接口上定义的方法如表 17-1 所示。

表 17-1 SimpleTag 接口定义的方法

方 法	功 能 描 述
setJspContext()	使得JspContext对标签处理有效
setParent()	由Web容器调用使得父标签有效
setJspBody()	使得标签内容体对标签处理有效
doTag()	由容器调用开始简单标签的处理
getParent()	获取父标签

SimpleTag 接口的生命周期主要分为 3 个阶段。

1. 初始化

当 Web 容器创建一个 SimpleTag 类实例后，setJspContext()方法获得调用。该方法返回一个 JspContext 类实例，该 JspContext 类是 PageContext 类的超类，PageContext 类是我们熟悉的 Tag 或 BodyTag 接口上 setPageContext()方法返回的对象实例所属类。像 PageContext 一样，JspContext 允许 Java 类访问指定作用域内的属性和内置对象。

JspContext 类上定义的大多数方法，与 PageContext 类上定义的方法十分类似，但是也存在一些新增的且十分有用的方法。在前面示例中展示的 getOut()方法就是一个，其可以获取一个 JspWriter 类实例，用于输出信息到 JSP 输出流中。还有两个新增方法 getExpressionEvaluator()和 getVariableResolver()，允许访问表达式语言的处理能力。有一点需要注意，就是 PageContext 类依赖于 J2EE 的 Servlet 处理，而 JspContext 类是独立于具体技术，其具备和不同包或语言交互的能力。

当 JspContext 初始化以后，Web 容器会调用 setParent()方法。只有当 SimpleTag 标签被镶嵌到其他标签中时，setParent()方法才获得调用，返回一个 JspTag 对象实例。返回的父标签可以是实现了 Tag、BodyTag、IterationTag 或 theSimpleTag 接口的类。

2. 处理标签内容体

如果在标签内存在 JSP 代码，则 Web 容器会调用 setBody()方法来使标签内容体获得处理。setBody()方法返回一个 JspFragment 类实例，其中只能包含普通的 JSP 代码，例如 HTML、XML、标签和文本，而不能是 JSP 脚本。因此，不能在 SimpleTag 标签中包含 JSP 声明、表达式或脚本，但表达式语言可以添加到 JspFragment 中。

3. 调用 doTag()方法

SimpleTag 接口的 doTag()方法综合了 Tag 标签的 doStartTag()、doAfterBody()和 doEndTag()方法的功能。其不返回任何值，当其执行结束后，Web 容器返回到其先前的处理任务。对于标签内容体的处理和循环处理，不再需要调用特殊的方法。

SimpleTagSupport 适配器类实现了 SimpleTag 标签接口中的所有方法的默认实现，而且还新增了 3 个方法，如表 17-2 所示。

表 17-2　SimpleTagSupport 类定义的方法

方　法	功　能　描　述
getJspContext()	获取 JspContext 对象
getJspBody()	获取 JspFragment 对象
findAncestorWithClass()	获取指定类的祖先标签

上述方法与 TagSupport 和 BodyTagSupport 类中定义的方法十分相似，只存在两点不同。一点是前两个方法返回值是 JspContext 和 JspFragment，取代了 PageContext 和 BodyContent。另一点是 SimpleTagSupport 类省去了 TagSupport 和 BodyTagSupport 类中许多方法，例如 release()方法。

通过对简单标签的了解，我们可以看出，为什么 SUN 公司将 SimpleTag 接口和 SimpleTagSupport 类包含在新的 JSP 规范中。其简单易用的特性，使得开发定制标签不在繁琐。

在下一小结中，我们将具体讲述如何处理不同需求的简单标签。

17.2　使用简单标签

构建一个简单标签库的过程以及在 JSP 页面中使用它与标准标签库十分类似，但也存在两个十分重要的不同点。第一，简单标签处理标签属性与标签内容体是不同于 IterationTag 和 BodyTag 接口的。在本节中，我们将通过构建一个标签库来展示这些特性，该示例标签用于计算平方根。

第二，每个实现了 SimpleTag 接口的类在 doTag()方法中完成主要的处理，但是具体类结构依赖于标签属性和标签内容体。为了展示这些特性，我们循序渐进地从简单到复杂进行演示。

17.2.1　空标签体的简单标签

空简单标签用于发送静态信息到 JSP 页面。在这种情况下，我们以一个较短的类实现发送一个简单算术表达式到 JspWriter。尽管这个类十分简单，都很好地展示了简单标签的工作原理，我们可据此添加更复杂的代码实现。

脚本 MathTag.java：

```
package chapter17;

import java.io.*;
import javax.servlet.jsp.*;
import javax.servlet.jsp.tagext.*;

public class MathTag extends SimpleTagSupport {
  int x = 289;
  public void doTag() throws JspException, IOException {
    getJspContext().getOut().print("The square root of " + x +
```

```
        " is " + Math.sqrt(x) + ".");
    }
  }
```

当 Web 容器创建了一个 MathTag 类实例后，将使 JspContext 有效。因为这里没有嵌套标签和标签内容体，所以 doTag()方法将直接获得调用。

在标签库描述符中，需要配置 MathTag 标签处理器实现类与标签名称 sqrt 之间的映射。以下代码展示了 MathTag.tld 标签库描述符。在该标签库描述符中，指定该标签既没有标签属性，也没有标签内容体。

```
<!DOCTYPE taglib PUBLIC
"-//Sun Microsystems, Inc.//DTD JSP Tag Library 1.2//EN"
"http://java.sun.com/j2ee/dtd/web-jsptaglibrary_1_2.dtd">

<taglib>
<uri>www.manning.com/scwcd/math</uri>
<tlib-version>1.0</tlib-version>
<jsp-version>2.0</jsp-version>
<tag>
<name>sqrt</name>
<tag-class>chapter17.MathTag</tag-class>
<body-content>empty</body-content>
<description>
Sends a math expression to the JSP
</description>
</tag>
</taglib>
```

在上述代码中，我们使用了 URI 指定标签库描述符位置。在 JSP 页面中使用该 URI 地址来引用标签库，然后使用该标签来输出算术表达式。JSP 页面代码如下：

```
<%@ taglib prefix="math" uri="www.manning.com/scwcd/math" %>
<html>
<body>
<math:sqrt />
</body>
</html>
```

现在，我们已经知道如何创建一个最基本的简单标签。接下来，我们创建一个带动态属性的简单标签示例。

17.2.2 带属性的简单标签

前一章我们学习了在 JSP1.x 中实现 Tag、IterationTag 和 BodyTag 接口的类如何处理标签属性。通过给每个标签属性添加对应的 setXXX()方法来获取标签属性值。但同时还需要在标签库描述符中配置可接收的属性，这是相当麻烦的。

在 JSP2.0 的简单标签中，不需要知道属性的名称就可获取属性值。这是通过 JSP2.0 提供 DynamicValues 接口来实现的。DynamicValues 接口允许处理多个未指定的属性，而且只在一个 setDynamicAttribute()方法中处理即可。

为了展示这个特性，我们将向前述的 MathTag 示例中添加静态属性和动态属性。这次，MathTag 标签将根据标签属性输出一个数学函数表格来。

首先在标签库描述符中配置标签属性。以下代码展示了 MathTag.tld 标签库描述符。在该标签库描述符中，指定该标签既有静态标签属性，也有动态标签属性。

```
<!DOCTYPE taglib PUBLIC
"-//Sun Microsystems, Inc.//DTD JSP Tag Library 1.2//EN"
"http://java.sun.com/j2ee/dtd/web-jsptaglibrary_1_2.dtd">

<taglib>
<uri>www.manning.com/scwcd/math</uri>
<tlib-version>1.0</tlib-version>
<jsp-version>2.0</jsp-version>
<tag>
<name>functions</name>
<tag-class>chapter17.MathTag</tag-class>
<body-content>empty</body-content>
<attribute>
<name>num</name>
<required>true</required>
<rtexprvalue>true</rtexprvalue>
</attribute>
<dynamic-attributes>
true
</dynamic-attributes>
<description>
Sends a math expression to the JSP
</description>
</tag>
</taglib>
```

在上述代码中，依然指定标签内容体为空，但是新增了两个属性元素。<attribute>元素用于声明一个静态属性 num，在运行期可以被动态计算。<dynamic-attributes>元素用于指明标签除了 num 静态属性外，还可以包含其他属性，这些属性被存储在 Map 集合中。

以下是处理属性的 MathTag 类的实现，其中声明了一个字符串成员变量 output，该成员变量在 setDynamicAttribute()方法中被设置。当 Web 容器每次遭遇到未在标签部署描述符中配置的静态属性时，setDynamicAttribute()方法获得调用。一旦 setDynamicAttribute()方法完成了属性读取，则其就会调用 doTag()方法，将字符串 output 输出到 JSP 页面。

```
package chapter17;

import java.io.*;
import javax.servlet.jsp.*;
import javax.servlet.jsp.tagext.*;

public class MathTag extends SimpleTagSupport implements
    DynamicAttributes {
  double num = 0;
  String output = "";

  public void setNum(double num) {
    this.num = num;
  }

  public void setDynamicAttribute(String uri, String localName,
      Object value ) throws JspException {
    double val = Double.parseDouble((String)value);
    if (localName == "min") {
      output = output + "<tr><td>The minimum of "+num+" and "+
        val + "</td><td>" + Math.min(num, val) + "</td></tr>";
    }
    else if (localName == "max") {
      output = output + "<tr><td>The maximum of "+num+" and "+
        val + "</td><td>" + Math.max(num, val) + "</td></tr>";
    }
    else if (localName == "pow") {
      output = output + "<tr><td>"+num+" raised to the "+val+
        " power"+"</td><td>"+Math.pow(num, val)+"</td></tr>";
    }
  }

  public void doTag() throws JspException, IOException {
    getJspContext().getOut().print(output);
```

```
    }
}
```

当 Web 容器初始化完 JspContext 后，就开始处理标签属性。如果属性是静态的，例如上述示例中的 num 属性，则会调用属性对应的 setXXX()方法。如果属性是未在标签库描述符中指定的，则其就是动态属性，容器就会调用 setDynamicAttribute()方法。

因为 setDynamicAttribute()方法是上述示例的核心，所以对其进行仔细分析很有必要。setDynamicAttribute()方法的参数列表包含了 3 个参数：一个代表属性命名空间的字符串 uri；一个代表属性名称的 localName；一个代表属性值的 value。将属性值转换为一个 double 值后，标签处理器实现类继续根据属性名称进行处理。如果属性名为 min、max 或 pow，则变量 output 被赋予一个表格新行内容。

以下代码展示了在 JSP 中如何使用上述处理属性的简单标签。需要注意的是，静态属性 num 需要最先出现。这样，当其他动态属性被处理时，其值有效。

```
<%@ taglib prefix="math" uri="www.manning.com/scwcd/math" %>
<html>
<body>
Math Functions:<p>
<table border="1">
<math:functions num="${3*2}" pow="2" min="4" max="8"/>
</table>
</body>
</html>
```

在部署描述符中，<rtexprvalue>元素值为 true，我们可以通过使用表达式语言来指定属性 num 的值。但是，这种方式不能用于动态属性。如果通过使用表达式语言来设置属性 min、max 或 pow 的值，则会产生错误。

上述代码运行效果图如图 17-2 所示。

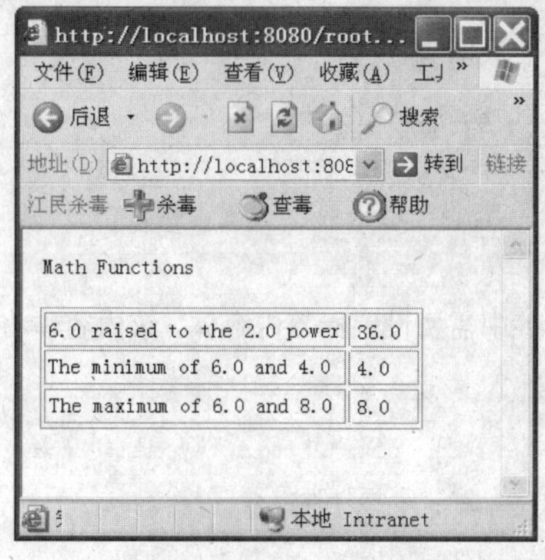

图 17-2　运行效果图

接下来，我们完成最后一个示例——处理标签内容体的简单标签。

17.2.3 带标签体的简单标签

在标准标签模型中，通过调用 BodyTag 接口的 getBodyContent()方法，可以获取 JSP 页面中标签内容体。返回的 BodyContent 对象能够被转换为一个 String 对象或 Reader 对象，使得我们可以从中解析出标签内容体来，这些过程不适于简单标签。

在简单标签中，如果想要访问标签内容体，可以通过调用 getJspBody()方法来获取一个 JspFragment 对象实例。此对象实例仅仅提供两个方法：一个是 getJspContext()方法返回一个代表内容体的 JspContext；一个是 invoke()方法，可以执行内容体中的 JSP 代码。直接将结果输出到 JspWriter。这两个方法都不允许以标准标签的方式来访问、操作标签内容体。

一个简单标签内容体也不允许包含 JSP 脚本，即不能有 JSP 声明、表达式和脚本。在标签部署描述中，也不存在对简单标签的<body-content>元素配置值为 JSP。如果想处理简单标签的内容体，就需要将<body-content>元素的值设置为 tagdependent 或 scriptless，这是一个很重要的限制条件。

处理标签内容体的简单标签并不需要添加额外的方法。以下处理标签内容体的简单标签示例，我们只给出了 doTag()方法。在 doTag()方法中，直接处理标签内容体。

```
public void doTag() throws JspException, IOException {
  getJspContext().getOut().print(output);
  getJspBody().invoke(null);
}
```

在上述代码中，调用 invoke()方法需要指定一个 JspWriter 参数，用于接收一个 JspFragment 的输出。在这里，参数值 null 被传入到 getJspContext().getOut()方法返回的 JspWriter 中。

在标签库描述符中，只需要更改一下标签部署描述符中的<body-content>元素值。将其值设置为 tagdependent，如以下代码：

```
<tag>
<name>functions</name>
<tag-class>myTags.MathTag</tag-class>
<body-content>tagdependent</body-content>
…
</tag>
```

在 JSP 页面的简单标签中需要设置标签内容体。该内容体将以一个表格行的形式被输出到页面中，如以下代码：

```
<math:functions num="${3*2}" pow="2" min="4" max="8">
<td>This is the body of the SimpleTag.</td>
</math:functions>
```

上述代码运行效果图如图 17-3 所示。

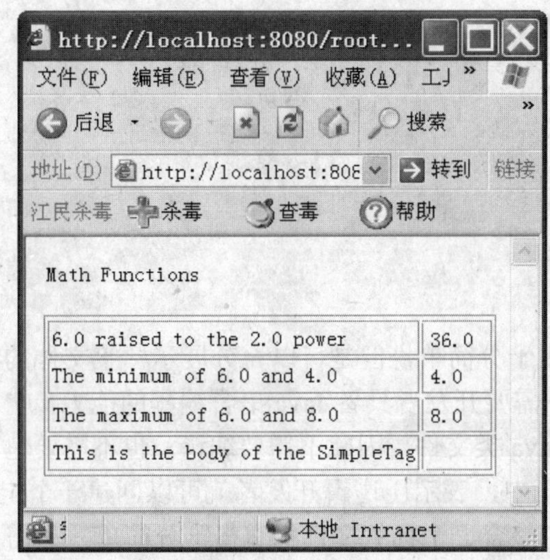

图 17-3　运行效果图

尽管简单标签比标准标签减少了编码数量，但是其依旧需要构建一个 Java 实现类。对于 JSP2.0 规范的制订者而言，这依旧需要开发者作大量的工作。于是提出了一个更为简单的构建标签的方式——标签文件。这种构建标签的方式，根本不需要标签库描述符或 Java 类。在下一节中，我们将学习此种创建标签的方式。

17.3　使用标签文件

JSTL 和表达式语言用于减少 JSP 中 Java 代码的数量，简单标签用于减少标签处理器实现类中 Java 代码的数量。但是，使用标签文件可以不再依赖 Java 代码。只要了解 JSP 语法，就可以构建 JSP 页面中使用的定制标签。

在本节中，首先以一个简单的示例开始展开对标签文件的讨论，然后讨论如何通过伪指令与 Web 容器进行通信，最后学习如何使用标签文件的动作指令。

17.3.1　标签文件

一个标签文件是由 JSP 代码组成的，以.tag 或.tagx 为后缀。标签文件可以包含表达式语言、JSP 伪指令、标准标签和自定义标签。不像简单标签，标签文件可以包含 JSP 脚本。实际上，JSP 元素中仅仅只有 page 属性不能在标签文件中使用。

以下代码展示了一个简单的标签文件 example.tag，该标签文件完成依次输出 6 个数字。

```
<%@ taglib uri="http://java.sun.com/jstl/core_rt" prefix="c" %>
<c:forTokens items="0 1 1 2 3 5" delims=" " var="fibNum">
<c:out value="${fibNum}"/>
</c:forTokens>
```

在上述代码中，使用了 JSTL 的 forTokens 标签和一个表达式语言的表达式。

以下代码示例展示了如何在 JSP 页面中使用此标签文件输出结果。

```
<%@ taglib prefix="ex" tagdir="/Web-INF/tags" %>
<html>
<body>
The first six numbers in the Fibonacci sequence are:
<ex:example/>
</body>
</html>
```

尽管上述代码看上去十分简单，但是可以充分展示标签文件的特性。此代码最鲜明之处就是其代码的简洁。不需要开发者具备 Java 语言编程的能力，就可以使用标签文件来创建定制标签。这里没有 Java 类文件，因此不需要编译，也不需要包，甚至连标签库描述符都不需要。在 JSP2.0 规范中，表示层逻辑开发者就可以创建一个定制标签库。

新规范使得在 JSP 中整合一个标签文件也变得十分简单，只需要两个步骤：

（1）在 JSP 页面中使用 taglib 伪指令导入标签文件，使用 prefix 属性指定标签文件前缀，使用 tagdir 属性指定标签文件路径。

（2）通过前缀加标签文件名来使用一个标签文件。此处标签文件名不含文件后缀。

在没有标签库描述符的情况下，标签文件如何定位？标签文件中的 JSP 代码又如何获得执行呢？为了回答这些问题，我们需要了解 Web 容器如何访问和处理标签文件的机制。

17.3.2 标签文件与部署描述符

在前面的示例中，taglib 伪指令的 tagdir 属性被设置为/Web-INF/tags。这样，Web 容器就可以自动地寻找标签文件。然后，对/Web-INF/tags 目录或其子目录下的标签文件构建一个隐含的标签库和标签库描述符，这就是我们为什么不需要自己为标签文件创建标签库描述符的原因。前提条件是，我们必须把标签文件放置在/Web-INF/tags 目录或其子目录下，这是以牺牲一定的灵活性为代价。

如果我们要将标签文件部署在一个 JAR 文件中，情况就不一样了。在这种情况下，我们就需要为标签文件创建一个标签库描述符，将标签文件名称和标签文件路径映射起来。

在标签库描述符中通过使用放置在<tag>元素下的<tag-file>元素来完成映射。<tag-file>元素的语法描述如下：

```
<!ELEMENT tag-file (description?, display-name?,
icon?, name, path, example?, tag-extension?) >
```

<name>子元素是必须的，用于指定无后缀的标签文件名称。<path>子元素用于指定标签文件相对于存档根目录的存放路径。因此，<path>元素的值必须以/META-INF/tags 开头。以下是一个标签文件在标签库描述符中的配置。

```
<taglib>
…
<uri>www.manning.com/scwcd/example</uri>
<tag-file>
```

```
<name>example</name>
<path>/META-INF/tags/example.tag</path>
</tag-file>
</taglib>
```

这个标签库描述符必须放在 META-INF 目录中，并且标签文件也必须放在 META-INF/tags 目录或其子目录下。以下就是上述标签文件的目录结构：

META-INF/example.tld

tags/example.tag

如果标签文件未放置在/Web-INF/tags 目录中，就不能再使用 taglib 伪指令的 tagdir 属性来指定标签文件路径。这时，应该使用 URI 属性来指定标签库描述符的地址。

对于前面的示例，应使用以下 taglib 伪指令指示 Web 容器来查找标签库描述符：

```
<%@ taglib prefix="ex" uri="www.manning.com/scwcd/example" %>
```

标签文件的标签库描述符与不同标签的标签库描述符的另一个不同点在于，<attribute>与<body-content>元素。普通标签的标签库描述符提供这两个元素，而标签文件的标签库描述符不使用这两个元素。标签文件使用特殊的伪指令来指示 Web 容器处理标签属性和标签内容体。

17.3.3 标签文件伪指令

JSP 提供了 3 种伪指令：page、taglib 和 include。标签文件去除 page 伪指令，又新增了 3 个伪指令。第一个伪指令是 variable，用于创建、初始化标签处理使用的变量。第二个伪指令是 tag，指示 Web 容器如何来处理标签文件。第三个伪指令是 attribute，描述了标签中使用的属性。

以下通过示例分别展示这些伪指令的用法。

1. variable 伪指令

前面我们已经学习了如何通过使用<variable>元素在标签库描述符中声明一个 JSP 变量，然后在 JSTL 动作和表达式语言中使用。标签文件提供的 variable 伪指令也具备与此相似的功能。variable 伪指令与<variable>元素一样，使用 scope 来定义变量的作用域范围，使用 name-given 和 name-from-attribute 来指定变量的名称。惟一区别在于 alias 属性，该属性提供了一个变量的别名，变量的实际名称由 name-from-attribute 属性值指定。

以下代码示例展示了使用 variable 伪指令声明一个变量 x：

```
<%@ variable name-given="x" %>
```

然后在 JSP 中使用 JSTL 动作指令设置变量的值。

```
<c:set var="x">
Hooray!
</c:set>
```

通过表达式语言的表达式${x}，可以输出该变量值来。

从上述代码中可以看出，使用 variable 伪指令可以实现不需要在 JSP 或 JSP 脚本中声明变量。接下来我们来看功能更强大的 tag 伪指令。

2. tag 伪指令

tag 伪指令与 page 伪指令十分相似，其用于对整个文件进行设置。

tag 伪指令上定义的属性如表 17-3 所示。

表 17-3　tag 伪指令定义的属性

属　性	描　述
body-content	标签内容体类型的定义，其值可以为空、tagdependent 及 scriptless。默认值是 scriptless
description	可选，对标签进行描述
display-name	标签文件名称
dynamic-attributes	指明动态属性的处理
example	提供一个标签的用法
import	添加一个类、接口或包到标签处理中
isELIgnored	指明是否需要处理表达式语言
language	指明使用的语言。默认是Java
large-icon	大图标
page-encoding	指定字符编码
small-icon	小图标

dynamic-attributes 属性是 JSP 中没有的，该属性的工作机制与标签库描述符中的<dynamic-attributes>元素十分相似。但是，其取代了直接向 Java 类方法传递属性的方式，改为由伪指令指示 Web 容器处理变量的方式。

以下示例在标签文件中使用了一个 tag 伪指令，用来发送一个动态属性值到 attrib 变量，然后使用 JSTL 的 forEach 动作指令输出该变量。

```
<%@ taglib uri="http://java.sun.com/jstl/core_rt" prefix="c" %>
<%@ tag dynamic-attributes="attrib" %>
<c:forEach items="${attrib}" var="att">
${att.value}<br>
</c:forEach>
```

以下是在 JSP 中使用此标签文件（dynatt.tag）的代码。在该代码中，设置了标签属性的名称和属性值。当 JSP 被执行时，会打印输出这些值。

```
<%@ taglib prefix="dyn" tagdir="/Web-INF/tags" %>
<html>
<body>
<dyn:dynatt first="first" second="second" third="third"/>
```

```
</body>
</html>
```

现在，我们已经掌握了如何在标签文件中指定动态属性，这对我们理解、学习如何添加静态属性十分有帮助。

3. attribute 伪指令

动态属性提供了较大的灵活性，如果已经明确知道标签的属性，则应该预先通知 Web 容器该属性是一个静态属性。普通标签在标签库描述符中使用<attribute>元素来指定静态属性。但是，在标签文件中使用 attribute 伪指令来实现此目的。attribute 伪指令的属性与标签库描述符中的<tag>元素的子元素十分类似。name 属性用于指定标识符，required 属性用于指定属性是否必须出现，rtexprvalue 属性用于指定属性值能否在运行期计算。

以下示例在标签文件中使用了一个 attribute 伪指令，用来根据变量 x 的取值来发送不同的输出。

```
<%@ taglib uri="http://java.sun.com/jstl/core_rt" prefix="c" %>
<%@ attribute name="x" required="true" %>
<c:choose>
<c:when test='${x == "yes"}'>
Yippee!
</c:when>
<c:otherwise>
Rats!
</c:otherwise>
</c:choose>
```

以下是在 JSP 中使用此标签文件的代码，其中设置了标签属性 x 的属性值。

```
<%@ taglib prefix="attr" tagdir="/Web-INF/tags" %>
<html><body>
<attr:statatt x="yes" />
</body></html>
```

attribute 伪指令也允许我们通过设置 fragment 属性值为 true 来插入 JSP 代码到静态属性中。为了执行这种 JSP 代码，需要标签文件伪指令之外的动作指令来配合执行。

17.3.4　处理内容体标签动作指令

JSP 提供了一系列的标准动作指令，指导 Web 容器处理页面。标签文件不仅涵盖了这些动作指令，还新增了两个动作指令：一个动作指令是 jsp:invoke，使 attribute 伪指令中的 fragment 有效。第二个动作指令是 jsp:doBody，用于处理标签内容体。

以下我们通过示例分别展示这两个动作指令的用法。

1. jsp:invoke 动作指令

简单标签通过调用 getJspBody()方法，返回一个 JspFragment 对象来获取标签内容体。然后调用输出结果到 JspWriter 对象，最后调用 invoke()方法将 JspWriter 对象传入。

jsp:invoke 动作指令的基本功能与 invoke()方法相同，只是用于标签内容体中的属性，而不是标签内容体。因此，使用 JspFragment 的动作指令比 JspWriter 功能更强大。能够将标签内容体转换为 String 对象或 Reader 对象。然而，如同简单标签一样，标签文件不能处理镶嵌在标签内容体中的 JSP 脚本元素，例如 JSP 声明、表达式、JSP 脚本代码。

jsp:invoke 动作指令上定义的属性如表 17-4 所示。

表 17-4　jsp:invoke 动作指令定义的属性

属　性	描　述
fragment	JspFragment对象
var	包含JspFragment对象的字符串名称
varReader	包含JspFragment对象的读取器
scope	存储JspFragment对象的作用域范围。其值必须是page、request、session和 application

上述这些属性只有 fragment 是 jsp:invoke 动作指令必须的。如果既没有设置 var 属性，也没有设置 varReader 属性，则 JspFragment 被指向一个默认的 JspWriter 对象。如果只设置了 var 和 varReader 属性两者之一，但是没有设置 scope 属性，则 scope 属性被设置为 page。

以下示例在标签文件中使用了一个 jsp:invoke 动作指令。首先，指定一个名为 frag 的属性，该属性值被包含在 JspFragment 中。然后，根据 proc 属性值以字符串的形式返回标签内容体。

```
<%@ attribute name="frag" required="true" fragment="true"%>
<%@ attribute name="proc" required="true" %>
<c:if test='${proc == "yes"}'>
<jsp:invoke fragment="frag"/>
</c:if>
```

以下是在 JSP 中使用此标签文件的代码。首先设置 proc 属性值为 yes，然后使用 <jsp:attribute>动作指令设置属性 frag 的值为一行 JSP 代码。

```
<%@ taglib prefix="inv" tagdir="/Web-INF/tags" %>
<html>
<body>
<inv:invokeaction proc="yes">
<jsp:attribute name="frag">
Two + two = ${2+2}
</jsp:attribute>
</inv:invokeaction >
</body>
</html>
```

迄今为止，我们已经完全掌握了如何设置、处理标签文件的属性。现在，我们来学习标签文件如何处理标签之间的通信。通过使用 jsp:doBody 动作指令来处理标签内容体。

2. jsp:doBody 动作指令

jsp:doBody 动作指令的工作原理与 jsp:invoke 动作指令一样，只是其不是用于处理属性，而是用于处理标签内容体。jsp:doBody 动作指令包含的属性与 jsp:invoke 动作指令基本一样，除了 fragment 属性外。

当标签文件接收了标签内容体后，可以采取 3 种处理策略：

（1）使用默认的 JspWriter 输出标签内容体；

（2）发送到 var 属性变量中；

（3）作为一个 Reader 对象存储在 varReader 属性中。

以下示例在标签文件中根据 att 属性值对标签内容体采取了不同的处理手段。当 att 属性取值为 var 时，将标签内容体存储在一个变量中；当 att 属性取值为 reader 时，将标签内容体存储在 Reader 对象中；当未指定 att 属性值时，默认的 JspWriter 将标签内容体打印输出。

```
<%@ taglib uri="http://java.sun.com/jstl/core_rt" prefix="c" %>
<%@ attribute name="att" required="true" %>
<c:choose>
<c:when test='${att == "var"}'>
<jsp:doBody var="bodyvar" scope="application"/>
</c:when>
<c:when test='${att == "reader"}'>
<jsp:doBody varReader="bodyReader" />
</c:when>
<c:otherwise >
<jsp:doBody />
</c:otherwise>
</c:choose>
```

以下是在 JSP 中使用此标签文件的代码。该代码完成了两个任务。首先，访问标签文件，将 att 属性设置为 var。然后，使用表达式语言输出包含标签内容体的变量。

```
<%@ taglib prefix="bod" tagdir="/Web-INF/tags" %>
<html>
<body>
<bod:bodyaction att="var">
This is the tag body.
</bod:bodyaction >
${bodyvar}
</body>
</html>
```

在第 11 章我们曾经讨论过 JSP 提供了两种风格的指令：一种是标准的指令，另一种是基于 XML 风格的指令。标签文件的指令也存在着这两种格式。例如，<%@ attribute … %> 指令对应的 XML 格式的形式为<jsp:directive.attribute … />。

至此，我们已经完成了对创建标签库各种途径的讨论，包括自定义的、标准的、简单的和基于标签文件的等。这些创建标签的不同方法，可以根据实际需要灵活采用。例如，十分熟习 Java 编程的人可以采取简单标签模型；熟习 JSP 代码的人可以完全使用标签文件的方式。

17.4 小结

JSP2.0 规范的目标之一就是简化 JSP 开发，减少 JSP 页面中 Java 代码的数量。因此，创建表达式语言可以减少 JSP 页面中表示层逻辑代码，创建标签则可以减少 JSP 页面中业务逻辑代码。随后，又提供了简单标签，通过实现 SimpleTag 接口进一步简化了标签的开发。最后引入标签文件，可以彻底摆脱标签处理器和标签库描述符。

SimpleTag 接口优于 Tag、BodyTag 和 IterationTag 接口，降低了开发复杂度。当容器完成初始化后，仅有一个 doBody()方法，该方法负责完成所有的标签处理功能。同时，JSP2.0 也提供了 SimpleTagSupport 适配器类，该类除了完成 SimpleTag 接口中所有方法的默认实现外，并且新增了一些用于获取 Web 容器信息的额外方法。

简单标签的缺点是其对标签内容体的处理。因为，标签内容体被封装到 JspFragment 对象中，该对象所代表的标签内容体不能包含 JSP 的声明、表达式以及脚本。而且，JspFragment 对象不能转换为 String 或 Reader。

标签文件对于传统标签库的开发人员是一个福音。使用标签文件可以完全不再依赖于 Java 代码，只要了解 JSP 语法，就可以构建 JSP 页面中使用的定制标签。此时，通过在部署描述符中指定标签文件位置，而不再需要标签库描述符文件。但是，依然需要使用伪指令。标签文件除了可以使用 JSP 原有的 taglib 和 include 伪指令外，又新增了 3 个伪指令。第一个伪指令是 variable，用于创建、初始化标签处理使用的变量。第二个伪指令是 tag，指示 Web 容器如何来处理标签文件。第三个伪指令是 attribute，描述了标签中使用的属性。

最后学习了标签文件新增的两个动作指令。第一个动作指令是 jsp:invoke，使 attribute 伪指令中的 fragment 有效。第二个动作指令是 jsp:doBody，用于处理标签内容体。

至此，我们已经全部学习了有关 Web 应用程序具体的开发技术。在下一章中，将学习如何增强我们处理实际项目问题能力的设计模式。

Chapter 18

设计模式

18.1 设计模式

18.2 J2EE 经典设计模式

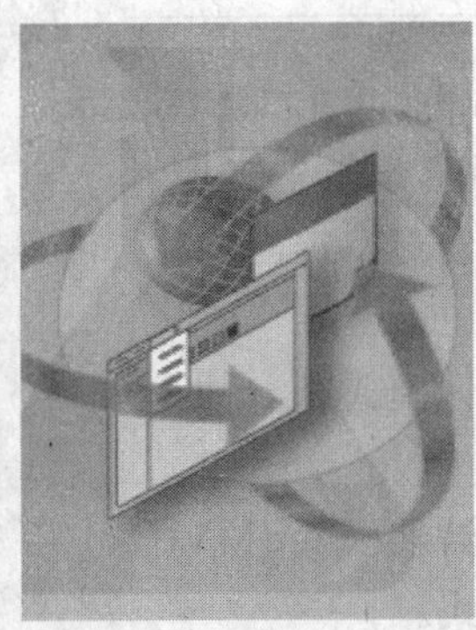

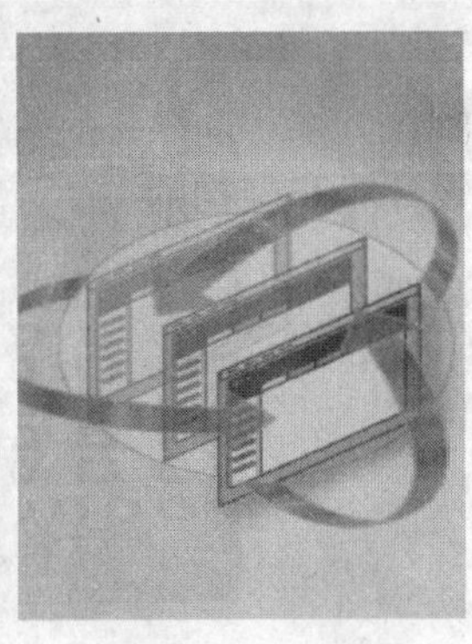

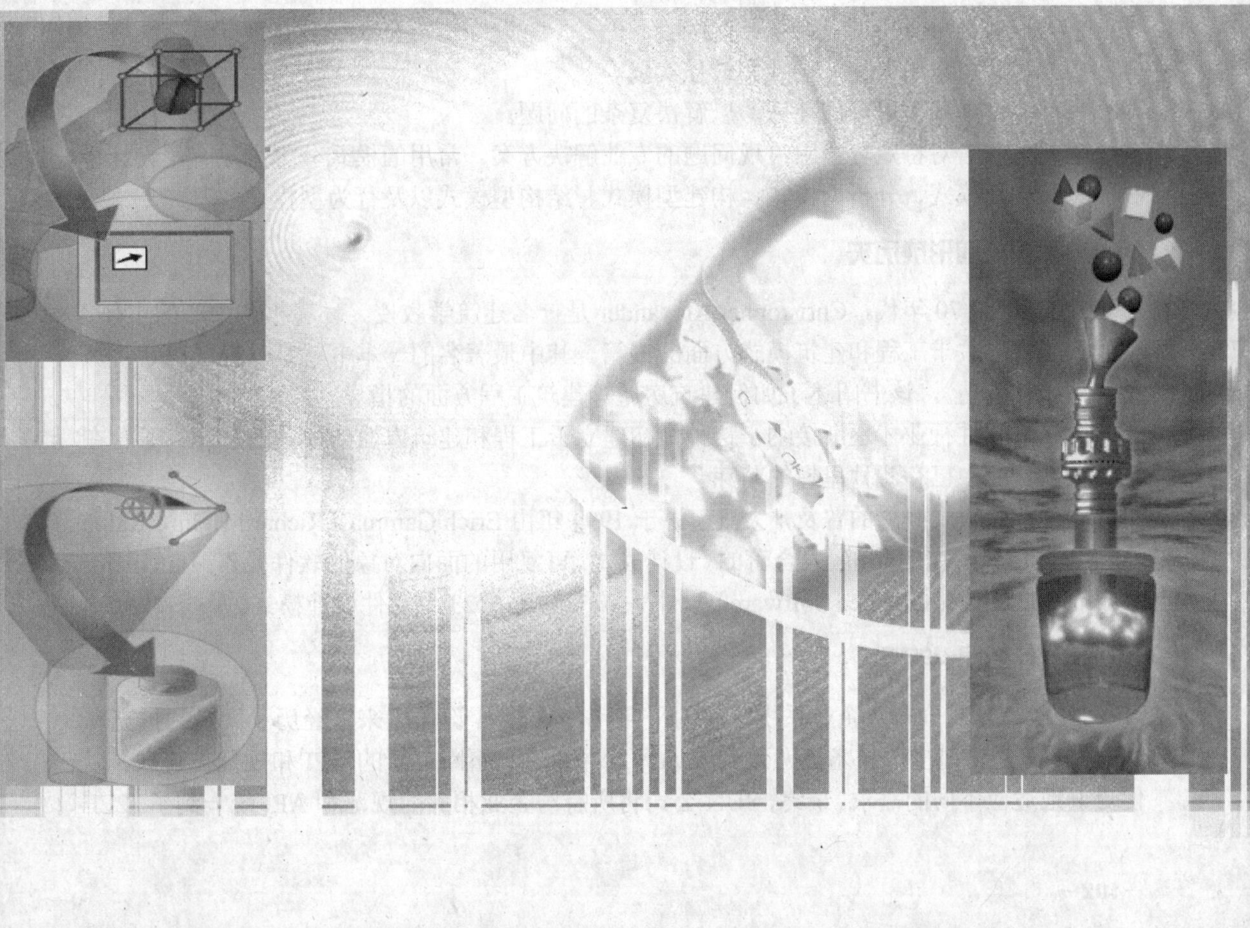

作为一名开发人员，我们解决问题的能力会随着问题的不断出现得到连续地增强。每当我们再次遭遇同一个问题时，我们会根据过去成功解决类似问题的经验来考虑解决之道。通过将这些问题以及解决方案文档化，我们可以共享、复用这些信息，以便对特定问题找出最佳解决方案来。

设计模式描述了在特定环境下重复出现的设计问题及其解决方案。设计模式是一种对所知问题的成功解决方案，有不同的实现设计模式的途径。

在本章中，我们将介绍与 J2EE 平台相关的几个核心设计模式：截取过滤器模式、MVC 模式、前端控制器模式、服务定位器模式、业务代表模式以及传递对象模式。

18.1 设计模式

一个设计模式就是对解决方案的高度抽象，用来描述所交流问题及其解决方案。简单地说，模式可以实现对特定环境中记录的可重现问题及其解决方案。许多设计者和架构师对设计模式的定义进行了不同的阐述。而且，还将模式分成不同的类别。

无论对模式进行何种定义，模式均具备以下几个共同特征：

（1）模式来源于经验。

（2）模式总是以一种结构化的格式进行记录。

（3）模式的目的是避免重新设计和创造。

（4）模式存在于不同程度的抽象中。

（5）模式总是不断地被完善。

（6）模式是可复用的人为总结的经验。

（7）模式可以用来交流设计和最佳实践。

（8）多个模式可以一同使用，以解决复杂的问题。

模式代表着对特定环境中重现问题的专业解决方案。常用的模式分类方法有：设计型模式、架构型模式、分析型模式、构建型模式、结构型模式以及行为型模式。

18.1.1 模式的形成历史

在 20 世纪 70 年代，Christopher Alexander 是一名建筑学教授、环境机构中心的主任，他发表了很多关于工程和建筑模式方面的书籍。其中最著名的一本书就是《模式语言：城镇、建筑、构造》，该书阐述了如何建筑房屋等建筑工程方面的指导。

随后，软件行业才逐渐接纳了这种最初建立于工程和建筑方面的模式的思想，尽管在此之前软件业中已有此种思想的萌芽。

软件业中模式概念的普及，大概起源于 1994 年由 Erich Gamma、Richard Helm、Ralph Johnson 和 John Vlissides 四人合著的《设计模式：可复用的面向对象的软件元素》（Elements of Reusable Object-Oriented Software）一书，该书阐述了 23 个软件设计模式。

18.1.2 什么是 J2EE

J2EE 是开发分布式企业系统应用的平台。自从 Java 诞生以来，经历了大量的扩充和快速发展。越来越多的技术被融入到 Java 平台中，并且不断有新的 API 和规范被建立，以便更好地适应不同的需求。最终，SUN 公司将所有与企业相关的规范和 API 统一到了 J2EE

平台上。

J2EE 是一种利用 Java 2 平台来简化企业解决方案的开发、部署和管理相关的复杂问题的体系结构。J2EE 技术的基础就是核心 Java 或 Java 2 平台的标准版，J2EE 不仅巩固了标准版中的许多优点，例如“编写一次、到处运行”的特性、方便存取数据库的 JDBC API、CORBA 技术以及能够在 Internet 应用中保护数据的安全模式等，同时还提供了对 EJB（Enterprise JavaBeans）、Java Servlets API、JSP 以及 XML 技术的全面支持。最终目的就是成为一个能够使企业开发者大幅缩度短投放市场时间的体系结构。

J2EE 体系结构提供中间层集成框架，用来满足无需太多费用而又需要高可用性、高可靠性以及可扩展性的应用的需求。通过提供统一的开发平台，J2EE 降低了开发多层应用的费用和复杂性，同时提供对现有应用程序集成强有力支持，完全支持 Enterprise JavaBeans，有良好的向导支持打包和部署应用，添加目录支持，增强了安全机制，提高了性能。

J2EE 为搭建具有可伸缩性、灵活性、易维护性的商务系统提供了良好的机制。

1. 保留现存的 IT 资产

由于企业必须适应新的商业需求，利用已有的企业信息系统方面的投资，而不是重新制定全盘方案就变得很重要。这样，一个以渐进（而不是激进，全盘否定）方式建立在已有系统之上的服务器端平台机制是公司所需求的。J2EE 架构可以充分利用用户原有的投资，比如一些公司使用的 BEA Tuxedo、IBM CICS、IBM Encina、Inprise VisiBroker 以及 Netscape Application Server 成为可能，因为 J2EE 拥有广泛的业界支持和一些重要的企业计算领域供应商的参与。每供应商都对现有的客户提供了不用废弃已有投资，进入可移植的 J2EE 领域的升级途径。基于 J2EE 平台的产品几乎能够在任何操作系统和硬件配置上运行，现有操作系统和硬件也能被保留使用。

2. 高效的开发

J2EE 允许公司把一些通用的、繁琐的服务端任务交给中间件供应商去完成。这样开发人员可以集中精力于如何创建商业逻辑上，相应地缩短了开发时间。高级中间件供应商提供以下一些复杂的中间件服务：

- 状态管理服务　让开发人员写更少的代码，不用关心如何管理状态，这样能够更快地完成程序开发。
- 持续性服务　让开发人员不用对数据访问逻辑进行编码就能编写应用程序，能生成更轻巧，与数据库无关的应用程序，这种应用程序更易于开发与维护。
- 分布式共享数据对象 CACHE 服务　让开发人员编制高性能的系统，极大提高整体部署的伸缩性。

3. 支持异构环境

J2EE 能够开发部署在异构环境中的可移植程序。基于 J2EE 的应用程序，不依赖任何特定操作系统、中间件、硬件，因此设计合理的基于 J2EE 的程序，只需开发一次就可部署到各种平台，这在典型的异构企业计算环境中是十分关键的。J2EE 标准也允许客户订购与 J2EE 兼容的第三方的现成的组件，把它们部署到异构环境中，节省了由自己制订整个方案所需的费用。

4. **可伸缩性**

企业必须选择一种服务器端平台，这种平台应能提供极佳的可伸缩性去满足那些在他们系统上进行商业运作的大批新客户。基于 J2EE 平台的应用程序，可被部署到各种操作系统上。例如可被部署到高端 UNIX 与大型机系统，这种系统单机可支持 64 至 256 个处理器（这是 NT 服务器所望尘莫及的）。J2EE 领域的供应商提供了更为广泛的负载平衡策略，能消除系统中的瓶颈，允许多台服务器集成部署。这种部署可达数千个处理器，实现可高度伸缩的系统，满足未来商业应用的需要。

5. **稳定的可用性**

一个服务器平台必须能全天候地运转以满足公司客户、合作伙伴的需要。因为 INTERNET 是全球化的、无处不在的，即使在夜间按计划停机也可能造成严重损失。若是意外停机，则会有灾难性后果。把 J2EE 部署到可靠的操作环境中，它们支持长期的可用性。一些 J2EE 部署在 Windows 环境中，客户也可选择健壮性能更好的操作系统（如 Sun Solaris、IBM OS/390）。最健壮的操作系统可达到 99.999%的可用性或每年只需 5 分钟停机时间，这是实时性很强商业系统理想的选择。

J2EE 使用多层的分布式应用模型，应用逻辑按功能划分为组件，各个应用组件根据它们所在的层分布在不同的机器上。事实上，SUN 公司设计 J2EE 的初衷正是为了解决两层模式（Client/Server）的弊端，在传统模式中，客户端担当了过多的角色而显得臃肿，在这种模式中，第一次部署比较容易，但难于升级或改进，可伸展性也不理想，而且经常基于某种专有的协议（通常是某种数据库协议），使得重用业务逻辑和界面逻辑非常困难。现在 J2EE 的多层企业级应用模型，将两层化模型中的不同层面切分成许多层。一个多层化应用，能够为不同的每种服务提供一个独立的层，以下是 J2EE 典型的四层结构，如图 18-1 所示。

- 运行在客户端机器上的客户层组件。
- 运行在 J2EE 服务器上的 Web 层组件。
- 运行在 J2EE 服务器上的业务逻辑层组件。
- 运行在 EIS 服务器上的企业信息系统（Enterprise information system）层软件。

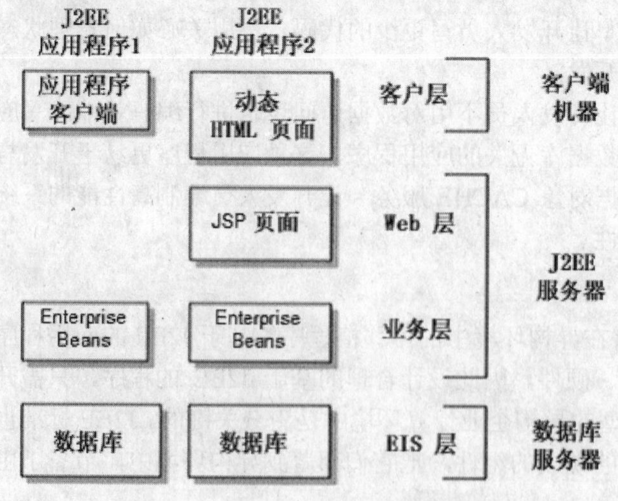

图 18-1　J2EE 四层结构

6. J2EE 应用程序组件

J2EE 应用程序是由组件构成的。J2EE 组件是具有独立功能的软件单元，它们通过相关的类和文件组装成J2EE应用程序，并与其他组件交互。J2EE说明书中定义了以下的J2EE组件：

- 应用客户端程序和 applets 是客户层组件。
- Java Servlet 和 Java Server Pages（JSP）是 Web 层组件。
- Enterprise JavaBeans（EJB）是业务层组件。

7. 客户层组件

J2EE 应用程序可以是基于 Web 方式的，也可以是基于传统方式的。

8. Web 层组件

J2EE 平台 Web 层组件可以是 JSP 页面或 Servlets。按照 J2EE 规范，静态的 HTML 页面和 Applets 不算 Web 层组件。

正如图 18-2 所示的客户层那样，Web 层可能包含某些 JavaBean 对象来处理用户输入，并把输入发送给运行在业务层上的 enterprise bean 进行处理。

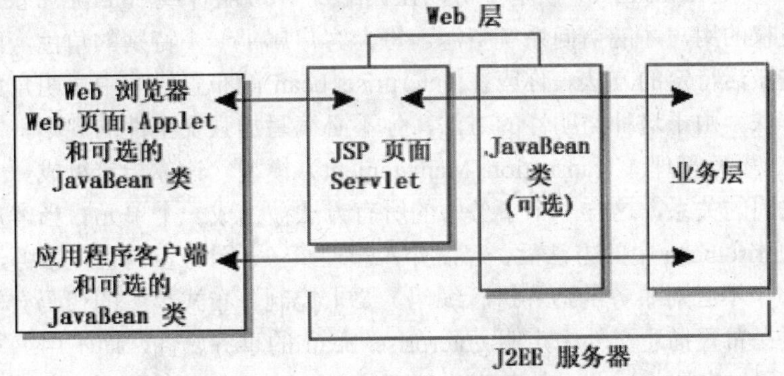

图 18-2　客户层－Web 层结构

9. 业务层组件

业务层代码的逻辑用来满足银行、零售、金融等特殊商务领域的需要，由运行在业务层上的 enterprise bean 进行处理。图 18-3 表明了一个 enterprise bean 如何从客户端程序接收数据，进行处理（如果必要的话），并发送到 EIS 层储存，这个过程也可以逆向进行。

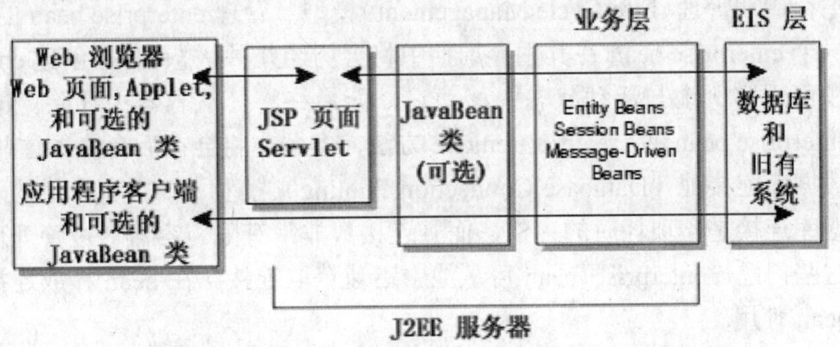

图 18-3　多层处理请求结构

有 3 种企业级的 bean：会话、实体、和消息驱动。会话 bean 表示与客户端程序的临时交互。当客户端程序执行完后，会话 bean 和相关数据就会消失。相反，实体 bean 表示数据库的表中一行永久的记录。当客户端程序中止或服务器关闭时，就会有潜在的服务保证实体 bean 的数据得以保存。消息驱动 bean 结合了会话 bean 和 JMS 的消息监听器的特性，允许一个业务层组件异步地接收 JMS 消息。

10. 企业信息系统层

企业信息系统层处理企业信息系统软件，包括企业基础建设系统，例如企业资源计划（ERP），大型机事务处理，数据库系统和其他的遗留信息系统。例如，J2EE 应用组件可能为了数据库连接，需要访问企业信息系统

这种基于组件，具有平台无关性的 J2EE 结构，使得 J2EE 程序的编写十分简单，因为业务逻辑被封装成可复用的组件，并且 J2EE 服务器以容器的形式为所有的组件类型提供后台服务。因为你不用自己开发这种服务，所以你可以集中精力解决手头的业务问题。

J2EE 容器设置定制了 J2EE 服务器所提供的内在支持，包括安全，事务管理，JNDI（Java Naming and Directory Interface）寻址，远程连接等服务。以下列出最重要的几种服务：

- J2EE 安全（Security）模型 可以让你配置 Web 组件或 enterprise bean，这样只有被授权的用户才能访问系统资源。每一客户属于一个特别的角色，而每个角色只允许激活特定的方法。你应在 enterprise bean 的布置描述中声明角色和可被激活的方法。由于这种声明性的方法，你不必编写加强安全性的规则。
- J2EE 事务管理（Transaction Management）模型 让你指定组成一个事务中所有方法间的关系，这样一个事务中的所有方法被当成一个单元。当客户端激活一个 enterprise bean 中的方法后，容器介入管理事务。因有容器管理事务，在 enterprise bean 中不必对事务的边界进行编码。要求控制分布式事务的代码会非常复杂。你只须在布置描述文件中声明 enterprise bean 的事务属性，而不用编写并调试复杂的代码。容器将读此文件并为你处理此 enterprise bean 的事务。
- JNDI 寻址（JNDI Lookup）服务 向企业内的多重名字和目录服务提供了统一的接口，这样应用程序组件可以访问名字和目录服务。
- J2EE 远程连接（Remote Client Connectivity）模型 管理客户端和 enterprise bean 间的低层交互。当一个 enterprise bean 创建后，一个客户端可以调用它的方法，就像它和客户端位于同一虚拟机上一样。
- 生存周期管理（Life Cycle Management）模型 管理 enterprise bean 的创建和移除，一个 enterprise bean 在其生存周期中将会历经几种状态。容器创建 enterprise bean，在可用实例池与活动状态中移动它，而最终将其从容器中移除。即使可以调用 enterprise bean 的 create 及 remove 方法，容器也将会在后台执行这些任务。
- 数据库连接池（Database Connection Pooling）模型 一个有价值的资源。获取数据库连接是一项耗时的工作，而且连接数非常有限。容器通过管理连接池来缓和这些问题，enterprise bean 可从池中迅速获取连接。在 bean 释放连接之可为其他 bean 使用。

J2EE 应用组件可以安装部署到以下几种容器中去：

- EJB 容器 管理所有 J2EE 应用程序中企业级 bean 的执行。enterprise bean 及其容器运行在 J2EE 服务器上。
- Web 容器 管理所有 J2EE 应用程序中 JSP 页面和 Servlet 组件的执行。Web 组件及其容器运行在 J2EE 服务器上。
- 应用程序客户端容器 管理所有 J2EE 应用程序中应用程序客户端组件的执行。应用程序客户端和它们的容器运行在 J2EE 服务器上。
- Applet 容器 运行在客户端上的 Web 浏览器和 Java 插件的结合。

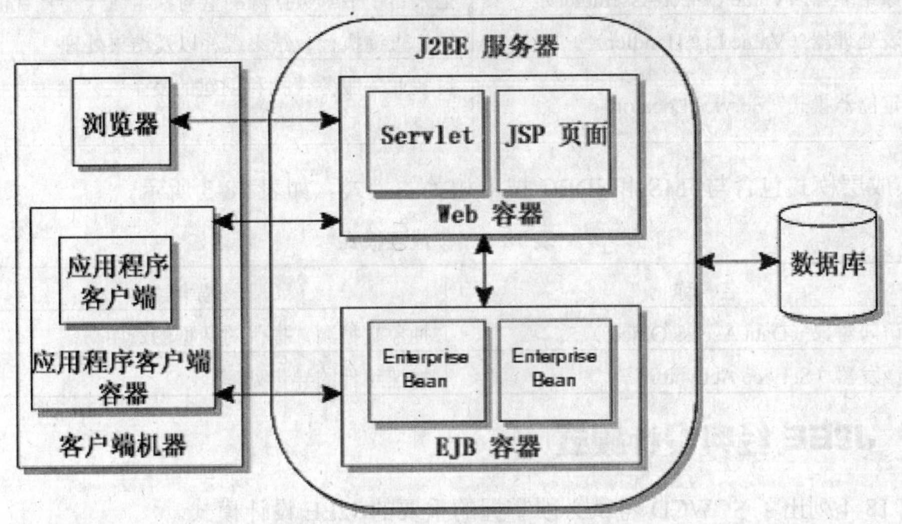

图 18-4 容器结构

J2EE模式来自全世界Java开发者使用J2EEE平台所积累的经验，这些模式均基于J2EE平台的应用程序。由于 J2EE 平台是分层系统，所以我们需要从层的角度来考虑系统。我们使用分层的方法，按照功能来划分 J2EE 模式。

表示层模式包含与 JSP 和 Servlet 技术相关的模式，如表 18-1 所示。

表 18-1 表示层模式

名 称	描 述
截取过滤器模式（Intercepting Filter）	请求/响应的预先处理
前端控制器模式（Front Controller）	提供请求处理的集中控制器
视图助手（View Helper）	把与表示层格式化无关的逻辑封装到助手组件
复合视图（Composite View）	从原子的子组件创建一个聚集视图
工作者服务（Service To Worker）	合并分发者组件、前端控制器和视图助手模式
分发者视图（Dispather View）	合并分发者组件、前端控制器和视图助手模式，把许多动作延迟到视图处理

业务层模式包含与 EJB 技术相关的模式，如表 18-2 所示。

表 18-2　业务层模式

名　称	描　述
业务代表模式（Business Delegate）	把表示层和服务层分隔开，并且提供服务的外观和代理接口
传递对象模式（Transfer Object）	通过减少网络对话，加速层之间的数据交换
会话外观（Session Facade）	隐藏业务对象复杂性，集中化工作流处理。
复合实体（Composite Entity）	通过把参数相关的对象分组进单个实体 Bean
值对象组装器（Value Object Assembler）	把来自于多个数据源的值对象组成一个复合值对象
值列表处理器（Value List Handler）	管理查询执行、结果缓冲以及结果处理
服务定位器模式（Service Locator）	封装业务服务查找和创建的复杂性，定位业务服务位置

集成层模式包含与 JMS 和 JDBC 技术相关的模式。如表 18-3 所示。

表 18-3　集成层模式

名　称	描　述
数据访问对象（Data Access Object）	抽象数据源，提供对数据的透明访问
服务激发器（Service Activator）	加速组件的异步处理

18.2　J2EE 经典设计模式

表 18-4 列出了 SCWCD 考试必须掌握的重要的 J2EE 设计模式。

表 18-4　SCWCD 的 J2EE 设计模式

名　称	别　名	所属层
Intercepting Filter（截取过滤器模式）	Decorating Filter	表示层
Model-View-Controller（模型－视图－控制器模式）		表示层
Front Controller（前端控制器模式）	Front Component	表示层
Service Locator（服务定位器模式）		业务层
Business Delegate（业务代表模式）		业务层
Transfer Object（传递对象模式）	Transfer Object、Replicate Object	表示层

具体讨论上述模式之前，我们先来讲述一下对模式进行结构化组织的模式模板。

18.2.1　模式模板

在分析问题、设计解决方案、创建行动计划、实现构思的整个过程中，最重要的一点就是将每个步骤、过程文档化。以一种统一的风格将思想保留下来，以利于其他人阅读、理解、复用。

设计模式使用模式模板来文档化。模板由标题构成，每个标题用于解释设计模式的一个方面，例如问题产生的原因，问题出现的背景，以及影响因子等。不同的组织可能采取不同的标题集来编写设计模式。但不管怎样，都达到一个共同的目标：将设计模式体系化、文档化。

在具体讨论设计模式之前，先给出我们将采用的模式模板。以下给出我们采用模式模板的标题集。

- ■ 背景　用于描述问题所出现的环境、上下文以及我们能应用的给定模式。如果不能合理地应用模式，或错误地应用到不适宜的地方，则会产生不良的后果。因此，对模式所应用环境的了解是十分重要的。
- ■ 问题　用于描述在给定环境下我们所面对的问题。因为许多开发者对此问题均具有一定的经验，所以设计者需要为此提供标准的解决方案。
- ■ 范例　提供一个简单的示例来展示问题。
- ■ 因素　在使用模式之前，有许多需要考虑的影响因素，这些因素随着需求的改变，在不同系统间发生变化。在设计模式的术语中，也称作影响力。应为它们对模式是否可以应用到特定的情景中产生影响。有些情况下，不止一个模式可以解决问题，这些因素有助于对这些模式作出选择。从某种意义上说，这些因素可以当作问题的需求来考虑。
- ■ 方案　描述一个典型的解决方案，该方案应该被解决问题的富有经验的开发者在考虑了因素的前提下，证实是可靠的。

从问题到方案形成了一个设计模式。实际上，解决方案应该是一个可以遵循的具备较高抽象层次的设计指导方针。方案的具体实现随着环境的改变而不同。方案的每个实现在 J2EE 的术语中称为策略。因此，每个设计模式由依赖于问题环境、因素的不同策略来实现。

- ■ 结果　描述了与模式相关联的优点、后果以及隐藏的问题。每个模式都不是十全十美的，也存在固有的一些副作用。我们需要对此作出评估，以便在两者间找出平衡点。
- ■ 类别　该部分指出模式所归属的种类。
- ■ 要点　当考虑一个特定的模式作为解决方案时，我们必须考虑一些要点。

18.2.2 截取过滤器模式

- ■ 背景　客户端请求存在多种不同需要的处理，因此系统必须有处理以下事务的能力。

（1）系统可以使用多种协议接受请求，例如 HTTP 协议、FTP 协议或 SMTP 协议。

（2）系统可以对一部分请求进行认证、授权，对其他请求可以直接响应。

（3）系统可以对请求或响应在其处理前，添加信息或删除信息。

- ■ 问题　请求或响应需要以一种简单、有组织的方式来进行预处理。而且，该处理需要在不影响系统其他操作的前提下完成。为了实现添加或修改，必须使用标准接口。
- ■ 范例　假设需要构建一个企业信息系统，该系统既可以提供互联网服务也可以为内部局域网服务，因此需要确保对不同的客户端采取对应、合适的处理。系统不仅要对涉及安全资源的请求进行检测，而且还必须对请求来自的 IP 地址进行信任检测。同时，还可以根据需要对请求或响应的资源进行压缩、解压缩以及加密、解密的操作。

■ 因素　根据上述问题表述，我们可以得出期望系统应具备下面几个特征。

（1）在请求接收处理前和响应发送到客户端前，应集中、标准化的预处理。

（2）根据需要对资源进行认证、转换。

（3）将操作对系统其他方面的影响降到最低。

■ 方案　解决途径就是创建过滤器将请求、响应从系统其余部分中独立出来。通过过滤器来实现根据需要定制请求和响应。

■ 结果　采用截取过滤器模式存在下面的优点。

（1）与截取过滤器相联系的标准接口允许开发人员集中处理多个处理任务。而且，这种模块化设计允许开发人员不需要全部系统，就可以完成过滤器测试。

（2）对于请求、响应的集中式处理是十分重要的，但是不能造成性能瓶颈，这可以通过分布式处理避免。

（3）标准过滤器机制允许开发人员在应用程序部署期间动态插入或删除过滤器。

■ 类别　截取过滤器减少了请求处理和系统其他部分的连接，其被认为是一个行为模式。实现了管理从客户端发送到应用程序层的信息，然后控制响应的处理。为请求和响应的传输提供一个单独的连接点，减少不同客户端/服务器关系的许多不同接口的连接。

■ 要点　截取过滤器设计模式由多个以模块化方式处理请求/响应的过滤器对象构成，这些过滤器继承自 javax。servlet。Filter 类。

截取过滤器设计模式存在以下几个要点：

■ 集中处理请求/响应的对象。

■ 资源管理，尤其是安全处理、压缩以及加密。

■ 通过标准接口实现多层处理。

■ 截取过滤器处理请求，并不是应用程序的表示层处理或请求分发机制。

18.2.3 MVC 模式

背景：在包含大量用户界面的系统中，会出现下面的典型情况。

（1）系统必须通过用户界面接收用户数据，更新数据库，然后在随后的某个时间点及时地把响应数据返回给用户。

（2）需要提供多种方式来给系统用户展示数据、接收数据。

（3）以某种形式反馈给系统的数据也应该可以被其他形式获取。

问题：如果系统将与用户的交互以及对数据库的操作放置在一个组件中，则需要重新设计该组件，将显示部分抽取出来。

范例：假设现有一个银行在线股票交易系统，当用户登录进系统后，Web 应用程序应该提供不同的方式用于用户浏览股票，例如图形、曲线图、表格等。这里，同一个股票数据对应多种表示方式，但是却被同一个 Web 应用程序组件控制。

因素：根据上述背景和问题中的叙述，我们可以得出下面的因素。

（1）有三件事情是必须被完成的：一是管理用户和系统的交互；二是管理数据；三是以多种方式格式化数据，并展示给用户。

（2）完成所有任务的单一组件，应该被分成独立的 3 个组件。

（3）所有 3 个任务应该被不同的组件来完成。

方案：解决途径就是将数据表示层从数据维护中抽取出来，然后在两层之间存在一个协调层的组件。把这三部分称作模型、视图和控制器，它们是形成 MVC 模式的基础。图 18-5 展示了 MVC 模式中组件之间的关系。

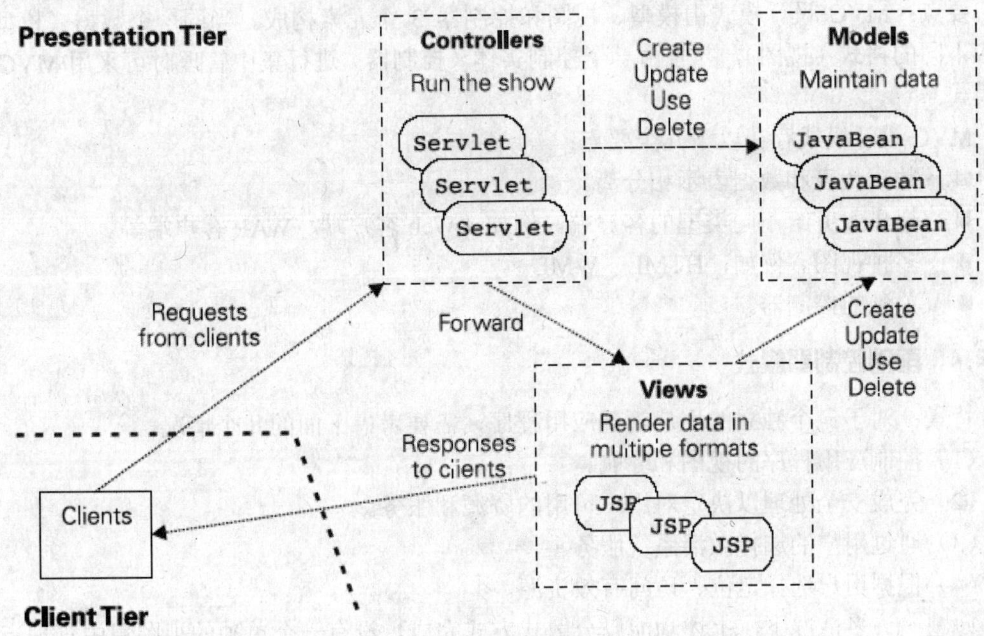

图 18-5　MVC 模式

MVC 模式中的 3 个组件各自承担一定的责任：

■ 模型　负责维护数据或应用程序的状态，也可以管理从数据资源中对数据的存储和检索。当数据发生改变时，其会通知所有与改变数据相关的视图。

■ 视图　包含表示层逻辑，其显示模型中包含的数据给用户。视图允许用户和系统进行交互，传递用户的意图给控制器。

■ 控制器　这是核心，管理整个系统。其实例化模型和视图，并将视图和与之关联的模型连接起来。根据应用程序的需求，控制器实例化多个视图，将这些视图与它们共同的模式连接起来。根据用户的动作，操作模型完成一定的商业规则。

结果：采用 MVC 模式存在下面的优点。

■ 将数据代表（模型）从数据表示（视图）中独立出来可允许多个视图对应相同的数据。只要模型和视图的接口保持一样，模型和视图可以彼此间独立的发生改变，这提供了系统的可维护性和可扩展性。

■ 将应用程序行为（控制器）从数据表示中独立出来，允许控制器在运行时创建一个基于模型的合适视图。

■ 将应用程序行为（控制器）从数据代表中独立出来，允许用户的请求从控制器映射到模型中指定的功能。

类别：尽管 MVC 模式包括了在模型、视图和控制器 3 个组件间的通信，但是其不是一个行为模式。因为 MVC 模式未指定模型、视图和控制器 3 个组件间如何进行通信。MVC 模式仅仅指定了组件系统的结构应该是独立的 3 个组件，分别扮演模型、视图和控制器三个角色及其应完成的功能。因此，MVC 模式是一个结构模式。

在 J2EE 世界里，MVC 更多地被看待成一个架构，而不是一个设计模式。尽管其可以被应用到任意层中，但其更适合于表示层。

要点：MVC 设计模式由模型、视图和控制器 3 个元素构成。当同一个数据（模型）对应不同的格式（视图），并且由一个控制实体（控制器）进行集中管理时可采用 MVC 设计模式。

MVC 设计模式存在以下几个要点：

- 数据代表和数据表示相分离。
- 提供服务给不同类型的客户端。例如，Web 客户端、WAP 客户端等。
- 多种视图。例如，HTML、WML。
- 单独的控制器。

18.2.4 前端控制器模式

背景：对于一个独立的用户管理应用程序，需要考虑下面的几个情况。

（1）控制应用程序的视图和导航。

（2）完成安全处理以决定对用户可用的资源和服务。

（3）通过用户的选择激活系统服务。

（4）根据用户选择定位、访问有效资源。

问题：许多情况下，上述功能以分散式方式完成。没有一个单独的视图集中管理点，每个不同的视图机制彼此独立地访问服务和资源。这将系统的表示层和商业逻辑联合起来，消除了 MVC 设计带来的模块化和可复用化的优势。

范例：在一个基于 Web 结构的应用系统中，接收信用卡信息，必须通过下面几个步骤。

（1）浏览商品目录。

（2）添加选择商品到购物车。

（3）确定结帐。

（4）获取接收商品人的姓名和地址。

（5）获取支付者的姓名、帐单地址、信用卡信息。

存在大量的视图，这意味着必须要控制导航功能，并完成根据任务分发用户的请求。

因素：根据上述背景和问题中的叙述，我们可以得出下面的因素。

（1）因为系统中不同的页面依赖于不同的处理任务，例如数据库的访问，因此存在代码的重复。

（2）不同的导航控制可能会导致内容和导航的结合。

（3）每个视图必须有一个独立的激活系统服务和定位系统资源的方式。

方案：解决途径就是创建一个单独的对象负责管理视图控制、资源/服务访问、错误处理以及初始请求处理。这个对象如同位于客户端前的一个大门，因此叫做前端控制器或前端组件。在 J2EE 中，Servlet 和 JSP 是作为前端控制器最简单的对象，所有被发送到前端控制器的请求，都作为参数采取一定的行为。

结果：采用前端控制器模式存在下面的优点。

（1）控制器的使用集中化。在一系列步骤中的改变，仅影响到前端控制器组件。

（2）如果用户在处理过程中退出系统，许多 Web 应用程序会记录下客户端 1 服务器端的交互状态。当用户再次登录时，先前的存储状态被重新载入，从其中断点继续进行处理。在这种情况下，使用前端控制器组件是很容易维持状态信息的，因为仅仅由一个组件来处理状态的管理。

（3）可以开发多个前端控制器对象，每个控制器集中在不同的商业用例上。

（4）增强了组件的复用性。因为通过 Web 页面管理导航的代码仅位于前端控制器中，其不需要被在工作组件中复制。因此，多个前端控制器可以复用工作组件。

类别：因为前端控制器设计模式参与了和其他组件间的通信，所以其被归纳入行为模式的类别。在 J2EE 的设计模式种类中，前端控制器设计模式被归为表示层，因为其直接处理客户端请求，并将请求分发给合适的处理器或组件。

要点：一个前端控制器或前端组件，可以为所有客户端请求提供共同的入口点。以这种方式，控制器将认证、授权联合起来，分发请求给不同的组件，使用例管理异常容易。

设计模式存在以下几个要点：

- 分发请求。
- 管理一个 Web 应用程序的工作流。
- 管理处理顺序。
- 管理用例。

在大多数情况下，开发者会被截取过滤器和前端控制器两个设计模式搞混。请记住截取过滤器完成请求的预处理，而前端控制器开始实际的请求处理。并且，前端控制器主要参与应用程序的表示层处理，激活系统服务。截取过滤器如同建筑的大门，前端控制器如同前台，指引你去需要去的地方。

18.2.5　服务定位器模式

背景：许多系统依赖于分布式处理和通信。在这种情况下，必须要考虑下面几种情况。

系统需要通过网络定位和访问资源。

（1）如果访问的服务或资源无效，则系统必须创建本地实现。

（2）对目录服务的新需求比访问先前缓存过的请求需要更多的时间和资源。

问题：如果分布式对象通过网络访问相同的资源，它们的操作将引起额外的通信阻塞、降低了通信效率。当网络变化时，每个对象就需要更新，这会引起大量的编码和时间的消耗。

范例：一个跨国公司会在世界范围内包含许多分支机构，需要维持它们之间的通信。许多不同的应用程序需要访问类似的外部资源，例如员工数据库、库存清单等。在这种情况下，系统可以使用 JNDI（Java Naming and Directory Interface）来实现组件间的查找。但是，如果每个对象都独立地使用 JNDI，则会造成响应的缓慢。

因素：根据上述背景和问题中的叙述，我们可以得出下面的因素。

（1）使用分布式对象访问外部资源，会引起大量的编码和对象阻塞。

（2）当有大量请求时，缓存外部请求可以提供效率。

（3）当网络资源改变其位置时，每个分布式对象需要随之更新。

方案：解决途径就是封装外部通信处理到一个服务定位器中。通过这种方式，定位器对象通过网络管理所有与资源定位、连接相关的复杂关系。而且，通过提供请求缓存，可以有效降低请求的响应时间。如果外部资源提供有指定接口，服务定位器对象就可以管理通信的复杂性，使得资源访问对用户透明化。

结果：采用服务定位器模式存在下面的优点。

（1）当位于网络上的资源以任意方式改变时，仅仅服务定位器对象需要改变。

（2）服务定位器提供缓存，使得对多个对象通过网络访问相同资源的情况提高了效率。

（3）服务定位器提供了一个单独的、统一的接口给外部资源，而不管资源的实际开发接口。这对分布式通信减少了代码需求量，并且使测试网络能力十分容易。

类别：因为服务定位器对象通过降低商业逻辑和外部资源的连接，改善了网络通信，因此该模式是一个行为模式。通过添加缓存和删除调资源运输，服务定位器对象改善了分布式应用的性能，降低了代码构建的数量和维护难度。

在 J2EE 设计模式类别中，服务定位器模式被归纳入业务层。因为其并未直接与客户端交互，而是管理潜在的商业逻辑的连接。

要点：服务定位器设计模式存在下面几个要点。

（1）提供一个混合的网络和服务。例如，JNDI、RMI 等。

（2）一个集中点来管理分布式连接和资源。

（3）分布式的请求缓存。

（4）通过将复杂封装改善商业应用开发的难度。

18.2.6 业务代表模式

背景：在企业级分布式应用系统中，存在下面的典型情况。

（1）存在与终端用户交互，并且负责处理商业逻辑的独立组件。

（2）这些独立组件位于不同的子系统中，通过网络进行连接。

（3）这些组件通过提供服务接口给客户端来实现对客户端的商业服务，因此这些处理商业逻辑的组件是作为服务器组件而存在。

（4）客户端组件通过网络，使用位于远程系统中的服务接口。

（5）系统中存在不止一个的客户端使用远程服务接口。

（6）有可能存在提供类似服务的组件，但是它们提供的接口略微不同。

问题：商业服务的实现是位于表示层的组件，通过使用服务接口直接访问位于商务逻辑层的组件。然而，如果服务接口因需求的变更而改变，这会影响所有表示层的组件。不仅如此，所有客户端组件必须考虑商业服务的位置细节。也就是说，每个组件必须使用 JNDI 来查找需要的远程服务。

范例：在 J2EE 的架构下，提供商业服务接口的组件是会话 Bean，远程接口由会话 Bean 实现。使用服务接口的客户端组件是 Servlet 或 JSP 页面中的 JavaBean 组件，它们之间的关系如图 18-6 所示。

在现实世界中，公司采用 JSP 和 Servlet 技术来构建基于 Web 的应用系统需要访问商业服务。公司管理层决定不自己开发商业服务，因为存在现成的商业服务组件提供商。这样，可以减轻项目开发成本的压力，管理层自然会决定从多个提供商那里购买一个比较经济的服务软件，这样后期也可以在资金充足时通过购买性能、品质更佳的组件来替换调前期的价廉组件，减少风险投入。

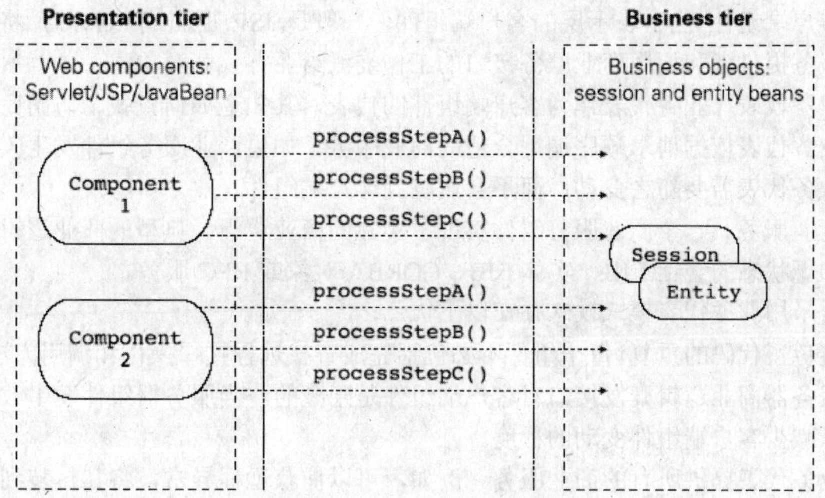

图 18-6　业务代表模式

因素：根据上述背景和问题中的叙述，我们可以得出下面授因素。

（1）表示层组件即 Web 组件是 Servlet、JSP 页面以及 JavaBean 组件，主要完成两个任务：一是处理终端用户，包括管理 Web 应用逻辑、表示层数据等；二是访问商业服务。

（2）处理终端用户的代码，不应该依赖于访问商业服务的代码。

（3）多个表示层组件可以相同的顺序调用同一组远程方法。

（4）商业服务接口可以伴随商业需求的变动而改变。

方案：解决途径就是创建一个业务代表对象来处理所选择软件提供服务的访问。当提供服务发生改变时，对于公司的整个应用系统来说，只需要改变访问此服务的业务代表对象即可，而 JSP 页面和 Servlet 不需要变动。

如图 18-7 所示，我们需要将访问远程服务的代码从处理表示层的代码中抽取出来，放到一个独立的对象中，这个对象就叫做业务代表对象。

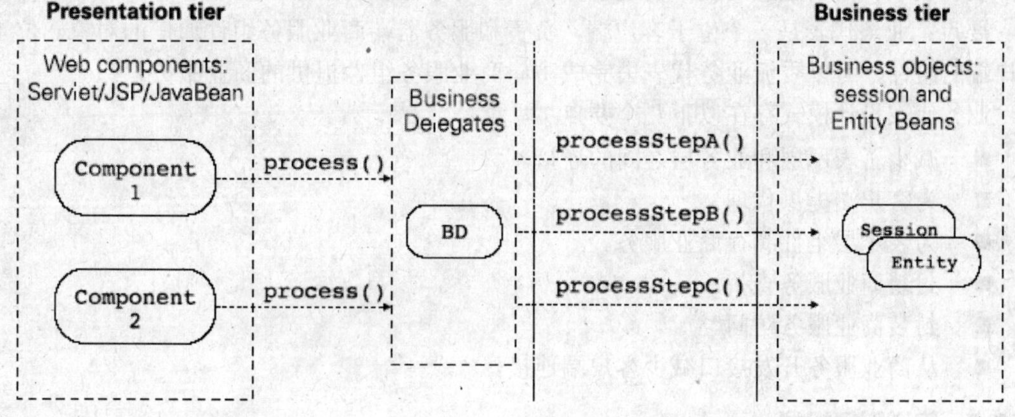

图 18-7　业务代表对象

业务代表对象抽取出商业服务接口，然后以一种标准的接口提供给所有客户组件。它隐藏了实现细节，例如查找机制、商业服务接口。这降低了在客户端和商业服务间的耦合度。

在业务代表模式中的组件主要具备以下职责：

- 客户端组件 位于表示层的客户端组件，一般是 JSP 页面或 Servlet，将定位商业服务提供者和调用商业服务接口的工作委派给业务代表对象。
- 业务代表 业务代表作为客户端组件的代表，其知道如何查找、访问商业服务。业务代表依据请求顺序调用合适的商业服务。如果商业服务组件发生改变，仅仅业务代表需要随之变动，而不会影响到客户端组件。
- 商业服务 一个商业服务组件实现了实际的商业逻辑。典型的商业逻辑组件，例如无状态的会话 EJB、实体 EJB、CORBA 对象或 RPC 服务。

结果：采用业务代表模式模式存在以下优点：

- 避免了代码的重复。每个组件不必包括完成查找远程接口操作和调用方法的代码。
- 服务器商业逻辑开发接口对客户端组件是隐藏的。当服务器组件发生改变时，可以减少客户端组件变动的程度。
- 业务代表提供所有的商业服务。例如，可以捕获远程异常，将其封装到应用异常中，使得对用户更加人性化。
- 远程调用的结果可以缓存。这意味着性能的提升，因为消除了远程调用的重复和潜在的代价。缓存的结果可以被多个客户端组件使用，这又可以减少代码的重复，增强性能。

需要注意的是，业务代表既可以自身来定位商业服务，也可以使用另一个称作服务定位器的模式来帮助定位商业服务。当使用服务定位器模式时，业务代表不管被定位的服务位于何处，仅处理商业服务开发接口的调用，因为服务定位器已完成了指定服务的位置工作，并且需要记住多个业务代表对象，可以共享一个服务定位器。

类别：因为业务代表模式连接了表示层和业务层两个组件间的通信，所以其被归纳入行为模式的类别中。业务代表模式描述了如何通过在表示层和业务层中间引入代表层来降低两层之间的连接，以及如何增强设计的灵活性。

在 J2EE 设计模式类别中，业务代表模式被归纳入业务层。因为其主要用于与业务层组件发生联系。需要注意的是，实现业务代表的对象位于表示层中。

要点：业务代表是一个位于客户端，负责和服务器端商业服务组件通信的对象。位于客户端的组件，可以委派业务代表去完成访问商业服务组件提供的商业服务。

业务代表设计模式存在以下几个要点：

- 减少了表示层和业务层之间的连接。
- 为客户端提供代理。
- 为表示层组件缓存商业服务。
- 封装商业服务查找。
- 封装商业服务访问。
- 从商业服务开发接口减少客户端连接。

18.2.7 传递对象模式

背景：在分布式应用系统中，存在下面的典型情况。

（1）组件位于远程的服务器端，客户端需要与服务器通过网络进行通信，调用远程组件。

（2）服务器提供组件负责处理数据库相关事务。

（3）服务器组件给客户端提供 get 方法，这样客户端可以通过调用这些 get 方法来获取组件属性以获得数据库数据。

（4）服务器组件给客户端提供 set 方法，这样客户端可以通过调用这些 set 方法来设置组件属性以更新数据库数据。

问题：在客户端和服务器之间的每次调用均是一次伴随网络传输的方法调用。当存在大量属性需要操作时，就需要客户端多次进行，远程方法调用，以实现检索数据或更新数据。因此，这些大量的远程方法调用会导致网络堵塞，降低系统性能。

范例：在 J2EE 架构中，商业逻辑层可以直接访问数据库或经过资源层访问数据库，并且将数据访问机制封装到一系列的实体 Bean 或会话 Bean 中。这些实体或会话 Bean 通过远程接口提供对数据的访问。这样，位于表示层的 Servlet 或 JSP 页面，就可以通过调用实现远程接口的 Bean 方法来访问数据。

假设，我们需要将注册用户的地址信息维护在企业信息系统的数据库中。地址信息包含邮政编码、省、市、街道 4 个部分，该地址信息作为一个商业实体组件存在。假设地址信息被封装到一个名为 AddressSessionBean 的会话 Bean 中，AddressSessionBean 提供远程方法给客户端用于访问地址信息，例如 getState()、setState()、getCity()和 setCity()方法。Servlet 和 JSP 页面必须一个个地远程调用这些方法来实现对地址信息的访问，如图 18-8 所示。

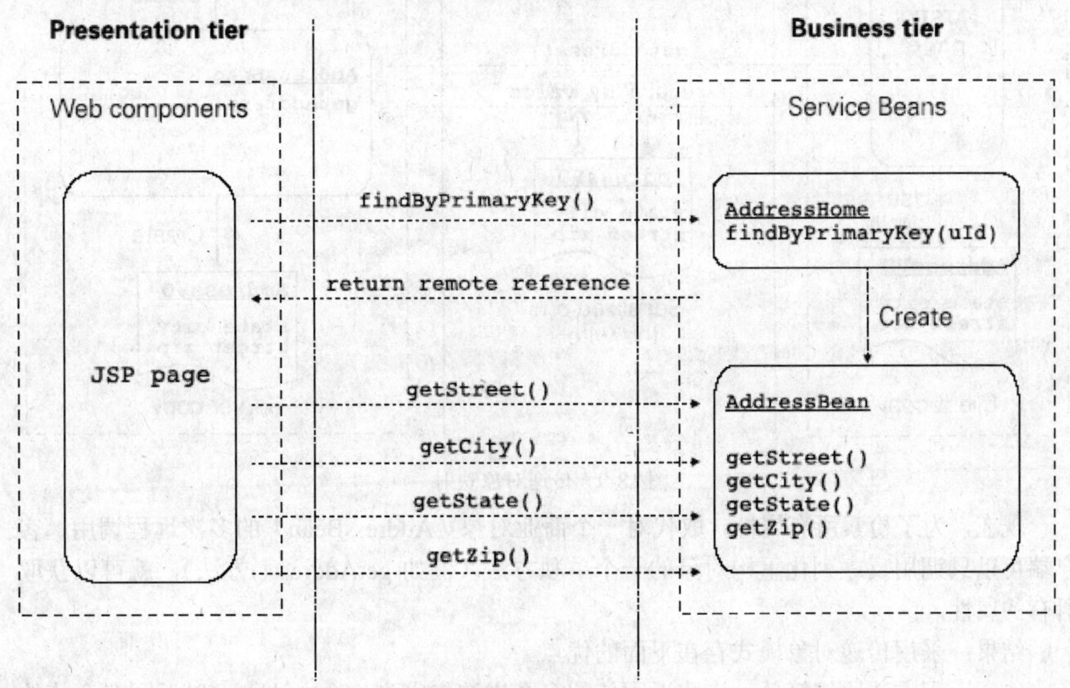

图 18-8　传递对象模式

因素：根据上述背景和问题中的叙述，我们可以得出下面的因素。

（1）一个单独的商业对象有许多个属性。

（2）大多数时间，客户端同时请求访问多个属性而不仅仅是一个属性。

（3）通过调用 get 方法检索数据的频率比通过调用 set 方法设置数据的频率高得多。例如，地址信息包含邮政编码、省、市、街道 4 个部分。每次用户在线购买商品时，为了结账，我们都需要显示出完整的地址信息，而频繁地更改地址信息是不太可能的。

方案：解决途径就是创建一个封装了所有属性的对象来提供客户端访问，这个对象叫做传输对象。当客户从服务器请求数据时，服务器端组件负责收集数据，设置数据，构建传输对象。然后，这个对象被发送到客户端。注意不是对象引用，而是整个对象通过序列化以字节流的方式通过网络被传输到客户端。

客户端接收到所有字节数据后，在本地机重构对象。这样，就可以调用本地对象来查询所有对象的属性值。因为传输对象位于客户端本地机，所以对该对象的调用均是本地的，不会影响网络堵塞。

在客户端服务的传输对象，如同其对应远程对象的一个代理，如图 18-9 所示。

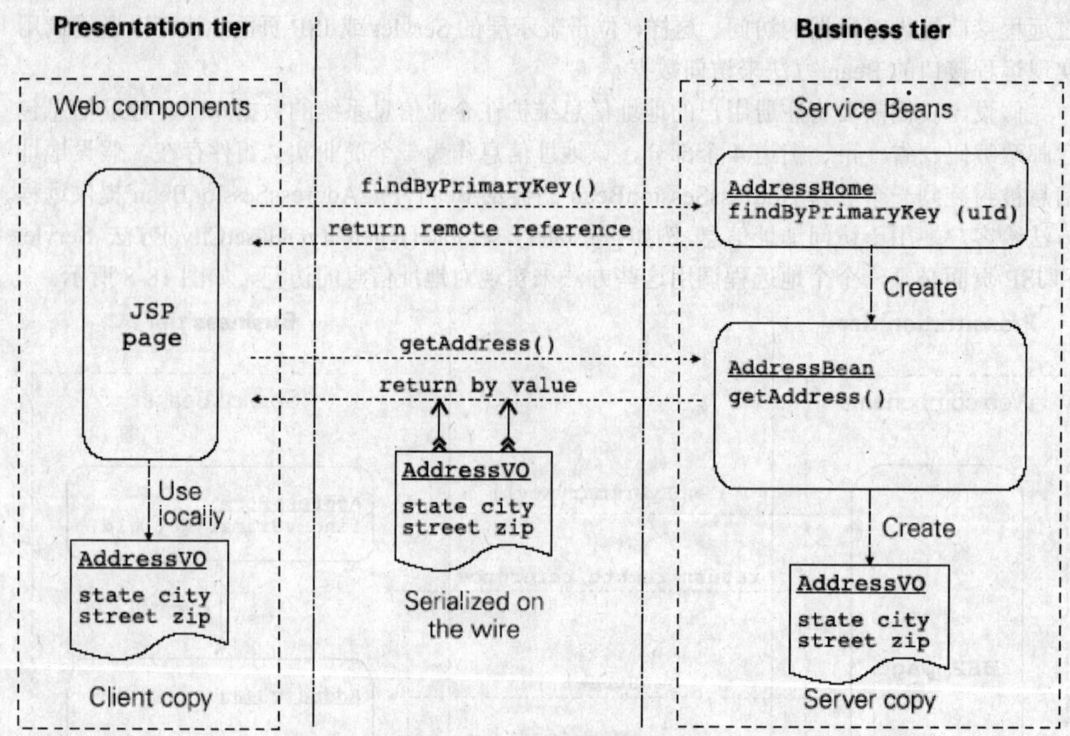

图 18-9　传递对象映射

现在，为了检索所有属性，取代对一个商业对象（AddressBean）的多次远程调用，客户端可以只调用反序列化重构对象的一个单独方法（例如 getAddress()方法），就可以获取所有的属性。

结果：采用传递对象模式存在下面的优点。

（1）远程方法比较简单。应将返回值的多个方法集中到一个方法中，以返回多个值的集合。

（2）因为减少了通过网络的调用数量，提高了用户响应时间。

（3）如果客户端希望更新属性值，则首先更新本地传输对象的值，然后发送更新过的传输对象到服务器，以保持新数据的同步。

（4）传输对象有可能过时。也就是说，客户端获取一个传输对象很长时间，有可能数据已经被其他客户端更新过了。

（5）对于一个经常变动的传输对象，来自多个客户端的请求可能导致数据的冲突。

类别：因为传递对象模式是发生在两个组件间的通信连接，所以其被归纳入行为模式。

在 J2EE 设计模式类别中，传递对象模式被归纳入业务层。因为其代表了客户端的商业对象。需要注意的是，尽管实现了传递对象模式的对象在业务层创建，但是其被传输到表示层，实际上在表示层中被使用。

要点：传递对象就是一个较小的序列化 Java 对象，用于通过网络在多层分布式系统的不同层间进行集合数据的传输。其目的就是通过减少分布式组件间的远程调用数量来减轻通性负载。

传递对象设计模式存在以下几个要点：

- 小对象。
- 集合信息。
- 只读数据。
- 降低网络负载。
- 改善响应时间。
- 通过网络层传输数据。

18.3 小结

设计模式为软件业带来了抽象、分工和复用。设计模式的使用增强了系统的可扩展性和可维护性。J2EE 设计模式归结为表示层、业务层和集成层 3 个层次。

在本章中，我们学习了 6 个 J2EE 的设计模式：截取过滤器模式、MVC 模式、前端控制器模式、服务定位器模式、业务代表模式以及传递对象模式。

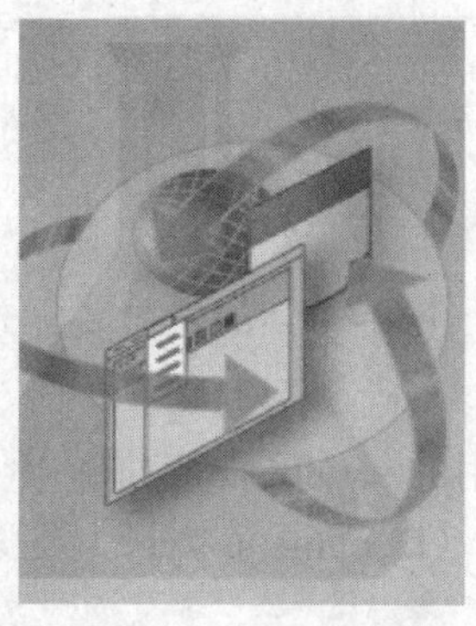

Chapter 19

部署描述符

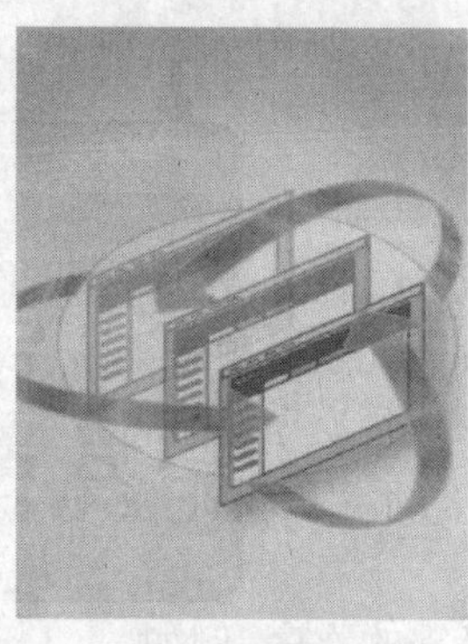

19.1 定义头和根元素

19.2 部署描述符文件内的元素次序

19.3 定义 servlet

19.4 禁止激活器 servlet

19.5 初始化及预装载 servlet 与 JSP 页面

19.6 声明过滤器

19.7 指定欢迎页

19.8 指定处理错误的页面

19.9 提供安全性

19.10 控制会话超时

19.11 Web 应用的文档化

19.12 关联文件与 MIME 类型

19.13 定位 TLD

19.14 指定应用事件监听程序

19.15 J2EE 元素

19.16 一个示例

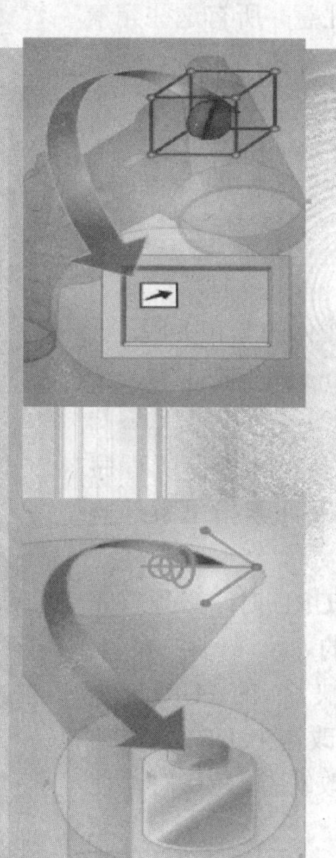

在本章中，我们将详细讨论 Web 应用程序部署描述符中的所有元素。

19.1 定义头和根元素

部署描述符文件就像所有 XML 文件一样，必须以一个 XML 头开始。这个头声明可以使用的 XML 版本，并给出文件的字符编码。

DOCTYPE 声明必须立即出现在此头之后。这个声明告诉服务器适用的 servlet 规范的版本（例如 2.2 或 2.3），并指定管理此文件其余部分内容的语法的 DTD（Document Type Definition，文档类型定义）。

所有部署描述符文件的顶层（根）元素为 web-app。请注意，XML 元素不像 HTML，它们是大小写敏感的。因此，web-App 和 Web-APP 都是不合法的，web-app 必须用小写。

19.2 部署描述符文件内的元素次序

XML 元素不仅是大小写敏感的，而且它们还对出现在其他元素中的次序敏感。例如，XML 头必须是文件中的第一项，DOCTYPE 声明必须是第二项，而 web-app 元素必须是第三项。在 web-app 元素内，元素的次序也很重要。服务器不一定强制要求这种次序，但它们允许（实际上有些服务器就是这样做的）完全拒绝执行含有次序不正确的元素的 Web 应用，这表示使用非标准元素次序的 web.xml 文件是不可移植的。

下面的列表给出了所有可直接出现在 web-app 元素内的合法元素所必需的次序。例如，此列表说明 servlet 元素必须出现在所有 servlet-mapping 元素之前。请注意，所有这些元素都是可选的。因此，可以省略掉某一元素，但不能把它放于不正确的位置。

- icon 元素　指出 IDE 和 GUI 工具用来表示 Web 应用的一个图像文件的位置。
- display-name 元素　提供 GUI 工具可能用来标记这个特定的 Web 应用的一个名称。
- description 元素　给出与此有关的说明性文本。
- context-param 元素　声明应用范围内的初始化参数。
- filter 过滤器元素　将一个名字与一个实现 javax.servlet.Filter 接口的类相关联。
- filter-mapping　一旦命名了一个过滤器，就要利用 filter-mapping 元素把它与一个或多个 servlet 或 JSP 页面相关联。
- listener servlet　API 的版本 2.3 增加了对事件监听程序的支持，事件监听程序在建立、修改和删除会话或 servlet 环境时得到通知。Listener 元素指出事件监听程序类。
- servlet 元素　在向 servlet 或 JSP 页面制定初始化参数或定制 URL 时，必须首先命名 servlet 或 JSP 页面。Servlet 元素就是用来完成此项任务的。
- servlet-mapping　服务器一般为 servlet 提供一个缺省的 URL 为 http://host/webAppPrefix/servlet/ServletName。但是，常常会更改这个 URL，以便 servlet 可以访问初始化参数或更容易地处理相对 URL。在更改缺省 URL 时，使用 servlet-mapping 元素。
- session-config　如果某个会话在一定时间内未被访问，服务器可以抛弃它以节省内存。可通过使用 HttpSession 的 setMaxInactiveInterval 方法，明确地设置单个会话对象的超时值，或者可利用 session-config 元素来制定缺省超时值。

- mime-mapping　如果 Web 应用具有相对特殊的文件，希望保证给它们分配特定的 MIME 类型，则 mime-mapping 元素提供这种保证。
- welcome-file-list 元素　指示服务器在收到引用一个目录名而不是文件名的 URL 时，使用哪个文件。
- error-page 元素　在返回特定 HTTP 状态代码，或者特定类型的异常被抛出时，能够制定将要显示的页面。
- taglib 元素　对标记库描述符文件（Tag Libraryu Descriptor file）指定别名。此功能使你能够更改 TLD 文件的位置，而不用编辑使用这些文件的 JSP 页面。
- resource-env-ref 元素　声明与资源相关的一个管理对象。
- resource-ref 元素　声明一个资源工厂使用的外部资源。
- security-constraint 元素　制定应该保护的 URL，它与 login-config 元素联合使用。
- login-config 元素　用来指定服务器应该怎样给试图访问受保护页面的用户授权，它与 sercurity-constraint 元素联合使用。
- security-role 元素　给出安全角色的一个列表，这些角色将出现在 servlet 元素内的 security-role-ref 元素的 role-name 子元素中。分别声明角色，可使高级 IDE 处理安全信息更为容易。
- env-entry 元素　声明 Web 应用的环境项。
- ejb-ref 元素　声明一个 EJB 的主目录的引用。
- ejb-local-ref 元素　声明一个 EJB 的本地主目录的应用。

19.3 定义 servlet

在 web.xml 中完成的一个最常见的任务是，对 servlet 或 JSP 页面给出名称和定制的 URL。先用 servlet 元素分配名称，再使用 servlet-mapping 元素将定制的 URL 与刚分配的名称相关联。

19.3.1 分配名称

为了提供初始化参数，对 servlet 或 JSP 页面定义一个定制 URL 或分配一个安全角色之前，必须首先给 servlet 或 JSP 页面一个名称。可通过 servlet 元素分配一个名称。最常见的格式包括 servlet-name 和 servlet-class 子元素（在 web-app 元素内），如下所示：

```
<servlet>
<servlet-name>Test</servlet-name>
<servlet-class>chapter19.TestServlet</servlet-class>
</servlet>
```

这表示位于 Web-INF/classes/chapter19/TestServlet 的 servlet 已经得到了注册名 Test。给 servlet 一个名称具有两个主要的含义：首先，初始化参数、定制 URL 模式，其他定制通过此注册名而不是类名引用此 servlet。其次，可在 URL 而不是类名中使用此名称。因此，利用刚才给出的定义，URL http://host/webAppPrefix/servlet/Test 可用于 http://host/webAppPrefix/servlet/chapter19.TestServlet 的场所。

请记住：XML 元素不仅是大小写敏感的，而且定义它们的次序也很重要。例如，web-app 元素内所有 servlet 元素必须位于所有 servlet-mapping 元素之前，而且还要位于与过滤器或文档相关的元素（如果有的话）之前。类似地，servlet 的 servlet-name 子元素也必须出现在 servlet-class 之前。

例如，程序清单 19-1 给出了一个名为 TestServlet 的简单 servlet，它驻留在 chapter19 程序包中。因为此 servlet 是扎根在一个名为 deployDemo 的目录中的 Web 应用的组成部分，所以 TestServlet.class 放在 deployDemo/Web-INF/classes/chapter19 中。程序清单 19-2 给出将放置在 deployDemo/Web-INF/内的 web.xml 文件的一部分，此 web.xml 文件使用 servlet-name 和 servlet-class 元素将名称 Test 与 TestServlet.class 相关联。图 19-1 和图 19-2 分别显示了利用缺省 URL 和注册名调用 TestServlet 时的结果。

程序清单 19-1 TestServlet.java：

```
package chapter19;

import java.io.*;
import javax.servlet.*;
import javax.servlet.http.*;

public class TestServlet extends HttpServlet {
   public void doGet(HttpServletRequest request,
     HttpServletResponse response)
     throws ServletException, IOException {
  response.setContentType("text/html");
  PrintWriter out = response.getWriter();
  String uri = request.getRequestURI();
  out.println(ServletUtilities.headWithTitle("Test Servlet") +
    "<BODY BGCOLOR=\"#FDF5E6\">\n" +
    "<H2>URI: " + uri + "</H2>\n" +"</BODY></HTML>");
  }
}
```

程序清单 19-2 web.xml：

```
<?xml version="1.0" encoding="ISO-8859-1"?>
<!DOCTYPE web-app
PUBLIC "-//Sun Microsystems, Inc.//DTD Web Application 2.3//EN"
"http://java.sun.com/dtd/web-app_2_3.dtd">

<web-app>
```

```
<servlet>
<servlet-name>Test</servlet-name>
<servlet-class>chapter19.TestServlet</servlet-class>
</servlet>

</web-app>
```

19.3.2　定义定制的 URL

大多数服务器具有一个缺省的 serlvet URL：

http://host/webAppPrefix/servlet/packageName.ServletName

虽然在开发中使用这个 URL 很方便，但是我们常常会希望另一个 URL 用于部署。例如，可能需要一个出现在 Web 应用顶层的 URL（如 http://host/webAppPrefix/Anyname），并且在此 URL 中没有 servlet 项。位于顶层的 URL 简化了相对 URL 的使用。此外，对许多开发人员来说，顶层 URL 看上去比更长更麻烦的缺省 URL 更简短。

事实上，有时需要使用定制的 URL。比如，你可能想关闭缺省 URL 映射，以便更好地强制实施安全限制或防止用户意外地访问无初始化参数的 servlet。如果你禁止了缺省的 URL，那么怎样访问 servlet 呢？这时只有使用定制的 URL 了。

为了分配一个定制的 URL，可使用 servlet-mapping 元素及其 servlet-name 和 url-pattern 子元素。Servlet-name 元素提供了一个任意名称，可利用此名称引用相应的 servlet；url-pattern 描述了相对于 Web 应用的根目录的 URL。url-pattern 元素的值必须以斜杠/起始。

下面给出一个简单的 web.xml 摘录，它允许使用 URL http://host/webAppPrefix/UrlTest 而不是 http://host/webAppPrefix/servlet/Test 或 http://host/webAppPrefix/servlet/chapter19.TestServlet。请注意，仍然需要 XML 头、DOCTYPE 声明以及 web-app 封闭元素。可回忆一下，XML 元素出现的次序不是随意的，特别是需要把所有 servlet 元素放在 servlet-mapping 元素之前的时候。

```
<servlet>
<servlet-name>Test</servlet-name>
<servlet-class>chapter19.TestServlet</servlet-class>
</servlet>

<servlet-mapping>
<servlet-name>Test</servlet-name>
<url-pattern>/UrlTest</url-pattern>
</servlet-mapping>
```

URL 模式还可以包含通配符。例如，下面的小程序指示服务器发送所有以 Web 应用的 URL 前缀开始，以.asp 结束的请求到名为 BashMS 的 servlet。

```
<servlet>
<servlet-name>BashMS</servlet-name>
<servlet-class>msUtils.ASPTranslator</servlet-class>
</servlet>

<servlet-mapping>
<servlet-name>BashMS</servlet-name>
<url-pattern>/*.asp</url-pattern>
</servlet-mapping>
```

19.3.3 命名 JSP 页面

因为 JSP 页面要转换成 sevlet，自然希望像命名 servlet 那样命名 JSP 页面。毕竟，JSP 页面可能从初始化参数、安全设置或定制的 URL 中受益，正如普通的 serlvet 那样。虽然 JSP 页面的后台（实际上是 servlet 这句话）是正确的，但存在一个关键的猜疑：你不知道 JSP 页面的实际类名（因为系统自己挑选这个名字）。为了命名 JSP 页面，可将 jsp-file 元素替换为 servlet-calss 元素，如下所示：

```
<servlet>
<servlet-name>Test</servlet-name>
<jsp-file>/TestPage.jsp</jsp-file>
</servlet>
```

命名 JSP 页面的原因与命名 servlet 完全相同：即为了提供一个与定制设置（比如，初始化参数和安全设置）一起使用的名称，以便能更改激活 JSP 页面的 URL（比方说，以便多个 URL 通过相同页面得以处理，或者从 URL 中去掉.jsp 扩展名）。但是，在设置初始化参数时，JSP 页面是利用 jspInit 方法，而不是 init 方法读取初始化参数的。

程序清单 19-3 给出一个名为 TestPage.jsp 的简单 JSP 页面，它的工作只是打印用来激活它的 URL 的本地部分。TestPage.jsp 放置在 deployDemo 应用的顶层。程序清单 19-4 给出了用来分配一个注册名 PageName，然后将此注册名与 http://host/webAppPrefix/UrlTest2/anything 形式的 URL 相关联的 web.xml 文件（即 deployDemo/Web-INF/web.xml）的一部分。

程序清单 19-3 TestPage.jsp：

```
<!DOCTYPE HTML PUBLIC "-//W3C//DTD HTML 4.0 Transitional//EN">
<HTML>
<HEAD>
<TITLE>
JSP Test Page
</TITLE>
</HEAD>
<BODY BGCOLOR="#FDF5E6">
```

```
<H2>URI: <%= request.getRequestURI() %></H2>
</BODY>
</HTML>
```

程序清单 19-4 web.xml：

```
<?xml version="1.0" encoding="ISO-8859-1"?>
<!DOCTYPE web-app
PUBLIC "-//Sun Microsystems, Inc.//DTD Web Application 2.3//EN"
"http://java.sun.com/dtd/web-app_2_3.dtd">

<web-app>

<servlet>
<servlet-name>PageName</servlet-name>
<jsp-file>/TestPage.jsp</jsp-file>
</servlet>

<servlet-mapping>
<servlet-name> PageName </servlet-name>
<url-pattern>/UrlTest2/*</url-pattern>
</servlet-mapping>

</web-app>
```

19.4 禁止激活器 servlet

对 servlet 或 JSP 页面建立定制 URL 的一个原因是，可以注册从 init（servlet）或 jspInit（JSP 页面）方法中读取初始化参数。初始化参数只有利用定制 URL 模式或注册名访问 servlet 或 JSP 页面时可以使用，用缺省 URL http://host/webAppPrefix/servlet/ServletName 访问时不可用。你可能希望关闭缺省 URL，这样就不会有人意外地调用初始化 servlet 了。这个过程有时称为禁止激活器 servlet，因为多数服务器具有一个用缺省的 servlet URL 注册的标准 servlet，并激活缺省的 URL 应用的实际 servlet。

有两种禁止此缺省 URL 的主要方法：

（1）在每个 Web 应用中重新映射/servlet/模式。

（2）全局关闭激活器 servlet。

虽然重新映射每个 Web 应用中的/servlet/模式比彻底禁止激活 servlet 所做的工作更多，但重新映射可以用一种完全可移植的方式来完成。相反，全局禁止激活器 servlet 完全是针对具体机器的，事实上有的服务器（如 ServletExec）没有这样的选择。下面讨论每个 Web 应用重新映射/servlet/ URL 模式的策略，后面提供在 Tomcat 中全局禁止激活器 servlet 的详细内容。

19.4.1 指令

在一个特定的 Web 应用中，禁止以 http://host/webAppPrefix/servlet/ 开始的 URL 处理非常简单。所需做的事情就是建立一个错误消息 servlet，并使用前一节讨论的 url-pattern 元素，将所有匹配请求转向该 servlet。只要简单地使用：

```
<url-pattern>/servlet/*</url-pattern>
```

作为 servlet-mapping 元素中的模式即可。

例如，程序清单 19-5 给出了将 SorryServlet servlet（程序清单 19-6）与所有以 http://host/webAppPrefix/servlet/ 开头的 URL 相关联的部署描述符文件的一部分。

程序清单 19-5 web.xml：

```
<?xml version="1.0" encoding="ISO-8859-1"?>
<!DOCTYPE web-app
PUBLIC "-//Sun Microsystems, Inc.//DTD Web Application 2.3//EN"
"http://java.sun.com/dtd/web-app_2_3.dtd">

<web-app>

<servlet>
<servlet-name>Sorry</servlet-name>
<servlet-class>chapter19.SorryServlet</servlet-class>
</servlet>

<servlet-mapping>
<servlet-name> Sorry </servlet-name>
<url-pattern>/servlet/*</url-pattern>
</servlet-mapping>

</web-app>
```

程序清单 19-6 SorryServlet.java：

```
package chapter19;

import java.io.*;
import javax.servlet.*;
import javax.servlet.http.*;

public class SorryServlet extends HttpServlet {
  public void doGet(HttpServletRequest request,
    HttpServletResponse response)
```

```
    throws ServletException, IOException {
  response.setContentType("text/html");
  PrintWriter out = response.getWriter();
  String title = "Invoker Servlet Disabled.";
  out.println(ServletUtilities.headWithTitle(title) +
    "<BODY BGCOLOR=\"#FDF5E6\">\n" +"<H2>" + title + "</H2>\n" +
    "Sorry, access to servlets by means of\n" +
    "URLs that begin with\n" +"http://host/webAppPrefix/servlet//n" +
    "has been disabled.\n" +"</BODY></HTML>");
  }

  public void doPost(HttpServletRequest request,
    HttpServletResponse response)throws ServletException, IOException {
    doGet(request, response);
  }
}
```

19.4.2 全局禁止激活器

Tomcat 4 中用来关闭缺省 URL 的方法与 Tomcat 3 不同。下面介绍这两种方法：

1. 禁止激活器（Tomcat 4）

Tomcat 4 用与前面相同的方法关闭激活器 servlet，即利用 web.xml 中的 url-mapping 元素进行关闭。不同之处在于，Tomcat 使用了 install_dir/conf 中的一个服务器专用的全局 web.xml 文件，而前面使用的是存放在每个 Web 应用的 Web-INF 目录中的标准 web.xml 文件。

为了在 Tomcat 4 中关闭激活器 servlet，只需在 install_dir/conf/web.xml 中简单地注释出/servlet/* URL 映射项即可，如下所示：

```
<!-
<servlet-mapping>
<servlet-name>invoker</servlet-name>
<url-pattern>/servlet/*</url-pattern>
</servlet-mapping>
-->
```

再次提醒，应该注意这个项位于 install_dir/conf 的 Tomcat 专用的 web.xml 文件中，此文件不是每个 Web 应用的 Web-INF 目录中的标准 web.xml。

2. 禁止激活器（Tomcat3）

在 Apache Tomcat 3 中，通过在 install_dir/conf/server.xml 中注释掉 InvokerInterceptor 项，可以全局禁止缺省 servlet URL。例如，下面是禁止使用缺省 servlet URL 的 server.xml 文件的一部分。

```
<!-
<RequsetInterceptor
className="org.apache.tomcat.request.InvokerInterceptor"
debug="0" prefix="/servlet/" />
-->
```

19.5 初始化及预装载 servlet 与 JSP 页面

这里讨论控制 servlet 和 JSP 页面的启动行为的方法。说明如何分配初始化参数以及如何更改服务器生存期中装载 servlet 和 JSP 页面的时刻。

19.5.1 分配 servlet 初始化参数

利用 init-param 元素向 servlet 提供初始化参数，init-param 元素具有 param-name 和 param-value 子元素。在下面的例子中，如果 initServlet servlet 是利用它的注册名（InitTest）来访问，它将从其方法中调用 getServletConfig().getInitParameter("param1")获得"Value 1"，调用 getServletConfig().getInitParameter("param2")获得"2"。

```
<servlet>
<servlet-name>InitTest</servlet-name>
<servlet-class>chapter19.InitServlet</servlet-class>
<init-param>
<param-name>param1</param-name>
<param-value>value1</param-value>
</init-param>
<init-param>
<param-name>param2</param-name>
<param-value>2</param-value>
</init-param>
</servlet>
```

在涉及初始化参数时，有几点需要注意：

返回值。GetInitParameter 的返回值总是一个 String。在前一个例子中，可对 param2 使用 Integer.parseInt 获得一个 int。

- JSP 中的初始化　JSP 页面使用 jspInit 而不是 init。JSP 页面还需要使用 jsp-file 元素代替 servlet-class。
- 缺省 URL　初始化参数只在通过它们的注册名或与它们注册名相关的定制 URL 模式访问 Servlet 时可以使用。在这个例子中，param1 和 param2 初始化参数将在使用 URL http://host/webAppPrefix/servlet/InitTest 时可用，但在使用 URL http://host/webAppPrefix/servlet/myPackage.InitServlet 时不可用。

程序清单 19-7 给出一个名为 InitServlet 的简单 servlet，它使用 init 方法设置 firstName 和 emailAddress 字段。程序清单 19-8 给出分配名称 InitTest 给 servlet 的 web.xml 文件。

程序清单 19-7 InitServlet.java：

```
package chapter19;

import java.io.*;
import javax.servlet.*;
import javax.servlet.http.*;

public class InitServlet extends HttpServlet {
 private String firstName, emailAddress;

 public void init() {
   ServletConfig config = getServletConfig();
   firstName = config.getInitParameter("firstName");
   emailAddress = config.getInitParameter("emailAddress");
 }

 public void doGet(HttpServletRequest request,
     HttpServletResponse response)
     throws ServletException, IOException {
   response.setContentType("text/html");
   PrintWriter out = response.getWriter();
   String uri = request.getRequestURI();
   out.println(ServletUtilities.headWithTitle("Init Servlet") +
   "<BODY BGCOLOR=\"#FDF5E6\">\n" +"<H2>Init Parameters:</H2>\n" +
   "<UL>\n" +"<LI>First name: " + firstName + "\n" +
   "<LI>Email address: " + emailAddress + "\n" +
   "</UL>\n" +"</BODY></HTML>");
 }
}
```

程序清单 19-8 web.xml：

```
<?xml version="1.0" encoding="ISO-8859-1"?>
<!DOCTYPE web-app
PUBLIC "-//Sun Microsystems, Inc.//DTD Web Application 2.3//EN"
"http://java.sun.com/dtd/web-app_2_3.dtd">

<web-app>

<servlet>
<servlet-name>InitTest</servlet-name>
```

```
<servlet-class>chapter19.InitServlet</servlet-class>
<init-param>
<param-name>firstName</param-name>
<param-value>Larry</param-value>
</init-param>
<init-param>
<param-name>emailAddress</param-name>
<param-value>Ellison@Microsoft.com</param-value>
</init-param>
</servlet>

</web-app>
```

19.5.2 分配 JSP 初始化参数

给 JSP 页面提供初始化参数在 3 个方面不同于给 servlet 提供初始化参数。

（1）使用 jsp-file 而不是 servlet-class。

Web-INF/web.xml 文件的 servlet 元素如下所示：

```
<servlet>
<servlet-name>PageName</servlet-name>
<jsp-file>/RealPage.jsp</jsp-file>
<init-param>
<param-name>...</param-name>
<param-value>...</param-value>
</init-param>
....
</servlet>
```

（2）几乎总是分配一个明确的 URL 模式。

对于 servlet，一般相应地使用以 http://host/webAppPrefix/servlet/ 开始的缺省 URL。只需记住，使用注册名而不是原名称即可，这对 JSP 页面在技术上也是合法的。例如，在上面给出的例子中，可用 URL http://host/webAppPrefix/servlet/PageName 访问 RealPage.jsp 的对初始化参数具有访问权的版本。用于 JSP 页面时，许多用户似乎不喜欢应用常规的 servlet 的 URL。此外，如果 JSP 页面位于服务器为其提供了目录清单的目录中（比如，一个既没有 index.html 也没有 index.jsp 文件的目录），则用户可能连接到此 JSP 页面，单击它，从而意外地激活未初始化的页面。好的办法是，使用 url-pattern 将 JSP 页面的原 URL 与注册的 servlet 名相关联。这样，客户机可使用 JSP 页面的普通名称，但仍然激活定制的版本。例如，给定来自项目 1 的 servlet 定义，可使用下面的 servlet-mapping 定义：

```
<servlet-mapping>
<servlet-name>PageName</servlet-name>
```

```
<url-pattern>/RealPage.jsp</url-pattern>
</servlet-mapping>
```

（3）JSP 页使用 jspInit 而不是 init。

自动从 JSP 页面建立的 servlet 或许已经使用了 inti 方法。因此，使用 JSP 声明提供一个 init 方法是不合法的，必须制定 jspInit 方法。

为了说明初始化 JSP 页面的过程，程序清单 19-9 给出了一个名为 InitPage.jsp 的 JSP 页面，它包含一个 jspInit 方法且放置于 deployDemo Web 应用层次结构的顶层。通常，http://host/deployDemo/InitPage.jsp 形式的 URL 将激活此页面的不具有初始化参数访问权的版本，从而将对 firstName 和 emailAddress 变量显示 null。但是，web.xml 文件（程序清单 19-10）分配了一个注册名，然后将该注册名与 URL 模式/InitPage.jsp 相关联。

程序清单 19-9 InitPage.jsp:

```
<!DOCTYPE HTML PUBLIC "-//W3C//DTD HTML 4.0 Transitional//EN">
<HTML>
<HEAD><TITLE>JSP Init Test</TITLE></HEAD>
<BODY BGCOLOR="#FDF5E6">
<H2>Init Parameters:</H2>
<UL>
<LI>First name: <%= firstName %>
<LI>Email address: <%= emailAddress %>

</UL>
</BODY></HTML>
<%!
  private String firstName, emailAddress;
  public void jspInit() {
    ServletConfig config = getServletConfig();
    firstName = config.getInitParameter("firstName");
    emailAddress = config.getInitParameter("emailAddress");
  }
%>
```

程序清单 19-10 web.xml:

```
<?xml version="1.0" encoding="ISO-8859-1"?>
<!DOCTYPE web-app
PUBLIC "-//Sun Microsystems, Inc.//DTD Web Application 2.3//EN"
"http://java.sun.com/dtd/web-app_2_3.dtd">

<web-app>
```

```
<servlet>
<servlet-name>InitPage</servlet-name>
<jsp-file>/InitPage.jsp</jsp-file>
<init-param>
<param-name>firstName</param-name>
<param-value>Bill</param-value>
</init-param>
<init-param>
<param-name>emailAddress</param-name>
<param-value>gates@oracle.com</param-value>
</init-param>
</servlet>

<servlet-mapping>
<servlet-name> InitPage</servlet-name>
<url-pattern>/InitPage.jsp</url-pattern>
</servlet-mapping>

</web-app>
```

19.5.3 应用范围内的初始化参数

对单个 servlet 或 JSP 页面分配初始化参数，指定的 servlet 或 JSP 页面利用 ServletConfig 的 getInitParameter 方法读取这些参数。在某些情形下，希望提供可由任意 servlet 或 JSP 页面借助 ServletContext 的 getInitParameter 方法读取系统范围内的初始化参数。

可利用 context-param 元素声明这些系统范围内的初始化值。context-param 元素应该包含 param-name、param-value 以及可选的 description 子元素，如下所示：

```
<context-param>
<param-name>support-email</param-name>
<param-value>blackhole@mycompany.com</param-value>
</context-param>
```

可回忆一下，为了保证可移植性，web.xml 内的元素必须以正确的次序声明。这里应该注意的是，context-param 元素必须出现在任意与文档有关的元素（icon、display-name 或 description）之后及 filter、filter-mapping、listener 或 servlet 元素之前。

19.5.4 服务器启动时装载 servlet

假如 servlet 或 JSP 页面有一个要花很长时间去执行的 init（servlet）或 jspInit（JSP）方法。假如 init 或 jspInit 方法从某个数据库或 ResourceBundle 查找产量。在这种情况下，第一个客户机请求时装载 servlet 的缺省行为，将对第一个客户机产生较长时间的延迟。因此，可利用 servlet 的 load-on-startup 元素规定服务器在第一次启动时装载 servlet。下面是一个例子。

```
<servlet>
<servlet-name> … </servlet-name>
<servlet-class> … </servlet-class>
<load-on-startup/>
</servlet>
```

可以为此元素体提供一个整数而不是使用一个空的 load-on-startup。服务器应该在装载较大数目的servlet或JSP页面之前，装载较少数目的servlet或JSP页面。例如，下面的servlet项（放置在 Web 应用的 Web-INF 目录下的 web.xml 文件中的 web-app 元素内）将指示服务器首先装载和初始化 SearchServlet，然后装载和初始化由位于 Web 应用的 result 目录中的 index.jsp 文件产生的 servlet。

```
<servlet>
<servlet-name>Search</servlet-name>
<servlet-class>myPackage.SearchServlet</servlet-class>
<load-on-startup>1</load-on-startup>
</servlet>

<servlet>
<servlet-name>Results</servlet-name>
<servlet-class>/results/index.jsp</servlet-class>
<load-on-startup>2</load-on-startup>
</servlet>
```

19.6 声明过滤器

servlet 2.3 引入了过滤器的概念。虽然所有支持 servlet API 2.3 的服务器都支持过滤器，但为了使用与过滤器有关的元素，必须在 web.xml 中使用版本 2.3 的 DTD。

过滤器可截取和修改一个进入 servlet 或 JSP 页面的请求或从一个 servlet 或 JSP 页面发出的响应。在执行一个 servlet 或 JSP 页面之前，必须先执行第一个相关的过滤器的 doFilter 方法。在该过滤器对其 FilterChain 对象调用 doFilter 方法时，执行链中的下一个过滤器。如果没有其他过滤器，servlet 或 JSP 页面被执行。过滤器具有对到来的 ServletRequest 对象的全部访问权，它们可以查看客户机名、Cookie 等。为了访问 servlet 或 JSP 页面的输出，过滤器可将响应对象包裹在一个替身对象（stand-in object）中，比方说把输出累加到一个缓冲区。在调用 FilterChain 对象的 doFilter 方法之后，过滤器可检查缓冲区，如有必要，就对它进行修改，然后传送到客户机。

程序清单 19-11 展示了一个简单的过滤器，只要访问相关的 servlet 或 JSP 页面，它就截取请求并在标准输出上打印一个报告（在桌面系统上运行时，大多数服务器都可以使用这个过滤器）。

程序清单 19-11 ReportFilter.java：

```
package chapter19;

import java.io.*;
import javax.servlet.*;
import javax.servlet.http.*;
import java.util.*;

public class ReportFilter implements Filter {
  public void doFilter(ServletRequest request,
      ServletResponse response, FilterChain chain)
      throws ServletException, IOException {
    HttpServletRequest req = (HttpServletRequest)request;
    System.out.println(req.getRemoteHost() +
    " tried to access " + req.getRequestURL() +
    " on " + new Date() + ".");
    chain.doFilter(request,response);
  }

  public void init(FilterConfig config) throws ServletException {}

  public void destroy() {}
}
```

一旦建立了过滤器，就可以在 web.xml 中利用 filter 元素以及 filter-name（任意名称）、file-class（完全限定的类名）和（可选的）init-params 子元素声明它。请注意，元素在 web.xml 的 web-app 元素中出现的次序不是任意的；允许服务器（不是必需的）强制所需的次序，有些服务器也是这样做的。但是，所有 filter 元素必须出现在任意 filter-mapping 元素之前，而 filter-mapping 元素必须出现在所有 servlet 或 servlet-mapping 元素之前。

例如，给定上述的 ReportFilter 类，可在 web.xml 中作出下面的 filter 声明。它把名称 Reporter 与实际的类 ReportFilter（位于 chapter19 程序包中）相关联。

```
<filter>
<filter-name>Reporter</filter-name>
<filter-class>moresevlets.ReportFilter</filter-class>
</filter>
```

一旦命名了过滤器，就可利用 filter-mapping 元素把它与一个或多个 servlet 或 JSP 页面相关联。关于此项工作有两种选择。

首先，可使用 filter-name 和 servlet-name 子元素把此过滤器与一个特定的 servlet 名（此 servlet 名必须稍后在相同的 web.xml 文件中使用 servlet 元素声明）关联。例如，下面的程序片断指示系统只要利用一个定制的 URL 访问名为 SomeServletName 的 servlet 或 JSP 页面，就运行名为 Reporter 的过滤器。

```
<filter-mapping>
<filter-name>Reporter</filter-name>
<servlet-name>SomeServletName</servlet-name>
</filter-mapping>
```

其次，可利用 filter-name 和 url-pattern 子元素将过滤器与一组 servlet、JSP 页面或静态内容相关联。下面的程序片段指示系统，只要访问 Web 应用中的任意 URL，就运行名为 Reporter 的过滤器。

```
<filter-mapping>
<filter-name>Reporter</filter-name>
<url-pattern>/*</url-pattern>
</filter-mapping>
```

程序清单 19-12 给出了将 ReportFilter 过滤器与名为 PageName 的 servlet 相关联的 web.xml 文件的一部分。名字 PageName 依次与一个名为 TestPage.jsp 的 JSP 页面以及以模式 http://host/webAppPrefix/UrlTest2/ 开头的 URL 相关联。事实上，程序清单 19-12 中的 servlet 和 servlet-name 项是前面节原封不动地拿过来的。给定这些 web.xml 项，可看到下面的标准输出形式的调试报告。

```
audit.irs.gov tried to access
http://mycompany.com/deployDemo/UrlTest2/business/tax-plan.html
on Tue Dec 25 13:12:29 EDT 2001.
```

程序清单 19-12 Web.xml:

```
<?xml version="1.0" encoding="ISO-8859-1"?>
<!DOCTYPE web-app
PUBLIC "-//Sun Microsystems, Inc.//DTD Web Application 2.3//EN"
"http://java.sun.com/dtd/web-app_2_3.dtd">

<web-app>
<filter>
<filter-name>Reporter</filter-name>
<filter-class>moresevlets.ReportFilter</filter-class>
</filter>

<filter-mapping>
<filter-name>Reporter</filter-name>
<servlet-name>PageName</servlet-name>
</filter-mapping>
```

```
<servlet>
<servlet-name>PageName</servlet-name>
<jsp-file>/RealPage.jsp</jsp-file>
</servlet>

<servlet-mapping>
<servlet-name> PageName </servlet-name>
<url-pattern>/UrlTest2/*</url-pattern>
</servlet-mapping>

</web-app>
```

19.7 指定欢迎页

假如用户提供了一个 http://host/webAppPrefix/directoryName/目录名但没有包含文件名的 URL，会发生什么事情呢？用户能得到一个目录表？一个错误？还是标准文件的内容？如果得到标准文件内容，是 index.html、index.jsp、default.html、default.htm 或者别的什么东西呢？

Welcome-file-list 元素及其辅助的 welcome-file 元素解决了这个模糊的问题。例如，下面的 web.xml 项指出，如果 URL 给出一个目录名但未给出文件名，服务器应该首先试用 index.jsp，然后再试用 index.html。如果两者都没有找到，则结果有赖于所用的服务器（如一个目录列表）。

```
<welcome-file-list>
<welcome-file>index.jsp</welcome-file>
<welcome-file>index.html</welcome-file>
</welcome-file-list>
```

虽然许多服务器缺省遵循这种行为，但不一定必须这样。因此，明确地使用 welcom-file-list，保证可移植性是一种良好的习惯。

19.8 指定处理错误的页面

我们知道，在开发 servlet 和 JSP 页面时不可能做到从不会犯错误，而且所有页面是那样的清晰，一般程序员都不会被它们的搞糊涂。但是总会有人犯错误，用户可能提供不合规定的参数，使用不正确的 URL 或者不能提供必需的表单字段值。除此之外，其他开发人员也可能不那么细心，他们应该使用些工具来克服自己的不足。

error-page 元素就是用来克服这些问题的，它有两个可能的子元素，分别是 error-code 和 exception-type。第一个子元素 error-code 指出，在给定的 HTTP 错误代码出现时所使用的 URL。第二个子元素 excpetion-type 指出，在出现某个给定的 Java 异常但未捕捉到时所使用的 URL。error-code 和 exception-type 都利用 location 元素指出了相应的 URL。此 URL 必须以/开始。location 所指出的位置处的页面可通过查找 HttpServletRequest 对象的两个专门的属性来访问关于错误的信息，这两个属性分别是 javax.servlet.error.status_code 和 javax.servlet.error.message。

可回忆一下，在 web.xml 内以正确的次序声明 web-app 的子元素很重要。这里只要记住，error-page 出现在 web.xml 文件的末尾附近，servlet、servlet-name 和 welcome-file-list 之后即可。

19.8.1　error-code 元素

为了更好地了解 error-code 元素的值，可考虑一下：如果不正确地输入了文件名，大多数站点会作出什么反应。这时一般会出现一个 404 错误信息，它表示不能找到该文件，但几乎没提供更多有用的信息。另一方面，可以试一下在 http://www.microsoft.com/、http://www.ibm.com/ 或者 http://www.bea.com/ 处输出未知的文件名。这时会得出有用的消息，这些消息提供了可选择的位置，以便查找感兴趣的页面。提供这样有用的错误页面，对于 Web 应用来说是很有价值的。事实上，http://www.plinko.net/404/ 就是把整个站点专门用于 404 错误页面这个内容，这个站点包含来自全世界最好、最糟和最搞笑的 404 页面。

程序清单 19-13 给出了一个 JSP 页面，此页面可返回给提供位置程序名的客户机。程序清单 19-14 给出指定程序清单 19-13 作为返回 404 错误代码时显示的页面的 web.xml。请注意，浏览器中显示的 URL 仍然是客户机所提供的，错误页面是一种后台实现技术。

最后一点，请记住 IE5 的缺省配置显然不符合 HTTP 规范，它忽略了服务器生成的错误消息，而是显示自己的标准出错信息。可转到其 Tools 菜单，选择 Internet Options，单击 Advanced，取消 Show Friendly HTTP Error Message 来解决此问题。

程序清单 19-13 NotFound.jsp：

```
    <!DOCTYPE HTML PUBLIC "-//W3C//DTD HTML 4.0 Transitional//EN">
    <HTML>
    <HEAD><TITLE>404: Not Found</TITLE></HEAD>
    <BODY BGCOLOR="#FDF5E6">
    <H2>Error!</H2>
    I'm sorry, but I cannot find a page that matches
    <%= request.getRequestURI() %> on the system. Maybe you should
try one of the following:
    <UL>
    <LI>Go to the server's <A HREF="/">home page</A>.
    <LI>Search for relevant pages.<BR>
    <FORM ACTION="http://www.google.com/search">
    <CENTER>
    Keywords: <INPUT TYPE="TEXT" NAME="q"><BR>
    <INPUT TYPE="SUBMIT" VALUE="Search">
    </CENTER>
    </FORM>
    <LI>Admire a random multiple of 404:
```

```
<%= 404*((int)(1000*Math.random())) %>.
<LI>Try a <A HREF="http://www.plinko.net/404/rndindex.asp"
TARGET="_blank">
random 404 error message</A>. From the amazing and
amusing plinko.net <A HREF="http://www.plinko.net/404/">
404 archive</A>.
</UL>
</BODY></HTML>
```

程序清单 19-14 web.xml:

```
<?xml version="1.0" encoding="ISO-8859-1"?>
<!DOCTYPE web-app
PUBLIC "-//Sun Microsystems, Inc.//DTD Web Application 2.3//EN"
"http://java.sun.com/dtd/web-app_2_3.dtd">

<web-app>

<error-page>
<error-code>404</error-code>
<location>/NotFound.jsp</location>
</error-page>

</web-app>
```

19.8.2 exception-type 元素

error-code 元素处理某个请求，产生一个特定的 HTTP 状态代码时的情况。然而，对于 servlet 或 JSP 页面，返回 200 与产生运行时异常同样常见，怎么办？这正是 exception-type 元素要处理的情况。只需提供两样东西即可：即提供如下一个完全限定的异常类和一个位置：

```
<error-page>
<exception-type>packageName.className</exception-type>
<location>/SomeURL</location>
</error-page>
```

这样，如果 Web 应用中的任何 servlet 或 JSP 页面产生一个特定类型的未捕捉到的异常，则使用指定的 URL。此异常类型可以是一个标准类型，比如 javax.ServletException 或 java.lang.OutOfMemoryError，或者是一个专门针对你的应用的异常。

程序清单 19-15 给出了一个名为 DumbDeveloperException 的异常类，可用它来特别标记经验较少的程序员（不是说你的开发组中一定有这种人）所犯的错误。这个类还包含一个名为 dangerousComputation 的静态方法，它时不时地生成这种类型的异常。程序清单

19-16 给出了对随机整数值调用 dangerousCompution 的一个 JSP 页面。抛出此异常时，如程序清单 19-18 的 web.xml 版本中所给出的 exception-type 所指出的那样，可对客户机显示 DDE.jsp（程序清单 19-17）。

程序清单 19-15 DumbDeveloperException.java：

```
package chapter19;

public class DumbDeveloperException extends Exception {
  public DumbDeveloperException() {
    super("Duh. What was I *thinking*?");
  }

  public static int dangerousComputation(int n)
      throws DumbDeveloperException {
    if (n < 5) {
      return(n + 10);
    } else {
      throw(new DumbDeveloperException());
    }
  }
}
```

程序清单 19-16 RiskyPage.jsp：

```
<!DOCTYPE HTML PUBLIC "-//W3C//DTD HTML 4.0 Transitional//EN">
<HTML>
<HEAD><TITLE>Risky JSP Page</TITLE></HEAD>
<BODY BGCOLOR="#FDF5E6">
<H2>Risky Calculations</H2>
<%@ page import="chapter19.*" %>
<% int n = ((int)(10 * Math.random())); %>
<UL>
<LI>n: <%= n %>
<LI>dangerousComputation(n):
<%= DumbDeveloperException.dangerousComputation(n) %>
</UL>
</BODY></HTML>
```

程序清单 19-17 DDE.jsp：

```
<!DOCTYPE HTML PUBLIC "-//W3C//DTD HTML 4.0 Transitional//EN">
<HTML>
```

```
<HEAD><TITLE>Dumb</TITLE></HEAD>
<BODY BGCOLOR="#FDF5E6">
<H2>Dumb Developer</H2>
We're brain dead. Consider using our competitors.
</BODY></HTML>
```

程序清单 19-18 web.xml：

```
<?xml version="1.0" encoding="ISO-8859-1"?>
<!DOCTYPE web-app
PUBLIC "-//Sun Microsystems, Inc.//DTD Web Application 2.3//EN"
"http://java.sun.com/dtd/web-app_2_3.dtd">

<web-app>

<servlet> … </servlet>

<error-page>
<exception-type>
chapter19.DumbDeveloperException
</exception-type>
<location>/DDE.jsp</location>
</error-page>

</web-app>
```

19.9 提供安全性

利用 web.xml 中的相关元素为服务器的内建功能提供安全性。

19.9.1 指定验证的方法

使用 login-confgi 元素规定服务器应该如何验证试图访问受保护页面的用户。它包含三个可能的子元素，分别是 auth-method、realm-name 和 form-login-config。login-config 元素应该出现在 web.xml 部署描述符文件的结尾附近，紧跟在 security-constraint 元素之后。

login-config 子元素列出服务器将要使用的特定验证机制。有效值为 BASIC、DIGEST、FORM 和 CLIENT-CERT。服务器只需要支持 BASIC 和 FORM。

BASIC 指出应该使用标准的 HTTP 验证，在此验证中，服务器检查 Authorization 头。如果缺少这个头，则返回一个 401 状态代码和一个 WWW-Authenticate 头。导致客户机弹出一个用来填写 Authorization 头的对话框。此机制很少或不提供对攻击者的防范，这些攻击者在 Internet 连接上进行窥探（比如通过在客户机的子网上执行一个信息包探测装置），因为用户名和口令是用简单的可逆 base64 编码发送的，他们很容易得手。所有兼容的服务器都需要支持 BASIC 验证。

DIGEST 指出客户机应该利用加密 Digest Authentication 形式传输用户名和口令。这提供了比 BASIC 验证更高的防范网络截取得的安全性，但这种加密比 SSL（HTTPS）所用的方法更容易破解。不过，此结论有时没有意义，因为当前很少有浏览器支持 Digest Authentication，所以 servlet 容器不需要支持它。

FORM 指出服务器应该检查保留的会话 Cookie，并且把不具有它的用户重定向到一个指定的登录页。此登录页应该包含一个收集用户名和口令的常规 HTML 表单。在登录成功之后，利用保留会话级的 cookie 跟踪用户。虽然很复杂，但 FORM 验证防范网络窥探并不比 BASIC 验证更安全，如果有必要可以在顶层安排诸如 SSL 或网络层安全（如 IPSEC 或 VPN）等额外的保护。所有兼容的服务器都需要支持 FORM 验证。

CLIENT-CERT 规定服务器必须使用 HTTPS（SSL 之上的 HTTP），并利用用户的公开密钥证书（Pulic Key Certificat）对用户进行验证。这提供了防范网络截取的很强的安全性，但只有兼容 J2EE 的服务器需要支持它。

realm-name 元素只在 auth-method 为 BASIC 时使用，它指出浏览器在相应对话框标题使用并作为 Authorization 头组成部分的安全域的名称。

form-login-config 元素只在 auth-method 为 FORM 时适用。它指定两个页面，分别是：包含收集用户名及口令的 HTML 表单的页面（利用 form-login-page 子元素），用来指示验证失败的页面（利用 form-error-page 子元素）。由 form-login-page 给出的 HTML 表单必须具有一个 j_security_check 的 ACTION 属性、一个名为 j_username 的用户名文本字段以及一个名为 j_password 的口令字段。

程序清单 19-19 指示服务器使用基于表单的验证。Web 应用的顶层目录中的一个名为 login.jsp 的页面将收集用户名和口令，并且失败的登录将由相同目录中名为 login-error.jsp 的页面报告。

程序清单 19-19 web.xml：

```
<?xml version="1.0" encoding="ISO-8859-1"?>
<!DOCTYPE web-app
PUBLIC "-//Sun Microsystems, Inc.//DTD Web Application 2.3//EN"
"http://java.sun.com/dtd/web-app_2_3.dtd">

<web-app>

<security-constraint> ... </security-constraint>

<login-config>
<auth-method> FORM </auth-method>
<form-login-config>
<form-login-page>/login.jsp</form-login-page>
<form-error-page>/login-error.jsp</form-error-page>
</form-login-config>
```

```
</login-config>

</web-app>
```

19.9.2 限制对 Web 资源的访问

现在，可以指示服务器使用何种验证方法了。“了不起，”你说道，“除非我能指定一个受到保护的 URL，否则没有多大用处。”没错。指出这些 URL 并说明它们应该得到何种保护正是 security-constriaint 元素的用途。此元素在 web.xml 中应该出现在 login-config 的紧前面。它包含 4 个可能的子元素，分别是 web-resource-collection、auth-constraint、user-data-constraint 和 display-name。

web-resource-collection 元素确定应该保护的资源，所有 security-constraint 元素都必须包含至少一个 web-resource-collection 项。此元素由一个给出任意标识名称的 web-resource-name 元素、一个确定应该保护的 URL 的 url-pattern 元素、一个指出此保护所适用的 HTTP 命令（GET、POST 等，缺省为所有方法）的 http-method 元素和一个提供资料的可选 description 元素组成。例如，下面的 Web-resource-collection 项（在 security-constratint 元素内）指出了在 Web 应用的 proprietary 目录中所有文档应该受到保护。

```
<security-constraint>
<web-resource-coolection>
<web-resource-name>Proprietary</web-resource-name>
<url-pattern>/propritary/*</url-pattern>
</web-resource-coolection>
<!-- ... -->
</security-constraint>
```

需要注意的是，url-pattern 仅适用于直接访问这些资源的客户机。但不适合于通过 MVC 体系结构利用 RequestDispatcher 来访问的页面，或者利用类似 jsp:forward 的手段来访问的页面。例如，servlet 可利用 MVC 体系结构查找数据，把它放到 bean 中，发送请求到从 bean 中提取数据的 JSP 页面并显示它。我们希望保证决不直接访问受保护的 JSP 页面，只是通过建立该页面将使用的 bean 的 servlet 来访问它。url-pattern 和 auth-contraint 元素可通过声明不允许任何用户直接访问 JSP 页面来提供这种保证。但是，这种不匀称的行为可能让开发人员放松警惕，使他们偶然对应受保护的资源提供不受限制的访问。

尽管 web-resource-collention 元素指出了哪些 URL 应该受到保护，但是 auth-constraint 元素却指出哪些用户应该具有受保护资源的访问权。此元素应该包含一个或多个标识具有访问权限的用户类别 role-name 元素，以及包含（可选）一个描述角色的 description 元素。下面的 web.xml 中的 security-constraint 元素规定，只有指定为 Administrator 或 Big Kahuna（或两者）的用户具有指定资源的访问权。

```
<security-constraint>
<web-resource-coolection> ... </web-resource-coolection>
<auth-constraint>
```

```
<role-name>administrator</role-name>
<role-name>kahuna</role-name>
</auth-constraint>
</security-constraint>
```

重要的是，到此为止这个过程的可移植部分结束了。服务器怎样确定哪些用户处于任何角色以及怎样存放用户的口令，完全有赖于具体的系统。

例如，Tomcat 使用 install_dir/conf/tomcat-users.xml 将用户名与角色名、口令相关联，正如下面例子中所示，它指出用户 joe（口令 bigshot）、jane（口令 enaj）属于 administrator 和 kahuna 角色。

```
<tomcat-users>
<user name="joe" password="bigshot" roles="administrator,kahuna" />
<user name="jane" password="enaj" roles="kahuna" />
</tomcat-users>
```

user-data-constraint 这个可选的元素指出，在访问相关资源时使用任何传输层保护。它必须包含一个 transport-guarantee 子元素（合法值为 NONE、INTEGRAL 或 CONFIDENTIAL），并且可选地包含一个 description 元素。transport-guarantee 为 NONE 值将对所用的通讯协议不加限制。INTEGRAL 值表示数据必须以一种防止截取的人阅读它的方式传送。原则上（并且在未来的 HTTP 版本中），在 INTEGRAL 和 CONFIDENTIAL 之间可能有差别，但在当前实践中，它们都只是简单地要求用 SSL。例如，下面指示服务器只允许对相关资源做 HTTPS 连接。

```
<security-constraint>
<!-- ... -->
<user-data-constraint>
<transport-guarantee>CONFIDENTIAL</transport-guarantee>
</user-data-constraint>
</security-constraint>
```

security-constraint 这个很少使用的子元素，给予可能由 GUI 工具使用的安全约束项一个名称。

19.9.3　分配角色名

迄今为止，讨论已经集中到完全由容器（服务器）处理的安全问题之上了。但 servlet 以及 JSP 页面也能够处理它们自己的安全问题。

例如，容器可能允许用户从 bigwig 或 bigcheese 角色访问一个显示主管人员额外紧贴的页面，但只允许 bigwig 用户修改此页面的参数。完成这种更细致的控制的常见方法是调用 HttpServletRequset 的 isUserInRole 方法，并据此修改访问。

Servlet 的 security-role-ref 子元素提供了出现在服务器专用口令文件中的安全角色名的一个别名。假如编写了一个调用 request.isUserInRole（"boss"）的 servlet，但后来该 servlet

被用在一个口令文件调用角色 manager 而不是 boss 的服务器中。下面的程序段使该 servlet 能够使用这两个名称中的任何一个。

```
<servlet>
<!-- ... -->
<security-role-ref>
<role-name>boss</role-name> <!-- New alias -->
<role-link>manager</role-link> <!-- Real name -->
</security-role-ref>
</servlet>
```

也可以在 web-app 内利用 security-role 元素，提供将出现在 role-name 元素中的所有安全角色进行列表。分配生命角色，使高级 IDE 容易处理安全信息。

19.10 控制会话超时

如果某个会话在一定的时间内未被访问，服务器可把它扔掉以节约内存。可利用 HttpSession 的 setMaxInactiveInterval 方法直接设置个别会话对象的超时值。如果不采用这种方法，则缺省的超时值由具体的服务器决定。但可利用 session-config 和 session-timeout 元素来给出一个适用于所有服务器的明确的超时值。超时值的单位为分钟，下面的例子设置缺省会话超时值为 3 个小时（180 分钟）。

```
<session-config>
<session-timeout>180</session-timeout>
</session-config>
```

19.11 Web 应用的文档化

越来越多的开发环境开始提供 servlet 和 JSP 的直接支持。例子有 Borland Jbuilder Enterprise Edition、Macromedia UltraDev、Allaire JRun Studio（写此文时，已被 Macromedia 收购）以及 IBM VisuaAge for Java 等。

大量的 web.xml 元素不仅是为服务器设计的，而且还是为可视化开发环境设计的，它们包括 icon、display-name 和 discription 等。

可回忆一下，在 web.xml 内以适当的次序声明 web-app 子元素很重要。不过，这里只要记住 icon、display-name 和 description 是 web.xml 的 web-app 元素内的前 3 个合法元素即可。

icon 元素指出 GUI 工具可用来代表 Web 应用的一个和两个图像文件。可利用 small-icon 元素指定一幅 16×16 的 GIF 或 JPEG 图像，用 large-icon 元素指定一幅 32×32 的图像。下面举一个例子：

```
<icon>
<small-icon>/images/small-book.gif</small-icon>
```

```
<large-icon>/images/tome.jpg</large-icon>
</icon>
```

display-name 元素提供 GUI 工具可能会用来标记此 Web 应用的一个名称。下面是个例子。

```
<display-name>Rare Books</display-name>
```

description 元素提供解释性文本，如下所示：

```
<description>
This Web application represents the store developed for
rare-books.com, an online bookstore specializing in rare
and limited-edition books.
</description>
```

19.12　关联文件与 MIME 类型

服务器一般都具有一种让 Web 站点管理员将文件扩展名与媒体相关联的方法。例如，自动给予名为 mom.jpg 的文件一个 image/jpeg 的 MIME 类型。但是，假如你的 Web 应用具有几个不寻常的文件，你希望保证它们在发送到客户机时分配为某种 MIME 类型。mime-mapping 元素（具有 extension 和 mime-type 子元素）可提供这种保证。例如，下面的代码指示服务器将 application/x-fubar 的 MIME 类型分配给所有以.foo 结尾的文件。

```
<mime-mapping>
<extension>foo</extension>
<mime-type>application/x-fubar</mime-type>
</mime-mapping>
```

或许，你的 Web 应用希望重载（override）标准的映射。例如，下面的代码将告诉服务器，在发送到客户机时指定.ps 文件作为纯文本（text/plain）而不是作为 PostScript（application/postscript）。

```
<mime-mapping>
<extension>ps</extension>
<mime-type>application/postscript</mime-type>
</mime-mapping>
```

19.13　定位 TLD

JSP taglib 元素具有一个必要的 uri 属性，它给出一个 TLD（Tag Library Descriptor）文件相对于 Web 应用的根的位置。TLD 文件的实际名称在发布新的标签库版本时可能会改变，但我们希望避免更改所有现有 JSP 页面。此外，可能还希望使用保持 taglib 元素的简练性的一个简短的 uri，这时部署描述符文件的 taglib 元素就派上用场了。Taglib 包含两个子元素：taglib-uri 和 taglib-location。taglib-uri 元素应该与用于 JSP taglib 元素的 uri 属性的东西相匹配。Taglib-location 元素给出 TLD 文件的实际位置。假如你将文件 chart-tags-1.3beta.tld 放在 WebApp/Web-INF/tlds 中，web.xml 在 web-app 元素内包含下列内容。

```
<taglib>
<taglib-uri>/charts.tld</taglib-uri>
<taglib-location>
/Web-INF/tlds/chart-tags-1.3beta.tld
</taglib-location>
</taglib>
```

给出这个说明后，JSP 页面可通过下面的简化形式使用标签库。

```
<%@ taglib uri="/charts.tld" prefix="somePrefix" %>
```

19.14 指定应用事件监听程序

应用事件监听器程序是建立或修改 servlet 环境或会话对象时通知的类。它们是 servlet 规范的版本 2.3 中的新内容。这里只简单地说明用来向 Web 应用注册一个监听程序的 web.xml 的用法。

注册一个监听程序涉及在 web.xml 的 web-app 元素内放置一个 listener 元素。在 listener 元素内，listener-class 元素列出监听程序的完整的限定类名，如下所示：

```
<listener>
<listener-class>package.ListenerClass</listener-class>
</listener>
```

虽然 listener 元素的结构很简单，但不要忘记，必须正确地给出 web-app 元素内的子元素的次序。listener 元素位于所有的 servlet 元素之前以及所有 filter-mapping 元素之后。此外，因为应用生存期监听程序是 serlvet 规范的 2.3 版本中的新内容，所以必须使用 web.xml DTD 的 2.3 版本，而不是 2.2 版本。

程序清单 19-20 给出一个名为 ContextReporter 的简单的监听程序，只要 Web 应用的 Servlet-Context 建立（比如装载 Web 应用）或消除（比如服务器关闭）时，它就在标准输出上显示一条消息。程序清单 19-21 给出此监听程序注册所需要的 web.xml 文件的一部分。

程序清单 19-20 ContextReporterjava：

```
package chapter19;


import javax.servlet.*;
import java.util.*;


public class ContextReporter implements ServletContextListener {
```

```
  public void contextInitialized(ServletContextEvent event) {
    System.out.println("Context created on " + new Date() + ".");
  }

  public void contextDestroyed(ServletContextEvent event) {
    System.out.println("Context destroyed on " + new Date() + ".");
  }
}
```

程序清单 19-21 web.xml：

```
<?xml version="1.0" encoding="ISO-8859-1"?>
<!DOCTYPE web-app
PUBLIC "-//Sun Microsystems, Inc.//DTD Web Application 2.3//EN"
"http://java.sun.com/dtd/web-app_2_3.dtd">
<web-app>
<!-- ... -->
<filter-mapping> … </filter-mapping>
<listener>
<listener-class>package.ListenerClass</listener-class>
</listener>
<servlet> ... </servlet>
<!-- ... -->
</web-app>
```

19.15 J2EE 元素

本节描述用作 J2EE 环境组成部分的 Web 应用的 web.xml 元素。

distributable 元素指出，Web 应用是以这样的方式编程的：支持集群的服务器可安全地在多个服务器上分布 Web 应用。例如，一个可分布的应用必须只使用 Serializable 对象作为其 HttpSession 对象的属性，而且必须避免用实例变量（字段）来实现持续性。distributable 元素直接出现在 discription 元素之后，并且不包含子元素或数据，它只是一个如下的标识。

```
<distributable />
```

resource-env-ref 元素声明一个与某个资源有关的管理对象，此元素包含一个可选的 description 元素、一个 resource-env-ref-name 元素（一个相对于 java:comp/env 环境的 JNDI 名）以及一个 resource-env-type 元素（指定资源类型的完全限定的类），如下所示：

```
<resource-env-ref>
<resource-env-ref-name>
jms/StockQueue
</resource-env-ref-name>
```

```
<resource-env-ref-type>
javax.jms.Queue
</resource-env-ref-type>
</resource-env-ref>
```

env-entry 元素声明 Web 应用的环境项，它由一个可选的 description 元素、一个 env-entry-name 元素（一个相对于 java:comp/env 环境 JNDI 名）、一个 env-entry-value 元素（项值）以及一个 env-entry-type 元素（java.lang 程序包中一个类型的完全限定类名，java.lang.Boolean、java.lang.String 等）组成。下面是一个例子：

```
<env-entry>
<env-entry-name>minAmout</env-entry-name>
<env-entry-value>100.00</env-entry-value>
<env-entry-type>minAmout</env-entry-type>
</env-entry>
```

ejb-ref 元素声明对一个 EJB 的主目录的应用，它由一个可选的 description 元素、一个 ejb-ref-name 元素（相对于 java:comp/env 的 EJB 应用）、一个 ejb-ref-type 元素（bean 的类型，Entity 或 Session）、一个 home 元素（bean 的主目录接口的完全限定名）、一个 remote 元素（bean 的远程接口的完全限定名）以及一个可选的 ejb-link 元素（当前 bean 链接的另一个 bean 的名称）组成。

ejb-local-ref 元素声明一个 EJB 的本地主目录的引用。除了可用 local-home 代替 home 外，此元素具有与 ejb-ref 元素相同的属性，并以相同的方式使用。

19.16 一个示例

以下部署描述符示例列出了大部分常用的元素。

```
<?xml version="1.0" encoding="ISO-8859-1"?>
<!DOCTYPE web-app
PUBLIC "-//Sun Microsystems, Inc.//DTD Web Application 2.3//EN"
"http://java.sun.com/j2ee/dtds/web-app_2_3.dtd">
<web-app xmlns="http://java.sun.com/xml/ns/j2ee"
xmlns:xsi=http://www.w3.org/2001/XMLSchema-instance
xsi:schemaLocation="
http://java.sun.com/xml/ns/j2ee web-app_2_4.xsd" version="2.4">

<!-- 站点名称-->
<display-name>Test Webapp</display-name>
<!-- 站点描述-->
<description>
This is a sample deployment descriptor that shows the use of important elements.
```

```
</description>

<icon>
<!--小图标的路径16*16,必须为gif jpg格式-->
<small-icon>/images/small.gif</small-icon>
<!--大图标的路径32*32,必须为gif jpg格式-->
<large-icon>/images/large.gif</large-icon>
</icon>

<!-- 该标志表示应用程序能够在多系统之间运行，在有多个servlet下才需要！ -->
<distributable/>

<!-- 通常context-param指定数据库驱动、协议设置和URL路径信息。是application级的变量.只能跟
在web-app之后。取得常量this.getInitParameter("context");-->
<context-param>
<param-name>locale</param-name>
<param-value>US</param-value>
</context-param>

<context-param>
<param-name>DBName</param-name>
<param-value>Oracle</param-value>
</context-param>

<!-- filter和filter-mapping标志必须在任何servlet标志之前定义。listener也是-->
<filter>
<filter-name>Test Filter</filter-name>
<description>Just for test</description>
<filter-class>filters.TestFilter</filter-class>
<init-param>
<param-name>locale</param-name>
<param-value>US</param-value>
</init-param>
</filter>

<filter-mapping>
<filter-name>Test Filter</filter-name>
<!-- 如果在servlet上使用该过滤器<servlet-name>myServlet</servlet-name>-->
<url-pattern>/*.jsp</url-pattern>
<!-- 指定请求转送方式，可设定为request,include,forward,error四种-->
```

```
<dispatcher>FORWARD</dispatcher>
</filter-mapping>

<!--  Defines application events listeners -->
<listener>
<listener-class>listeners.MyServletContextListener</listener-class>
</listener>

<listener>
<listener-class>listeners.MySessionCumContextListener</listener-class>
</listener>

<!-- Defines servlets -->
<servlet>
<servlet-name>TestServlet</servlet-name>
<description>Just for test</description>
<servlet-class>servlets.TestServlet</servlet-class>
<!-- 因为JSP页面要转换成sevlet，自然希望就像命名servlet一样命名JSP页面。为了命名JSP页面，可
将servlet-class元素替换为jsp-file元素-->
</servlet>

<servlet>
<servlet-name>HelloServlet</servlet-name>
<servlet-class>servlets.HelloServlet</servlet-class>
<!--该标志定义外层servlet可以访问的变量的名称、值和描述-->
<init-param>
<param-name>locale</param-name>
<param-value>US</param-value>
</init-param>

<!-- 在servlet的配置当中，该标记指示容器是否在启动的时候就加载这个servlet，当值为0或者大于0
时，表示容器在应用启动时就加载这个servlet当是一个负数时或者没有指定时，则指示容器在该servlet被选择
时才加载，正数的值越小，启动该servlet的优先级越高。-->
<load-on-startup>1</load-on-startup>
<!-- 元素提供出现在服务器专用口令文件中的安全角色名的一个别名-->
<security-role-ref>
<!--  role-name is used in HttpServletRequest.isUserInRole(String role)method. -->
<role-name>manager</role-name>
<!--  role-link is one of the role-names specified in security-role elements. -->
<role-link>supervisor</role-link>
```

```
<security-role-ref>
</servlet>
<!--  Defines servlet mappings -->
<servlet-mapping>
<servlet-name>TestServlet</servlet-name>
<!--uil-pattern标志确定上下文之后的标志-->
<url-pattern>/test/*</url-pattern>
</servlet-mapping>

<servlet-mapping>
<servlet-name>HelloServlet</servlet-name>
<url-pattern>*.hello</url-pattern>
</servlet-mapping>

<session-config>
<!--specifies session timeout as 30 minutes. -->
<session-timeout>30</session-timeout>
</session-config>

<mime-mapping>
<extension>jar</extension>
<mime-type>application/java-archive</mime-type>
</mime-mapping>

<!-- 这个例子展示了自动将application/pdf MIME类型与所有扩展名为*.pdf的文件关联起来-->
<mime-mapping>
<extension>pdf</extension>
<mime-type>application/pdf</mime-type>
</mime-mapping>

<welcome-file-list>
<welcome-file>index.html</welcome-file>
<welcome-file>home.html</welcome-file>
<welcome-file>welcome.html</welcome-file>
</welcome-file-list>

<error-page>
<error-code>404</error-code>
<location>notfoundpage.jsp</location>
</error-page>
```

```
<error-page>
<exception-type>java.sql.SQLException</exception-type>
<location>sqlexception.jsp</location>
</error-page>

<taglib>
<taglib-uri>/examplelib</taglib-uri>
<taglib-location>/Web-INF/tlds/examplelib.tld</taglib-location>
</taglib>

<taglib>
<taglib-uri>http://abc.com/testlib</taglib-uri>
<!-- 可以是jar包-->
<taglib-location>/Web-INF/tlds/testlib.jar</taglib-location>
</taglib>

<!-- 可以有并只能有一个id作为属性-->
<taglib id="ABC_MATH_LIB">
<taglib-uri>/binomial</taglib-uri>
<taglib-location>/Web-INF/MathLib.tld</taglib-location>
</taglib>

<security-constraint>
<display-name>Example Security Constraint</display-name>
<web-resource-collection>
<web-resource-name>Protected Area</web-resource-name>
<url-pattern>/test/*</url-pattern>
<!--When there is no <http-method> element in <security-constraint>, all methods
are protected.-->
<http-method>POST</http-method>
</web-resource-collection>
<web-resource-collection>
<web-resource-name>Another Protected Area</web-resource-name>
<url-pattern>*.hello</url-pattern>
<!-- All methods are protected as no http-method is specified -->
</web-resource-collection>
<auth-constraint>
<!-- 设定允许存取的角色名称，必须符合<security-role>元素设定-->
<role-name>supervisor</role-name>
```

```
</auth-constraint>
<!--这个可选的元素指出在访问相关资源时使用任何传输层保护-->
<user-data-constraint>
<!-- transport-guarantee为NONE值将对所用的通讯协议不加限制。INTEGRAL值表示数据必须以一种防止截取它的人阅读它的方式传送。虽然原理上INTEGRAL和CONFIDENTIAL之间可能会有差别，但在当前实践中，他们都只是简单地要求用SSL-->
<transport-guarantee>INTEGRAL</transport-guarantee>
</user-data-constraint>
</security-constraint>

<login-config>
<!-- auth-method can be: BASIC, FORM, DIGEST, or CLIENT-CERT -->
<auth-method>FORM</auth-method>
<!--该标志是验证用来确定某个特定的站点区域-->
<realm-name>sales</realm-name>
<form-login-config>
<form-login-page>/formlogin.html</form-login-page>
<form-error-page>/formerror.jsp</form-error-page>
</form-login-config>
</login-config>
<!-- Specifies the roles that are defined in the application server. For example, Tomcat defines it in conf omcat-users.xml -->
<security-role>
<role-name>supervisor</role-name>
</security-role>

<security-role>
<role-name>worker</role-name>
</security-role>

<!-- 以下是J2EE元素的内容-->
<!--声明一个与某个资源有关的管理对象-->
<resource-env-ref>
<!-- 一个相对于java:comp/env环境的JNDI名-->
<resource-env-ref-name>jms/StockQueue</resource-env-ref-name>
<!-- 指定资源类型的完全限定的类-->
<resource-env-ref-type>javax.jms.Queue</resource-env-ref-type>
</resource-env-ref>

<env-entry><!--声明Web应用的环境项-->
```

```
<!-- 一个相对于java: comp/env环境JNDI名-->
<env-entry-name>minAmout</env-entry-name>
<!-- 项值-->
<env-entry-value>100.00</env-entry-value>
<!-- java.lang程序包中一个类型的完全限定类名，Boolean、String等-->
<env-entry-type>minAmout</env-entry-type>
</env-entry>

<!-- 以下是JSP 2.0新增加的内容-->
<!-- Servlet 2.4增加了Web程序国际化功能，在web.xml中可以定义网站的字符编码方式-->
<locale-encoding-mapping-list>
<locale-encoding-mapping>
<locale>zh</locale>
<encoding>gb2312</encoding>
</locale-encoding-mapping>
</locale-encoding-mapping-list>

<!-- JSP的相关配置-->
<jsp-config>
<!--JSP所用到的Tag Library-->
<taglib>
<taglib-uri>URI</taglib-uri>
<taglib-location>/Web-INF/lib/xxx.tld</taglib-location>
</taglib>

<!-- 用它来配置一组匹配某个指定的URL的JSP页面-->
<jsp-property-group>
<!-- 设定的说明-->
<description>
Special property group for JSP Configuration JSP example.
</description>
<!-- 设定名称-->
<display-name>JSPConfiguration</display-name>
<!-- 设定值所影响的范围，如：/CH2 或 /*.jsp-->
<url-pattern>/jsp/* </url-pattern>
<!-- 若为true，表示不支持EL 语法-->
<el-ignored>true</el-ignored>
<!-- 设定JSP网页的编码-->
<page-encoding>GB2312</page-encoding>
<!-- 若为true，表示不支持〈% scripting %〉语法.如果出现,编译错误!-->
```

```
<scripting-invalid>true</scripting-invalid>
<!-- 设置JSP网页的抬头，扩展名为.jspf-->
<include-prelude>/include/prelude.jspf</include-prelude>
<!-- 设置JSP网页的结尾，扩展名为.jspf-->
<include-coda>/include/coda.jspf</include-coda>
</jsp-property-group>
</jsp-config>

<!-- 利用JNDI取得站点可利用的资源-->
<resource-ref>
<description>资源说明</description>
<res-ref-name>资源名称</res-ref-name>
<res-type>资源种类</res-type>
<!--资源经由什么许可-->
<res-auth>Application|Container</res-auth>
<!-- 资源是否可以共享,默认为Shareable-->
<res-sharing-scope>Shareable|Unshareable</res-sharing-scope>
</resource-ref>
</web-app>
```

19.17 小结

本章对部署描述符中的一些元素及其顺序进行了说明。缺省默认页，错误页以及利用 Web.xml 中的相关元素来为服务器的内速功能提供安全保障。

总之，本章重点讲述了 SP 及 Servlet 安全方面的知识及防范措施。